中国国家标准汇编

2011年修订-20

中国标准出版社　编

中国标准出版社

北　京

图书在版编目(CIP)数据

中国国家标准汇编:2011年修订.20/中国标准出版社编.—北京:中国标准出版社,2012
ISBN 978-7-5066-6940-5

Ⅰ.①中… Ⅱ.①中… Ⅲ.①国家标准-汇编-中国-2011 Ⅳ.①T-652.1

中国版本图书馆CIP数据核字(2012)第197818号

中国标准出版社出版发行
北京市朝阳区和平里西街甲2号(100013)
北京市西城区三里河北街16号(100045)

网址 www.spc.net.cn
总编室:(010)64275323 发行中心:(010)51780235
读者服务部:(010)68523946

中国标准出版社秦皇岛印刷厂印刷
各地新华书店经销

*

开本 880×1230 1/16 印张 39.25 字数 1069 千字
2012年9月第一版 2012年9月第一次印刷

*

定价 220.00 元

出 版 说 明

1.《中国国家标准汇编》是一部大型综合性国家标准全集。自1983年起，按国家标准顺序号以精装本、平装本两种装帧形式陆续分册汇编出版。它在一定程度上反映了我国建国以来标准化事业发展的基本情况和主要成就，是各级标准化管理机构，工矿企事业单位，农林牧副渔系统，科研、设计、教学等部门必不可少的工具书。

2.《中国国家标准汇编》收入我国每年正式发布的全部国家标准，分为“制定”卷和“修订”卷两种编辑版本。

“制定”卷收入上一年度我国发布的、新制定的国家标准，顺延前年度标准编号分成若干分册，封面和书脊上注明“20××年制定”字样及分册号，分册号一直连续。各分册中的标准是按照标准编号顺序连续排列的，如有标准顺序号缺号的，除特殊情况注明外，暂为空号。

“修订”卷收入上一年度我国发布的、被修订的国家标准，视篇幅分设若干分册，但与“制定”卷分册号无关联，仅在封面和书脊上注明“20××年修订-1，-2，-3，……”字样。“修订”卷各分册中的标准，仍按标准编号顺序排列(但不连续)；如有遗漏的，均在当年最后一分册中补齐。需提请读者注意的是，个别非顺延前年度标准编号的新制定的国家标准没有收入在“制定”卷中，而是收入在“修订”卷中。

读者配套购买《中国国家标准汇编》“制定”卷和“修订”卷则可收齐由我社出版的上一年度我国制定和修订的全部国家标准。

3. 由于读者需求的变化，自1996年起，《中国国家标准汇编》仅出版精装本。

4. 2011年我国制修订国家标准共1 989项。本分册为“2011年修订-20”，收入新制修订的国家标准8项。

中国标准出版社

2012年8月

目　　录

ICS 35.240
L 74

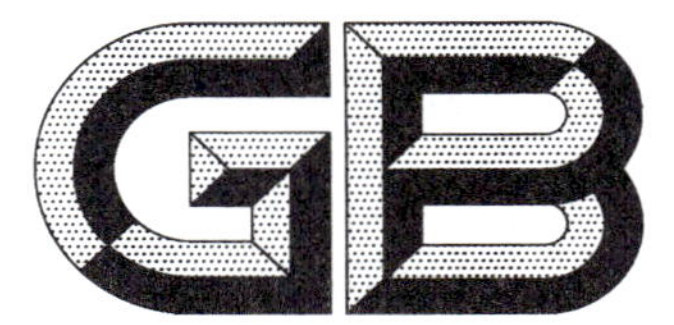

中华人民共和国国家标准

GB/T 24589.3—2011

财经信息技术 会计核算软件数据接口
第3部分：总预算会计

Financial information technology—Data interface of accounting software—Part 3：Public finance budgetary accounting

2011-12-30 发布 2012-06-01 实施

中华人民共和国国家质量监督检验检疫总局
中国国家标准化管理委员会 发布

前　言

GB/T 24589《财经信息技术　会计核算软件数据接口》分为四个部分：

——第1部分：企业；

——第2部分：行政事业单位；

——第3部分：总预算会计；

——第4部分：商业银行。

本部分为GB/T 24589的第3部分。

本部分按照GB/T 1.1—2009给出的规则起草。

本部分由中华人民共和国审计署提出。

本部分由全国审计信息化标准化技术委员会(SAC/TC 341)归口。

本部分起草单位：中华人民共和国审计署计算机技术中心、金蝶政务软件有限公司，浪潮集团山东通用软件有限公司、甲骨文(中国)软件系统有限公司、南京审计学院、杭州新中大软件股份有限公司、重庆金算盘软件有限公司、北京用友政务软件有限公司、思爱普(北京)软件系统有限公司、中国电子技术标准化研究院、安信期货有限责任公司。

本部分主要起草人：王智玉、杨蕴毅、杨政、喻建屏、顾庆、严绍业、陈新民、王兴山、焦学瑞、金纪文、毛华扬、林小锤、陈体勇、彭涛、张宏。

引　言

本部分的名称中“财经”的含义是“‘财’指财政、财务；‘经’指经济活动”。本系列标准致力于财经信息技术领域的会计核算软件数据接口的标准化工作。

由于财务、税务、审计业务的财务数据可追溯性要求，按照我国1997年开始执行的原会计制度（包括16个具体准则和1个基本准则）制定的国家标准GB/T 19581—2004并不废止，继续有效，对应2006年底之前的会计核算软件产品。

从2007年1月1日起实施的是新的会计准则体系，包括1个基本准则、38个具体准则及其准则应用指南，结束了我国会计“制度”和“准则”两张皮的历史，实现了国际接轨，有利于我国融入国际经济体系。按照新的会计准则、财政总预算会计制度，全国审计信息化标准化技术委员会重新制定了本系列标准，对应2007年以后实施的新会计制度下的会计核算软件数据接口产品。

本部分适用的范围是政府财政总预算会计、基金项目，其中包含了救灾、救济及捐助款项的会计核算数据元素、数据接口输出文件的内容和格式的要求。

财经信息技术　会计核算软件数据接口 第3部分：总预算会计

1　范围

GB/T 24589的本部分规定了会计核算软件接口的数据格式要求，包括会计核算数据元素、数据接口输出文件的内容和格式的要求。

本部分适用于政府财政总预算会计、基金所使用的会计核算软件的设计、研制、管理和应用。

2　规范性引用文件

下列文件对于本文件的应用是必不可少的。凡是注日期的引用文件，仅注日期的版本适用于本文件。凡是不注日期的引用文件，其最新版本(包括所有的修改单)适用于本文件。

GB/T 2260　中华人民共和国行政区划代码

GB/T 7408—2005　数据元和交换格式　信息交换　日期和时间表示法

GB 11714—1997　全国组织机构代码编制规则

GB/T 12406—2008　表示货币和资金的代码

GB/T 18142—2000　信息技术　数据元素值格式记法

CZ 0001—2008　财政业务基础数据规范

3　术语和定义

下列术语和定义适用于本文件。

3.1

会计核算软件　accounting software

会计核算工作用的计算机应用软件。

3.2

数据接口　data interface

计算机软件系统之间传送数据、交换信息的接口，以电子文件的形式实现。

3.3

XML文件　extensible markup language file

用具有数据描述功能、高度结构性及可验证性的可扩展置标语言描述的数据文件。

3.4

数据文件　data file

用于会计核算数据交换或处理的文件。

3.5

数据元素　data element

用一组属性描述定义、标识、表示和允许值的数据单元。

注：在本标准中是会计核算软件的数据接口所输出数据的不可分割的基本单位。

3.6

数据结构　data structure

会计核算软件数据接口所输出数据的内部构成，包含有若干个不同的数据元素。

3.7

电子账簿　electronic accounting book

会计核算单位用以记录一套账务数据所用的计算机电子文件的集合，它是通过会计核算软件进行会计核算生成的，并存储在计算机存储设备或媒体中。

3.8

辅助核算　subsidiary accounting

从不同的角度对财务信息进行的细分。辅助核算与会计科目的组合使用，可全面反映企业的经济业务，也可使账务处理更加灵活，充分发挥会计电算化的优势。

4　数据元素

4.1　数据元素的描述规则

数据元素的描述格式如下：

a) 数据元素的标识符：在本标准中，它是各个数据元素的唯一标识，采用六位数字来标记；其中第(1-2)位为元素类别号，第(3-4)位为该类别中的数据表编号，第(5-6)位为数据表中经过元素标准化合并后的顺序号，如果某表中出现了之前已经编号的元素则不重复编号。本部分中，第(1-2)位的表示按如下分类：
——01 表示基础信息类；
——02 表示总预算账类；
——03 表示收入事项类；
——04 表示支出事项类；
——05 表示结算、结余事项类。

b) 数据元素的名称：数据元素的中文名称。

c) 数据元素的说明：数据元素的含义描述。

d) 数据元素的表示：数据元素值的类型及长度的表示形式，按照 GB/T 18142—2000 的要求，具体表示如下：
——C　　表示数字、字母、汉字及其他字符等；
—— C n　　表示 n 位字符的固定长度；
—— C. . n　　表示最多为 n 位字符的可变长度；
—— I. . n　　表示最多为 n 位的整数可计算形式；
—— Dw. d　　表示十进制小数可计算形式，w 表示包含小数点前后字符位在内的整个字段最多字符位数，d 表示小数点后的最多字符位数。

e) 数据元素的注释：与该数据元素相关的其他说明。

4.2　数据元素细目

4.2.1　基础信息类

标识符：010101

名　称：电子账簿编号

说　明：会计核算软件中目前电子账簿的编号

表　示:C..60
注　释:

标识符:010102
名　称:电子账簿名称
说　明:会计核算软件中目前电子账簿的名称
表　示:C..200
注　释:

标识符:010103
名　称:会计核算单位
说　明:使用会计核算软件单位的法定名称
表　示:C..200
注　释:

标识符:010104
名　称:组织机构代码
说　明:行政事业单位的组织机构代码
表　示:C..20
注　释:按照 GB 11714—1997 的要求编制

标识符:010105
名　称:单位性质
说　明:赋值为“财政部门”
表　示:C8
注　释:

标识符:010106
名　称:行业
说　明:行业名称
表　示:C..20
注　释:固定赋值为“财政”

标识符:010107
名　称:行政区划代码
说　明:单位所在地的行政区划代码
表　示:C..20
注　释:依据 GB/T 2260 编制

标识符:010108
名　称:开发单位
说　明:开发会计核算软件的单位名称
表　示:C..200
注　释:

标识符:010109
名　称:版本号
说　明:会计核算软件的版本标识
表　示:C..20
注　释:

标识符:010110
名　称:本位币
说　明:会计核算软件中本电子账簿所使用的记账本位币
表　示:C..30
注　释:固定赋值为"人民币"

标识符:010111
名　称:会计年度
说　明:当前财务会计报告年属
表　示:C4
注　释:如"2010"

标识符:010112
名　称:标准版本号
说　明:接口标准的版本号
表　示:C..30
注　释:用标准发布的编号来表示,例如"GB/T 24589.3"

标识符:010201
名　称:会计期间号
说　明:会计准则规定为1～12月,支持调整期,用"期间号+后缀小写字母"表示;可以有多个调整期,用后缀字母按字母顺序表示调整期顺序
表　示:C..20
注　释:如"12a"、"12b"表示12月份有2个调整期

标识符:010202
名　称:会计期间起始日期
说　明:目前会计期间对应的起始自然日期
表　示:C..8
注　释:按照GB/T 7408—2005表示为"CCYYMMDD"

标识符:010203
名　称:会计期间结束日期
说　明:目前会计期间对应的结束自然日期
表　示:C..8
注　释:按照GB/T 7408—2005表示为"CCYYMMDD"

标识符:010301
名　称:币种编码
说　明:货币种类的编码
表　示:C..10
注　释:按照 GB/T 12406—2008 表示

标识符:010302
名　称:币种名称
说　明:会计科目核算中涉及的货币种类名称
表　示:C..30
注　释:按照 GB/T 12406—2008 表示

标识符:010401
名　称:汇率类型编号
说　明:区分同一源币种和目标币种的不同折算率的类型编码
表　示:C..60
注　释:

标识符:010402
名　称:汇率类型名称
说　明:区分同一源币种和目标币种的不同折算率的类型名称
表　示:C..60
注　释:例如"买入汇率"、"卖出汇率"

标识符:010501
名　称:银行代码
说　明:银行代码见中国人民银行《中国金融机构名录》。
表　示:C..30
注　释:

标识符:010502
名　称:银行名称
说　明:银行或金融机构的名称
表　示:C..60
注　释:

标识符:010601
名　称:银行账户编码
说　明:银行账户的编码标识
表　示:C..30
注　释:

标识符:010602

名　称:银行账户名称
说　明:银行账户的名称标识
表　示:C..60
注　释:

标识符:010603
名　称:银行账号
说　明:人员或机构在银行所开设账户的账号
表　示:C..40
注　释:

标识符:010604
名　称:账户类型
说　明:银行账户的类型
表　示:C..30
注　释:

标识符:010701
名　称:财政管理级次代码
说　明:预算管理中不同级别政府的分类代码
表　示:C..20
注　释:引用 CZ 0001—2008 中 CS023 预算级次代码表

标识符:010702
名　称:财政管理级次名称
说　明:预算管理中不同级别政府的分类名称
表　示:C..200
注　释:

标识符:010801
名　称:预算单位代码
说　明:预算编制单位代码
表　示:C..30
注　释:

标识符:010802
名　称:预算单位名称
说　明:与财政有预算经费缴拨关系的机关、事业单位、社会团体的名称
表　示:C..60
注　释:

标识符:010901
名　称:收入分类科目代码

说　明:按收入的来源和性质划分的税收收入、保险基金收入、非税收入等分类下的科目代码
表　示:C..20
注　释:引用 CZ 0001—2008 中 CS081 收入分类科目代码表

标识符:010902
名　称:收入分类科目名称
说　明:按收入的来源和性质划分的税收收入、保险基金收入、非税收入等分类下的科目名称
表　示:C..200
注　释:

标识符:011101
名　称:支出功能分类编码
说　明:按政府职能活动设置的,公共服务、外交、国防、公共安全等分类下的支出科目代码
表　示:C..20
注　释:引用 CZ 0001—2008 中 CS083 支出功能分类科目代码表

标识符:011102
名　称:支出功能分类名称
说　明:按政府职能活动设置的,公共服务、外交、国防、公共安全等分类下的支出科目名称
表　示:C..200
注　释:

标识符:011201
名　称:政府支出管理结构代码
说　明:政府预算支出管理业务分类的代码
表　示:C..20
注　释:引用 CZ 0001—2008 中 CS255 政府支出管理结构代码表

标识符:011202
名　称:政府支出管理结构名称
说　明:政府预算支出管理业务分类的名称
表　示:C..200
注　释:

标识符:011301
名　称:支出经济分类编码
说　明:按支出的经济性质和具体用途划分的,在工资福利支出、商品和服务支出、个人和家庭的补助等分类下的科目代码
表　示:C..20
注　释:引用 CZ 0001—2008 中 CS085 支出经济分类科目代码表

标识符:011302
名　称:支出经济分类名称

说　明:按支出的经济性质和具体用途划分的,在工资福利支出、商品和服务支出、个人和家庭的补助等分类下的科目名称
表　示:C..200
注　释:

标识符:011401
名　称:财政内部机构代码
说　明:业务归口财政司局科处室代码标识
表　示:C..30
注　释:

标识符:011402
名　称:财政内部机构名称
说　明:业务归口财政司局科处室名称标识
表　示:C..60
注　释:

标识符:011501
名　称:项目编码
说　明:对每一个项目的编码
表　示:C..30
注　释:

标识符:011502
名　称:项目名称
说　明:预算单位进行的特定行政工作任务或事业发展工作任务
表　示:C..60
注　释:

标识符:011503
名　称:级次
说　明:项目在分级规则中所对应的级次
表　示:I..2
注　释:

标识符:011504
名　称:项目类型
说　明:反映不同项目管理方式的标识
表　示:C..30
注　释:如行政事业类项目、基本建设类项目、其他类项目

标识符:011505
名　称:项目类别

说　明:按照部门预算测算以及编报的要求所划分的项目类型的名称
表　示:C..30
注　释:

标识符:011506
名　称:项目申报属性
说　明:在预算编制的项目申报文本中表明项目是延续项目还是新增项目的名称
表　示:C..30
注　释:如延续项目、新增项目

标识符:011507
名　称:项目起始日期
说　明:项目的开始时间
表　示:C8
注　释:按照 GB/T 7408—2005 表示为"CCYYMMDD"

标识符:011508
名　称:项目结束日期
说　明:项目的结束日期
表　示:C8
注　释:按照 GB/T 7408—2005 表示为"CCYYMMDD"

标识符:011601
名　称:预算来源编码
说　明:在预算指标管理业务中对财政性资金按来源进行资金划分的代码
表　示:C..20
注　释:引用 CZ 0001—2008 中 CS155 预算来源代码表

标识符:011602
名　称:预算来源名称
说　明:在预算指标管理业务中对财政性资金按来源进行资金划分的名称
表　示:C..200
注　释:

标识符:011701
名　称:预算来源性质编码
说　明:对预算指标按预算管理的具体业务处理方式进行划分的代码
表　示:C..20
注　释:引用 CZ 0001—2008 中 CS157 预算来源性质代码表

标识符:011702
名　称:预算来源性质名称
说　明:对预算指标按预算管理的具体业务处理方式进行划分的名称

表　示:C..200
注　释:

标识符:011801
名　称:资金性质编码
说　明:用于反映、统计和管理各级财政业务资金不同类型的结构构成的代码
表　示:I..2
注　释:引用 CZ 0001—2008 中 CS185 资金性质代码表

标识符:011802
名　称:资金性质名称
说　明:用于反映、统计和管理各级财政业务资金不同类型的结构构成的名称
表　示:C..60
注　释:

标识符:011901
名　称:拨款期间属性编码
说　明:反映预算执行工作中预算资金的预算年度与拨款年度在时间序列上的对应关系的代码
表　示:C..20
注　释:引用 CZ 0001—2008 中 CS187 拨款期间属性代码表

标识符:011902
名　称:拨款期间属性名称
说　明:反映预算执行工作中预算资金的预算年度与拨款年度在时间序列上的对应关系的名称
表　示:C..200
注　释:

标识符:012001
名　称:结算方式编码
说　明:资金结算方式的编码
表　示:C..20
注　释:

标识符:012002
名　称:结算方式名称
说　明:资金结算方式的名称
表　示:C..60
注　释:

标识符:012101
名　称:支付方式编码
说　明:财政资金由财政部门拨付到用款单位的方式的代码
表　示:C..20

注　释:引用 CZ 0001—2008 中 CS191 支付方式代码表

标识符:012102
名　称:支付方式名称
说　明:财政资金由财政部门拨付到用款单位的方式的名称
表　示:C..200
注　释:

标识符:012201
名　称:支出类型编码
说　明:反映财政支出的用途的代码
表　示:C..20
注　释:引用 CZ 0001—2008 中 CS201 支出类型代码表

标识符:012202
名　称:支出类型名称
说　明:反映财政支出的用途的名称
表　示:C..200
注　释:

标识符:014001
名　称:结算事项代码
说　明:中央(上级)与地方(下级)的往来资金进行结算的内容分类的代码
表　示:C..20
注　释:引用 CZ 0001—2008 中 CS263 结算事项代码表

标识符:014002
名　称:结算事项名称
说　明:中央(上级)与地方(下级)的往来资金进行结算的内容分类的名称
表　示:C..200
注　释:

标识符:016001
名　称:扩展编码
说　明:扩展项目的编码
表　示:C..30
注　释:

标识符:016002
名　称:扩展名称
说　明:扩展项目的名称
表　示:C..60
注　释:

标识符:016003
名　称:扩展描述
说　明:扩展项目的描述
表　示:C..1000
注　释:

标识符:016004
名　称:有否层级特征
说　明:项目的值是否有上下层级结构的选择开关项
表　示:I1
注　释:1 表示有,0 表示无

标识符:016005
名　称:扩展项目编码规则
说　明:若有层级特征时的编码规则
表　示:C..30
注　释:各级次编号的长度,用[-]隔开形成序列,例如档案编码规则:1-2-2-2

标识符:016101
名　称:扩展项目值编码
说　明:每个档案的内容值的编码
表　示:C..30
注　释:

标识符:016102
名　称:扩展项目值名称
说　明:每个档案的内容值的名称
表　示:C..200
注　释:

标识符:016103
名　称:扩展项目值描述
说　明:档案值的详细描述解释
表　示:C..1000
注　释:

标识符:016104
名　称:扩展项目值父节点
说　明:标识扩展项目值的父节点
表　示:C..20
注　释:引用[档案值编码],如果有编码规则,自动带出,否则导出表示层级关系

标识符:016105

名　称:扩展项目值级次
说　明:目前值在所属档案结构中的级次
表　示:I..2
注　释:若没有层级特征则为1

4.2.2 总预算账类

标识符:020101
名　称:结构分隔符
说　明:科目辅助核算结构、扩展字段结构的各段之间的分隔符
表　示:C1
注　释:如"/"、"-"、"."

标识符:020102
名　称:会计科目编码规则
说　明:会计科目各级次编号的长度序列
表　示:C..200
注　释:科目各级次编号的长度用[-]隔开形成序列,如"4-2-2"或"4-3-4"

标识符:020103
名　称:凭证头可扩展字段结构
说　明:用户为凭证额外自定义需要记录的重要信息的字段结构
表　示:C..2000
注　释:可以是多个扩展字段的结构组合,可以为空,如:业务日期,最多30个段

标识符:020104
名　称:凭证头可扩展结构对应档案
说　明:凭证各个扩展字段对应的档案
表　示:C..2000
注　释:可以多个扩展字段对应同一个档案,也可以无档案(用NULL表示)

标识符:020105
名　称:分录行可扩展字段结构
说　明:用户可以为分录额外自定义需要记录的重要信息的字段
表　示:C..2000
注　释:可以是多个扩展字段的结构组合,可以为空,如:结算方式-票据类别-票据号-票据日期,最多30个段

标识符:020106
名　称:分录扩展字段对应档案
说　明:分录行可扩展字段的对应档案
表　示:C..2000
注　释:可以多个扩展字段对应同一个档案,也可以无档案(用NULL表示),如:结算方式档案-票据类别档案-NULL-NULL

标识符:020201
名　称:记账凭证类型编号
说　明:记账凭证类型的编号标识
表　示:C..20
注　释:

标识符:020202
名　称:记账凭证类型名称
说　明:记账凭证类型的名称标识
表　示:C..60
注　释:如“记账凭证”

标识符:020203
名　称:记账凭证类型简称
说　明:记账凭证类型名称的简化形式
表　示:C..20
注　释:如“记”,有些单位称“字”

标识符:020301
名　称:科目编号
说　明:会计科目按会计制度和业务性质进行分类的编号
表　示:C..30
注　释:

标识符:020302
名　称:科目名称
说　明:科目编号所对应科目的名称
表　示:C..60
注　释:

标识符:020303
名　称:科目级次
说　明:科目编号在科目结构中所对应的级次
表　示:I..2
注　释:

标识符:020304
名　称:科目类型
说　明:会计科目的种类
表　示:C..20
注　释:如资产类、负债类、净资产类、收入类、支出类等

标识符:020305

名　称:余额方向
说　明:会计科目余额的性质
表　示:C..4
注　释:“借”或者“贷”

标识符:020401
名　称:辅助项编号
说　明:会计科目的辅助核算项序号
表　示:C..60
注　释:

标识符:020402
名　称:辅助项名称
说　明:会计科目的辅助核算项名称
表　示:C..200
注　释:

标识符:020403
名　称:对应档案
说　明:辅助项对应的档案
表　示:C..200
注　释:表示为相应的“部门档案”、“自定义档案的名称”

标识符:020404
名　称:辅助项描述
说　明:辅助项的描述
表　示:C..2000
注　释:

标识符:020501
名　称:期初余额方向
说　明:期初会计科目余额的性质
表　示:C..4
注　释:表示为“借”、“贷”或“借方”、“贷方”

标识符:020502
名　称:期末余额方向
说　明:期末会计科目余额的性质
表　示:C..4
注　释:表示为“借”、“贷”或“借方”、“贷方”

标识符:020503
名　称:期初原币余额

说　明：会计账户的期初原币金额
表　示：D20.2
注　释：

标识符：020504
名　称：期初本币余额
说　明：会计账户的期初本位币金额
表　示：D20.2
注　释：

标识符：020505
名　称：借方原币金额
说　明：借方发生额的原币合计数
表　示：D20.2
注　释：

标识符：020506
名　称：借方本币金额
说　明：借方发生额的本位币合计数
表　示：D20.2
注　释：

标识符：020507
名　称：贷方原币金额
说　明：贷方发生额的原币合计数
表　示：D20.2
注　释：

标识符：020508
名　称：贷方本币金额
说　明：贷方发生额的本位币合计数
表　示：D20.2
注　释：

标识符：020509
名　称：期末原币余额
说　明：会计账户的期末原币金额
表　示：D20.2
注　释：

标识符：020510
名　称：期末本币余额
说　明：会计账户的期末本位币金额

表　示:D20.2
注　释:

标识符:020601
名　称:记账凭证日期
说　明:制作记账凭证的日期
表　示:C8
注　释:按照 GB/T 7408—2005 表示为“CCYYMMDD”

标识符:020602
名　称:记账凭证编号
说　明:记账凭证的顺序编号
表　示:C..20
注　释:根据会计基础工作规范要求对记账凭证连续编号

标识符:020603
名　称:记账凭证行号
说　明:记账凭证各分录行的顺序编号
表　示:I..5
注　释:

标识符:020604
名　称:记账凭证摘要
说　明:记账凭证的简要业务说明
表　示:C..100
注　释:

标识符:020605
名　称:汇率
说　明:记账汇率
表　示:D13.4
注　释:

标识符:020606
名　称:凭证头可扩展字段结构值
说　明:目前凭证头的用户自定义字段的值
表　示:C..300
注　释:

标识符:020607
名　称:分录行可扩展字段结构值
说　明:目前分录行的用户自定义字段的值
表　示:C..300

注　释：

标识符：020608
名　称：指标文号
说　明：业务所涉及的文件的编号
表　示：C..200
注　释：

标识符：020609
名　称：票据类型
说　明：票据的类型标识
表　示：C..20
注　释：如支票、本票、汇票

标识符：020610
名　称：票据号
说　明：票据的编号
表　示：C..20
注　释：

标识符：020611
名　称：票据日期
说　明：票据的填写日期
表　示：C..10
注　释：

标识符：020612
名　称：附件数
说　明：记账凭证所附的原始凭证张数
表　示：I..4
注　释：

标识符：020613
名　称：制单人
说　明：制作记账凭证的会计人员
表　示：C..20
注　释：

标识符：020614
名　称：审核人
说　明：审核记账凭证的会计人员
表　示：C..20
注　释：

标识符:020615
名　称:记账人
说　明:对记账凭证进行记账处理的会计人员
表　示:C..20
注　释:

标识符:020616
名　称:出纳人
说　明:从事出纳岗位工作的会计人员
表　示:C..20
注　释:

标识符:020617
名　称:财务主管
说　明:从事财务主管工作的会计人员
表　示:C..20
注　释:

标识符:020618
名　称:记账标志
说　明:记账状态的标识
表　示:C1
注　释:1 是，0 否

标识符:020619
名　称:作废标志
说　明:未进行账簿登记的凭证予以作废处理所做的标识
表　示:C1
注　释:作废赋值为“1”,否则赋值为“0”

标识符:020620
名　称:凭证来源系统
说　明:凭证来源的模块标识
表　示:C..20
注　释:空格即来源于总账,其他来源有:应收、应付、工资、固定资产等账户

标识符:020701
名　称:报表编号
说　明:报表的编码标识
表　示:C..20
注　释:

标识符:020702

名　称:报表名称
说　明:各类报表的名称标识
表　示:C..60
注　释:如“资产负债表”、“一般预算收入决算表”等

标识符:020703
名　称:报告日
说　明:报表数据所对应的会计日期
表　示:C..10
注　释:若当前报表项目所在的报表是时点报表,则非空,如资产负债表:2008/12/31

标识符:020704
名　称:报告期
说　明:报表的报告期
表　示:C..10
注　释:若当前报表项目所在的报表是期间报表,则非空,如资产负债表:2008。报告日与报告期不能同时为空

标识符:020705
名　称:编制单位
说　明:编制会计报表的单位名称
表　示:C..60
注　释:

标识符:020706
名　称:货币单位
说　明:货币的计量单位
表　示:C..60
注　释:如:元、角、分

标识符:020801
名　称:报表项编号
说　明:报表项目的顺序编号
表　示:C..20
注　释:

标识符:020802
名　称:报表项名称
说　明:报表中所列项目的名称
表　示:C..200
注　释:

标识符:020803

名　称:报表项公式
说　明:报表项目的计算公式
表　示:C..2000
注　释:文本型,可以是业务函数

标识符:020804
名　称:报表项数值
说　明:报表项目的数值
表　示:D20.2
注　释:

4.2.3 收入事项类

标识符:030101
名　称:税收收入汇总编码
说　明:税收收入汇总行的编号
表　示:C..30
注　释:

标识符:030102
名　称:税收收入金额
说　明:税收收入的本位币金额数
表　示:D20.2
注　释:

标识符:030201
名　称:社保基金汇总编码
说　明:社保基金汇总行的编号
表　示:C..30
注　释:

标识符:030202
名　称:社保基金收入金额
说　明:社保基金收入的本位币金额数
表　示:D20.2
注　释:

标识符:030301
名　称:非税收入汇总编码
说　明:非税收入汇总行的编号
表　示:C..30
注　释:

标识符:030302

名　称:非税收入项目代码
说　明:用于非税执收单位执收的项目的代码
表　示:C..20
注　释:引用 CZ 0001—2008 中 CS321 非税收入项目代码

标识符:030303
名　称:非税收入项目名称
说　明:用于非税执收单位执收的项目的名称
表　示:C..200
注　释:

标识符:030304
名　称:收缴方式代码
说　明:财政收入征收上缴国库收缴方式的代码
表　示:C..20
注　释:引用 CZ 0001—2008 中 CS323 收缴方式代码表

标识符:030305
名　称:收缴方式名称
说　明:财政收入征收上缴国库的收缴方式的名称
表　示:C..200
注　释:

标识符:030306
名　称:分成标准类型代码
说　明:非税收入分成标准类型的代码
表　示:C..20
注　释:引用 CZ 0001—2008 中 CS327 非税收入分成标准类型代码表

标识符:030307
名　称:分成标准类型名称
说　明:非税收入分成标准类型的名称
表　示:C..200
注　释:

标识符:030308
名　称:分成方向代码
说　明:非税收入分成方向的代码
表　示:C..20
注　释:引用 CZ 0001—2008 中 CS329 非税收入分成方向代码表

标识符:030309
名　称:分成方向名称

说　明:非税收入分成方向的名称
表　示:C..200
注　释:

标识符:030310
名　称:分成标准
说　明:各级财政按分成比例从分成项目获得的确定值
表　示:D20.2
注　释:

标识符:030311
名　称:非税收入金额
说　明:非税收入的本位币金额数
表　示:D20.2
注　释:

标识符:030401
名　称:贷款转贷回收本金收入汇总编码
说　明:贷款转贷回收本金收入汇总行的编号
表　示:C..30
注　释:

标识符:030402
名　称:贷款转贷回收本金收入金额
说　明:贷款转贷回收本金收入的本位币金额数
表　示:D20.2
注　释:

标识符:030501
名　称:债务收入汇总编码
说　明:债务收入汇总行的编号
表　示:C..30
注　释:

标识符:030502
名　称:债务收入金额
说　明:债务收入的本位币金额数
表　示:D20.2
注　释:

标识符:030601
名　称:转移性收入汇总编码
说　明:转移性收入汇总行的编号

表　示:C..30
注　释:

标识符:030602
名　称:转移性收入金额
说　明:转移性收入的本位币金额数
表　示:D20.2
注　释:

4.2.4　支出事项类

标识符:040101
名　称:预算指标编码
说　明:预算指标的编号
表　示:C..30
注　释:

标识符:040102
名　称:业务日期
说　明:业务发生的日历日期
表　示:C8
注　释:符合 GB/T 7408—2005 中的日历日期编制

标识符:040103
名　称:发文文号
说　明:业务所涉及的文件编号
表　示:C..40
注　释:

标识符:040104
名　称:发文日期
说　明:发文的日历日期
表　示:C8
注　释:符合 GB/T 7408—2005 中的日历日期编制

标识符:040105
名　称:本年预算数
说　明:本年预算的金额数
表　示:D20.2
注　释:

标识符:040106
名　称:累计调整数
说　明:到目前月份为止所发生的预算调整金额的累计数

表　示:D20.2
注　释:

标识符:040201
名　称:支付凭证编码
说　明:支付凭证的编号
表　示:C..30
注　释:

标识符:040202
名　称:收款人名称
说　明:收款人的名称标识
表　示:C..60
注　释:

标识符:040203
名　称:收款人银行名称
说　明:收款人的银行等金融机构的名称标识
表　示:C..60
注　释:

标识符:040204
名　称:收款人银行账号
说　明:收款人在银行所开设账户的账号
表　示:C..40
注　释:

标识符:040205
名　称:付款人名称
说　明:付款人的名称标识
表　示:C..60
注　释:

标识符:040206
名　称:付款人银行名称
说　明:付款人的银行等金融机构的名称标识
表　示:C..60
注　释:

标识符:040207
名　称:付款人银行账号
说　明:付款人在银行所开设账户的账号
表　示:C..40

注　释：

标识符：040208
名　称：支付金额
说　明：支付凭证的金额
表　示：D20.2
注　释：

标识符：040209
名　称：支付摘要
说　明：支付内容的简要说明
表　示：C..200
注　释：

标识符：040210
名　称：是否政府采购
说　明：是否纳入政府采购管理的标识
表　示：I..1
注　释：1：表示是，0：表示否

标识符：040211
名　称：政府采购确认函号
说　明：政府采购的确认函号标识
表　示：C..200
注　释：

标识符：040301
名　称：预算执行情况汇总编码
说　明：预算执行情况汇总行的编号
表　示：C..30
注　释：

标识符：040302
名　称：预算年度
说　明：发生业务的长度等于一个日历年的时间单位
表　示：C4
注　释：符合 GB/T 7408—2005 中的日历年

标识符：040303
名　称：本年调整数
说　明：本年预算调整的具体数额
表　示：D20.2
注　释：

标识符:040304
名　称:本年执行数
说　明:本年预算执行的具体数额
表　示:D20.2
注　释:

4.2.5 结算、结余事项类

标识符:050101
名　称:期初金额汇总编码
说　明:期初金额汇总行的编号
表　示:C..30
注　释:

标识符:050102
名　称:一般预算期初金额
说　明:一般预算资金的期初金额
表　示:D20.2
注　释:一般预算资金的上年结余

标识符:050103
名　称:政府性基金期初金额
说　明:政府性基金的期初金额数
表　示:D20.2
注　释:政府性基金的上年结余

标识符:050104
名　称:社会保险基金期初金额
说　明:社会保险基金的期初金额数
表　示:D20.2
注　释:社会保险基金的上年结余

标识符:050105
名　称:预算外期初金额
说　明:预算外资金的期初金额数
表　示:D20.2
注　释:预算外资金的上年结余

标识符:050106
名　称:其他期初金额
说　明:其他资金的期初金额数
表　示:D20.2

注　释:其他资金的上年结余

标识符:050107
名　称:转移性支出期初金额
说　明:转移性支出的期初金额数
表　示:D20.2
注　释:转移性支出的上年结余

标识符:050108
名　称:转移性支出中一般预算期初金额
说　明:转移性支出中的一般预算期初金额
表　示:D20.2
注　释:转移性支出中的一般预算上年结余

标识符:050109
名　称:转移性支出中政府性基金期初金额
说　明:转移性支出中的政府性基金期初金额
表　示:D20.2
注　释:转移性支出中的政府性基金上年结余

标识符:050110
名　称:转移性支出中社会保险基金预算期初金额
说　明:转移性支出中的社会保险基金预算的期初金额
表　示:D20.2
注　释:转移性支出中的社会保险基金预算的上年结余

标识符:050111
名　称:转移性支出中预算外期初金额
说　明:转移性支出中的预算外资金的期初金额
表　示:D20.2
注　释:转移性支出中的预算外资金的上年结余

标识符:050112
名　称:转移性支出中其他期初金额
说　明:转移性支出中的其他资金的期初金额
表　示:D20.2
注　释:转移性支出中的其他资金的上年结余

标识符:050201
名　称:汇总金额
说　明:各结算事项汇总金额

表　示:D20.2
注　释:

标识符:050301
名　称:年终结余汇总编码
说　明:年终结余汇总行的编号
表　示:C..30
注　释:

标识符:050302
名　称:一般预算年终结余
说　明:一般预算年终结余的金额数
表　示:D20.2
注　释:

标识符:050303
名　称:政府性基金预算年终结余
说　明:政府性基金预算年终结余的金额数
表　示:D20.2
注　释:

标识符:050304
名　称:社会保险基金预算年终结余
说　明:社会保险基金预算年终结余的金额数
表　示:D20.2
注　释:

标识符:050305
名　称:预算外年终结余
说　明:预算外年终结余的金额数
表　示:D20.2
注　释:

标识符:050306
名　称:其他年终结余
说　明:其他年终结余的金额数
表　示:D20.2
注　释:

标识符:050307
名　称:转移性支出年终总结余

说　明:转移性支出年终总结余的金额数
表　示:D20.2
注　释:

标识符:050308
名　称:转移性支出中一般预算年终结余
说　明:转移性支出中一般预算年终结余的金额数
表　示:D20.2
注　释:

标识符:050309
名　称:转移性支出中政府性基金预算年终结余
说　明:转移性支出中政府性基金预算年终结余的金额数
表　示:D20.2
注　释:

标识符:050310
名　称:转移性支出中社会保险基金预算年终结余
说　明:转移性支出中社会保险基金预算年终结余的金额数
表　示:D20.2
注　释:

标识符:050311
名　称:转移性支出中预算外年终结余
说　明:转移性支出中预算外年终结余的金额数
表　示:D20.2
注　释:

标识符:050312
名　称:转移性支出中其他年终结余
说　明:转移性支出中其他年终结余的金额数
表　示:D20.2
注　释:

5　接口文件的输出

5.1　输出文件的格式

输出的接口文件应采用XML格式,具体格式参见附录A,实例参见附录B。

5.2　输出文件的数据结构

以下各表中的"数据元素标识符"栏中的编号对应4.2中所描述的标准化数据元素。

5.2.1 基础信息类数据结构(见表1)

表1 基础信息类数据结构

编号	数据表名	数据元素标识符	数据元素名
0101	电子账簿	010101	电子账簿编号
		010102	电子账簿名称
		010103	会计核算单位
		010104	组织机构代码
		010105	单位性质
		010106	行业
		010107	行政区划代码
		010108	开发单位
		010109	版本号
		010110	本位币
		010111	会计年度
		010112	标准版本号
0102	会计期间	010111	会计年度
		010201	会计期间号
		010202	会计期间起始日期
		010203	会计期间结束日期
0103	币种	010301	币种编码
		010302	币种名称
0104	汇率类型	010401	汇率类型编号
		010402	汇率类型名称
0105	银行信息	010501	银行代码
		010502	银行名称
0106	银行账户	010601	银行账户编码
		010602	银行账户名称
		010501	开户银行代码
		010502	开户银行名称
		010603	银行账号
		010604	账户类型
0107	财政管理级次	010701	财政管理级次代码
		010702	财政管理级次名称
0108	预算单位	010801	预算单位代码
		010802	预算单位名称

表 1（续）

编号	数据表名	数据元素标识符	数据元素名
0109	收入分类科目	010901	收入分类科目代码
		010902	收入分类科目名称
0111	支出功能分类	011101	支出功能分类编码
		011102	支出功能分类名称
0112	政府支出管理结构	011201	政府支出管理结构代码
		011202	政府支出管理结构名称
0113	支出经济分类	011301	支出经济分类编码
		011302	支出经济分类名称
0114	财政内部机构	011401	财政内部机构代码
		011402	财政内部机构名称
0115	预算项目	011501	项目编码
		011502	项目名称
		011503	级次
		011504	项目类型
		011505	项目类别
		011506	项目申报属性
		011507	项目起始日期
		011508	项目结束日期
0116	预算来源	011601	预算来源编码
		011602	预算来源名称
0117	预算来源性质	011701	预算来源性质编码
		011702	预算来源性质名称
0118	资金性质	011801	资金性质编码
		011802	资金性质名称
0119	拨款期间属性	011901	拨款期间属性编码
		011902	拨款期间属性名称
0120	结算方式	012001	结算方式编码
		012002	结算方式名称
0121	支付方式	012101	支付方式编码
		012102	支付方式名称
0122	支出类型	012201	支出类型编码
		012202	支出类型名称
0140	结算事项体制	014001	结算事项代码
		014002	结算事项名称

表 1（续）

编号	数据表名	数据元素标识符	数据元素名
0160	扩展项目	016001	扩展编码
		016002	扩展名称
		016003	扩展描述
		016004	有否层级特征
		016005	扩展项目编码规则
0161	扩展项目值	016001	扩展编码
		016101	扩展项目值编码
		016102	扩展项目值名称
		016103	扩展项目值描述
		016104	扩展项目值父节点
		016105	扩展项目值级次

5.2.2 总预算账类数据结构(见表 2)

表 2 总预算账类数据结构

编号	数据表名	数据元素标识符	数据元素名
0201	总账基础信息	020101	结构分隔符
		020102	会计科目编码规则
		020103	凭证头可扩展字段结构
		020104	凭证头可扩展结构对应档案
		020105	分录行可扩展字段结构
		020106	分录扩展字段对应档案
0202	记账凭证类型	020201	记账凭证类型编号
		020202	记账凭证类型名称
		020203	记账凭证类型简称
0203	会计科目	020301	科目编号
		020302	科目名称
		020303	科目级次
		020304	科目类型
		020305	余额方向
0204	科目辅助核算	020301	科目编号
		020401	辅助项编号
		020402	辅助项名称
		020403	对应档案
		020404	辅助项描述

表 2（续）

编号	数据表名	数据元素标识符	数据元素名
0205	账户余额及发生额	020301	科目编号
		020401	辅助项 1 编号
		020401	辅助项 2 编号
		020401	辅助项 3 编号
		020401	辅助项 4 编号
		020401	辅助项 5 编号
		020401	辅助项 6 编号
		020401	辅助项 7 编号
		020401	辅助项 8 编号
		020401	辅助项 9 编号
		020401	辅助项 10 编号
		020401	辅助项 11 编号
		020401	辅助项 12 编号
		020401	辅助项 13 编号
		020401	辅助项 14 编号
		020401	辅助项 15 编号
		020401	辅助项 16 编号
		020401	辅助项 17 编号
		020401	辅助项 18 编号
		020401	辅助项 19 编号
		020401	辅助项 20 编号
		020401	辅助项 21 编号
		020401	辅助项 22 编号
		020401	辅助项 23 编号
		020401	辅助项 24 编号
		020401	辅助项 25 编号
		020401	辅助项 26 编号
		020401	辅助项 27 编号
		020401	辅助项 28 编号
		020401	辅助项 29 编号
		020401	辅助项 30 编号
		020501	期初余额方向
		020502	期末余额方向
		010301	币种编码

表 2（续）

编号	数据表名	数据元素标识符	数据元素名
0205	账户余额及发生额	010111	会计年度
		010201	会计期间号
		020503	期初原币余额
		020504	期初本币余额
		020505	借方原币金额
		020506	借方本币金额
		020507	贷方原币金额
		020508	贷方本币金额
		020509	期末原币余额
		020510	期末本币余额
0206	记账凭证	020601	记账凭证日期
		010111	会计年度
		010201	会计期间号
		020201	记账凭证类型编号
		020602	记账凭证编号
		020603	记账凭证行号
		020604	记账凭证摘要
		020301	科目编号
		020401	辅助项 1 编号
		020401	辅助项 2 编号
		020401	辅助项 3 编号
		020401	辅助项 4 编号
		020401	辅助项 5 编号
		020401	辅助项 6 编号
		020401	辅助项 7 编号
		020401	辅助项 8 编号
		020401	辅助项 9 编号
		020401	辅助项 10 编号
		020401	辅助项 11 编号
		020401	辅助项 12 编号
		020401	辅助项 13 编号
		020401	辅助项 14 编号
		020401	辅助项 15 编号
		020401	辅助项 16 编号

表 2（续）

编号	数据表名	数据元素标识符	数据元素名
0206	记账凭证	020401	辅助项 17 编号
		020401	辅助项 18 编号
		020401	辅助项 19 编号
		020401	辅助项 20 编号
		020401	辅助项 21 编号
		020401	辅助项 22 编号
		020401	辅助项 23 编号
		020401	辅助项 24 编号
		020401	辅助项 25 编号
		020401	辅助项 26 编号
		020401	辅助项 27 编号
		020401	辅助项 28 编号
		020401	辅助项 29 编号
		020401	辅助项 30 编号
		010301	币种编码
		020505	借方原币金额
		020506	借方本币金额
		020507	贷方原币金额
		020508	贷方本币金额
		010401	汇率类型编号
		020605	汇率
		020606	凭证头可扩展字段结构值
		020607	分录行可扩展字段结构值
		020608	指标文号
		012001	结算方式编码
		020609	票据类型
		020610	票据号
		020611	票据日期
		020612	附件数
		020613	制单人
		020614	审核人
		020615	记账人
		020616	出纳人
		020617	财务主管

表 2（续）

编号	数据表名	数据元素标识符	数据元素名
0206	记账凭证	020618	记账标志
		020619	作废标志
		020620	凭证来源系统
0207	报表集	020701	报表编号
		020702	报表名称
		020703	报告日
		020704	报告期
		020705	编制单位
		020706	货币单位
0208	报表项数据	020701	报表编号
		020801	报表项编号
		020802	报表项名称
		020803	报表项公式
		020804	报表项数值

5.2.3 收入事项类数据结构(见表 3)

表 3 收入事项类数据结构

编号	数据表名	数据元素标识符	数据元素名
0301	税收收入	030101	税收收入汇总编码
		020301	科目编号
		010601	银行账户编码
		010602	银行账户名称
		010501	开户银行代码
		010502	开户银行名称
		010603	银行账号
		010604	账户类型
		010901	收入分类科目代码
		010902	收入分类科目名称
		030102	税收收入金额
0302	社保基金	030201	社保基金汇总编码
		020301	科目编号
		010601	银行账户编码
		010602	银行账户名称

表 3（续）

编号	数据表名	数据元素标识符	数据元素名
0302	社保基金	010501	开户银行代码
		010502	开户银行名称
		010603	银行账号
		010604	账户类型
		010901	收入分类科目代码
		010902	收入分类科目名称
		030202	社保基金收入金额
0303	非税收入	030301	非税收入汇总编码
		020301	科目编号
		010601	银行账户编码
		010602	银行账户名称
		010501	开户银行代码
		010502	开户银行名称
		010603	银行账号
		010604	账户类型
		010901	收入分类科目代码
		010902	收入分类科目名称
		030302	非税收入项目代码
		030303	非税收入项目名称
		030304	收缴方式代码
		030305	收缴方式名称
		030306	分成标准类型代码
		030307	分成标准类型名称
		030308	分成方向代码
		030309	分成方向名称
		030310	分成标准
		030311	非税收入金额
0304	贷款转贷回收本金收入	030401	贷款转贷回收本金收入汇总编码
		020301	科目编号
		010601	银行账户编码

表 3（续）

编号	数据表名	数据元素标识符	数据元素名
0304	贷款转贷回收本金收入	010602	银行账户名称
		010501	开户银行代码
		010502	开户银行名称
		010603	银行账号
		010604	账户类型
		010901	收入分类科目代码
		010902	收入分类科目名称
		030402	贷款转贷回收本金收入金额
0305	债务收入	030501	债务收入汇总编码
		020301	科目编号
		010601	银行账户编码
		010602	银行账户名称
		010501	开户银行代码
		010502	开户银行名称
		010603	银行账号
		010604	账户类型
		010901	收入分类科目代码
		010902	收入分类科目名称
		030502	债务收入金额
0306	转移性收入	030601	转移性收入汇总编码
		020301	科目编号
		010601	银行账户编码
		010602	银行账户名称
		010501	开户银行代码
		010502	开户银行名称
		010603	银行账号
		010604	账户类型
		010701	财政管理级次代码
		010702	财政管理级次名称
		010901	收入分类科目代码
		010902	收入分类科目名称
		030602	转移性收入金额

5.2.4 支出事项类数据结构(见表4)

表4 支出事项类数据结构

编号	数据表名	数据元素标识符	数据元素名
0401	预算指标	040101	预算指标编码
		040102	业务日期
		040103	发文文号
		040104	发文日期
		020301	科目编号
		010801	预算单位代码
		010802	预算单位名称
		011101	支出功能分类编码
		011102	支出功能分类名称
		011301	支出经济分类编码
		011302	支出经济分类名称
		011401	财政内部机构代码
		011402	财政内部机构名称
		011201	政府支出管理结构代码
		011202	政府支出管理结构名称
		011501	项目编码
		011502	项目名称
		011601	预算来源编码
		011602	预算来源名称
		011701	预算来源性质编码
		011702	预算来源性质名称
		011801	资金性质编码
		011802	资金性质名称
		016001	扩展项目1编码
		016101	扩展项目1值编码
		016102	扩展项目1值名称
		016001	扩展项目2编码
		016101	扩展项目2值编码
		016102	扩展项目2值名称
		016001	扩展项目3编码
		016101	扩展项目3值编码
		016102	扩展项目3值名称

表 4（续）

编号	数据表名	数据元素标识符	数据元素名
0401	预算指标	016001	扩展项目 4 编码
		016101	扩展项目 4 值编码
		016102	扩展项目 4 值名称
		016001	扩展项目 5 编码
		016101	扩展项目 5 值编码
		016102	扩展项目 5 值名称
		040105	本年预算数
		040106	累计调整数
0402	支付凭证	040201	支付凭证编码
		020301	科目编号
		040102	业务日期
		010801	预算单位代码
		010802	预算单位名称
		011101	支出功能分类编码
		011102	支出功能分类名称
		011201	政府支出管理结构代码
		011202	政府支出管理结构名称
		011301	支出经济分类编码
		011302	支出经济分类名称
		011401	财政内部机构代码
		011402	财政内部机构名称
		011501	项目编码
		011502	项目名称
		011801	资金性质编码
		011802	资金性质名称
		011901	拨款期间属性编码
		011902	拨款期间属性名称
		012001	结算方式编码
		012002	结算方式名称
		012101	支付方式编码
		012102	支付方式名称
		012201	支出类型编码
		012202	支出类型名称
		040202	收款人名称

表 4（续）

编号	数据表名	数据元素标识符	数据元素名
0402	支付凭证	040203	收款人银行名称
		040204	收款人银行账号
		040205	付款人名称
		040206	付款人银行名称
		040207	付款人银行账号
		016001	扩展项目 1 编码
		016101	扩展项目 1 值编码
		016102	扩展项目 1 值名称
		016001	扩展项目 2 编码
		016101	扩展项目 2 值编码
		016102	扩展项目 2 值名称
		016001	扩展项目 3 编码
		016101	扩展项目 3 值编码
		016102	扩展项目 3 值名称
		016001	扩展项目 4 编码
		016101	扩展项目 4 值编码
		016102	扩展项目 4 值名称
		016001	扩展项目 5 编码
		016101	扩展项目 5 值编码
		016102	扩展项目 5 值名称
		040208	支付金额
		040209	支付摘要
		040210	是否政府采购
		040211	政府采购确认函号
0403	预算执行情况	040301	预算执行情况汇总编码
		040302	预算年度
		020301	科目编号
		010801	预算单位代码
		010802	预算单位名称
		011101	支出功能分类编码
		011102	支出功能分类名称
		011301	支出经济分类编码
		011302	支出经济分类名称
		011401	财政内部机构代码

表 4（续）

编号	数据表名	数据元素标识符	数据元素名
0403	预算执行情况	011402	财政内部机构名称
		011201	政府支出管理结构代码
		011202	政府支出管理结构名称
		011501	项目编码
		011502	项目名称
		011601	预算来源编码
		011602	预算来源名称
		011701	预算来源性质编码
		011702	预算来源性质名称
		011801	资金性质编码
		011802	资金性质名称
		012201	支出类型编码
		012202	支出类型名称
		040105	本年预算数
		040303	本年调整数
		040304	本年执行数

5.2.5 结算、结余事项类数据结构(见表 5)

表 5 结算、结余事项类数据结构

编号	数据表名	数据元素标识符	数据元素名
0501	期初金额	050101	期初金额汇总编码
		040302	预算年度
		050102	期初金额总计
		050103	一般预算期初金额
		050104	政府性基金期初金额
		050105	社会保险基金期初金额
		050106	预算外期初金额
		050107	其他期初金额
		050108	转移性支出期初金额
		050109	转移性支出中一般预算期初金额
		050110	转移性支出中政府性基金预算期初金额
		050111	转移性支出中社会保险基金预算期初金额
		050112	转移性支出中预算外期初金额
		050113	转移性支出中其他期初金额

表 5（续）

编号	数据表名	数据元素标识符	数据元素名
0502	结算事项	014001	结算事项代码
		014002	结算事项名称
		050201	汇总金额
0503	年终结余	050301	年终结余汇总编码
		040302	预算年度
		050302	年终结余总计
		050303	一般预算年终结余
		050304	政府性基金预算年终结余
		050305	社会保险基金预算年终结余
		050306	预算外年终结余
		050307	其他年终结余
		050308	转移性支出年终总结余
		050309	转移性支出中一般预算年终结余
		050310	转移性支出中政府性基金预算年终结余
		050311	转移性支出中社会保险基金预算年终结余
		050312	转移性支出中预算外年终结余
		050313	转移性支出中其他年终结余

5.3 输出文件的输出说明

本部分应按照实际存在的数据内容来确定数据文件的输出内容，数据文件的结构要求按照 5.2 各项数据结构内容进行输出。

5.4 输出文件的时间要求

本部分规定的会计软件数据接口的数据文件的输出时间要求见表 6。

表 6 输出文件的时间要求

文件分类		输出文件			
分类码	分类名称	编号	数据表名	数据表类型	输出时间要求
01	基础信息	0101	电子账簿	基础信息	一次性输出
		0102	会计期间	基础信息	一次性输出
		0103	币种	基础信息	一次性输出
		0104	汇率类型	基础信息	一次性输出
		0105	银行信息	基础信息	一次性输出
		0106	银行账户	基础信息	一次性输出

表 6（续）

文件分类		输出文件			
分类码	分类名称	编号	数据表名	数据表类型	输出时间要求
01	基础信息	0107	财政管理级次	基础信息	一次性输出
		0108	预算单位	基础信息	一次性输出
		0109	收入分类科目	基础信息	一次性输出
		0111	支出功能分类	基础信息	一次性输出
		0112	政府支出管理结构	基础信息	一次性输出
		0113	支出经济分类	基础信息	一次性输出
		0114	财政内部机构	基础信息	一次性输出
		0115	预算项目	基础信息	一次性输出
		0116	预算来源	基础信息	一次性输出
		0117	预算来源性质	基础信息	一次性输出
		0118	资金性质	基础信息	一次性输出
		0119	拨款期间属性	基础信息	一次性输出
		0120	结算方式	基础信息	一次性输出
		0121	支付方式	基础信息	一次性输出
		0122	支出类型	基础信息	一次性输出
		0140	结算事项体制	基础信息	一次性输出
		0160	扩展项目	基础信息	一次性输出
		0161	扩展项目值	基础信息	一次性输出
02	总账	0201	总账基础信息	业务数据	一次性输出
		0202	记账凭证类型	业务数据	一次性输出
		0203	会计科目	业务数据	一次性输出
		0204	科目辅助核算	业务数据	一次性输出
		0205	账户余额及发生额	业务数据	按月输出
		0206	记账凭证	业务数据	按月输出
		0207	报表集	业务数据	按月输出
		0208	报表项数据	业务数据	按月输出
03	收入事项	0301	税收收入	业务数据	一次性输出
		0302	社保基金	业务数据	一次性输出
		0303	非税收入	业务数据	一次性输出
		0304	贷款转贷回收本金收入	业务数据	一次性输出
		0305	债务收入	业务数据	一次性输出
		0306	转移性收入	业务数据	一次性输出

表 6（续）

文件分类		输出文件			
分类码	分类名称	编号	数据表名	数据表类型	输出时间要求
04	支出事项	0401	预算指标	业务数据	一次性输出
		0402	支付凭证	业务数据	一次性输出
		0403	预算执行情况	业务数据	一次性输出
05	结算、结余事项	0501	期初金额	业务数据	一次性输出
		0502	结算事项	业务数据	一次性输出
		0503	年终结余	业务数据	一次性输出

6 符合性评价

声称符合本部分的产品应符合第 4 章和第 5 章的要求。均需获得指定机构的标准符合性证明。

附 录 A
(资料性附录)
总预算会计核算软件数据接口的 XML 大纲(Schema)

A.1 标准元素类型类 XML 大纲(Schema)

```
<? xml version="1.0" encoding="GB18030"?>
<xs:schema xmlns:xs="http://www.w3.org/2001/XMLSchema" xmlns:总预算
="http://sxbw.audit.gov.cn/AccountingSoftwareDataInterfaceStandard/2010/PSGA/XMLSchema"
xmlns = " http://sxbw. audit. gov. cn/AccountingSoftwareDataInterfaceStandard/2010/PSGA/
XMLSchema"
targetNamespace = "http://sxbw.audit.gov.cn/AccountingSoftwareDataInterfaceStandard/2010/
PSGA/XMLSchema" elementFormDefault="qualified" attributeFormDefault="unqualified">
    <xs:attribute name="locID">
        <xs:annotation>
            <xs:documentation>数据标识符</xs:documentation>
        </xs:annotation>
        <xs:simpleType>
            <xs:restriction base="xs:string"/>
        </xs:simpleType>
    </xs:attribute>
    <xs:simpleType name="电子账簿编号类型">
        <xs:restriction base="xs:string">
            <xs:maxLength value="60"/>
        </xs:restriction>
    </xs:simpleType>
    <xs:simpleType name="电子账簿名称类型">
        <xs:restriction base="xs:string">
            <xs:maxLength value="200"/>
        </xs:restriction>
    </xs:simpleType>
    <xs:simpleType name="会计核算单位类型">
        <xs:restriction base="xs:string">
            <xs:maxLength value="200"/>
        </xs:restriction>
    </xs:simpleType>
    <xs:simpleType name="组织机构代码类型">
        <xs:restriction base="xs:string">
            <xs:maxLength value="20"/>
        </xs:restriction>
    </xs:simpleType>
```

```
<xs:simpleType name="单位性质类型">
    <xs:restriction base="xs:string">
        <xs:maxLength value="8"/>
    </xs:restriction>
</xs:simpleType>
<xs:simpleType name="行业类型">
    <xs:restriction base="xs:string">
        <xs:maxLength value="20"/>
    </xs:restriction>
</xs:simpleType>
<xs:simpleType name="行政区划代码类型">
    <xs:restriction base="xs:string">
        <xs:maxLength value="20"/>
    </xs:restriction>
</xs:simpleType>
<xs:simpleType name="开发单位类型">
    <xs:restriction base="xs:string">
        <xs:maxLength value="200"/>
    </xs:restriction>
</xs:simpleType>
<xs:simpleType name="版本号类型">
    <xs:restriction base="xs:string">
        <xs:maxLength value="20"/>
    </xs:restriction>
</xs:simpleType>
<xs:simpleType name="本位币类型">
    <xs:restriction base="xs:string">
        <xs:maxLength value="30"/>
    </xs:restriction>
</xs:simpleType>
<xs:simpleType name="会计年度类型">
    <xs:restriction base="xs:string">
        <xs:maxLength value="4"/>
    </xs:restriction>
</xs:simpleType>
<xs:simpleType name="标准版本号类型">
    <xs:restriction base="xs:string">
        <xs:maxLength value="30"/>
    </xs:restriction>
</xs:simpleType>
<xs:simpleType name="会计期间号类型">
    <xs:restriction base="xs:string">
        <xs:maxLength value="20"/>
```

```
    </xs:restriction>
</xs:simpleType>
<xs:simpleType name="会计期间起始日期类型">
    <xs:restriction base="xs:string">
        <xs:maxLength value="8"/>
    </xs:restriction>
</xs:simpleType>
<xs:simpleType name="会计期间结束日期类型">
    <xs:restriction base="xs:string">
        <xs:maxLength value="8"/>
    </xs:restriction>
</xs:simpleType>
<xs:simpleType name="币种编码类型">
    <xs:restriction base="xs:string">
        <xs:maxLength value="10"/>
    </xs:restriction>
</xs:simpleType>
<xs:simpleType name="币种名称类型">
    <xs:restriction base="xs:string">
        <xs:maxLength value="30"/>
    </xs:restriction>
</xs:simpleType>
<xs:simpleType name="汇率类型编号类型">
    <xs:restriction base="xs:string">
        <xs:maxLength value="60"/>
    </xs:restriction>
</xs:simpleType>
<xs:simpleType name="汇率类型名称类型">
    <xs:restriction base="xs:string">
        <xs:maxLength value="60"/>
    </xs:restriction>
</xs:simpleType>
<xs:simpleType name="银行代码类型">
    <xs:restriction base="xs:string">
        <xs:maxLength value="30"/>
    </xs:restriction>
</xs:simpleType>
<xs:simpleType name="银行名称类型">
    <xs:restriction base="xs:string">
        <xs:maxLength value="60"/>
    </xs:restriction>
</xs:simpleType>
<xs:simpleType name="银行账户编码类型">
```

```
        <xs:restriction base="xs:string">
            <xs:maxLength value="30"/>
        </xs:restriction>
    </xs:simpleType>
    <xs:simpleType name="银行账户名称类型">
        <xs:restriction base="xs:string">
            <xs:maxLength value="60"/>
        </xs:restriction>
    </xs:simpleType>
    <xs:simpleType name="银行账号类型">
        <xs:restriction base="xs:string">
            <xs:maxLength value="40"/>
        </xs:restriction>
    </xs:simpleType>
    <xs:simpleType name="账户类型类型">
        <xs:restriction base="xs:string">
            <xs:maxLength value="30"/>
        </xs:restriction>
    </xs:simpleType>
    <xs:simpleType name="财政管理级次代码类型">
        <xs:restriction base="xs:string">
            <xs:maxLength value="20"/>
        </xs:restriction>
    </xs:simpleType>
    <xs:simpleType name="财政管理级次名称类型">
        <xs:restriction base="xs:string">
            <xs:maxLength value="200"/>
        </xs:restriction>
    </xs:simpleType>
    <xs:simpleType name="预算单位代码类型">
        <xs:restriction base="xs:string">
            <xs:maxLength value="30"/>
        </xs:restriction>
    </xs:simpleType>
    <xs:simpleType name="预算单位名称类型">
        <xs:restriction base="xs:string">
            <xs:maxLength value="60"/>
        </xs:restriction>
    </xs:simpleType>
    <xs:simpleType name="收入分类科目代码类型">
        <xs:restriction base="xs:string">
            <xs:maxLength value="20"/>
        </xs:restriction>
```

```
</xs:simpleType>
<xs:simpleType name="收入分类科目名称类型">
    <xs:restriction base="xs:string">
        <xs:maxLength value="200"/>
    </xs:restriction>
</xs:simpleType>
<xs:simpleType name="支出功能分类编码类型">
    <xs:restriction base="xs:string">
        <xs:maxLength value="20"/>
    </xs:restriction>
</xs:simpleType>
<xs:simpleType name="支出功能分类名称类型">
    <xs:restriction base="xs:string">
        <xs:maxLength value="200"/>
    </xs:restriction>
</xs:simpleType>
<xs:simpleType name="政府支出管理结构代码类型">
    <xs:restriction base="xs:string">
        <xs:maxLength value="20"/>
    </xs:restriction>
</xs:simpleType>
<xs:simpleType name="政府支出管理结构名称类型">
    <xs:restriction base="xs:string">
        <xs:maxLength value="200"/>
    </xs:restriction>
</xs:simpleType>
<xs:simpleType name="支出经济分类编码类型">
    <xs:restriction base="xs:string">
        <xs:maxLength value="20"/>
    </xs:restriction>
</xs:simpleType>
<xs:simpleType name="支出经济分类名称类型">
    <xs:restriction base="xs:string">
        <xs:maxLength value="200"/>
    </xs:restriction>
</xs:simpleType>
<xs:simpleType name="财政内部机构代码类型">
    <xs:restriction base="xs:string">
        <xs:maxLength value="30"/>
    </xs:restriction>
</xs:simpleType>
<xs:simpleType name="财政内部机构名称类型">
    <xs:restriction base="xs:string">
```

```
        〈xs:maxLength value = "60"/〉
    〈/xs:restriction〉
〈/xs:simpleType〉
〈xs:simpleType name = "项目编码类型"〉
    〈xs:restriction base = "xs:string"〉
        〈xs:maxLength value = "30"/〉
    〈/xs:restriction〉
〈/xs:simpleType〉
〈xs:simpleType name = "项目名称类型"〉
    〈xs:restriction base = "xs:string"〉
        〈xs:maxLength value = "60"/〉
    〈/xs:restriction〉
〈/xs:simpleType〉
〈xs:simpleType name = "级次类型"〉
    〈xs:restriction base = "xs:short"/〉
〈/xs:simpleType〉
〈xs:simpleType name = "项目类型类型"〉
    〈xs:restriction base = "xs:string"〉
        〈xs:maxLength value = "30"/〉
    〈/xs:restriction〉
〈/xs:simpleType〉
〈xs:simpleType name = "项目类别类型"〉
    〈xs:restriction base = "xs:string"〉
        〈xs:maxLength value = "30"/〉
    〈/xs:restriction〉
〈/xs:simpleType〉
〈xs:simpleType name = "项目申报属性类型"〉
    〈xs:restriction base = "xs:string"〉
        〈xs:maxLength value = "30"/〉
    〈/xs:restriction〉
〈/xs:simpleType〉
〈xs:simpleType name = "项目起始日期类型"〉
    〈xs:restriction base = "xs:string"〉
        〈xs:maxLength value = "8"/〉
    〈/xs:restriction〉
〈/xs:simpleType〉
〈xs:simpleType name = "项目结束日期类型"〉
    〈xs:restriction base = "xs:string"〉
        〈xs:maxLength value = "8"/〉
    〈/xs:restriction〉
〈/xs:simpleType〉
〈xs:simpleType name = "预算来源编码类型"〉
    〈xs:restriction base = "xs:string"〉
```

```
        <xs:maxLength value = "20"/>
    </xs:restriction>
</xs:simpleType>
<xs:simpleType name = "预算来源名称类型">
    <xs:restriction base = "xs:string">
        <xs:maxLength value = "200"/>
    </xs:restriction>
</xs:simpleType>
<xs:simpleType name = "预算来源性质编码类型">
    <xs:restriction base = "xs:string">
        <xs:maxLength value = "20"/>
    </xs:restriction>
</xs:simpleType>
<xs:simpleType name = "预算来源性质名称类型">
    <xs:restriction base = "xs:string">
        <xs:maxLength value = "200"/>
    </xs:restriction>
</xs:simpleType>
<xs:simpleType name = "资金性质编码类型">
    <xs:restriction base = "xs:short"/>
</xs:simpleType>
<xs:simpleType name = "资金性质名称类型">
    <xs:restriction base = "xs:string">
        <xs:maxLength value = "60"/>
    </xs:restriction>
</xs:simpleType>
<xs:simpleType name = "拨款期间属性编码类型">
    <xs:restriction base = "xs:string">
        <xs:maxLength value = "20"/>
    </xs:restriction>
</xs:simpleType>
<xs:simpleType name = "拨款期间属性名称类型">
    <xs:restriction base = "xs:string">
        <xs:maxLength value = "200"/>
    </xs:restriction>
</xs:simpleType>
<xs:simpleType name = "结算方式编码类型">
    <xs:restriction base = "xs:string">
        <xs:maxLength value = "20"/>
    </xs:restriction>
</xs:simpleType>
<xs:simpleType name = "结算方式名称类型">
    <xs:restriction base = "xs:string">
```

```
        〈xs:maxLength value = "60"/〉
    〈/xs:restriction〉
〈/xs:simpleType〉
〈xs:simpleType name = "支付方式编码类型"〉
    〈xs:restriction base = "xs:string"〉
        〈xs:maxLength value = "20"/〉
    〈/xs:restriction〉
〈/xs:simpleType〉
〈xs:simpleType name = "支付方式名称类型"〉
    〈xs:restriction base = "xs:string"〉
        〈xs:maxLength value = "200"/〉
    〈/xs:restriction〉
〈/xs:simpleType〉
〈xs:simpleType name = "支出类型编码类型"〉
    〈xs:restriction base = "xs:string"〉
        〈xs:maxLength value = "20"/〉
    〈/xs:restriction〉
〈/xs:simpleType〉
〈xs:simpleType name = "支出类型名称类型"〉
    〈xs:restriction base = "xs:string"〉
        〈xs:maxLength value = "200"/〉
    〈/xs:restriction〉
〈/xs:simpleType〉
〈xs:simpleType name = "结算事项代码类型"〉
    〈xs:restriction base = "xs:string"〉
        〈xs:maxLength value = "20"/〉
    〈/xs:restriction〉
〈/xs:simpleType〉
〈xs:simpleType name = "结算事项名称类型"〉
    〈xs:restriction base = "xs:string"〉
        〈xs:maxLength value = "200"/〉
    〈/xs:restriction〉
〈/xs:simpleType〉
〈xs:simpleType name = "扩展编码类型"〉
    〈xs:restriction base = "xs:string"〉
        〈xs:maxLength value = "30"/〉
    〈/xs:restriction〉
〈/xs:simpleType〉
〈xs:simpleType name = "扩展名称类型"〉
    〈xs:restriction base = "xs:string"〉
        〈xs:maxLength value = "60"/〉
    〈/xs:restriction〉
〈/xs:simpleType〉
```

```
〈xs:simpleType name="扩展描述类型"〉
    〈xs:restriction base="xs:string"〉
        〈xs:maxLength value="1000"/〉
    〈/xs:restriction〉
〈/xs:simpleType〉
〈xs:simpleType name="有否层级特征类型"〉
    〈xs:restriction base="xs:short"/〉
〈/xs:simpleType〉
〈xs:simpleType name="扩展项目编码规则类型"〉
    〈xs:restriction base="xs:string"〉
        〈xs:maxLength value="30"/〉
    〈/xs:restriction〉
〈/xs:simpleType〉
〈xs:simpleType name="扩展项目值编码类型"〉
    〈xs:restriction base="xs:string"〉
        〈xs:maxLength value="30"/〉
    〈/xs:restriction〉
〈/xs:simpleType〉
〈xs:simpleType name="扩展项目值名称类型"〉
    〈xs:restriction base="xs:string"〉
        〈xs:maxLength value="200"/〉
    〈/xs:restriction〉
〈/xs:simpleType〉
〈xs:simpleType name="扩展项目值描述类型"〉
    〈xs:restriction base="xs:string"〉
        〈xs:maxLength value="1000"/〉
    〈/xs:restriction〉
〈/xs:simpleType〉
〈xs:simpleType name="扩展项目值父节点类型"〉
    〈xs:restriction base="xs:string"〉
        〈xs:maxLength value="20"/〉
    〈/xs:restriction〉
〈/xs:simpleType〉
〈xs:simpleType name="扩展项目值级次类型"〉
    〈xs:restriction base="xs:short"〉
        〈xs:maxLength value="2"/〉
    〈/xs:restriction〉
〈/xs:simpleType〉
〈xs:simpleType name="结构分隔符类型"〉
    〈xs:restriction base="xs:string"〉
        〈xs:maxLength value="1"/〉
    〈/xs:restriction〉
〈/xs:simpleType〉
```

```
<xs:simpleType name="会计科目编码规则类型">
    <xs:restriction base="xs:string">
        <xs:maxLength value="200"/>
    </xs:restriction>
</xs:simpleType>
<xs:simpleType name="凭证头可扩展字段结构类型">
    <xs:restriction base="xs:string">
        <xs:maxLength value="2000"/>
    </xs:restriction>
</xs:simpleType>
<xs:simpleType name="凭证头可扩展结构对应档案类型">
    <xs:restriction base="xs:string">
        <xs:maxLength value="2000"/>
    </xs:restriction>
</xs:simpleType>
<xs:simpleType name="分录行可扩展字段结构类型">
    <xs:restriction base="xs:string">
        <xs:maxLength value="2000"/>
    </xs:restriction>
</xs:simpleType>
<xs:simpleType name="分录扩展字段对应档案类型">
    <xs:restriction base="xs:string">
        <xs:maxLength value="2000"/>
    </xs:restriction>
</xs:simpleType>
<xs:simpleType name="记账凭证类型编号类型">
    <xs:restriction base="xs:string">
        <xs:maxLength value="20"/>
    </xs:restriction>
</xs:simpleType>
<xs:simpleType name="记账凭证类型名称类型">
    <xs:restriction base="xs:string">
        <xs:maxLength value="60"/>
    </xs:restriction>
</xs:simpleType>
<xs:simpleType name="记账凭证类型简称类型">
    <xs:restriction base="xs:string">
        <xs:maxLength value="20"/>
    </xs:restriction>
</xs:simpleType>
<xs:simpleType name="科目编号类型">
    <xs:restriction base="xs:string">
        <xs:maxLength value="30"/>
```

```
    </xs:restriction>
</xs:simpleType>
<xs:simpleType name="科目名称类型">
    <xs:restriction base="xs:string">
        <xs:maxLength value="60"/>
    </xs:restriction>
</xs:simpleType>
<xs:simpleType name="科目级次类型">
    <xs:restriction base="xs:short"/>
</xs:simpleType>
<xs:simpleType name="科目类型类型">
    <xs:restriction base="xs:string">
        <xs:maxLength value="20"/>
    </xs:restriction>
</xs:simpleType>
<xs:simpleType name="余额方向类型">
    <xs:restriction base="xs:string">
        <xs:maxLength value="4"/>
    </xs:restriction>
</xs:simpleType>
<xs:simpleType name="辅助项编号类型">
    <xs:restriction base="xs:string">
        <xs:maxLength value="60"/>
    </xs:restriction>
</xs:simpleType>
<xs:simpleType name="辅助项名称类型">
    <xs:restriction base="xs:string">
        <xs:maxLength value="200"/>
    </xs:restriction>
</xs:simpleType>
<xs:simpleType name="对应档案类型">
    <xs:restriction base="xs:string">
        <xs:maxLength value="200"/>
    </xs:restriction>
</xs:simpleType>
<xs:simpleType name="辅助项描述类型">
    <xs:restriction base="xs:string">
        <xs:maxLength value="2000"/>
    </xs:restriction>
</xs:simpleType>
<xs:simpleType name="期初余额方向类型">
    <xs:restriction base="xs:string">
        <xs:maxLength value="4"/>
```

```
        </xs:restriction>
    </xs:simpleType>
      <xs:simpleType name="期末余额方向类型">
        <xs:restriction base="xs:string">
            <xs:maxLength value="4"/>
        </xs:restriction>
    </xs:simpleType>
    <xs:simpleType name="期初原币余额类型">
        <xs:restriction base="xs:double"/>
    </xs:simpleType>
    <xs:simpleType name="期初本币余额类型">
        <xs:restriction base="xs:double"/>
    </xs:simpleType>
    <xs:simpleType name="借方原币金额类型">
        <xs:restriction base="xs:double"/>
    </xs:simpleType>
    <xs:simpleType name="借方本币金额类型">
        <xs:restriction base="xs:double"/>
    </xs:simpleType>
    <xs:simpleType name="贷方原币金额类型">
        <xs:restriction base="xs:double"/>
    </xs:simpleType>
    <xs:simpleType name="贷方本币金额类型">
        <xs:restriction base="xs:double"/>
    </xs:simpleType>
    <xs:simpleType name="期末原币余额类型">
        <xs:restriction base="xs:double"/>
    </xs:simpleType>
    <xs:simpleType name="期末本币余额类型">
        <xs:restriction base="xs:double"/>
    </xs:simpleType>
    <xs:simpleType name="记账凭证日期类型">
        <xs:restriction base="xs:string">
            <xs:maxLength value="8"/>
        </xs:restriction>
    </xs:simpleType>
    <xs:simpleType name="记账凭证编号类型">
        <xs:restriction base="xs:string">
            <xs:maxLength value="20"/>
        </xs:restriction>
    </xs:simpleType>
    <xs:simpleType name="记账凭证行号类型">
        <xs:restriction base="xs:short"/>
```

```
〈/xs:simpleType〉
〈xs:simpleType name = "记账凭证摘要类型"〉
    〈xs:restriction base = "xs:string"〉
        〈xs:maxLength value = "100"/〉
    〈/xs:restriction〉
〈/xs:simpleType〉
〈xs:simpleType name = "汇率类型"〉
    〈xs:restriction base = "xs:double"/〉
〈/xs:simpleType〉
〈xs:simpleType name = "凭证头可扩展字段结构值类型"〉
    〈xs:restriction base = "xs:string"〉
        〈xs:maxLength value = "300"/〉
    〈/xs:restriction〉
〈/xs:simpleType〉
〈xs:simpleType name = "分录行可扩展字段结构值类型"〉
    〈xs:restriction base = "xs:string"〉
        〈xs:maxLength value = "300"/〉
    〈/xs:restriction〉
〈/xs:simpleType〉
〈xs:simpleType name = "指标文号类型"〉
    〈xs:restriction base = "xs:string"〉
        〈xs:maxLength value = "200"/〉
    〈/xs:restriction〉
〈/xs:simpleType〉
〈xs:simpleType name = "票据类型类型"〉
    〈xs:restriction base = "xs:string"〉
        〈xs:maxLength value = "20"/〉
    〈/xs:restriction〉
〈/xs:simpleType〉
〈xs:simpleType name = "票据号类型"〉
    〈xs:restriction base = "xs:string"〉
        〈xs:maxLength value = "20"/〉
    〈/xs:restriction〉
〈/xs:simpleType〉
〈xs:simpleType name = "票据日期类型"〉
    〈xs:restriction base = "xs:string"〉
        〈xs:maxLength value = "10"/〉
    〈/xs:restriction〉
〈/xs:simpleType〉
〈xs:simpleType name = "附件数类型"〉
    〈xs:restriction base = "xs:short"/〉
〈/xs:simpleType〉
〈xs:simpleType name = "制单人类型"〉
```

```
        <xs:restriction base="xs:string">
            <xs:maxLength value="20"/>
        </xs:restriction>
    </xs:simpleType>
    <xs:simpleType name="审核人类型">
        <xs:restriction base="xs:string">
            <xs:maxLength value="20"/>
        </xs:restriction>
    </xs:simpleType>
    <xs:simpleType name="记账人类型">
        <xs:restriction base="xs:string">
            <xs:maxLength value="20"/>
        </xs:restriction>
    </xs:simpleType>
    <xs:simpleType name="出纳人类型">
        <xs:restriction base="xs:string">
            <xs:maxLength value="20"/>
        </xs:restriction>
    </xs:simpleType>
    <xs:simpleType name="财务主管类型">
        <xs:restriction base="xs:string">
            <xs:maxLength value="20"/>
        </xs:restriction>
    </xs:simpleType>
    <xs:simpleType name="记账标志类型">
        <xs:restriction base="xs:string"/>
            <xs:maxLength value="1"/>
        </xs:restriction>
    </xs:simpleType>
    <xs:simpleType name="作废标志类型">
        <xs:restriction base="xs:string">
            <xs:maxLength value="1"/>
        </xs:restriction>
    </xs:simpleType>
    <xs:simpleType name="凭证来源系统类型">
        <xs:restriction base="xs:string">
            <xs:maxLength value="20"/>
        </xs:restriction>
    </xs:simpleType>
    <xs:simpleType name="报表编号类型">
        <xs:restriction base="xs:string">
            <xs:maxLength value="20"/>
        </xs:restriction>
```

```
〈/xs:simpleType〉
〈xs:simpleType name = "报表名称类型"〉
    〈xs:restriction base = "xs:string"〉
        〈xs:maxLength value = "60"/〉
    〈/xs:restriction〉
〈/xs:simpleType〉
〈xs:simpleType name = "报告日类型"〉
    〈xs:restriction base = "xs:string"〉
        〈xs:maxLength value = "10"/〉
    〈/xs:restriction〉
〈/xs:simpleType〉
〈xs:simpleType name = "报告期类型"〉
    〈xs:restriction base = "xs:string"〉
        〈xs:maxLength value = "10"/〉
    〈/xs:restriction〉
〈/xs:simpleType〉
〈xs:simpleType name = "编制单位类型"〉
    〈xs:restriction base = "xs:string"〉
        〈xs:maxLength value = "60"/〉
    〈/xs:restriction〉
〈/xs:simpleType〉
〈xs:simpleType name = "货币单位类型"〉
    〈xs:restriction base = "xs:string"〉
        〈xs:maxLength value = "60"/〉
    〈/xs:restriction〉
〈/xs:simpleType〉
〈xs:simpleType name = "报表项编号类型"〉
    〈xs:restriction base = "xs:string"〉
        〈xs:maxLength value = "20"/〉
    〈/xs:restriction〉
〈/xs:simpleType〉
〈xs:simpleType name = "报表项名称类型"〉
    〈xs:restriction base = "xs:string"〉
        〈xs:maxLength value = "200"/〉
    〈/xs:restriction〉
〈/xs:simpleType〉
〈xs:simpleType name = "报表项公式类型"〉
    〈xs:restriction base = "xs:string"〉
        〈xs:maxLength value = "2000"/〉
    〈/xs:restriction〉
〈/xs:simpleType〉
〈xs:simpleType name = "报表项数值类型"〉
    〈xs:restriction base = "xs:double"/〉
```

```
</xs:simpleType>
<xs:simpleType name="税收收入汇总编码类型">
    <xs:restriction base="xs:string">
        <xs:maxLength value="30"/>
    </xs:restriction>
</xs:simpleType>
<xs:simpleType name="税收收入金额类型">
    <xs:restriction base="xs:double"/>
</xs:simpleType>
<xs:simpleType name="社保基金汇总编码类型">
    <xs:restriction base="xs:string">
        <xs:maxLength value="30"/>
    </xs:restriction>
</xs:simpleType>
<xs:simpleType name="社保基金收入金额类型">
    <xs:restriction base="xs:double"/>
</xs:simpleType>
<xs:simpleType name="非税收入汇总编码类型">
    <xs:restriction base="xs:string">
        <xs:maxLength value="30"/>
    </xs:restriction>
</xs:simpleType>
<xs:simpleType name="非税收入项目代码类型">
    <xs:restriction base="xs:string">
        <xs:maxLength value="20"/>
    </xs:restriction>
</xs:simpleType>
<xs:simpleType name="非税收入项目名称类型">
    <xs:restriction base="xs:string">
        <xs:maxLength value="200"/>
    </xs:restriction>
</xs:simpleType>
<xs:simpleType name="收缴方式代码类型">
    <xs:restriction base="xs:string">
        <xs:maxLength value="20"/>
    </xs:restriction>
</xs:simpleType>
<xs:simpleType name="收缴方式名称类型">
    <xs:restriction base="xs:string">
        <xs:maxLength value="200"/>
    </xs:restriction>
</xs:simpleType>
<xs:simpleType name="分成标准类型代码类型">
```

```
    <xs:restriction base="xs:string">
        <xs:maxLength value="20"/>
    </xs:restriction>
</xs:simpleType>
<xs:simpleType name="分成标准类型名称类型">
    <xs:restriction base="xs:string">
        <xs:maxLength value="200"/>
    </xs:restriction>
</xs:simpleType>
<xs:simpleType name="分成方向代码类型">
    <xs:restriction base="xs:string">
        <xs:maxLength value="20"/>
    </xs:restriction>
</xs:simpleType>
<xs:simpleType name="分成方向名称类型">
    <xs:restriction base="xs:string">
        <xs:maxLength value="200"/>
    </xs:restriction>
</xs:simpleType>
<xs:simpleType name="分成标准类型">
    <xs:restriction base="xs:double"/>
</xs:simpleType>
<xs:simpleType name="非税收入金额类型">
    <xs:restriction base="xs:double"/>
</xs:simpleType>
<xs:simpleType name="贷款转贷回收本金收入汇总编码类型">
    <xs:restriction base="xs:string">
        <xs:maxLength value="30"/>
    </xs:restriction>
</xs:simpleType>
<xs:simpleType name="贷款转贷回收本金收入金额类型">
    <xs:restriction base="xs:double"/>
</xs:simpleType>
<xs:simpleType name="债务收入汇总编码类型">
    <xs:restriction base="xs:string">
        <xs:maxLength value="30"/>
    </xs:restriction>
</xs:simpleType>
<xs:simpleType name="债务收入金额类型">
    <xs:restriction base="xs:double"/>
</xs:simpleType>
<xs:simpleType name="转移性收入汇总编码类型">
    <xs:restriction base="xs:string">
```

```
            〈xs:maxLength value = "30"/〉
        〈/xs:restriction〉
    〈/xs:simpleType〉
    〈xs:simpleType name = "转移性收入金额类型"〉
        〈xs:restriction base = "xs:double"/〉
    〈/xs:simpleType〉
    〈xs:simpleType name = "预算指标编码类型"〉
        〈xs:restriction base = "xs:string"〉
            〈xs:maxLength value = "30"/〉
        〈/xs:restriction〉
    〈/xs:simpleType〉
    〈xs:simpleType name = "业务日期类型"〉
        〈xs:restriction base = "xs:string"〉
            〈xs:maxLength value = "8"/〉
        〈/xs:restriction〉
    〈/xs:simpleType〉
    〈xs:simpleType name = "发文文号类型"〉
        〈xs:restriction base = "xs:string"〉
            〈xs:maxLength value = "40"/〉
        〈/xs:restriction〉
    〈/xs:simpleType〉
    〈xs:simpleType name = "发文日期类型"〉
        〈xs:restriction base = "xs:string"〉
            〈xs:maxLength value = "8"/〉
        〈/xs:restriction〉
    〈/xs:simpleType〉
    〈xs:simpleType name = "预算支出结构类型"〉
        〈xs:restriction base = "xs:string"〉
            〈xs:maxLength value = "30"/〉
        〈/xs:restriction〉
    〈/xs:simpleType〉
    〈xs:simpleType name = "本年预算数类型"〉
        〈xs:restriction base = "xs:double"/〉
    〈/xs:simpleType〉
    〈xs:simpleType name = "累计调整数类型"〉
        〈xs:restriction base = "xs:double"/〉
    〈/xs:simpleType〉
    〈xs:simpleType name = "支付凭证编码类型"〉
        〈xs:restriction base = "xs:string"〉
            〈xs:maxLength value = "30"/〉
        〈/xs:restriction〉
    〈/xs:simpleType〉
    〈xs:simpleType name = "收款人名称类型"〉
```

```
    <xs:restriction base="xs:string">
        <xs:maxLength value="60"/>
    </xs:restriction>
</xs:simpleType>
<xs:simpleType name="收款人银行名称类型">
    <xs:restriction base="xs:string">
        <xs:maxLength value="60"/>
    </xs:restriction>
</xs:simpleType>
<xs:simpleType name="收款人银行账号类型">
    <xs:restriction base="xs:string">
        <xs:maxLength value="40"/>
    </xs:restriction>
</xs:simpleType>
<xs:simpleType name="付款人名称类型">
    <xs:restriction base="xs:string">
        <xs:maxLength value="60"/>
    </xs:restriction>
</xs:simpleType>
<xs:simpleType name="付款人银行名称类型">
    <xs:restriction base="xs:string">
        <xs:maxLength value="60"/>
    </xs:restriction>
</xs:simpleType>
<xs:simpleType name="付款人银行账号类型">
    <xs:restriction base="xs:string">
        <xs:maxLength value="40"/>
    </xs:restriction>
</xs:simpleType>
<xs:simpleType name="支付金额类型">
    <xs:restriction base="xs:double"/>
</xs:simpleType>
<xs:simpleType name="支付摘要类型">
    <xs:restriction base="xs:string">
        <xs:maxLength value="200"/>
    </xs:restriction>
</xs:simpleType>
<xs:simpleType name="是否政府采购类型">
    <xs:restriction base="xs:short"/>
</xs:simpleType>
<xs:simpleType name="政府采购确认函号类型">
    <xs:restriction base="xs:string">
        <xs:maxLength value="200"/>
```

```
        〈/xs:restriction〉
    〈/xs:simpleType〉
    〈xs:simpleType name="预算执行情况汇总编码类型"〉
        〈xs:restriction base="xs:string"〉
            〈xs:maxLength value="30"/〉
        〈/xs:restriction〉
    〈/xs:simpleType〉
    〈xs:simpleType name="预算年度类型"〉
        〈xs:restriction base="xs:string"〉
            〈xs:maxLength value="4"/〉
        〈/xs:restriction〉
    〈/xs:simpleType〉
    〈xs:simpleType name="本年调整数类型"〉
        〈xs:restriction base="xs:double"/〉
    〈/xs:simpleType〉
    〈xs:simpleType name="本年执行数类型"〉
        〈xs:restriction base="xs:double"/〉
    〈/xs:simpleType〉
    〈xs:simpleType name="期初金额汇总编码类型"〉
        〈xs:restriction base="xs:string"〉
            〈xs:maxLength value="30"/〉
        〈/xs:restriction〉
    〈/xs:simpleType〉
    〈xs:simpleType name="一般预算期初金额类型"〉
        〈xs:restriction base="xs:double"/〉
    〈/xs:simpleType〉
    〈xs:simpleType name="政府性基金期初金额类型"〉
        〈xs:restriction base="xs:double"/〉
    〈/xs:simpleType〉
    〈xs:simpleType name="社会保险基金期初金额类型"〉
        〈xs:restriction base="xs:double"/〉
    〈/xs:simpleType〉
    〈xs:simpleType name="预算外期初金额类型"〉
        〈xs:restriction base="xs:double"/〉
    〈/xs:simpleType〉
    〈xs:simpleType name="其他期初金额类型"〉
        〈xs:restriction base="xs:double"/〉
    〈/xs:simpleType〉
    〈xs:simpleType name="转移性支出期初金额类型"〉
        〈xs:restriction base="xs:double"/〉
    〈/xs:simpleType〉
    〈xs:simpleType name="转移性支出中一般预算期初金额类型"〉
        〈xs:restriction base="xs:double"/〉
```

```
</xs:simpleType>
<xs:simpleType name="转移性支出中政府性基金预算期初金额类型">
    <xs:restriction base="xs:double"/>
</xs:simpleType>
<xs:simpleType name="转移性支出中社会保险基金预算期初金额类型">
    <xs:restriction base="xs:double"/>
</xs:simpleType>
<xs:simpleType name="转移性支出中预算外期初金额类型">
    <xs:restriction base="xs:double"/>
</xs:simpleType>
<xs:simpleType name="转移性支出中其他期初金额类型">
    <xs:restriction base="xs:double"/>
</xs:simpleType>
<xs:simpleType name="汇总金额类型">
    <xs:restriction base="xs:double"/>
</xs:simpleType>
<xs:simpleType name="年终结余汇总编码类型">
    <xs:restriction base="xs:string">
        <xs:maxLength value="30"/>
    </xs:restriction>
</xs:simpleType>
<xs:simpleType name="一般预算年终结余类型">
    <xs:restriction base="xs:double"/>
</xs:simpleType>
<xs:simpleType name="政府性基金预算年终结余类型">
    <xs:restriction base="xs:double"/>
</xs:simpleType>
<xs:simpleType name="社会保险基金预算年终结余类型">
    <xs:restriction base="xs:double"/>
</xs:simpleType>
<xs:simpleType name="预算外年终结余类型">
    <xs:restriction base="xs:double"/>
</xs:simpleType>
<xs:simpleType name="其他年终结余类型">
    <xs:restriction base="xs:double"/>
</xs:simpleType>
<xs:simpleType name="转移性支出年终总结余类型">
    <xs:restriction base="xs:double"/>
</xs:simpleType>
<xs:simpleType name="转移性支出中一般预算年终结余类型">
    <xs:restriction base="xs:double"/>
</xs:simpleType>
<xs:simpleType name="转移性支出中政府性基金预算年终结余类型">
```

```
        <xs:restriction base="xs:double"/>
    </xs:simpleType>
    <xs:simpleType name="转移性支出中社会保险基金预算年终结余类型">
        <xs:restriction base="xs:double"/>
    </xs:simpleType>
    <xs:simpleType name="转移性支出中预算外年终结余类型">
        <xs:restriction base="xs:double"/>
    </xs:simpleType>
    <xs:simpleType name="转移性支出中其他年终结余类型">
        <xs:restriction base="xs:double"/>
    </xs:simpleType>
</xs:schema>
```

A.2 基础信息类 XML 大纲(Schema)

```
    <?xml version="1.0" encoding="GB18030"?>
    <xs:schema xmlns:xs="http://www.w3.org/2001/XMLSchema" xmlns:总预算
="http://sxbw.audit.gov.cn/AccountingSoftwareDataInterfaceStandard/2010/PSGA/XMLSchema"
xmlns = " http://sxbw. audit. gov. cn/AccountingSoftwareDataInterfaceStandard/2010/PSGA/
XMLSchema"
targetNamespace = "http://sxbw.audit.gov.cn/AccountingSoftwareDataInterfaceStandard/2010/
PSGA/XMLSchema" elementFormDefault="qualified" attributeFormDefault="unqualified">
        <xs:include schemaLocation="标准数据元素类型.xsd"/>
    <xs:element name="基础信息">
        <xs:complexType>
            <xs:sequence>
                <xs:element ref="电子账簿"/>
                <xs:element ref="会计期间" maxOccurs="unbounded"/>
                <xs:element ref="币种" maxOccurs="unbounded"/>
                <xs:element ref="汇率类型" maxOccurs="unbounded"/>
                <xs:element ref="银行信息" maxOccurs="unbounded"/>
                <xs:element ref="银行账户" maxOccurs="unbounded"/>
                <xs:element ref="财政管理级次" maxOccurs="unbounded"/>
                <xs:element ref="预算单位" maxOccurs="unbounded"/>
                <xs:element ref="收入分类科目" maxOccurs="unbounded"/>
                <xs:element ref="支出功能分类" maxOccurs="unbounded"/>
                <xs:element ref="政府支出管理结构" maxOccurs="unbounded"/>
                <xs:element ref="支出经济分类" maxOccurs="unbounded"/>
                <xs:element ref="财政内部机构" maxOccurs="unbounded"/>
                <xs:element ref="预算项目" maxOccurs="unbounded"/>
                <xs:element ref="预算来源" maxOccurs="unbounded"/>
                <xs:element ref="预算来源性质" maxOccurs="unbounded"/>
                <xs:element ref="资金性质" maxOccurs="unbounded"/>
```

```
            <xs:element ref="拨款期间属性" maxOccurs="unbounded"/>
            <xs:element ref="结算方式" maxOccurs="unbounded"/>
            <xs:element ref="支付方式" maxOccurs="unbounded"/>
            <xs:element ref="支出类型" maxOccurs="unbounded"/>
            <xs:element ref="结算事项体制" maxOccurs="unbounded"/>
            <xs:element ref="扩展项目" minOccurs="0" maxOccurs="unbounded"/>
            <xs:element ref="扩展项目值" minOccurs="0" maxOccurs="unbounded"/>
        </xs:sequence>
        <xs:attribute ref="locID" use="optional" fixed="S01"/>
    </xs:complexType>
</xs:element>
<xs:element name="电子账簿">
    <xs:complexType>
        <xs:sequence>
            <xs:element name="电子账簿编号">
                <xs:complexType>
                    <xs:simpleContent>
                        <xs:extension base="电子账簿编号类型">
                            <xs:attribute ref="locID" use="optional" fixed="010101"/>
                        </xs:extension>
                    </xs:simpleContent>
                </xs:complexType>
            </xs:element>
            <xs:element name="电子账簿名称">
                <xs:complexType>
                    <xs:simpleContent>
                        <xs:extension base="电子账簿名称类型">
                            <xs:attribute ref="locID" use="optional" fixed="010102"/>
                        </xs:extension>
                    </xs:simpleContent>
                </xs:complexType>
            </xs:element>
            <xs:element name="会计核算单位">
                <xs:complexType>
                    <xs:simpleContent>
                        <xs:extension base="会计核算单位类型">
                            <xs:attribute ref="locID" use="optional" fixed="010103"/>
                        </xs:extension>
                    </xs:simpleContent>
                </xs:complexType>
            </xs:element>
            <xs:element name="组织机构代码">
                <xs:complexType>
```

```
                <xs:simpleContent>
                    <xs:extension base="组织机构代码类型">
                        <xs:attribute ref="locID" use="optional" fixed="010104"/>
                    </xs:extension>
                </xs:simpleContent>
            </xs:complexType>
        </xs:element>
        <xs:element name="单位性质">
            <xs:complexType>
                <xs:simpleContent>
                    <xs:extension base="单位性质类型">
                        <xs:attribute ref="locID" use="optional" fixed="010105"/>
                    </xs:extension>
                </xs:simpleContent>
            </xs:complexType>
        </xs:element>
        <xs:element name="行业">
            <xs:complexType>
                <xs:simpleContent>
                    <xs:extension base="行业类型">
                        <xs:attribute ref="locID" use="optional" fixed="010106"/>
                    </xs:extension>
                </xs:simpleContent>
            </xs:complexType>
        </xs:element>
        <xs:element name="行政区划代码">
            <xs:complexType>
                <xs:simpleContent>
                    <xs:extension base="行政区划代码类型">
                        <xs:attribute ref="locID" use="optional" fixed="010107"/>
                    </xs:extension>
                </xs:simpleContent>
            </xs:complexType>
        </xs:element>
        <xs:element name="开发单位">
            <xs:complexType>
                <xs:simpleContent>
                    <xs:extension base="开发单位类型">
                        <xs:attribute ref="locID" use="optional" fixed="010108"/>
                    </xs:extension>
                </xs:simpleContent>
            </xs:complexType>
        </xs:element>
```

```
                <xs:element name="版本号">
                    <xs:complexType>
                        <xs:simpleContent>
                            <xs:extension base="版本号类型">
                                <xs:attribute ref="locID" use="optional" fixed="010109"/>
                            </xs:extension>
                        </xs:simpleContent>
                    </xs:complexType>
                </xs:element>
                <xs:element name="本位币">
                    <xs:complexType>
                        <xs:simpleContent>
                            <xs:extension base="本位币类型">
                                <xs:attribute ref="locID" use="optional" fixed="010110"/>
                            </xs:extension>
                        </xs:simpleContent>
                    </xs:complexType>
                </xs:element>
                <xs:element name="会计年度">
                    <xs:complexType>
                        <xs:simpleContent>
                            <xs:extension base="会计年度类型">
                                <xs:attribute ref="locID" use="optional" fixed="010111"/>
                            </xs:extension>
                        </xs:simpleContent>
                    </xs:complexType>
                </xs:element>
                <xs:element name="标准版本号">
                    <xs:complexType>
                        <xs:simpleContent>
                            <xs:extension base="标准版本号类型">
                                <xs:attribute ref="locID" use="optional" fixed="010112"/>
                            </xs:extension>
                        </xs:simpleContent>
                    </xs:complexType>
                </xs:element>
            </xs:sequence>
            <xs:attribute name="locID" type="xs:string" use="optional" fixed="T0101"
form="unqualified"/>
        </xs:complexType>
    </xs:element>
    <xs:element name="会计期间">
        <xs:complexType>
```

```
            〈xs:sequence〉
                〈xs:element name = "会计年度"〉
                    〈xs:complexType〉
                        〈xs:simpleContent〉
                            〈xs:extension base = "会计年度类型"〉
                                〈xs:attribute ref = "locID" use = "optional" fixed = "010111"/〉
                            〈/xs:extension〉
                        〈/xs:simpleContent〉
                    〈/xs:complexType〉
                〈/xs:element〉
                〈xs:element name = "会计期间号"〉
                    〈xs:complexType〉
                        〈xs:simpleContent〉
                            〈xs:extension base = "会计期间号类型"〉
                                〈xs:attribute ref = "locID" use = "optional" fixed = "010201"/〉
                            〈/xs:extension〉
                        〈/xs:simpleContent〉
                    〈/xs:complexType〉
                〈/xs:element〉
                〈xs:element name = "会计期间起始日期"〉
                    〈xs:complexType〉
                        〈xs:simpleContent〉
                            〈xs:extension base = "会计期间起始日期类型"〉
                                〈xs:attribute ref = "locID" use = "optional" fixed = "010202"/〉
                            〈/xs:extension〉
                        〈/xs:simpleContent〉
                    〈/xs:complexType〉
                〈/xs:element〉
                〈xs:element name = "会计期间结束日期"〉
                    〈xs:complexType〉
                        〈xs:simpleContent〉
                            〈xs:extension base = "会计期间结束日期类型"〉
                                〈xs:attribute ref = "locID" use = "optional" fixed = "010203"/〉
                            〈/xs:extension〉
                        〈/xs:simpleContent〉
                    〈/xs:complexType〉
                〈/xs:element〉
            〈/xs:sequence〉
            〈xs:attribute name = "locID" type = "xs:string" use = "optional" fixed = "T0102"
form = "unqualified"/〉
        〈/xs:complexType〉
    〈/xs:element〉
    〈xs:element name = "币种"〉
```

```
<xs:complexType>
    <xs:sequence>
        <xs:element name="币种编码">
            <xs:complexType>
                <xs:simpleContent>
                    <xs:extension base="币种编码类型">
                        <xs:attribute ref="locID" use="optional" fixed="010301"/>
                    </xs:extension>
                </xs:simpleContent>
            </xs:complexType>
        </xs:element>
        <xs:element name="币种名称">
            <xs:complexType>
                <xs:simpleContent>
                    <xs:extension base="币种名称类型">
                        <xs:attribute ref="locID" use="optional" fixed="010302"/>
                    </xs:extension>
                </xs:simpleContent>
            </xs:complexType>
        </xs:element>
    </xs:sequence>
    <xs:attribute name="locID" type="xs:string" use="optional" fixed="T0103"
form="unqualified"/>
</xs:complexType>
</xs:element>
<xs:element name="汇率类型">
    <xs:complexType>
        <xs:sequence>
            <xs:element name="汇率类型编号">
                <xs:complexType>
                    <xs:simpleContent>
                        <xs:extension base="汇率类型编号类型">
                            <xs:attribute ref="locID" use="optional" fixed="010401"/>
                        </xs:extension>
                    </xs:simpleContent>
                </xs:complexType>
            </xs:element>
            <xs:element name="汇率类型名称">
                <xs:complexType>
                    <xs:simpleContent>
                        <xs:extension base="汇率类型名称类型">
                            <xs:attribute ref="locID" use="optional" fixed="010402"/>
                        </xs:extension>
```

```
                        〈/xs:simpleContent〉
                    〈/xs:complexType〉
                〈/xs:element〉
            〈/xs:sequence〉
            〈xs:attribute name = "locID" type = "xs:string" use = "optional" fixed = "T0104"
form = "unqualified"/〉
        〈/xs:complexType〉
    〈/xs:element〉
    〈xs:element name = "银行信息"〉
        〈xs:complexType〉
            〈xs:sequence〉
                〈xs:element name = "银行代码"〉
                    〈xs:complexType〉
                        〈xs:simpleContent〉
                            〈xs:extension base = "银行代码类型"〉
                                〈xs:attribute ref = "locID" use = "optional" fixed = "010501"/〉
                            〈/xs:extension〉
                        〈/xs:simpleContent〉
                    〈/xs:complexType〉
                〈/xs:element〉
                〈xs:element name = "银行名称"〉
                    〈xs:complexType〉
                        〈xs:simpleContent〉
                            〈xs:extension base = "银行名称类型"〉
                                〈xs:attribute ref = "locID" use = "optional" fixed = "010502"/〉
                            〈/xs:extension〉
                        〈/xs:simpleContent〉
                    〈/xs:complexType〉
                〈/xs:element〉
            〈/xs:sequence〉
            〈xs:attribute name = "locID" type = "xs:string" use = "optional" fixed = "T0105"
form = "unqualified"/〉
        〈/xs:complexType〉
    〈/xs:element〉
    〈xs:element name = "银行账户"〉
        〈xs:complexType〉
            〈xs:sequence〉
                〈xs:element name = "银行账户编码"〉
                    〈xs:complexType〉
                        〈xs:simpleContent〉
                            〈xs:extension base = "银行账户编码类型"〉
                                〈xs:attribute ref = "locID" use = "optional" fixed = "010601"/〉
                            〈/xs:extension〉
```

```
        </xs:simpleContent>
    </xs:complexType>
</xs:element>
<xs:element name="银行账户名称">
    <xs:complexType>
        <xs:simpleContent>
            <xs:extension base="银行账户名称类型">
                <xs:attribute ref="locID" use="optional" fixed="010602"/>
            </xs:extension>
        </xs:simpleContent>
    </xs:complexType>
</xs:element>
<xs:element name="开户银行代码">
    <xs:complexType>
        <xs:simpleContent>
            <xs:extension base="银行代码类型">
                <xs:attribute ref="locID" use="optional" fixed="010501"/>
            </xs:extension>
        </xs:simpleContent>
    </xs:complexType>
</xs:element>
<xs:element name="开户银行名称">
    <xs:complexType>
        <xs:simpleContent>
            <xs:extension base="银行名称类型">
                <xs:attribute ref="locID" use="optional" fixed="010502"/>
            </xs:extension>
        </xs:simpleContent>
    </xs:complexType>
</xs:element>
<xs:element name="银行账号">
    <xs:complexType>
        <xs:simpleContent>
            <xs:extension base="银行账号类型">
                <xs:attribute ref="locID" use="optional" fixed="010603"/>
            </xs:extension>
        </xs:simpleContent>
    </xs:complexType>
</xs:element>
<xs:element name="账户类型">
    <xs:complexType>
        <xs:simpleContent>
            <xs:extension base="账户类型类型">
```

```
                        〈xs:attribute ref = "locID" use = "optional" fixed = "010604"/〉
                    〈/xs:extension〉
                〈/xs:simpleContent〉
            〈/xs:complexType〉
        〈/xs:element〉
    〈/xs:sequence〉
    〈xs:attribute name = "locID" type = "xs:string" use = "optional" fixed = "T0106"
form = "unqualified"/〉
  〈/xs:complexType〉
〈/xs:element〉
〈xs:element name = "财政管理级次"〉
  〈xs:complexType〉
    〈xs:sequence〉
        〈xs:element name = "财政管理级次代码"〉
            〈xs:complexType〉
                〈xs:simpleContent〉
                    〈xs:extension base = "财政管理级次代码类型"〉
                        〈xs:attribute ref = "locID" use = "optional" fixed = "010701"/〉
                    〈/xs:extension〉
                〈/xs:simpleContent〉
            〈/xs:complexType〉
        〈/xs:element〉
        〈xs:element name = "财政管理级次名称"〉
            〈xs:complexType〉
                〈xs:simpleContent〉
                    〈xs:extension base = "财政管理级次名称类型"〉
                        〈xs:attribute ref = "locID" use = "optional" fixed = "010702"/〉
                    〈/xs:extension〉
                〈/xs:simpleContent〉
            〈/xs:complexType〉
        〈/xs:element〉
    〈/xs:sequence〉
    〈xs:attribute name = "locID" type = "xs:string" use = "optional" fixed = "T0107"
form = "unqualified"/〉
  〈/xs:complexType〉
〈/xs:element〉
〈xs:element name = "预算单位"〉
  〈xs:complexType〉
    〈xs:sequence〉
        〈xs:element name = "预算单位代码"〉
            〈xs:complexType〉
                〈xs:simpleContent〉
                    〈xs:extension base = "预算单位代码类型"〉
```

```
                        〈xs:attribute ref = "locID" use = "optional" fixed = "010801"/〉
                    〈/xs:extension〉
                〈/xs:simpleContent〉
            〈/xs:complexType〉
        〈/xs:element〉
        〈xs:element name = "预算单位名称"〉
            〈xs:complexType〉
                〈xs:simpleContent〉
                    〈xs:extension base = "预算单位名称类型"〉
                        〈xs:attribute ref = "locID" use = "optional" fixed = "010802"/〉
                    〈/xs:extension〉
                〈/xs:simpleContent〉
            〈/xs:complexType〉
        〈/xs:element〉
    〈/xs:sequence〉
    〈xs:attribute name = "locID" type = "xs:string" use = "optional" fixed = "T0108"
form = "unqualified"/〉
〈/xs:complexType〉
〈/xs:element〉
〈xs:element name = "收入分类科目"〉
    〈xs:complexType〉
        〈xs:sequence〉
            〈xs:element name = "收入分类科目代码"〉
                〈xs:complexType〉
                    〈xs:simpleContent〉
                        〈xs:extension base = "收入分类科目代码类型"〉
                            〈xs:attribute ref = "locID" use = "optional" fixed = "010901"/〉
                        〈/xs:extension〉
                    〈/xs:simpleContent〉
                〈/xs:complexType〉
            〈/xs:element〉
            〈xs:element name = "收入分类科目名称"〉
                〈xs:complexType〉
                    〈xs:simpleContent〉
                        〈xs:extension base = "收入分类科目名称类型"〉
                            〈xs:attribute ref = "locID" use = "optional" fixed = "010902"/〉
                        〈/xs:extension〉
                    〈/xs:simpleContent〉
                〈/xs:complexType〉
            〈/xs:element〉
        〈/xs:sequence〉
        〈xs:attribute name = "locID" type = "xs:string" use = "optional" fixed = "T0109"
form = "unqualified"/〉
```

```
        〈/xs:complexType〉
    〈/xs:element〉
    〈xs:element name="支出功能分类"〉
        〈xs:complexType〉
            〈xs:sequence〉
                〈xs:element name="支出功能分类编码"〉
                    〈xs:complexType〉
                        〈xs:simpleContent〉
                            〈xs:extension base="支出功能分类编码类型"〉
                                〈xs:attribute ref="locID" use="optional" fixed="011101"/〉
                            〈/xs:extension〉
                        〈/xs:simpleContent〉
                    〈/xs:complexType〉
                〈/xs:element〉
                〈xs:element name="支出功能分类名称"〉
                    〈xs:complexType〉
                        〈xs:simpleContent〉
                            〈xs:extension base="支出功能分类名称类型"〉
                                〈xs:attribute ref="locID" use="optional" fixed="011102"/〉
                            〈/xs:extension〉
                        〈/xs:simpleContent〉
                    〈/xs:complexType〉
                〈/xs:element〉
            〈/xs:sequence〉
            〈xs:attribute name="locID" type="xs:string" use="optional" fixed="T0111"
form="unqualified"/〉
        〈/xs:complexType〉
    〈/xs:element〉
    〈xs:element name="政府支出管理结构"〉
        〈xs:complexType〉
            〈xs:sequence〉
                〈xs:element name="政府支出管理结构代码"〉
                    〈xs:complexType〉
                        〈xs:simpleContent〉
                            〈xs:extension base="政府支出管理结构代码类型"〉
                                〈xs:attribute ref="locID" use="optional" fixed="011201"/〉
                            〈/xs:extension〉
                        〈/xs:simpleContent〉
                    〈/xs:complexType〉
                〈/xs:element〉
                〈xs:element name="政府支出管理结构名称"〉
                    〈xs:complexType〉
                        〈xs:simpleContent〉
```

```
                        <xs:extension base="政府支出管理结构名称类型">
                            <xs:attribute ref="locID" use="optional" fixed="011202"/>
                        </xs:extension>
                    </xs:simpleContent>
                </xs:complexType>
            </xs:element>
        </xs:sequence>
        <xs:attribute name="locID" type="xs:string" use="optional" fixed="T0112"
form="unqualified"/>
    </xs:complexType>
</xs:element>
<xs:element name="支出经济分类">
    <xs:complexType>
        <xs:sequence>
            <xs:element name="支出经济分类编码">
                <xs:complexType>
                    <xs:simpleContent>
                        <xs:extension base="支出经济分类编码类型">
                            <xs:attribute ref="locID" use="optional" fixed="011301"/>
                        </xs:extension>
                    </xs:simpleContent>
                </xs:complexType>
            </xs:element>
            <xs:element name="支出经济分类名称">
                <xs:complexType>
                    <xs:simpleContent>
                        <xs:extension base="支出经济分类名称类型">
                            <xs:attribute ref="locID" use="optional" fixed="011302"/>
                        </xs:extension>
                    </xs:simpleContent>
                </xs:complexType>
            </xs:element>
        </xs:sequence>
        <xs:attribute name="locID" type="xs:string" use="optional" fixed="T0113"
form="unqualified"/>
    </xs:complexType>
</xs:element>
<xs:element name="财政内部机构">
    <xs:complexType>
        <xs:sequence>
            <xs:element name="财政内部机构代码">
                <xs:complexType>
                    <xs:simpleContent>
```

```
                        <xs:extension base="财政内部机构代码类型">
                            <xs:attribute ref="locID" use="optional" fixed="011401"/>
                        </xs:extension>
                    </xs:simpleContent>
                </xs:complexType>
            </xs:element>
            <xs:element name="财政内部机构名称">
                <xs:complexType>
                    <xs:simpleContent>
                        <xs:extension base="财政内部机构名称类型">
                            <xs:attribute ref="locID" use="optional" fixed="011402"/>
                        </xs:extension>
                    </xs:simpleContent>
                </xs:complexType>
            </xs:element>
        </xs:sequence>
        <xs:attribute name="locID" type="xs:string" use="optional" fixed="T0114"
form="unqualified"/>
    </xs:complexType>
</xs:element>
<xs:element name="预算项目">
    <xs:complexType>
        <xs:sequence>
            <xs:element name="项目编码">
                <xs:complexType>
                    <xs:simpleContent>
                        <xs:extension base="项目编码类型">
                            <xs:attribute ref="locID" use="optional" fixed="011501"/>
                        </xs:extension>
                    </xs:simpleContent>
                </xs:complexType>
            </xs:element>
            <xs:element name="项目名称">
                <xs:complexType>
                    <xs:simpleContent>
                        <xs:extension base="项目名称类型">
                            <xs:attribute ref="locID" use="optional" fixed="011502"/>
                        </xs:extension>
                    </xs:simpleContent>
                </xs:complexType>
            </xs:element>
            <xs:element name="级次">
                <xs:complexType>
```

```
            〈xs:simpleContent〉
                〈xs:extension base="级次类型"〉
                    〈xs:attribute ref="locID" use="optional" fixed="011503"/〉
                〈/xs:extension〉
            〈/xs:simpleContent〉
        〈/xs:complexType〉
    〈/xs:element〉
    〈xs:element name="项目类型"〉
        〈xs:complexType〉
            〈xs:simpleContent〉
                〈xs:extension base="项目类型类型"〉
                    〈xs:attribute ref="locID" use="optional" fixed="011504"/〉
                〈/xs:extension〉
            〈/xs:simpleContent〉
        〈/xs:complexType〉
    〈/xs:element〉
    〈xs:element name="项目类别"〉
        〈xs:complexType〉
            〈xs:simpleContent〉
                〈xs:extension base="项目类别类型"〉
                    〈xs:attribute ref="locID" use="optional" fixed="011505"/〉
                〈/xs:extension〉
            〈/xs:simpleContent〉
        〈/xs:complexType〉
    〈/xs:element〉
    〈xs:element name="项目申报属性"〉
        〈xs:complexType〉
            〈xs:simpleContent〉
                〈xs:extension base="项目申报属性类型"〉
                    〈xs:attribute ref="locID" use="optional" fixed="011506"/〉
                〈/xs:extension〉
            〈/xs:simpleContent〉
        〈/xs:complexType〉
    〈/xs:element〉
    〈xs:element name="项目起始日期"〉
        〈xs:complexType〉
            〈xs:simpleContent〉
                〈xs:extension base="项目起始日期类型"〉
                    〈xs:attribute ref="locID" use="optional" fixed="011507"/〉
                〈/xs:extension〉
            〈/xs:simpleContent〉
        〈/xs:complexType〉
    〈/xs:element〉
```

```
                <xs:element name="项目结束日期">
                    <xs:complexType>
                        <xs:simpleContent>
                            <xs:extension base="项目结束日期类型">
                                <xs:attribute ref="locID" use="optional" fixed="011508"/>
                            </xs:extension>
                        </xs:simpleContent>
                    </xs:complexType>
                </xs:element>
            </xs:sequence>
            <xs:attribute name="locID" type="xs:string" use="optional" fixed="T0115"
form="unqualified"/>
        </xs:complexType>
    </xs:element>
    <xs:element name="预算来源">
        <xs:complexType>
            <xs:sequence>
                <xs:element name="预算来源编码">
                    <xs:complexType>
                        <xs:simpleContent>
                            <xs:extension base="预算来源编码类型">
                                <xs:attribute ref="locID" use="optional" fixed="011601"/>
                            </xs:extension>
                        </xs:simpleContent>
                    </xs:complexType>
                </xs:element>
                <xs:element name="预算来源名称">
                    <xs:complexType>
                        <xs:simpleContent>
                            <xs:extension base="预算来源名称类型">
                                <xs:attribute ref="locID" use="optional" fixed="011602"/>
                            </xs:extension>
                        </xs:simpleContent>
                    </xs:complexType>
                </xs:element>
            </xs:sequence>
            <xs:attribute name="locID" type="xs:string" use="optional" fixed="T0116"
form="unqualified"/>
        </xs:complexType>
    </xs:element>
    <xs:element name="预算来源性质">
        <xs:complexType>
            <xs:sequence>
```

```
                <xs:element name="预算来源性质编码">
                    <xs:complexType>
                        <xs:simpleContent>
                            <xs:extension base="预算来源性质编码类型">
                                <xs:attribute ref="locID" use="optional" fixed="011701"/>
                            </xs:extension>
                        </xs:simpleContent>
                    </xs:complexType>
                </xs:element>
                <xs:element name="预算来源性质名称">
                    <xs:complexType>
                        <xs:simpleContent>
                            <xs:extension base="预算来源性质名称类型">
                                <xs:attribute ref="locID" use="optional" fixed="011702"/>
                            </xs:extension>
                        </xs:simpleContent>
                    </xs:complexType>
                </xs:element>
            </xs:sequence>
            <xs:attribute name="locID" type="xs:string" use="optional" fixed="T0117" form="unqualified"/>
        </xs:complexType>
    </xs:element>
    <xs:element name="资金性质">
        <xs:complexType>
            <xs:sequence>
                <xs:element name="资金性质编码">
                    <xs:complexType>
                        <xs:simpleContent>
                            <xs:extension base="资金性质编码类型">
                                <xs:attribute ref="locID" use="optional" fixed="011801"/>
                            </xs:extension>
                        </xs:simpleContent>
                    </xs:complexType>
                </xs:element>
                <xs:element name="资金性质名称">
                    <xs:complexType>
                        <xs:simpleContent>
                            <xs:extension base="资金性质名称类型">
                                <xs:attribute ref="locID" use="optional" fixed="011802"/>
                            </xs:extension>
                        </xs:simpleContent>
                    </xs:complexType>
```

```
                〈/xs:element〉
            〈/xs:sequence〉
            〈xs:attribute name = "locID" type = "xs:string" use = "optional" fixed = "T0118"
form = "unqualified"/〉
        〈/xs:complexType〉
    〈/xs:element〉
    〈xs:element name = "拨款期间属性"〉
        〈xs:complexType〉
            〈xs:sequence〉
                〈xs:element name = "拨款期间属性编码"〉
                    〈xs:complexType〉
                        〈xs:simpleContent〉
                            〈xs:extension base = "拨款期间属性编码类型"〉
                                〈xs:attribute ref = "locID" use = "optional" fixed = "011901"/〉
                            〈/xs:extension〉
                        〈/xs:simpleContent〉
                    〈/xs:complexType〉
                〈/xs:element〉
                〈xs:element name = "拨款期间属性名称"〉
                    〈xs:complexType〉
                        〈xs:simpleContent〉
                            〈xs:extension base = "拨款期间属性名称类型"〉
                                〈xs:attribute ref = "locID" use = "optional" fixed = "011902"/〉
                            〈/xs:extension〉
                        〈/xs:simpleContent〉
                    〈/xs:complexType〉
                〈/xs:element〉
            〈/xs:sequence〉
            〈xs:attribute name = "locID" type = "xs:string" use = "optional" fixed = "T0119"
form = "unqualified"/〉
        〈/xs:complexType〉
    〈/xs:element〉
    〈xs:element name = "结算方式"〉
        〈xs:complexType〉
            〈xs:sequence〉
                〈xs:element name = "结算方式编码"〉
                    〈xs:complexType〉
                        〈xs:simpleContent〉
                            〈xs:extension base = "结算方式编码类型"〉
                                〈xs:attribute ref = "locID" use = "optional" fixed = "012001"/〉
                            〈/xs:extension〉
                        〈/xs:simpleContent〉
                    〈/xs:complexType〉
```

```
                〈/xs:element〉
                〈xs:element name="结算方式名称"〉
                    〈xs:complexType〉
                        〈xs:simpleContent〉
                            〈xs:extension base="结算方式名称类型"〉
                                〈xs:attribute ref="locID" use="optional" fixed="012002"/〉
                            〈/xs:extension〉
                        〈/xs:simpleContent〉
                    〈/xs:complexType〉
                〈/xs:element〉
            〈/xs:sequence〉
            〈xs:attribute name="locID" type="xs:string" use="optional" fixed="T0120"
form="unqualified"/〉
        〈/xs:complexType〉
    〈/xs:element〉
    〈xs:element name="支付方式"〉
        〈xs:complexType〉
            〈xs:sequence〉
                〈xs:element name="支付方式编码"〉
                    〈xs:complexType〉
                        〈xs:simpleContent〉
                            〈xs:extension base="支付方式编码类型"〉
                                〈xs:attribute ref="locID" use="optional" fixed="012101"/〉
                            〈/xs:extension〉
                        〈/xs:simpleContent〉
                    〈/xs:complexType〉
                〈/xs:element〉
                〈xs:element name="支付方式名称"〉
                    〈xs:complexType〉
                        〈xs:simpleContent〉
                            〈xs:extension base="支付方式名称类型"〉
                                〈xs:attribute ref="locID" use="optional" fixed="012102"/〉
                            〈/xs:extension〉
                        〈/xs:simpleContent〉
                    〈/xs:complexType〉
                〈/xs:element〉
            〈/xs:sequence〉
            〈xs:attribute name="locID" type="xs:string" use="optional" fixed="T0121"
form="unqualified"/〉
        〈/xs:complexType〉
    〈/xs:element〉
    〈xs:element name="支出类型"〉
        〈xs:complexType〉
```

```
                <xs:sequence>
                    <xs:element name="支出类型编码">
                        <xs:complexType>
                            <xs:simpleContent>
                                <xs:extension base="支出类型编码类型">
                                    <xs:attribute ref="locID" use="optional" fixed="012201"/>
                                </xs:extension>
                            </xs:simpleContent>
                        </xs:complexType>
                    </xs:element>
                    <xs:element name="支出类型名称">
                        <xs:complexType>
                            <xs:simpleContent>
                                <xs:extension base="支出类型名称类型">
                                    <xs:attribute ref="locID" use="optional" fixed="012202"/>
                                </xs:extension>
                            </xs:simpleContent>
                        </xs:complexType>
                    </xs:element>
                </xs:sequence>
                <xs:attribute name="locID" type="xs:string" use="optional" fixed="T0122"
form="unqualified"/>
            </xs:complexType>
        </xs:element>
        <xs:element name="结算事项体制">
            <xs:complexType>
                <xs:sequence>
                    <xs:element name="结算事项代码">
                        <xs:complexType>
                            <xs:simpleContent>
                                <xs:extension base="结算事项代码类型">
                                    <xs:attribute ref="locID" use="optional" fixed="014001"/>
                                </xs:extension>
                            </xs:simpleContent>
                        </xs:complexType>
                    </xs:element>
                    <xs:element name="结算事项名称">
                        <xs:complexType>
                            <xs:simpleContent>
                                <xs:extension base="结算事项名称类型">
                                    <xs:attribute ref="locID" use="optional" fixed="014002"/>
                                </xs:extension>
                            </xs:simpleContent>
```

```
                〈/xs:complexType〉
            〈/xs:element〉
        〈/xs:sequence〉
        〈xs:attribute name = "locID" type = "xs:string" use = "optional" fixed = "T0140" form = "unqualified"/〉
    〈/xs:complexType〉
〈/xs:element〉
〈xs:element name = "扩展项目"〉
    〈xs:complexType〉
        〈xs:sequence〉
            〈xs:element name = "扩展编码"〉
                〈xs:complexType〉
                    〈xs:simpleContent〉
                        〈xs:extension base = "扩展编码类型"〉
                            〈xs:attribute ref = "locID" use = "optional" fixed = "016001"/〉
                        〈/xs:extension〉
                    〈/xs:simpleContent〉
                〈/xs:complexType〉
            〈/xs:element〉
            〈xs:element name = "扩展名称"〉
                〈xs:complexType〉
                    〈xs:simpleContent〉
                        〈xs:extension base = "扩展名称类型"〉
                            〈xs:attribute ref = "locID" use = "optional" fixed = "016002"/〉
                        〈/xs:extension〉
                    〈/xs:simpleContent〉
                〈/xs:complexType〉
            〈/xs:element〉
            〈xs:element name = "扩展描述"〉
                〈xs:complexType〉
                    〈xs:simpleContent〉
                        〈xs:extension base = "扩展描述类型"〉
                            〈xs:attribute ref = "locID" use = "optional" fixed = "016003"/〉
                        〈/xs:extension〉
                    〈/xs:simpleContent〉
                〈/xs:complexType〉
            〈/xs:element〉
            〈xs:element name = "有否层级特征"〉
                〈xs:complexType〉
                    〈xs:simpleContent〉
                        〈xs:extension base = "有否层级特征类型"〉
                            〈xs:attribute ref = "locID" use = "optional" fixed = "016004"/〉
                        〈/xs:extension〉
```

```
                    </xs:simpleContent>
                </xs:complexType>
            </xs:element>
            <xs:element name="扩展项目编码规则">
                <xs:complexType>
                    <xs:simpleContent>
                        <xs:extension base="扩展项目编码规则类型">
                            <xs:attribute ref="locID" use="optional" fixed="016005"/>
                        </xs:extension>
                    </xs:simpleContent>
                </xs:complexType>
            </xs:element>
        </xs:sequence>
        <xs:attribute name="locID" type="xs:string" use="optional" fixed="T0160"
form="unqualified"/>
    </xs:complexType>
</xs:element>
<xs:element name="扩展项目值">
    <xs:complexType>
        <xs:sequence>
            <xs:element name="扩展编码">
                <xs:complexType>
                    <xs:simpleContent>
                        <xs:extension base="扩展编码类型">
                            <xs:attribute ref="locID" use="optional" fixed="016001"/>
                        </xs:extension>
                    </xs:simpleContent>
                </xs:complexType>
            </xs:element>
            <xs:element name="扩展项目值编码">
                <xs:complexType>
                    <xs:simpleContent>
                        <xs:extension base="扩展项目值编码类型">
                            <xs:attribute ref="locID" use="optional" fixed="016101"/>
                        </xs:extension>
                    </xs:simpleContent>
                </xs:complexType>
            </xs:element>
            <xs:element name="扩展项目值名称">
                <xs:complexType>
                    <xs:simpleContent>
                        <xs:extension base="扩展项目值名称类型">
                            <xs:attribute ref="locID" use="optional" fixed="016102"/>
```

```
                    〈/xs:extension〉
                〈/xs:simpleContent〉
            〈/xs:complexType〉
        〈/xs:element〉
        〈xs:element name="扩展项目值描述"〉
            〈xs:complexType〉
                〈xs:simpleContent〉
                    〈xs:extension base="扩展项目值描述类型"〉
                        〈xs:attribute ref="locID" use="optional" fixed="016103"/〉
                    〈/xs:extension〉
                〈/xs:simpleContent〉
            〈/xs:complexType〉
        〈/xs:element〉
        〈xs:element name="扩展项目值父节点"〉
            〈xs:complexType〉
                〈xs:simpleContent〉
                    〈xs:extension base="扩展项目值父节点类型"〉
                        〈xs:attribute ref="locID" use="optional" fixed="016104"/〉
                    〈/xs:extension〉
                〈/xs:simpleContent〉
            〈/xs:complexType〉
        〈/xs:element〉
        〈xs:element name="扩展项目值级次"〉
            〈xs:complexType〉
                〈xs:simpleContent〉
                    〈xs:extension base="扩展项目值级次类型"〉
                        〈xs:attribute ref="locID" use="optional" fixed="016105"/〉
                    〈/xs:extension〉
                〈/xs:simpleContent〉
            〈/xs:complexType〉
        〈/xs:element〉
    〈/xs:sequence〉
    〈xs:attribute name="locID" type="xs:string" use="optional" fixed="T0161"
form="unqualified"/〉
  〈/xs:complexType〉
〈/xs:element〉
〈/xs:schema〉
```

A.3 总账类 XML 大纲(Schema)

```
〈? xml version="1.0" encoding="GB18030"?〉
〈xs:schema xmlns:xs="http://www.w3.org/2001/XMLSchema" xmlns:总预算
="http://sxbw.audit.gov.cn/AccountingSoftwareDataInterfaceStandard/2010/PSGA/XMLSchema"
```

```
xmlns = " http://sxbw. audit. gov. cn/AccountingSoftwareDataInterfaceStandard/2010/PSGA/XMLSchema"
targetNamespace = " http://sxbw. audit. gov. cn/AccountingSoftwareDataInterfaceStandard/2010/PSGA/XMLSchema" elementFormDefault = "qualified" attributeFormDefault = "unqualified">
        <xs:include schemaLocation = "标准数据元素类型.xsd"/>
    <xs:element name = "总账">
        <xs:complexType>
            <xs:sequence>
                <xs:element ref = "总账基础信息"/>
                <xs:element ref = "记账凭证类型" maxOccurs = "unbounded"/>
                <xs:element ref = "会计科目" maxOccurs = "unbounded"/>
                <xs:element ref = "科目辅助核算" minOccurs = "0" maxOccurs = "unbounded"/>
                <xs:element ref = "账户余额及发生额" maxOccurs = "unbounded"/>
                <xs:element ref = "记账凭证" maxOccurs = "unbounded"/>
                <xs:element ref = "报表集" maxOccurs = "unbounded"/>
                <xs:element ref = "报表项数据" maxOccurs = "unbounded"/>
            </xs:sequence>
            <xs:attribute ref = "locID" use = "optional" fixed = "S02"/>
        </xs:complexType>
    </xs:element>
    <xs:element name = "总账基础信息">
        <xs:complexType>
            <xs:sequence>
                <xs:element name = "结构分隔符">
                    <xs:complexType>
                        <xs:simpleContent>
                            <xs:extension base = "结构分隔符类型">
                                <xs:attribute ref = "locID" use = "optional" fixed = "020101"/>
                            </xs:extension>
                        </xs:simpleContent>
                    </xs:complexType>
                </xs:element>
                <xs:element name = "会计科目编码规则">
                    <xs:complexType>
                        <xs:simpleContent>
                            <xs:extension base = "会计科目编码规则类型">
                                <xs:attribute ref = "locID" use = "optional" fixed = "020102"/>
                            </xs:extension>
                        </xs:simpleContent>
                    </xs:complexType>
                </xs:element>
                <xs:element name = "凭证头可扩展字段结构">
                    <xs:complexType>
```

```
                〈xs:simpleContent〉
                    〈xs:extension base="凭证头可扩展字段结构类型"〉
                        〈xs:attribute ref="locID" use="optional" fixed="020103"/〉
                    〈/xs:extension〉
                〈/xs:simpleContent〉
            〈/xs:complexType〉
        〈/xs:element〉
        〈xs:element name="凭证头可扩展结构对应档案"〉
            〈xs:complexType〉
                〈xs:simpleContent〉
                    〈xs:extension base="凭证头可扩展结构对应档案类型"〉
                        〈xs:attribute ref="locID" use="optional" fixed="020104"/〉
                    〈/xs:extension〉
                〈/xs:simpleContent〉
            〈/xs:complexType〉
        〈/xs:element〉
        〈xs:element name="分录行可扩展字段结构"〉
            〈xs:complexType〉
                〈xs:simpleContent〉
                    〈xs:extension base="分录行可扩展字段结构类型"〉
                        〈xs:attribute ref="locID" use="optional" fixed="020105"/〉
                    〈/xs:extension〉
                〈/xs:simpleContent〉
            〈/xs:complexType〉
        〈/xs:element〉
        〈xs:element name="分录扩展字段对应档案"〉
            〈xs:complexType〉
                〈xs:simpleContent〉
                    〈xs:extension base="分录扩展字段对应档案类型"〉
                        〈xs:attribute ref="locID" use="optional" fixed="020106"/〉
                    〈/xs:extension〉
                〈/xs:simpleContent〉
            〈/xs:complexType〉
        〈/xs:element〉
    〈/xs:sequence〉
    〈xs:attribute name="locID" type="xs:string" use="optional" fixed="T0201"
form="unqualified"/〉
〈/xs:complexType〉
〈/xs:element〉
〈xs:element name="记账凭证类型"〉
    〈xs:complexType〉
        〈xs:sequence〉
            〈xs:element name="记账凭证类型编号"〉
```

```
                    〈xs:complexType〉
                        〈xs:simpleContent〉
                            〈xs:extension base="记账凭证类型编号类型"〉
                                〈xs:attribute ref="locID" use="optional" fixed="020201"/〉
                            〈/xs:extension〉
                        〈/xs:simpleContent〉
                    〈/xs:complexType〉
                〈/xs:element〉
                〈xs:element name="记账凭证类型名称"〉
                    〈xs:complexType〉
                        〈xs:simpleContent〉
                            〈xs:extension base="记账凭证类型名称类型"〉
                                〈xs:attribute ref="locID" use="optional" fixed="020202"/〉
                            〈/xs:extension〉
                        〈/xs:simpleContent〉
                    〈/xs:complexType〉
                〈/xs:element〉
                〈xs:element name="记账凭证类型简称"〉
                    〈xs:complexType〉
                        〈xs:simpleContent〉
                            〈xs:extension base="记账凭证类型简称类型"〉
                                〈xs:attribute ref="locID" use="optional" fixed="020203"/〉
                            〈/xs:extension〉
                        〈/xs:simpleContent〉
                    〈/xs:complexType〉
                〈/xs:element〉
            〈/xs:sequence〉
            〈xs:attribute name="locID" type="xs:string" use="optional" fixed="T0202"
form="unqualified"/〉
        〈/xs:complexType〉
    〈/xs:element〉
    〈xs:element name="会计科目"〉
        〈xs:complexType〉
            〈xs:sequence〉
                〈xs:element name="科目编号"〉
                    〈xs:complexType〉
                        〈xs:simpleContent〉
                            〈xs:extension base="科目编号类型"〉
                                〈xs:attribute ref="locID" use="optional" fixed="020301"/〉
                            〈/xs:extension〉
                        〈/xs:simpleContent〉
                    〈/xs:complexType〉
                〈/xs:element〉
```

```
                〈xs:element name="科目名称"〉
                    〈xs:complexType〉
                        〈xs:simpleContent〉
                            〈xs:extension base="科目名称类型"〉
                                〈xs:attribute ref="locID" use="optional" fixed="020302"/〉
                            〈/xs:extension〉
                        〈/xs:simpleContent〉
                    〈/xs:complexType〉
                〈/xs:element〉
                〈xs:element name="科目级次"〉
                    〈xs:complexType〉
                        〈xs:simpleContent〉
                            〈xs:extension base="科目级次类型"〉
                                〈xs:attribute ref="locID" use="optional" fixed="020303"/〉
                            〈/xs:extension〉
                        〈/xs:simpleContent〉
                    〈/xs:complexType〉
                〈/xs:element〉
                〈xs:element name="科目类型"〉
                    〈xs:complexType〉
                        〈xs:simpleContent〉
                            〈xs:extension base="科目类型类型"〉
                                〈xs:attribute ref="locID" use="optional" fixed="020304"/〉
                            〈/xs:extension〉
                        〈/xs:simpleContent〉
                    〈/xs:complexType〉
                〈/xs:element〉
                〈xs:element name="余额方向"〉
                    〈xs:complexType〉
                        〈xs:simpleContent〉
                            〈xs:extension base="余额方向类型"〉
                                〈xs:attribute ref="locID" use="optional" fixed="020305"/〉
                            〈/xs:extension〉
                        〈/xs:simpleContent〉
                    〈/xs:complexType〉
                〈/xs:element〉
            〈/xs:sequence〉
            〈xs:attribute name="locID" type="xs:string" use="optional" fixed="T0203"
form="unqualified"/〉
        〈/xs:complexType〉
    〈/xs:element〉
    〈xs:element name="科目辅助核算"〉
        〈xs:complexType〉
```

```
〈xs:sequence〉
    〈xs:element name = "科目编号"〉
        〈xs:complexType〉
            〈xs:simpleContent〉
                〈xs:extension base = "科目编号类型"〉
                    〈xs:attribute ref = "locID" use = "optional" fixed = "020301"/〉
                〈/xs:extension〉
            〈/xs:simpleContent〉
        〈/xs:complexType〉
    〈/xs:element〉
    〈xs:element name = "辅助项编号"〉
        〈xs:complexType〉
            〈xs:simpleContent〉
                〈xs:extension base = "辅助项编号类型"〉
                    〈xs:attribute ref = "locID" use = "optional" fixed = "020401"/〉
                〈/xs:extension〉
            〈/xs:simpleContent〉
        〈/xs:complexType〉
    〈/xs:element〉
    〈xs:element name = "辅助项名称"〉
        〈xs:complexType〉
            〈xs:simpleContent〉
                〈xs:extension base = "辅助项名称类型"〉
                    〈xs:attribute ref = "locID" use = "optional" fixed = "020402"/〉
                〈/xs:extension〉
            〈/xs:simpleContent〉
        〈/xs:complexType〉
    〈/xs:element〉
    〈xs:element name = "对应档案"〉
        〈xs:complexType〉
            〈xs:simpleContent〉
                〈xs:extension base = "对应档案类型"〉
                    〈xs:attribute ref = "locID" use = "optional" fixed = "020403"/〉
                〈/xs:extension〉
            〈/xs:simpleContent〉
        〈/xs:complexType〉
    〈/xs:element〉
    〈xs:element name = "辅助项描述"〉
        〈xs:complexType〉
            〈xs:simpleContent〉
                〈xs:extension base = "辅助项描述类型"〉
                    〈xs:attribute ref = "locID" use = "optional" fixed = "020404"/〉
                〈/xs:extension〉
```

```
                〈/xs:simpleContent〉
             〈/xs:complexType〉
          〈/xs:element〉
       〈/xs:sequence〉
       〈xs:attribute name = "locID" type = "xs:string" use = "optional" fixed = "T0204"
form = "unqualified"/〉
    〈/xs:complexType〉
 〈/xs:element〉
 〈xs:element name = "账户余额及发生额"〉
    〈xs:complexType〉
       〈xs:sequence〉
          〈xs:element name = "科目编号"〉
             〈xs:complexType〉
                〈xs:simpleContent〉
                   〈xs:extension base = "科目编号类型"〉
                      〈xs:attribute ref = "locID" use = "optional" fixed = "020301"/〉
                   〈/xs:extension〉
                〈/xs:simpleContent〉
             〈/xs:complexType〉
          〈/xs:element〉
          〈xs:element name = "辅助项 1 编号"〉
             〈xs:complexType〉
                〈xs:simpleContent〉
                   〈xs:extension base = "辅助项编号类型"〉
                      〈xs:attribute ref = "locID" use = "optional" fixed = "020401"/〉
                   〈/xs:extension〉
                〈/xs:simpleContent〉
             〈/xs:complexType〉
          〈/xs:element〉
          〈xs:element name = "辅助项 2 编号"〉
             〈xs:complexType〉
                〈xs:simpleContent〉
                   〈xs:extension base = "辅助项编号类型"〉
                      〈xs:attribute ref = "locID" use = "optional" fixed = "020401"/〉
                   〈/xs:extension〉
                〈/xs:simpleContent〉
             〈/xs:complexType〉
          〈/xs:element〉
          〈xs:element name = "辅助项 3 编号"〉
             〈xs:complexType〉
                〈xs:simpleContent〉
                   〈xs:extension base = "辅助项编号类型"〉
                      〈xs:attribute ref = "locID" use = "optional" fixed = "020401"/〉
```

```
                </xs:extension>
            </xs:simpleContent>
        </xs:complexType>
    </xs:element>
    <xs:element name="辅助项4编号">
        <xs:complexType>
            <xs:simpleContent>
                <xs:extension base="辅助项编号类型">
                    <xs:attribute ref="locID" use="optional" fixed="020401"/>
                </xs:extension>
            </xs:simpleContent>
        </xs:complexType>
    </xs:element>
    <xs:element name="辅助项5编号">
        <xs:complexType>
            <xs:simpleContent>
                <xs:extension base="辅助项编号类型">
                    <xs:attribute ref="locID" use="optional" fixed="020401"/>
                </xs:extension>
            </xs:simpleContent>
        </xs:complexType>
    </xs:element>
    <xs:element name="辅助项6编号">
        <xs:complexType>
            <xs:simpleContent>
                <xs:extension base="辅助项编号类型">
                    <xs:attribute ref="locID" use="optional" fixed="020401"/>
                </xs:extension>
            </xs:simpleContent>
        </xs:complexType>
    </xs:element>
    <xs:element name="辅助项7编号">
        <xs:complexType>
            <xs:simpleContent>
                <xs:extension base="辅助项编号类型">
                    <xs:attribute ref="locID" use="optional" fixed="020401"/>
                </xs:extension>
            </xs:simpleContent>
        </xs:complexType>
    </xs:element>
    <xs:element name="辅助项8编号">
        <xs:complexType>
            <xs:simpleContent>
```

```
            〈xs:extension base="辅助项编号类型"〉
                〈xs:attribute ref="locID" use="optional" fixed="020401"/〉
            〈/xs:extension〉
        〈/xs:simpleContent〉
    〈/xs:complexType〉
〈/xs:element〉
〈xs:element name="辅助项 9 编号"〉
    〈xs:complexType〉
        〈xs:simpleContent〉
            〈xs:extension base="辅助项编号类型"〉
                〈xs:attribute ref="locID" use="optional" fixed="020401"/〉
            〈/xs:extension〉
        〈/xs:simpleContent〉
    〈/xs:complexType〉
〈/xs:element〉
〈xs:element name="辅助项 10 编号"〉
    〈xs:complexType〉
        〈xs:simpleContent〉
            〈xs:extension base="辅助项编号类型"〉
                〈xs:attribute ref="locID" use="optional" fixed="020401"/〉
            〈/xs:extension〉
        〈/xs:simpleContent〉
    〈/xs:complexType〉
〈/xs:element〉
〈xs:element name="辅助项 11 编号"〉
    〈xs:complexType〉
        〈xs:simpleContent〉
            〈xs:extension base="辅助项编号类型"〉
                〈xs:attribute ref="locID" use="optional" fixed="020401"/〉
            〈/xs:extension〉
        〈/xs:simpleContent〉
    〈/xs:complexType〉
〈/xs:element〉
〈xs:element name="辅助项 12 编号"〉
    〈xs:complexType〉
        〈xs:simpleContent〉
            〈xs:extension base="辅助项编号类型"〉
                〈xs:attribute ref="locID" use="optional" fixed="020401"/〉
            〈/xs:extension〉
        〈/xs:simpleContent〉
    〈/xs:complexType〉
〈/xs:element〉
〈xs:element name="辅助项 13 编号"〉
```

```
        〈xs:complexType〉
            〈xs:simpleContent〉
                〈xs:extension base="辅助项编号类型"〉
                    〈xs:attribute ref="locID" use="optional" fixed="020401"/〉
                〈/xs:extension〉
            〈/xs:simpleContent〉
        〈/xs:complexType〉
    〈/xs:element〉
    〈xs:element name="辅助项 14 编号"〉
        〈xs:complexType〉
            〈xs:simpleContent〉
                〈xs:extension base="辅助项编号类型"〉
                    〈xs:attribute ref="locID" use="optional" fixed="020401"/〉
                〈/xs:extension〉
            〈/xs:simpleContent〉
        〈/xs:complexType〉
    〈/xs:element〉
    〈xs:element name="辅助项 15 编号"〉
        〈xs:complexType〉
            〈xs:simpleContent〉
                〈xs:extension base="辅助项编号类型"〉
                    〈xs:attribute ref="locID" use="optional" fixed="020401"/〉
                〈/xs:extension〉
            〈/xs:simpleContent〉
        〈/xs:complexType〉
    〈/xs:element〉
    〈xs:element name="辅助项 16 编号"〉
        〈xs:complexType〉
            〈xs:simpleContent〉
                〈xs:extension base="辅助项编号类型"〉
                    〈xs:attribute ref="locID" use="optional" fixed="020401"/〉
                〈/xs:extension〉
            〈/xs:simpleContent〉
        〈/xs:complexType〉
    〈/xs:element〉
    〈xs:element name="辅助项 17 编号"〉
        〈xs:complexType〉
            〈xs:simpleContent〉
                〈xs:extension base="辅助项编号类型"〉
                    〈xs:attribute ref="locID" use="optional" fixed="020401"/〉
                〈/xs:extension〉
            〈/xs:simpleContent〉
        〈/xs:complexType〉
```

```
〈/xs:element〉
〈xs:element name = "辅助项 18 编号"〉
    〈xs:complexType〉
        〈xs:simpleContent〉
            〈xs:extension base = "辅助项编号类型"〉
                〈xs:attribute ref = "locID" use = "optional" fixed = "020401"/〉
            〈/xs:extension〉
        〈/xs:simpleContent〉
    〈/xs:complexType〉
〈/xs:element〉
〈xs:element name = "辅助项 19 编号"〉
    〈xs:complexType〉
        〈xs:simpleContent〉
            〈xs:extension base = "辅助项编号类型"〉
                〈xs:attribute ref = "locID" use = "optional" fixed = "020401"/〉
            〈/xs:extension〉
        〈/xs:simpleContent〉
    〈/xs:complexType〉
〈/xs:element〉
〈xs:element name = "辅助项 20 编号"〉
    〈xs:complexType〉
        〈xs:simpleContent〉
            〈xs:extension base = "辅助项编号类型"〉
                〈xs:attribute ref = "locID" use = "optional" fixed = "020401"/〉
            〈/xs:extension〉
        〈/xs:simpleContent〉
    〈/xs:complexType〉
〈/xs:element〉
〈xs:element name = "辅助项 21 编号"〉
    〈xs:complexType〉
        〈xs:simpleContent〉
            〈xs:extension base = "辅助项编号类型"〉
                〈xs:attribute ref = "locID" use = "optional" fixed = "020401"/〉
            〈/xs:extension〉
        〈/xs:simpleContent〉
    〈/xs:complexType〉
〈/xs:element〉
〈xs:element name = "辅助项 22 编号"〉
    〈xs:complexType〉
        〈xs:simpleContent〉
            〈xs:extension base = "辅助项编号类型"〉
                〈xs:attribute ref = "locID" use = "optional" fixed = "020401"/〉
            〈/xs:extension〉
```

```
                </xs:simpleContent>
            </xs:complexType>
        </xs:element>
        <xs:element name="辅助项 23 编号">
            <xs:complexType>
                <xs:simpleContent>
                    <xs:extension base="辅助项编号类型">
                        <xs:attribute ref="locID" use="optional" fixed="020401"/>
                    </xs:extension>
                </xs:simpleContent>
            </xs:complexType>
        </xs:element>
        <xs:element name="辅助项 24 编号">
            <xs:complexType>
                <xs:simpleContent>
                    <xs:extension base="辅助项编号类型">
                        <xs:attribute ref="locID" use="optional" fixed="020401"/>
                    </xs:extension>
                </xs:simpleContent>
            </xs:complexType>
        </xs:element>
        <xs:element name="辅助项 25 编号">
            <xs:complexType>
                <xs:simpleContent>
                    <xs:extension base="辅助项编号类型">
                        <xs:attribute ref="locID" use="optional" fixed="020401"/>
                    </xs:extension>
                </xs:simpleContent>
            </xs:complexType>
        </xs:element>
        <xs:element name="辅助项 26 编号">
            <xs:complexType>
                <xs:simpleContent>
                    <xs:extension base="辅助项编号类型">
                        <xs:attribute ref="locID" use="optional" fixed="020401"/>
                    </xs:extension>
                </xs:simpleContent>
            </xs:complexType>
        </xs:element>
        <xs:element name="辅助项 27 编号">
            <xs:complexType>
                <xs:simpleContent>
                    <xs:extension base="辅助项编号类型">
```

```
                    <xs:attribute ref="locID" use="optional" fixed="020401"/>
                </xs:extension>
            </xs:simpleContent>
        </xs:complexType>
    </xs:element>
    <xs:element name="辅助项28编号">
        <xs:complexType>
            <xs:simpleContent>
                <xs:extension base="辅助项编号类型">
                    <xs:attribute ref="locID" use="optional" fixed="020401"/>
                </xs:extension>
            </xs:simpleContent>
        </xs:complexType>
    </xs:element>
    <xs:element name="辅助项29编号">
        <xs:complexType>
            <xs:simpleContent>
                <xs:extension base="辅助项编号类型">
                    <xs:attribute ref="locID" use="optional" fixed="020401"/>
                </xs:extension>
            </xs:simpleContent>
        </xs:complexType>
    </xs:element>
    <xs:element name="辅助项30编号">
        <xs:complexType>
            <xs:simpleContent>
                <xs:extension base="辅助项编号类型">
                    <xs:attribute ref="locID" use="optional" fixed="020401"/>
                </xs:extension>
            </xs:simpleContent>
        </xs:complexType>
    </xs:element>
    <xs:element name="期初余额方向">
        <xs:complexType>
            <xs:simpleContent>
                <xs:extension base="期初余额方向类型">
                    <xs:attribute ref="locID" use="optional" fixed="020501"/>
                </xs:extension>
            </xs:simpleContent>
        </xs:complexType>
    </xs:element>
    <xs:element name="期末余额方向">
        <xs:complexType>
```

```
            <xs:simpleContent>
                <xs:extension base="期末余额方向类型">
                    <xs:attribute ref="locID" use="optional" fixed="020502"/>
                </xs:extension>
            </xs:simpleContent>
        </xs:complexType>
    </xs:element>
    <xs:element name="币种编码">
        <xs:complexType>
            <xs:simpleContent>
                <xs:extension base="币种编码类型">
                    <xs:attribute ref="locID" use="optional" fixed="010301"/>
                </xs:extension>
            </xs:simpleContent>
        </xs:complexType>
    </xs:element>
    <xs:element name="会计年度">
        <xs:complexType>
            <xs:simpleContent>
                <xs:extension base="会计年度类型">
                    <xs:attribute ref="locID" use="optional" fixed="010111"/>
                </xs:extension>
            </xs:simpleContent>
        </xs:complexType>
    </xs:element>
    <xs:element name="会计期间号">
        <xs:complexType>
            <xs:simpleContent>
                <xs:extension base="会计期间号类型">
                    <xs:attribute ref="locID" use="optional" fixed="010201"/>
                </xs:extension>
            </xs:simpleContent>
        </xs:complexType>
    </xs:element>
    <xs:element name="期初原币余额">
        <xs:complexType>
            <xs:simpleContent>
                <xs:extension base="期初原币余额类型">
                    <xs:attribute ref="locID" use="optional" fixed="020503"/>
                </xs:extension>
            </xs:simpleContent>
        </xs:complexType>
    </xs:element>
```

```
<xs:element name="期初本币余额">
    <xs:complexType>
        <xs:simpleContent>
            <xs:extension base="期初本币余额类型">
                <xs:attribute ref="locID" use="optional" fixed="020504"/>
            </xs:extension>
        </xs:simpleContent>
    </xs:complexType>
</xs:element>
<xs:element name="借方原币金额">
    <xs:complexType>
        <xs:simpleContent>
            <xs:extension base="借方原币金额类型">
                <xs:attribute ref="locID" use="optional" fixed="020505"/>
            </xs:extension>
        </xs:simpleContent>
    </xs:complexType>
</xs:element>
<xs:element name="借方本币金额">
    <xs:complexType>
        <xs:simpleContent>
            <xs:extension base="借方本币金额类型">
                <xs:attribute ref="locID" use="optional" fixed="020506"/>
            </xs:extension>
        </xs:simpleContent>
    </xs:complexType>
</xs:element>
<xs:element name="贷方原币金额">
    <xs:complexType>
        <xs:simpleContent>
            <xs:extension base="贷方原币金额类型">
                <xs:attribute ref="locID" use="optional" fixed="020507"/>
            </xs:extension>
        </xs:simpleContent>
    </xs:complexType>
</xs:element>
<xs:element name="贷方本币金额">
    <xs:complexType>
        <xs:simpleContent>
            <xs:extension base="贷方本币金额类型">
                <xs:attribute ref="locID" use="optional" fixed="020508"/>
            </xs:extension>
        </xs:simpleContent>
```

```
                    </xs:complexType>
                </xs:element>
                <xs:element name="期末原币余额">
                    <xs:complexType>
                        <xs:simpleContent>
                            <xs:extension base="期末原币余额类型">
                                <xs:attribute ref="locID" use="optional" fixed="020509"/>
                            </xs:extension>
                        </xs:simpleContent>
                    </xs:complexType>
                </xs:element>
                <xs:element name="期末本币余额">
                    <xs:complexType>
                        <xs:simpleContent>
                            <xs:extension base="期末本币余额类型">
                                <xs:attribute ref="locID" use="optional" fixed="020510"/>
                            </xs:extension>
                        </xs:simpleContent>
                    </xs:complexType>
                </xs:element>
            </xs:sequence>
            <xs:attribute name="locID" type="xs:string" use="optional" fixed="T0205"
form="unqualified"/>
        </xs:complexType>
    </xs:element>
    <xs:element name="记账凭证">
        <xs:complexType>
            <xs:sequence>
                <xs:element name="记账凭证日期">
                    <xs:complexType>
                        <xs:simpleContent>
                            <xs:extension base="记账凭证日期类型">
                                <xs:attribute ref="locID" use="optional" fixed="020601"/>
                            </xs:extension>
                        </xs:simpleContent>
                    </xs:complexType>
                </xs:element>
                <xs:element name="会计年度">
                    <xs:complexType>
                        <xs:simpleContent>
                            <xs:extension base="会计年度类型">
                                <xs:attribute ref="locID" use="optional" fixed="010111"/>
                            </xs:extension>
```

```
        </xs:simpleContent>
    </xs:complexType>
</xs:element>
<xs:element name="会计期间号">
    <xs:complexType>
        <xs:simpleContent>
            <xs:extension base="会计期间号类型">
                <xs:attribute ref="locID" use="optional" fixed="010201"/>
            </xs:extension>
        </xs:simpleContent>
    </xs:complexType>
</xs:element>
<xs:element name="记账凭证类型编号">
    <xs:complexType>
        <xs:simpleContent>
            <xs:extension base="记账凭证类型编号类型">
                <xs:attribute ref="locID" use="optional" fixed="020201"/>
            </xs:extension>
        </xs:simpleContent>
    </xs:complexType>
</xs:element>
<xs:element name="记账凭证编号">
    <xs:complexType>
        <xs:simpleContent>
            <xs:extension base="记账凭证编号类型">
                <xs:attribute ref="locID" use="optional" fixed="020602"/>
            </xs:extension>
        </xs:simpleContent>
    </xs:complexType>
</xs:element>
<xs:element name="记账凭证行号">
    <xs:complexType>
        <xs:simpleContent>
            <xs:extension base="记账凭证行号类型">
                <xs:attribute ref="locID" use="optional" fixed="020603"/>
            </xs:extension>
        </xs:simpleContent>
    </xs:complexType>
</xs:element>
<xs:element name="记账凭证摘要">
    <xs:complexType>
        <xs:simpleContent>
            <xs:extension base="记账凭证摘要类型">
```

```
                    <xs:attribute ref="locID" use="optional" fixed="020604"/>
                </xs:extension>
            </xs:simpleContent>
        </xs:complexType>
    </xs:element>
    <xs:element name="科目编号">
        <xs:complexType>
            <xs:simpleContent>
                <xs:extension base="科目编号类型">
                    <xs:attribute ref="locID" use="optional" fixed="020301"/>
                </xs:extension>
            </xs:simpleContent>
        </xs:complexType>
    </xs:element>
    <xs:element name="辅助项 1 编号">
        <xs:complexType>
            <xs:simpleContent>
                <xs:extension base="辅助项编号类型">
                    <xs:attribute ref="locID" use="optional" fixed="020401"/>
                </xs:extension>
            </xs:simpleContent>
        </xs:complexType>
    </xs:element>
    <xs:element name="辅助项 2 编号">
        <xs:complexType>
            <xs:simpleContent>
                <xs:extension base="辅助项编号类型">
                    <xs:attribute ref="locID" use="optional" fixed="020401"/>
                </xs:extension>
            </xs:simpleContent>
        </xs:complexType>
    </xs:element>
    <xs:element name="辅助项 3 编号">
        <xs:complexType>
            <xs:simpleContent>
                <xs:extension base="辅助项编号类型">
                    <xs:attribute ref="locID" use="optional" fixed="020401"/>
                </xs:extension>
            </xs:simpleContent>
        </xs:complexType>
    </xs:element>
    <xs:element name="辅助项 4 编号">
        <xs:complexType>
```

```
        〈xs:simpleContent〉
            〈xs:extension base = "辅助项编号类型"〉
                〈xs:attribute ref = "locID" use = "optional" fixed = "020401"/〉
            〈/xs:extension〉
        〈/xs:simpleContent〉
    〈/xs:complexType〉
〈/xs:element〉
〈xs:element name = "辅助项 5 编号"〉
    〈xs:complexType〉
        〈xs:simpleContent〉
            〈xs:extension base = "辅助项编号类型"〉
                〈xs:attribute ref = "locID" use = "optional" fixed = "020401"/〉
            〈/xs:extension〉
        〈/xs:simpleContent〉
    〈/xs:complexType〉
〈/xs:element〉
〈xs:element name = "辅助项 6 编号"〉
    〈xs:complexType〉
        〈xs:simpleContent〉
            〈xs:extension base = "辅助项编号类型"〉
                〈xs:attribute ref = "locID" use = "optional" fixed = "020401"/〉
            〈/xs:extension〉
        〈/xs:simpleContent〉
    〈/xs:complexType〉
〈/xs:element〉
〈xs:element name = "辅助项 7 编号"〉
    〈xs:complexType〉
        〈xs:simpleContent〉
            〈xs:extension base = "辅助项编号类型"〉
                〈xs:attribute ref = "locID" use = "optional" fixed = "020401"/〉
            〈/xs:extension〉
        〈/xs:simpleContent〉
    〈/xs:complexType〉
〈/xs:element〉
〈xs:element name = "辅助项 8 编号"〉
    〈xs:complexType〉
        〈xs:simpleContent〉
            〈xs:extension base = "辅助项编号类型"〉
                〈xs:attribute ref = "locID" use = "optional" fixed = "020401"/〉
            〈/xs:extension〉
        〈/xs:simpleContent〉
    〈/xs:complexType〉
〈/xs:element〉
```

```
<xs:element name="辅助项 9 编号">
    <xs:complexType>
        <xs:simpleContent>
            <xs:extension base="辅助项编号类型">
                <xs:attribute ref="locID" use="optional" fixed="020401"/>
            </xs:extension>
        </xs:simpleContent>
    </xs:complexType>
</xs:element>
<xs:element name="辅助项 10 编号">
    <xs:complexType>
        <xs:simpleContent>
            <xs:extension base="辅助项编号类型">
                <xs:attribute ref="locID" use="optional" fixed="020401"/>
            </xs:extension>
        </xs:simpleContent>
    </xs:complexType>
</xs:element>
<xs:element name="辅助项 11 编号">
    <xs:complexType>
        <xs:simpleContent>
            <xs:extension base="辅助项编号类型">
                <xs:attribute ref="locID" use="optional" fixed="020401"/>
            </xs:extension>
        </xs:simpleContent>
    </xs:complexType>
</xs:element>
<xs:element name="辅助项 12 编号">
    <xs:complexType>
        <xs:simpleContent>
            <xs:extension base="辅助项编号类型">
                <xs:attribute ref="locID" use="optional" fixed="020401"/>
            </xs:extension>
        </xs:simpleContent>
    </xs:complexType>
</xs:element>
<xs:element name="辅助项 13 编号">
    <xs:complexType>
        <xs:simpleContent>
            <xs:extension base="辅助项编号类型">
                <xs:attribute ref="locID" use="optional" fixed="020401"/>
            </xs:extension>
        </xs:simpleContent>
```

```
        〈/xs:complexType〉
    〈/xs:element〉
    〈xs:element name="辅助项 14 编号"〉
        〈xs:complexType〉
            〈xs:simpleContent〉
                〈xs:extension base="辅助项编号类型"〉
                    〈xs:attribute ref="locID" use="optional" fixed="020401"/〉
                〈/xs:extension〉
            〈/xs:simpleContent〉
        〈/xs:complexType〉
    〈/xs:element〉
    〈xs:element name="辅助项 15 编号"〉
        〈xs:complexType〉
            〈xs:simpleContent〉
                〈xs:extension base="辅助项编号类型"〉
                    〈xs:attribute ref="locID" use="optional" fixed="020401"/〉
                〈/xs:extension〉
            〈/xs:simpleContent〉
        〈/xs:complexType〉
    〈/xs:element〉
    〈xs:element name="辅助项 16 编号"〉
        〈xs:complexType〉
            〈xs:simpleContent〉
                〈xs:extension base="辅助项编号类型"〉
                    〈xs:attribute ref="locID" use="optional" fixed="020401"/〉
                〈/xs:extension〉
            〈/xs:simpleContent〉
        〈/xs:complexType〉
    〈/xs:element〉
    〈xs:element name="辅助项 17 编号"〉
        〈xs:complexType〉
            〈xs:simpleContent〉
                〈xs:extension base="辅助项编号类型"〉
                    〈xs:attribute ref="locID" use="optional" fixed="020401"/〉
                〈/xs:extension〉
            〈/xs:simpleContent〉
        〈/xs:complexType〉
    〈/xs:element〉
    〈xs:element name="辅助项 18 编号"〉
        〈xs:complexType〉
            〈xs:simpleContent〉
                〈xs:extension base="辅助项编号类型"〉
                    〈xs:attribute ref="locID" use="optional" fixed="020401"/〉
```

```
                〈/xs:extension〉
            〈/xs:simpleContent〉
        〈/xs:complexType〉
    〈/xs:element〉
    〈xs:element name = "辅助项 19 编号"〉
        〈xs:complexType〉
            〈xs:simpleContent〉
                〈xs:extension base = "辅助项编号类型"〉
                    〈xs:attribute ref = "locID" use = "optional" fixed = "020401"/〉
                〈/xs:extension〉
            〈/xs:simpleContent〉
        〈/xs:complexType〉
    〈/xs:element〉
    〈xs:element name = "辅助项 20 编号"〉
        〈xs:complexType〉
            〈xs:simpleContent〉
                〈xs:extension base = "辅助项编号类型"〉
                    〈xs:attribute ref = "locID" use = "optional" fixed = "020401"/〉
                〈/xs:extension〉
            〈/xs:simpleContent〉
        〈/xs:complexType〉
    〈/xs:element〉
    〈xs:element name = "辅助项 21 编号"〉
        〈xs:complexType〉
            〈xs:simpleContent〉
                〈xs:extension base = "辅助项编号类型"〉
                    〈xs:attribute ref = "locID" use = "optional" fixed = "020401"/〉
                〈/xs:extension〉
            〈/xs:simpleContent〉
        〈/xs:complexType〉
    〈/xs:element〉
    〈xs:element name = "辅助项 22 编号"〉
        〈xs:complexType〉
            〈xs:simpleContent〉
                〈xs:extension base = "辅助项编号类型"〉
                    〈xs:attribute ref = "locID" use = "optional" fixed = "020401"/〉
                〈/xs:extension〉
            〈/xs:simpleContent〉
        〈/xs:complexType〉
    〈/xs:element〉
    〈xs:element name = "辅助项 23 编号"〉
        〈xs:complexType〉
            〈xs:simpleContent〉
```

```
            <xs:extension base="辅助项编号类型">
                <xs:attribute ref="locID" use="optional" fixed="020401"/>
            </xs:extension>
        </xs:simpleContent>
    </xs:complexType>
</xs:element>
<xs:element name="辅助项 24 编号">
    <xs:complexType>
        <xs:simpleContent>
            <xs:extension base="辅助项编号类型">
                <xs:attribute ref="locID" use="optional" fixed="020401"/>
            </xs:extension>
        </xs:simpleContent>
    </xs:complexType>
</xs:element>
<xs:element name="辅助项 25 编号">
    <xs:complexType>
        <xs:simpleContent>
            <xs:extension base="辅助项编号类型">
                <xs:attribute ref="locID" use="optional" fixed="020401"/>
            </xs:extension>
        </xs:simpleContent>
    </xs:complexType>
</xs:element>
<xs:element name="辅助项 26 编号">
    <xs:complexType>
        <xs:simpleContent>
            <xs:extension base="辅助项编号类型">
                <xs:attribute ref="locID" use="optional" fixed="020401"/>
            </xs:extension>
        </xs:simpleContent>
    </xs:complexType>
</xs:element>
<xs:element name="辅助项 27 编号">
    <xs:complexType>
        <xs:simpleContent>
            <xs:extension base="辅助项编号类型">
                <xs:attribute ref="locID" use="optional" fixed="020401"/>
            </xs:extension>
        </xs:simpleContent>
    </xs:complexType>
</xs:element>
<xs:element name="辅助项 28 编号">
```

```
        <xs:complexType>
            <xs:simpleContent>
                <xs:extension base="辅助项编号类型">
                    <xs:attribute ref="locID" use="optional" fixed="020401"/>
                </xs:extension>
            </xs:simpleContent>
        </xs:complexType>
    </xs:element>
    <xs:element name="辅助项29编号">
        <xs:complexType>
            <xs:simpleContent>
                <xs:extension base="辅助项编号类型">
                    <xs:attribute ref="locID" use="optional" fixed="020401"/>
                </xs:extension>
            </xs:simpleContent>
        </xs:complexType>
    </xs:element>
    <xs:element name="辅助项30编号">
        <xs:complexType>
            <xs:simpleContent>
                <xs:extension base="辅助项编号类型">
                    <xs:attribute ref="locID" use="optional" fixed="020401"/>
                </xs:extension>
            </xs:simpleContent>
        </xs:complexType>
    </xs:element>
    <xs:element name="币种编码">
        <xs:complexType>
            <xs:simpleContent>
                <xs:extension base="币种编码类型">
                    <xs:attribute ref="locID" use="optional" fixed="010301"/>
                </xs:extension>
            </xs:simpleContent>
        </xs:complexType>
    </xs:element>
    <xs:element name="借方原币金额">
        <xs:complexType>
            <xs:simpleContent>
                <xs:extension base="借方原币金额类型">
                    <xs:attribute ref="locID" use="optional" fixed="020505"/>
                </xs:extension>
            </xs:simpleContent>
        </xs:complexType>
```

```
</xs:element>
<xs:element name="借方本币金额">
    <xs:complexType>
        <xs:simpleContent>
            <xs:extension base="借方本币金额类型">
                <xs:attribute ref="locID" use="optional" fixed="020506"/>
            </xs:extension>
        </xs:simpleContent>
    </xs:complexType>
</xs:element>
<xs:element name="贷方原币金额">
    <xs:complexType>
        <xs:simpleContent>
            <xs:extension base="贷方原币金额类型">
                <xs:attribute ref="locID" use="optional" fixed="020507"/>
            </xs:extension>
        </xs:simpleContent>
    </xs:complexType>
</xs:element>
<xs:element name="贷方本币金额">
    <xs:complexType>
        <xs:simpleContent>
            <xs:extension base="贷方本币金额类型">
                <xs:attribute ref="locID" use="optional" fixed="020508"/>
            </xs:extension>
        </xs:simpleContent>
    </xs:complexType>
</xs:element>
<xs:element name="汇率类型编号">
    <xs:complexType>
        <xs:simpleContent>
            <xs:extension base="汇率类型编号类型">
                <xs:attribute ref="locID" use="optional" fixed="010401"/>
            </xs:extension>
        </xs:simpleContent>
    </xs:complexType>
</xs:element>
<xs:element name="汇率">
    <xs:complexType>
        <xs:simpleContent>
            <xs:extension base="汇率类型">
                <xs:attribute ref="locID" use="optional" fixed="020605"/>
            </xs:extension>
```

```
            </xs:simpleContent>
        </xs:complexType>
    </xs:element>
    <xs:element name="凭证头可扩展字段结构值">
        <xs:complexType>
            <xs:simpleContent>
                <xs:extension base="凭证头可扩展字段结构值类型">
                    <xs:attribute ref="locID" use="optional" fixed="020606"/>
                </xs:extension>
            </xs:simpleContent>
        </xs:complexType>
    </xs:element>
    <xs:element name="分录行可扩展字段结构值">
        <xs:complexType>
            <xs:simpleContent>
                <xs:extension base="分录行可扩展字段结构值类型">
                    <xs:attribute ref="locID" use="optional" fixed="020607"/>
                </xs:extension>
            </xs:simpleContent>
        </xs:complexType>
    </xs:element>
    <xs:element name="指标文号">
        <xs:complexType>
            <xs:simpleContent>
                <xs:extension base="指标文号类型">
                    <xs:attribute ref="locID" use="optional" fixed="020608"/>
                </xs:extension>
            </xs:simpleContent>
        </xs:complexType>
    </xs:element>
    <xs:element name="结算方式编码">
        <xs:complexType>
            <xs:simpleContent>
                <xs:extension base="结算方式编码类型">
                    <xs:attribute ref="locID" use="optional" fixed="012001"/>
                </xs:extension>
            </xs:simpleContent>
        </xs:complexType>
    </xs:element>
    <xs:element name="票据类型">
        <xs:complexType>
            <xs:simpleContent>
                <xs:extension base="票据类型类型">
```

```
                <xs:attribute ref="locID" use="optional" fixed="020609"/>
            </xs:extension>
        </xs:simpleContent>
    </xs:complexType>
</xs:element>
<xs:element name="票据号">
    <xs:complexType>
        <xs:simpleContent>
            <xs:extension base="票据号类型">
                <xs:attribute ref="locID" use="optional" fixed="020610"/>
            </xs:extension>
        </xs:simpleContent>
    </xs:complexType>
</xs:element>
<xs:element name="票据日期">
    <xs:complexType>
        <xs:simpleContent>
            <xs:extension base="票据日期类型">
                <xs:attribute ref="locID" use="optional" fixed="020611"/>
            </xs:extension>
        </xs:simpleContent>
    </xs:complexType>
</xs:element>
<xs:element name="附件数">
    <xs:complexType>
        <xs:simpleContent>
            <xs:extension base="附件数类型">
                <xs:attribute ref="locID" use="optional" fixed="020612"/>
            </xs:extension>
        </xs:simpleContent>
    </xs:complexType>
</xs:element>
<xs:element name="制单人">
    <xs:complexType>
        <xs:simpleContent>
            <xs:extension base="制单人类型">
                <xs:attribute ref="locID" use="optional" fixed="020613"/>
            </xs:extension>
        </xs:simpleContent>
    </xs:complexType>
</xs:element>
<xs:element name="审核人">
    <xs:complexType>
```

```
        <xs:simpleContent>
            <xs:extension base="审核人类型">
                <xs:attribute ref="locID" use="optional" fixed="020614"/>
            </xs:extension>
        </xs:simpleContent>
    </xs:complexType>
</xs:element>
<xs:element name="记账人">
    <xs:complexType>
        <xs:simpleContent>
            <xs:extension base="记账人类型">
                <xs:attribute ref="locID" use="optional" fixed="020615"/>
            </xs:extension>
        </xs:simpleContent>
    </xs:complexType>
</xs:element>
<xs:element name="出纳人">
    <xs:complexType>
        <xs:simpleContent>
            <xs:extension base="出纳人类型">
                <xs:attribute ref="locID" use="optional" fixed="020616"/>
            </xs:extension>
        </xs:simpleContent>
    </xs:complexType>
</xs:element>
<xs:element name="财务主管">
    <xs:complexType>
        <xs:simpleContent>
            <xs:extension base="财务主管类型">
                <xs:attribute ref="locID" use="optional" fixed="020617"/>
            </xs:extension>
        </xs:simpleContent>
    </xs:complexType>
</xs:element>
<xs:element name="记账标志">
    <xs:complexType>
        <xs:simpleContent>
            <xs:extension base="记账标志类型">
                <xs:attribute ref="locID" use="optional" fixed="020618"/>
            </xs:extension>
        </xs:simpleContent>
    </xs:complexType>
</xs:element>
```

```
            <xs:element name="作废标志">
                <xs:complexType>
                    <xs:simpleContent>
                        <xs:extension base="作废标志类型">
                            <xs:attribute ref="locID" use="optional" fixed="020619"/>
                        </xs:extension>
                    </xs:simpleContent>
                </xs:complexType>
            </xs:element>
            <xs:element name="凭证来源系统">
                <xs:complexType>
                    <xs:simpleContent>
                        <xs:extension base="凭证来源系统类型">
                            <xs:attribute ref="locID" use="optional" fixed="020620"/>
                        </xs:extension>
                    </xs:simpleContent>
                </xs:complexType>
            </xs:element>
        </xs:sequence>
        <xs:attribute name="locID" type="xs:string" use="optional" fixed="T0206" form="unqualified"/>
    </xs:complexType>
</xs:element>
<xs:element name="报表集">
    <xs:complexType>
        <xs:sequence>
            <xs:element name="报表编号">
                <xs:complexType>
                    <xs:simpleContent>
                        <xs:extension base="报表编号类型">
                            <xs:attribute ref="locID" use="optional" fixed="020701"/>
                        </xs:extension>
                    </xs:simpleContent>
                </xs:complexType>
            </xs:element>
            <xs:element name="报表名称">
                <xs:complexType>
                    <xs:simpleContent>
                        <xs:extension base="报表名称类型">
                            <xs:attribute ref="locID" use="optional" fixed="020702"/>
                        </xs:extension>
                    </xs:simpleContent>
                </xs:complexType>
```

```
                </xs:element>
                <xs:element name="报告日">
                    <xs:complexType>
                        <xs:simpleContent>
                            <xs:extension base="报告日类型">
                                <xs:attribute ref="locID" use="optional" fixed="020703"/>
                            </xs:extension>
                        </xs:simpleContent>
                    </xs:complexType>
                </xs:element>
                <xs:element name="报告期">
                    <xs:complexType>
                        <xs:simpleContent>
                            <xs:extension base="报告期类型">
                                <xs:attribute ref="locID" use="optional" fixed="020704"/>
                            </xs:extension>
                        </xs:simpleContent>
                    </xs:complexType>
                </xs:element>
                <xs:element name="编制单位">
                    <xs:complexType>
                        <xs:simpleContent>
                            <xs:extension base="编制单位类型">
                                <xs:attribute ref="locID" use="optional" fixed="020705"/>
                            </xs:extension>
                        </xs:simpleContent>
                    </xs:complexType>
                </xs:element>
                <xs:element name="货币单位">
                    <xs:complexType>
                        <xs:simpleContent>
                            <xs:extension base="货币单位类型">
                                <xs:attribute ref="locID" use="optional" fixed="020706"/>
                            </xs:extension>
                        </xs:simpleContent>
                    </xs:complexType>
                </xs:element>
            </xs:sequence>
            <xs:attribute name="locID" type="xs:string" use="optional" fixed="T0207"
form="unqualified"/>
        </xs:complexType>
    </xs:element>
    <xs:element name="报表项数据">
```

```
〈xs:complexType〉
    〈xs:sequence〉
        〈xs:element name = "报表编号"〉
            〈xs:complexType〉
                〈xs:simpleContent〉
                    〈xs:extension base = "报表编号类型"〉
                        〈xs:attribute ref = "locID" use = "optional" fixed = "020701"/〉
                    〈/xs:extension〉
                〈/xs:simpleContent〉
            〈/xs:complexType〉
        〈/xs:element〉
        〈xs:element name = "报表项编号"〉
            〈xs:complexType〉
                〈xs:simpleContent〉
                    〈xs:extension base = "报表项编号类型"〉
                        〈xs:attribute ref = "locID" use = "optional" fixed = "020801"/〉
                    〈/xs:extension〉
                〈/xs:simpleContent〉
            〈/xs:complexType〉
        〈/xs:element〉
        〈xs:element name = "报表项名称"〉
            〈xs:complexType〉
                〈xs:simpleContent〉
                    〈xs:extension base = "报表项名称类型"〉
                        〈xs:attribute ref = "locID" use = "optional" fixed = "020802"/〉
                    〈/xs:extension〉
                〈/xs:simpleContent〉
            〈/xs:complexType〉
        〈/xs:element〉
        〈xs:element name = "报表项公式"〉
            〈xs:complexType〉
                〈xs:simpleContent〉
                    〈xs:extension base = "报表项公式类型"〉
                        〈xs:attribute ref = "locID" use = "optional" fixed = "020803"/〉
                    〈/xs:extension〉
                〈/xs:simpleContent〉
            〈/xs:complexType〉
        〈/xs:element〉
        〈xs:element name = "报表项数值"〉
            〈xs:complexType〉
                〈xs:simpleContent〉
                    〈xs:extension base = "报表项数值类型"〉
                        〈xs:attribute ref = "locID" use = "optional" fixed = "020804"/〉
```

```
                                〈/xs:extension〉
                            〈/xs:simpleContent〉
                        〈/xs:complexType〉
                    〈/xs:element〉
                〈/xs:sequence〉
                〈xs:attribute name = "locID" type = "xs:string" use = "optional" fixed = "T0208"
form = "unqualified"/〉
            〈/xs:complexType〉
        〈/xs:element〉
〈/xs:schema〉
```

A.4 收入事项类 XML 大纲(Schema)

```
〈? xml version = "1.0" encoding = "GB18030"?〉
〈xs:schema xmlns:xs = "http://www.w3.org/2001/XMLSchema" xmlns:总预算
 = "http://sxbw.audit.gov.cn/AccountingSoftwareDataInterfaceStandard/2010/PSGA/XMLSchema"
xmlns = " http://sxbw. audit. gov. cn/AccountingSoftwareDataInterfaceStandard/2010/PSGA/
XMLSchema"
targetNamespace = " http://sxbw. audit. gov. cn/AccountingSoftwareDataInterfaceStandard/2010/
PSGA/XMLSchema" elementFormDefault = "qualified" attributeFormDefault = "unqualified"〉
            〈xs:include schemaLocation = "标准数据元素类型.xsd"/〉
        〈xs:element name = "收入事项"〉
            〈xs:complexType〉
                〈xs:sequence〉
                    〈xs:element ref = "税收收入" maxOccurs = "unbounded"/〉
                    〈xs:element ref = "社保基金" maxOccurs = "unbounded"/〉
                    〈xs:element ref = "非税收入" maxOccurs = "unbounded"/〉
                    〈xs:element ref = "贷款转贷回收本金收入" maxOccurs = "unbounded"/〉
                    〈xs:element ref = "债务收入" maxOccurs = "unbounded"/〉
                    〈xs:element ref = "转移性收入" maxOccurs = "unbounded"/〉
                〈/xs:sequence〉
                〈xs:attribute ref = "locID" use = "optional" fixed = "S03"/〉
            〈/xs:complexType〉
        〈/xs:element〉
        〈xs:element name = "税收收入"〉
            〈xs:complexType〉
                〈xs:sequence〉
                    〈xs:element name = "税收收入汇总编码"〉
                        〈xs:complexType〉
                            〈xs:simpleContent〉
                                〈xs:extension base = "税收收入汇总编码类型"〉
                                    〈xs:attribute ref = "locID" use = "optional" fixed = "030101"/〉
                                〈/xs:extension〉
```

```
        </xs:simpleContent>
      </xs:complexType>
    </xs:element>
    <xs:element name="科目编号">
      <xs:complexType>
        <xs:simpleContent>
          <xs:extension base="科目编号类型">
            <xs:attribute ref="locID" use="optional" fixed="020301"/>
          </xs:extension>
        </xs:simpleContent>
      </xs:complexType>
    </xs:element>
    <xs:element name="银行账户编码">
      <xs:complexType>
        <xs:simpleContent>
          <xs:extension base="银行账户编码类型">
            <xs:attribute ref="locID" use="optional" fixed="010601"/>
          </xs:extension>
        </xs:simpleContent>
      </xs:complexType>
    </xs:element>
    <xs:element name="银行账户名称">
      <xs:complexType>
        <xs:simpleContent>
          <xs:extension base="银行账户名称类型">
            <xs:attribute ref="locID" use="optional" fixed="010602"/>
          </xs:extension>
        </xs:simpleContent>
      </xs:complexType>
    </xs:element>
    <xs:element name="开户银行代码">
      <xs:complexType>
        <xs:simpleContent>
          <xs:extension base="银行代码类型">
            <xs:attribute ref="locID" use="optional" fixed="010501"/>
          </xs:extension>
        </xs:simpleContent>
      </xs:complexType>
    </xs:element>
    <xs:element name="开户银行名称">
      <xs:complexType>
        <xs:simpleContent>
          <xs:extension base="银行名称类型">
```

```
                    〈xs:attribute ref = "locID" use = "optional" fixed = "010502"/〉
                〈/xs:extension〉
            〈/xs:simpleContent〉
        〈/xs:complexType〉
    〈/xs:element〉
    〈xs:element name = "银行账号"〉
        〈xs:complexType〉
            〈xs:simpleContent〉
                〈xs:extension base = "银行账号类型"〉
                    〈xs:attribute ref = "locID" use = "optional" fixed = "010603"/〉
                〈/xs:extension〉
            〈/xs:simpleContent〉
        〈/xs:complexType〉
    〈/xs:element〉
    〈xs:element name = "账户类型"〉
        〈xs:complexType〉
            〈xs:simpleContent〉
                〈xs:extension base = "账户类型类型"〉
                    〈xs:attribute ref = "locID" use = "optional" fixed = "010604"/〉
                〈/xs:extension〉
            〈/xs:simpleContent〉
        〈/xs:complexType〉
    〈/xs:element〉
    〈xs:element name = "收入分类科目代码"〉
        〈xs:complexType〉
            〈xs:simpleContent〉
                〈xs:extension base = "收入分类科目代码类型"〉
                    〈xs:attribute ref = "locID" use = "optional" fixed = "010901"/〉
                〈/xs:extension〉
            〈/xs:simpleContent〉
        〈/xs:complexType〉
    〈/xs:element〉
    〈xs:element name = "收入分类科目名称"〉
        〈xs:complexType〉
            〈xs:simpleContent〉
                〈xs:extension base = "收入分类科目名称类型"〉
                    〈xs:attribute ref = "locID" use = "optional" fixed = "010902"/〉
                〈/xs:extension〉
            〈/xs:simpleContent〉
        〈/xs:complexType〉
    〈/xs:element〉
    〈xs:element name = "税收收入金额"〉
        〈xs:complexType〉
```

```
                <xs:simpleContent>
                    <xs:extension base="税收收入金额类型">
                        <xs:attribute ref="locID" use="optional" fixed="030102"/>
                    </xs:extension>
                </xs:simpleContent>
            </xs:complexType>
        </xs:element>
    </xs:sequence>
    <xs:attribute name="locID" type="xs:string" use="optional" fixed="T0301"
form="unqualified"/>
        </xs:complexType>
    </xs:element>
    <xs:element name="社保基金">
        <xs:complexType>
            <xs:sequence>
                <xs:element name="社保基金汇总编码">
                    <xs:complexType>
                        <xs:simpleContent>
                            <xs:extension base="社保基金汇总编码类型">
                                <xs:attribute ref="locID" use="optional" fixed="030201"/>
                            </xs:extension>
                        </xs:simpleContent>
                    </xs:complexType>
                </xs:element>
                <xs:element name="科目编号">
                    <xs:complexType>
                        <xs:simpleContent>
                            <xs:extension base="科目编号类型">
                                <xs:attribute ref="locID" use="optional" fixed="020301"/>
                            </xs:extension>
                        </xs:simpleContent>
                    </xs:complexType>
                </xs:element>
                <xs:element name="银行账户编码">
                    <xs:complexType>
                        <xs:simpleContent>
                            <xs:extension base="银行账户编码类型">
                                <xs:attribute ref="locID" use="optional" fixed="010601"/>
                            </xs:extension>
                        </xs:simpleContent>
                    </xs:complexType>
                </xs:element>
                <xs:element name="银行账户名称">
```

```
        <xs:complexType>
            <xs:simpleContent>
                <xs:extension base="银行账户名称类型">
                    <xs:attribute ref="locID" use="optional" fixed="010602"/>
                </xs:extension>
            </xs:simpleContent>
        </xs:complexType>
    </xs:element>
    <xs:element name="开户银行代码">
        <xs:complexType>
            <xs:simpleContent>
                <xs:extension base="银行代码类型">
                    <xs:attribute ref="locID" use="optional" fixed="010501"/>
                </xs:extension>
            </xs:simpleContent>
        </xs:complexType>
    </xs:element>
    <xs:element name="开户银行名称">
        <xs:complexType>
            <xs:simpleContent>
                <xs:extension base="银行名称类型">
                    <xs:attribute ref="locID" use="optional" fixed="010502"/>
                </xs:extension>
            </xs:simpleContent>
        </xs:complexType>
    </xs:element>
    <xs:element name="银行账号">
        <xs:complexType>
            <xs:simpleContent>
                <xs:extension base="银行账号类型">
                    <xs:attribute ref="locID" use="optional" fixed="010603"/>
                </xs:extension>
            </xs:simpleContent>
        </xs:complexType>
    </xs:element>
    <xs:element name="账户类型">
        <xs:complexType>
            <xs:simpleContent>
                <xs:extension base="账户类型类型">
                    <xs:attribute ref="locID" use="optional" fixed="010604"/>
                </xs:extension>
            </xs:simpleContent>
        </xs:complexType>
```

```
                    〈/xs:element〉
                    〈xs:element name = "收入分类科目代码"〉
                        〈xs:complexType〉
                            〈xs:simpleContent〉
                                〈xs:extension base = "收入分类科目代码类型"〉
                                    〈xs:attribute ref = "locID" use = "optional" fixed = "010901"/〉
                                〈/xs:extension〉
                            〈/xs:simpleContent〉
                        〈/xs:complexType〉
                    〈/xs:element〉
                    〈xs:element name = "收入分类科目名称"〉
                        〈xs:complexType〉
                            〈xs:simpleContent〉
                                〈xs:extension base = "收入分类科目名称类型"〉
                                    〈xs:attribute ref = "locID" use = "optional" fixed = "010902"/〉
                                〈/xs:extension〉
                            〈/xs:simpleContent〉
                        〈/xs:complexType〉
                    〈/xs:element〉
                    〈xs:element name = "社保基金收入金额"〉
                        〈xs:complexType〉
                            〈xs:simpleContent〉
                                〈xs:extension base = "社保基金收入金额类型"〉
                                    〈xs:attribute ref = "locID" use = "optional" fixed = "030202"/〉
                                〈/xs:extension〉
                            〈/xs:simpleContent〉
                        〈/xs:complexType〉
                    〈/xs:element〉
                〈/xs:sequence〉
                〈xs:attribute name = "locID" type = "xs:string" use = "optional" fixed = "T0302"
form = "unqualified"/〉
            〈/xs:complexType〉
        〈/xs:element〉
        〈xs:element name = "非税收入"〉
            〈xs:complexType〉
                〈xs:sequence〉
                    〈xs:element name = "非税收入汇总编码"〉
                        〈xs:complexType〉
                            〈xs:simpleContent〉
                                〈xs:extension base = "非税收入汇总编码类型"〉
                                    〈xs:attribute ref = "locID" use = "optional" fixed = "030301"/〉
                                〈/xs:extension〉
                            〈/xs:simpleContent〉
```

```
        </xs:complexType>
    </xs:element>
    <xs:element name="科目编号">
        <xs:complexType>
            <xs:simpleContent>
                <xs:extension base="科目编号类型">
                    <xs:attribute ref="locID" use="optional" fixed="020301"/>
                </xs:extension>
            </xs:simpleContent>
        </xs:complexType>
    </xs:element>
    <xs:element name="银行账户编码">
        <xs:complexType>
            <xs:simpleContent>
                <xs:extension base="银行账户编码类型">
                    <xs:attribute ref="locID" use="optional" fixed="010601"/>
                </xs:extension>
            </xs:simpleContent>
        </xs:complexType>
    </xs:element>
    <xs:element name="银行账户名称">
        <xs:complexType>
            <xs:simpleContent>
                <xs:extension base="银行账户名称类型">
                    <xs:attribute ref="locID" use="optional" fixed="010602"/>
                </xs:extension>
            </xs:simpleContent>
        </xs:complexType>
    </xs:element>
    <xs:element name="开户银行代码">
        <xs:complexType>
            <xs:simpleContent>
                <xs:extension base="银行代码类型">
                    <xs:attribute ref="locID" use="optional" fixed="010501"/>
                </xs:extension>
            </xs:simpleContent>
        </xs:complexType>
    </xs:element>
    <xs:element name="开户银行名称">
        <xs:complexType>
            <xs:simpleContent>
                <xs:extension base="银行名称类型">
                    <xs:attribute ref="locID" use="optional" fixed="010502"/>
```

```
				〈/xs:extension〉
			〈/xs:simpleContent〉
		〈/xs:complexType〉
	〈/xs:element〉
	〈xs:element name="银行账号"〉
		〈xs:complexType〉
			〈xs:simpleContent〉
				〈xs:extension base="银行账号类型"〉
					〈xs:attribute ref="locID" use="optional" fixed="010603"/〉
				〈/xs:extension〉
			〈/xs:simpleContent〉
		〈/xs:complexType〉
	〈/xs:element〉
	〈xs:element name="账户类型"〉
		〈xs:complexType〉
			〈xs:simpleContent〉
				〈xs:extension base="账户类型类型"〉
					〈xs:attribute ref="locID" use="optional" fixed="010604"/〉
				〈/xs:extension〉
			〈/xs:simpleContent〉
		〈/xs:complexType〉
	〈/xs:element〉
	〈xs:element name="收入分类科目代码"〉
		〈xs:complexType〉
			〈xs:simpleContent〉
				〈xs:extension base="收入分类科目代码类型"〉
					〈xs:attribute ref="locID" use="optional" fixed="010901"/〉
				〈/xs:extension〉
			〈/xs:simpleContent〉
		〈/xs:complexType〉
	〈/xs:element〉
	〈xs:element name="收入分类科目名称"〉
		〈xs:complexType〉
			〈xs:simpleContent〉
				〈xs:extension base="收入分类科目名称类型"〉
					〈xs:attribute ref="locID" use="optional" fixed="010902"/〉
				〈/xs:extension〉
			〈/xs:simpleContent〉
		〈/xs:complexType〉
	〈/xs:element〉
	〈xs:element name="非税收入项目代码"〉
		〈xs:complexType〉
			〈xs:simpleContent〉
```

```
                〈xs:extension base = "非税收入项目代码类型"〉
                    〈xs:attribute ref = "locID" use = "optional" fixed = "030302"/〉
                〈/xs:extension〉
            〈/xs:simpleContent〉
        〈/xs:complexType〉
    〈/xs:element〉
    〈xs:element name = "非税收入项目名称"〉
        〈xs:complexType〉
            〈xs:simpleContent〉
                〈xs:extension base = "非税收入项目名称类型"〉
                    〈xs:attribute ref = "locID" use = "optional" fixed = "030303"/〉
                〈/xs:extension〉
            〈/xs:simpleContent〉
        〈/xs:complexType〉
    〈/xs:element〉
    〈xs:element name = "收缴方式代码"〉
        〈xs:complexType〉
            〈xs:simpleContent〉
                〈xs:extension base = "收缴方式代码类型"〉
                    〈xs:attribute ref = "locID" use = "optional" fixed = "030304"/〉
                〈/xs:extension〉
            〈/xs:simpleContent〉
        〈/xs:complexType〉
    〈/xs:element〉
    〈xs:element name = "收缴方式名称"〉
        〈xs:complexType〉
            〈xs:simpleContent〉
                〈xs:extension base = "收缴方式名称类型"〉
                    〈xs:attribute ref = "locID" use = "optional" fixed = "030305"/〉
                〈/xs:extension〉
            〈/xs:simpleContent〉
        〈/xs:complexType〉
    〈/xs:element〉
    〈xs:element name = "分成标准类型代码"〉
        〈xs:complexType〉
            〈xs:simpleContent〉
                〈xs:extension base = "分成标准类型代码类型"〉
                    〈xs:attribute ref = "locID" use = "optional" fixed = "030306"/〉
                〈/xs:extension〉
            〈/xs:simpleContent〉
        〈/xs:complexType〉
    〈/xs:element〉
    〈xs:element name = "分成标准类型名称"〉
```

```
        <xs:complexType>
            <xs:simpleContent>
                <xs:extension base="分成标准类型名称类型">
                    <xs:attribute ref="locID" use="optional" fixed="030307"/>
                </xs:extension>
            </xs:simpleContent>
        </xs:complexType>
    </xs:element>
    <xs:element name="分成方向代码">
        <xs:complexType>
            <xs:simpleContent>
                <xs:extension base="分成方向代码类型">
                    <xs:attribute ref="locID" use="optional" fixed="030308"/>
                </xs:extension>
            </xs:simpleContent>
        </xs:complexType>
    </xs:element>
    <xs:element name="分成方向名称">
        <xs:complexType>
            <xs:simpleContent>
                <xs:extension base="分成方向名称类型">
                    <xs:attribute ref="locID" use="optional" fixed="030309"/>
                </xs:extension>
            </xs:simpleContent>
        </xs:complexType>
    </xs:element>
    <xs:element name="分成标准">
        <xs:complexType>
            <xs:simpleContent>
                <xs:extension base="分成标准类型">
                    <xs:attribute ref="locID" use="optional" fixed="030310"/>
                </xs:extension>
            </xs:simpleContent>
        </xs:complexType>
    </xs:element>
    <xs:element name="非税收入金额">
        <xs:complexType>
            <xs:simpleContent>
                <xs:extension base="非税收入金额类型">
                    <xs:attribute ref="locID" use="optional" fixed="030311"/>
                </xs:extension>
            </xs:simpleContent>
        </xs:complexType>
```

```
                </xs:element>
            </xs:sequence>
            <xs:attribute name="locID" type="xs:string" use="optional" fixed="T0303" form="unqualified"/>
        </xs:complexType>
    </xs:element>
    <xs:element name="贷款转贷回收本金收入">
        <xs:complexType>
            <xs:sequence>
                <xs:element name="贷款转贷回收本金收入汇总编码">
                    <xs:complexType>
                        <xs:simpleContent>
                            <xs:extension base="贷款转贷回收本金收入汇总编码类型">
                                <xs:attribute ref="locID" use="optional" fixed="030401"/>
                            </xs:extension>
                        </xs:simpleContent>
                    </xs:complexType>
                </xs:element>
                <xs:element name="科目编号">
                    <xs:complexType>
                        <xs:simpleContent>
                            <xs:extension base="科目编号类型">
                                <xs:attribute ref="locID" use="optional" fixed="020301"/>
                            </xs:extension>
                        </xs:simpleContent>
                    </xs:complexType>
                </xs:element>
                <xs:element name="银行账户编码">
                    <xs:complexType>
                        <xs:simpleContent>
                            <xs:extension base="银行账户编码类型">
                                <xs:attribute ref="locID" use="optional" fixed="010601"/>
                            </xs:extension>
                        </xs:simpleContent>
                    </xs:complexType>
                </xs:element>
                <xs:element name="银行账户名称">
                    <xs:complexType>
                        <xs:simpleContent>
                            <xs:extension base="银行账户名称类型">
                                <xs:attribute ref="locID" use="optional" fixed="010602"/>
                            </xs:extension>
                        </xs:simpleContent>
```

```
        〈/xs:complexType〉
    〈/xs:element〉
    〈xs:element name="开户银行代码"〉
        〈xs:complexType〉
            〈xs:simpleContent〉
                〈xs:extension base="银行代码类型"〉
                    〈xs:attribute ref="locID" use="optional" fixed="010501"/〉
                〈/xs:extension〉
            〈/xs:simpleContent〉
        〈/xs:complexType〉
    〈/xs:element〉
    〈xs:element name="开户银行名称"〉
        〈xs:complexType〉
            〈xs:simpleContent〉
                〈xs:extension base="银行名称类型"〉
                    〈xs:attribute ref="locID" use="optional" fixed="010502"/〉
                〈/xs:extension〉
            〈/xs:simpleContent〉
        〈/xs:complexType〉
    〈/xs:element〉
    〈xs:element name="银行账号"〉
        〈xs:complexType〉
            〈xs:simpleContent〉
                〈xs:extension base="银行账号类型"〉
                    〈xs:attribute ref="locID" use="optional" fixed="010603"/〉
                〈/xs:extension〉
            〈/xs:simpleContent〉
        〈/xs:complexType〉
    〈/xs:element〉
    〈xs:element name="账户类型"〉
        〈xs:complexType〉
            〈xs:simpleContent〉
                〈xs:extension base="账户类型类型"〉
                    〈xs:attribute ref="locID" use="optional" fixed="010604"/〉
                〈/xs:extension〉
            〈/xs:simpleContent〉
        〈/xs:complexType〉
    〈/xs:element〉
    〈xs:element name="收入分类科目代码"〉
        〈xs:complexType〉
            〈xs:simpleContent〉
                〈xs:extension base="收入分类科目代码类型"〉
                    〈xs:attribute ref="locID" use="optional" fixed="010901"/〉
```

```
                    </xs:extension>
                </xs:simpleContent>
            </xs:complexType>
        </xs:element>
        <xs:element name="收入分类科目名称">
            <xs:complexType>
                <xs:simpleContent>
                    <xs:extension base="收入分类科目名称类型">
                        <xs:attribute ref="locID" use="optional" fixed="010902"/>
                    </xs:extension>
                </xs:simpleContent>
            </xs:complexType>
        </xs:element>
        <xs:element name="贷款转贷回收本金收入金额">
            <xs:complexType>
                <xs:simpleContent>
                    <xs:extension base="贷款转贷回收本金收入金额类型">
                        <xs:attribute ref="locID" use="optional" fixed="030402"/>
                    </xs:extension>
                </xs:simpleContent>
            </xs:complexType>
        </xs:element>
    </xs:sequence>
    <xs:attribute name="locID" type="xs:string" use="optional" fixed="T0304"
form="unqualified"/>
  </xs:complexType>
</xs:element>
<xs:element name="债务收入">
  <xs:complexType>
    <xs:sequence>
        <xs:element name="债务收入汇总编码">
            <xs:complexType>
                <xs:simpleContent>
                    <xs:extension base="债务收入汇总编码类型">
                        <xs:attribute ref="locID" use="optional" fixed="030501"/>
                    </xs:extension>
                </xs:simpleContent>
            </xs:complexType>
        </xs:element>
        <xs:element name="科目编号">
            <xs:complexType>
                <xs:simpleContent>
                    <xs:extension base="科目编号类型">
```

```
                <xs:attribute ref="locID" use="optional" fixed="020301"/>
            </xs:extension>
        </xs:simpleContent>
    </xs:complexType>
</xs:element>
<xs:element name="银行账户编码">
    <xs:complexType>
        <xs:simpleContent>
            <xs:extension base="银行账户编码类型">
                <xs:attribute ref="locID" use="optional" fixed="010601"/>
            </xs:extension>
        </xs:simpleContent>
    </xs:complexType>
</xs:element>
<xs:element name="银行账户名称">
    <xs:complexType>
        <xs:simpleContent>
            <xs:extension base="银行账户名称类型">
                <xs:attribute ref="locID" use="optional" fixed="010602"/>
            </xs:extension>
        </xs:simpleContent>
    </xs:complexType>
</xs:element>
<xs:element name="开户银行代码">
    <xs:complexType>
        <xs:simpleContent>
            <xs:extension base="银行代码类型">
                <xs:attribute ref="locID" use="optional" fixed="010501"/>
            </xs:extension>
        </xs:simpleContent>
    </xs:complexType>
</xs:element>
<xs:element name="开户银行名称">
    <xs:complexType>
        <xs:simpleContent>
            <xs:extension base="银行名称类型">
                <xs:attribute ref="locID" use="optional" fixed="010502"/>
            </xs:extension>
        </xs:simpleContent>
    </xs:complexType>
</xs:element>
<xs:element name="银行账号">
    <xs:complexType>
```

```
                <xs:simpleContent>
                    <xs:extension base="银行账号类型">
                        <xs:attribute ref="locID" use="optional" fixed="010603"/>
                    </xs:extension>
                </xs:simpleContent>
            </xs:complexType>
        </xs:element>
        <xs:element name="账户类型">
            <xs:complexType>
                <xs:simpleContent>
                    <xs:extension base="账户类型类型">
                        <xs:attribute ref="locID" use="optional" fixed="010604"/>
                    </xs:extension>
                </xs:simpleContent>
            </xs:complexType>
        </xs:element>
        <xs:element name="收入分类科目代码">
            <xs:complexType>
                <xs:simpleContent>
                    <xs:extension base="收入分类科目代码类型">
                        <xs:attribute ref="locID" use="optional" fixed="010901"/>
                    </xs:extension>
                </xs:simpleContent>
            </xs:complexType>
        </xs:element>
        <xs:element name="收入分类科目名称">
            <xs:complexType>
                <xs:simpleContent>
                    <xs:extension base="收入分类科目名称类型">
                        <xs:attribute ref="locID" use="optional" fixed="010902"/>
                    </xs:extension>
                </xs:simpleContent>
            </xs:complexType>
        </xs:element>
        <xs:element name="债务收入金额">
            <xs:complexType>
                <xs:simpleContent>
                    <xs:extension base="债务收入金额类型">
                        <xs:attribute ref="locID" use="optional" fixed="030502"/>
                    </xs:extension>
                </xs:simpleContent>
            </xs:complexType>
        </xs:element>
```

```
            〈/xs:sequence〉
            〈xs:attribute name="locID" type="xs:string" use="optional" fixed="T0305"
form="unqualified"/〉
        〈/xs:complexType〉
    〈/xs:element〉
    〈xs:element name="转移性收入"〉
        〈xs:complexType〉
            〈xs:sequence〉
                〈xs:element name="转移性收入汇总编码"〉
                    〈xs:complexType〉
                        〈xs:simpleContent〉
                            〈xs:extension base="转移性收入汇总编码类型"〉
                                〈xs:attribute ref="locID" use="optional" fixed="030601"/〉
                            〈/xs:extension〉
                        〈/xs:simpleContent〉
                    〈/xs:complexType〉
                〈/xs:element〉
                〈xs:element name="科目编号"〉
                    〈xs:complexType〉
                        〈xs:simpleContent〉
                            〈xs:extension base="科目编号类型"〉
                                〈xs:attribute ref="locID" use="optional" fixed="020301"/〉
                            〈/xs:extension〉
                        〈/xs:simpleContent〉
                    〈/xs:complexType〉
                〈/xs:element〉
                〈xs:element name="银行账户编码"〉
                    〈xs:complexType〉
                        〈xs:simpleContent〉
                            〈xs:extension base="银行账户编码类型"〉
                                〈xs:attribute ref="locID" use="optional" fixed="010601"/〉
                            〈/xs:extension〉
                        〈/xs:simpleContent〉
                    〈/xs:complexType〉
                〈/xs:element〉
                〈xs:element name="银行账户名称"〉
                    〈xs:complexType〉
                        〈xs:simpleContent〉
                            〈xs:extension base="银行账户名称类型"〉
                                〈xs:attribute ref="locID" use="optional" fixed="010602"/〉
                            〈/xs:extension〉
                        〈/xs:simpleContent〉
                    〈/xs:complexType〉
```

```
</xs:element>
<xs:element name="开户银行代码">
    <xs:complexType>
        <xs:simpleContent>
            <xs:extension base="银行代码类型">
                <xs:attribute ref="locID" use="optional" fixed="010501"/>
            </xs:extension>
        </xs:simpleContent>
    </xs:complexType>
</xs:element>
<xs:element name="开户银行名称">
    <xs:complexType>
        <xs:simpleContent>
            <xs:extension base="银行名称类型">
                <xs:attribute ref="locID" use="optional" fixed="010502"/>
            </xs:extension>
        </xs:simpleContent>
    </xs:complexType>
</xs:element>
<xs:element name="银行账号">
    <xs:complexType>
        <xs:simpleContent>
            <xs:extension base="银行账号类型">
                <xs:attribute ref="locID" use="optional" fixed="010603"/>
            </xs:extension>
        </xs:simpleContent>
    </xs:complexType>
</xs:element>
<xs:element name="账户类型">
    <xs:complexType>
        <xs:simpleContent>
            <xs:extension base="账户类型类型">
                <xs:attribute ref="locID" use="optional" fixed="010604"/>
            </xs:extension>
        </xs:simpleContent>
    </xs:complexType>
</xs:element>
<xs:element name="财政管理级次代码">
    <xs:complexType>
        <xs:simpleContent>
            <xs:extension base="财政管理级次代码类型">
                <xs:attribute ref="locID" use="optional" fixed="010701"/>
            </xs:extension>
```

```
                </xs:simpleContent>
            </xs:complexType>
        </xs:element>
        <xs:element name="财政管理级次名称">
            <xs:complexType>
                <xs:simpleContent>
                    <xs:extension base="财政管理级次名称类型">
                        <xs:attribute ref="locID" use="optional" fixed="010702"/>
                    </xs:extension>
                </xs:simpleContent>
            </xs:complexType>
        </xs:element>
        <xs:element name="收入分类科目代码">
            <xs:complexType>
                <xs:simpleContent>
                    <xs:extension base="收入分类科目代码类型">
                        <xs:attribute ref="locID" use="optional" fixed="010901"/>
                    </xs:extension>
                </xs:simpleContent>
            </xs:complexType>
        </xs:element>
        <xs:element name="收入分类科目名称">
            <xs:complexType>
                <xs:simpleContent>
                    <xs:extension base="收入分类科目名称类型">
                        <xs:attribute ref="locID" use="optional" fixed="010902"/>
                    </xs:extension>
                </xs:simpleContent>
            </xs:complexType>
        </xs:element>
        <xs:element name="转移性收入金额">
            <xs:complexType>
                <xs:simpleContent>
                    <xs:extension base="转移性收入金额类型">
                        <xs:attribute ref="locID" use="optional" fixed="030602"/>
                    </xs:extension>
                </xs:simpleContent>
            </xs:complexType>
        </xs:element>
    </xs:sequence>
    <xs:attribute name="locID" type="xs:string" use="optional" fixed="T0306"
form="unqualified"/>
</xs:complexType>
```

```
    </xs:element>
</xs:schema>
```

A.5 支出事项类 XML 大纲(Schema)

```
<?xml version="1.0" encoding="GB18030"?>
<xs:schema xmlns:xs="http://www.w3.org/2001/XMLSchema" xmlns:总预算
="http://sxbw.audit.gov.cn/AccountingSoftwareDataInterfaceStandard/2010/PSGA/XMLSchema"
xmlns = "http://sxbw.audit.gov.cn/AccountingSoftwareDataInterfaceStandard/2010/PSGA/
XMLSchema"
targetNamespace = "http://sxbw.audit.gov.cn/AccountingSoftwareDataInterfaceStandard/2010/
PSGA/XMLSchema" elementFormDefault="qualified" attributeFormDefault="unqualified">
        <xs:include schemaLocation="标准数据元素类型.xsd"/>
    <xs:element name="支出事项">
        <xs:complexType>
            <xs:sequence>
                <xs:element ref="预算指标" maxOccurs="unbounded"/>
                <xs:element ref="支付凭证" maxOccurs="unbounded"/>
                <xs:element ref="预算执行情况" maxOccurs="unbounded"/>
            </xs:sequence>
            <xs:attribute ref="locID" use="optional" fixed="S04"/>
        </xs:complexType>
    </xs:element>
    <xs:element name="预算指标">
        <xs:complexType>
            <xs:sequence>
                <xs:element name="预算指标编码">
                    <xs:complexType>
                        <xs:simpleContent>
                            <xs:extension base="预算指标编码类型">
                                <xs:attribute ref="locID" use="optional" fixed="040101"/>
                            </xs:extension>
                        </xs:simpleContent>
                    </xs:complexType>
                </xs:element>
                <xs:element name="业务日期">
                    <xs:complexType>
                        <xs:simpleContent>
                            <xs:extension base="业务日期类型">
                                <xs:attribute ref="locID" use="optional" fixed="040102"/>
                            </xs:extension>
                        </xs:simpleContent>
                    </xs:complexType>
```

```
</xs:element>
<xs:element name="发文文号">
    <xs:complexType>
        <xs:simpleContent>
            <xs:extension base="发文文号类型">
                <xs:attribute ref="locID" use="optional" fixed="040103"/>
            </xs:extension>
        </xs:simpleContent>
    </xs:complexType>
</xs:element>
<xs:element name="发文日期">
    <xs:complexType>
        <xs:simpleContent>
            <xs:extension base="发文日期类型">
                <xs:attribute ref="locID" use="optional" fixed="040104"/>
            </xs:extension>
        </xs:simpleContent>
    </xs:complexType>
</xs:element>
<xs:element name="科目编号">
    <xs:complexType>
        <xs:simpleContent>
            <xs:extension base="科目编号类型">
                <xs:attribute ref="locID" use="optional" fixed="020301"/>
            </xs:extension>
        </xs:simpleContent>
    </xs:complexType>
</xs:element>
<xs:element name="预算单位代码">
    <xs:complexType>
        <xs:simpleContent>
            <xs:extension base="预算单位代码类型">
                <xs:attribute ref="locID" use="optional" fixed="010801"/>
            </xs:extension>
        </xs:simpleContent>
    </xs:complexType>
</xs:element>
<xs:element name="预算单位名称">
    <xs:complexType>
        <xs:simpleContent>
            <xs:extension base="预算单位名称类型">
                <xs:attribute ref="locID" use="optional" fixed="010802"/>
            </xs:extension>
```

```
                </xs:simpleContent>
            </xs:complexType>
        </xs:element>
        <xs:element name="支出功能分类编码">
            <xs:complexType>
                <xs:simpleContent>
                    <xs:extension base="支出功能分类编码类型">
                        <xs:attribute ref="locID" use="optional" fixed="011101"/>
                    </xs:extension>
                </xs:simpleContent>
            </xs:complexType>
        </xs:element>
        <xs:element name="支出功能分类名称">
            <xs:complexType>
                <xs:simpleContent>
                    <xs:extension base="支出功能分类名称类型">
                        <xs:attribute ref="locID" use="optional" fixed="011102"/>
                    </xs:extension>
                </xs:simpleContent>
            </xs:complexType>
        </xs:element>
        <xs:element name="支出经济分类编码">
            <xs:complexType>
                <xs:simpleContent>
                    <xs:extension base="支出经济分类编码类型">
                        <xs:attribute ref="locID" use="optional" fixed="011301"/>
                    </xs:extension>
                </xs:simpleContent>
            </xs:complexType>
        </xs:element>
        <xs:element name="支出经济分类名称">
            <xs:complexType>
                <xs:simpleContent>
                    <xs:extension base="支出经济分类名称类型">
                        <xs:attribute ref="locID" use="optional" fixed="011302"/>
                    </xs:extension>
                </xs:simpleContent>
            </xs:complexType>
        </xs:element>
        <xs:element name="财政内部机构代码">
            <xs:complexType>
                <xs:simpleContent>
                    <xs:extension base="财政内部机构代码类型">
```

```
                <xs:attribute ref="locID" use="optional" fixed="011401"/>
            </xs:extension>
        </xs:simpleContent>
    </xs:complexType>
</xs:element>
<xs:element name="财政内部机构名称">
    <xs:complexType>
        <xs:simpleContent>
            <xs:extension base="财政内部机构名称类型">
                <xs:attribute ref="locID" use="optional" fixed="011402"/>
            </xs:extension>
        </xs:simpleContent>
    </xs:complexType>
</xs:element>
<xs:element name="政府支出管理结构代码">
    <xs:complexType>
        <xs:simpleContent>
            <xs:extension base="政府支出管理结构代码类型">
                <xs:attribute ref="locID" use="optional" fixed="011201"/>
            </xs:extension>
        </xs:simpleContent>
    </xs:complexType>
</xs:element>
<xs:element name="政府支出管理结构名称">
    <xs:complexType>
        <xs:simpleContent>
            <xs:extension base="政府支出管理结构名称类型">
                <xs:attribute ref="locID" use="optional" fixed="011202"/>
            </xs:extension>
        </xs:simpleContent>
    </xs:complexType>
</xs:element>
<xs:element name="项目编码">
    <xs:complexType>
        <xs:simpleContent>
            <xs:extension base="项目编码类型">
                <xs:attribute ref="locID" use="optional" fixed="011501"/>
            </xs:extension>
        </xs:simpleContent>
    </xs:complexType>
</xs:element>
<xs:element name="项目名称">
    <xs:complexType>
```

```
        <xs:simpleContent>
            <xs:extension base="项目名称类型">
                <xs:attribute ref="locID" use="optional" fixed="011502"/>
            </xs:extension>
        </xs:simpleContent>
    </xs:complexType>
</xs:element>
<xs:element name="预算来源编码">
    <xs:complexType>
        <xs:simpleContent>
            <xs:extension base="预算来源编码类型">
                <xs:attribute ref="locID" use="optional" fixed="011601"/>
            </xs:extension>
        </xs:simpleContent>
    </xs:complexType>
</xs:element>
<xs:element name="预算来源名称">
    <xs:complexType>
        <xs:simpleContent>
            <xs:extension base="预算来源名称类型">
                <xs:attribute ref="locID" use="optional" fixed="011602"/>
            </xs:extension>
        </xs:simpleContent>
    </xs:complexType>
</xs:element>
<xs:element name="预算来源性质编码">
    <xs:complexType>
        <xs:simpleContent>
            <xs:extension base="预算来源性质编码类型">
                <xs:attribute ref="locID" use="optional" fixed="011701"/>
            </xs:extension>
        </xs:simpleContent>
    </xs:complexType>
</xs:element>
<xs:element name="预算来源性质名称">
    <xs:complexType>
        <xs:simpleContent>
            <xs:extension base="预算来源性质名称类型">
                <xs:attribute ref="locID" use="optional" fixed="011702"/>
            </xs:extension>
        </xs:simpleContent>
    </xs:complexType>
</xs:element>
```

```
<xs:element name="资金性质编码">
    <xs:complexType>
        <xs:simpleContent>
            <xs:extension base="资金性质编码类型">
                <xs:attribute ref="locID" use="optional" fixed="011801"/>
            </xs:extension>
        </xs:simpleContent>
    </xs:complexType>
</xs:element>
<xs:element name="资金性质名称">
    <xs:complexType>
        <xs:simpleContent>
            <xs:extension base="资金性质名称类型">
                <xs:attribute ref="locID" use="optional" fixed="011802"/>
            </xs:extension>
        </xs:simpleContent>
    </xs:complexType>
</xs:element>
<xs:element name="扩展项目1编码">
    <xs:complexType>
        <xs:simpleContent>
            <xs:extension base="扩展编码类型">
                <xs:attribute ref="locID" use="optional" fixed="016001"/>
            </xs:extension>
        </xs:simpleContent>
    </xs:complexType>
</xs:element>
<xs:element name="扩展项目1值编码">
    <xs:complexType>
        <xs:simpleContent>
            <xs:extension base="扩展项目值编码类型">
                <xs:attribute ref="locID" use="optional" fixed="016101"/>
            </xs:extension>
        </xs:simpleContent>
    </xs:complexType>
</xs:element>
<xs:element name="扩展项目1值名称">
    <xs:complexType>
        <xs:simpleContent>
            <xs:extension base="扩展项目值名称类型">
                <xs:attribute ref="locID" use="optional" fixed="016102"/>
            </xs:extension>
        </xs:simpleContent>
```

```
        </xs:complexType>
    </xs:element>
    <xs:element name="扩展项目 2 编码">
        <xs:complexType>
            <xs:simpleContent>
                <xs:extension base="扩展编码类型">
                    <xs:attribute ref="locID" use="optional" fixed="016001"/>
                </xs:extension>
            </xs:simpleContent>
        </xs:complexType>
    </xs:element>
    <xs:element name="扩展项目 2 值编码">
        <xs:complexType>
            <xs:simpleContent>
                <xs:extension base="扩展项目值编码类型">
                    <xs:attribute ref="locID" use="optional" fixed="016101"/>
                </xs:extension>
            </xs:simpleContent>
        </xs:complexType>
    </xs:element>
    <xs:element name="扩展项目 2 值名称">
        <xs:complexType>
            <xs:simpleContent>
                <xs:extension base="扩展项目值名称类型">
                    <xs:attribute ref="locID" use="optional" fixed="016102"/>
                </xs:extension>
            </xs:simpleContent>
        </xs:complexType>
    </xs:element>
    <xs:element name="扩展项目 3 编码">
        <xs:complexType>
            <xs:simpleContent>
                <xs:extension base="扩展编码类型">
                    <xs:attribute ref="locID" use="optional" fixed="016001"/>
                </xs:extension>
            </xs:simpleContent>
        </xs:complexType>
    </xs:element>
    <xs:element name="扩展项目 3 值编码">
        <xs:complexType>
            <xs:simpleContent>
                <xs:extension base="扩展项目值编码类型">
                    <xs:attribute ref="locID" use="optional" fixed="016101"/>
```

```
                </xs:extension>
            </xs:simpleContent>
        </xs:complexType>
    </xs:element>
    <xs:element name="扩展项目 3 值名称">
        <xs:complexType>
            <xs:simpleContent>
                <xs:extension base="扩展项目值名称类型">
                    <xs:attribute ref="locID" use="optional" fixed="016102"/>
                </xs:extension>
            </xs:simpleContent>
        </xs:complexType>
    </xs:element>
    <xs:element name="扩展项目 4 编码">
        <xs:complexType>
            <xs:simpleContent>
                <xs:extension base="扩展编码类型">
                    <xs:attribute ref="locID" use="optional" fixed="016001"/>
                </xs:extension>
            </xs:simpleContent>
        </xs:complexType>
    </xs:element>
    <xs:element name="扩展项目 4 值编码">
        <xs:complexType>
            <xs:simpleContent>
                <xs:extension base="扩展项目值编码类型">
                    <xs:attribute ref="locID" use="optional" fixed="016101"/>
                </xs:extension>
            </xs:simpleContent>
        </xs:complexType>
    </xs:element>
    <xs:element name="扩展项目 4 值名称">
        <xs:complexType>
            <xs:simpleContent>
                <xs:extension base="扩展项目值名称类型">
                    <xs:attribute ref="locID" use="optional" fixed="016102"/>
                </xs:extension>
            </xs:simpleContent>
        </xs:complexType>
    </xs:element>
    <xs:element name="扩展项目 5 编码">
        <xs:complexType>
            <xs:simpleContent>
```

```
                    〈xs:extension base="扩展编码类型"〉
                        〈xs:attribute ref="locID" use="optional" fixed="016001"/〉
                    〈/xs:extension〉
                〈/xs:simpleContent〉
            〈/xs:complexType〉
        〈/xs:element〉
        〈xs:element name="扩展项目5值编码"〉
            〈xs:complexType〉
                〈xs:simpleContent〉
                    〈xs:extension base="扩展项目值编码类型"〉
                        〈xs:attribute ref="locID" use="optional" fixed="016101"/〉
                    〈/xs:extension〉
                〈/xs:simpleContent〉
            〈/xs:complexType〉
        〈/xs:element〉
        〈xs:element name="扩展项目5值名称"〉
            〈xs:complexType〉
                〈xs:simpleContent〉
                    〈xs:extension base="扩展项目值名称类型"〉
                        〈xs:attribute ref="locID" use="optional" fixed="016102"/〉
                    〈/xs:extension〉
                〈/xs:simpleContent〉
            〈/xs:complexType〉
        〈/xs:element〉
        〈xs:element name="本年预算数"〉
            〈xs:complexType〉
                〈xs:simpleContent〉
                    〈xs:extension base="本年预算数类型"〉
                        〈xs:attribute ref="locID" use="optional" fixed="040105"/〉
                    〈/xs:extension〉
                〈/xs:simpleContent〉
            〈/xs:complexType〉
        〈/xs:element〉
        〈xs:element name="累计调整数"〉
            〈xs:complexType〉
                〈xs:simpleContent〉
                    〈xs:extension base="累计调整数类型"〉
                        〈xs:attribute ref="locID" use="optional" fixed="040106"/〉
                    〈/xs:extension〉
                〈/xs:simpleContent〉
            〈/xs:complexType〉
        〈/xs:element〉
    〈/xs:sequence〉
```

```
            <xs:attribute name="locID" type="xs:string" use="optional" fixed="T0401"
form="unqualified"/>
        </xs:complexType>
    </xs:element>
    <xs:element name="支付凭证">
        <xs:complexType>
            <xs:sequence>
                <xs:element name="支付凭证编码">
                    <xs:complexType>
                        <xs:simpleContent>
                            <xs:extension base="支付凭证编码类型">
                                <xs:attribute ref="locID" use="optional" fixed="040201"/>
                            </xs:extension>
                        </xs:simpleContent>
                    </xs:complexType>
                </xs:element>
                <xs:element name="科目编号">
                    <xs:complexType>
                        <xs:simpleContent>
                            <xs:extension base="科目编号类型">
                                <xs:attribute ref="locID" use="optional" fixed="020301"/>
                            </xs:extension>
                        </xs:simpleContent>
                    </xs:complexType>
                </xs:element>
                <xs:element name="业务日期">
                    <xs:complexType>
                        <xs:simpleContent>
                            <xs:extension base="业务日期类型">
                                <xs:attribute ref="locID" use="optional" fixed="040102"/>
                            </xs:extension>
                        </xs:simpleContent>
                    </xs:complexType>
                </xs:element>
                <xs:element name="预算单位代码">
                    <xs:complexType>
                        <xs:simpleContent>
                            <xs:extension base="预算单位代码类型">
                                <xs:attribute ref="locID" use="optional" fixed="010801"/>
                            </xs:extension>
                        </xs:simpleContent>
                    </xs:complexType>
                </xs:element>
```

```
〈xs:element name="预算单位名称"〉
    〈xs:complexType〉
        〈xs:simpleContent〉
            〈xs:extension base="预算单位名称类型"〉
                〈xs:attribute ref="locID" use="optional" fixed="010802"/〉
            〈/xs:extension〉
        〈/xs:simpleContent〉
    〈/xs:complexType〉
〈/xs:element〉
〈xs:element name="支出功能分类编码"〉
    〈xs:complexType〉
        〈xs:simpleContent〉
            〈xs:extension base="支出功能分类编码类型"〉
                〈xs:attribute ref="locID" use="optional" fixed="011101"/〉
            〈/xs:extension〉
        〈/xs:simpleContent〉
    〈/xs:complexType〉
〈/xs:element〉
〈xs:element name="支出功能分类名称"〉
    〈xs:complexType〉
        〈xs:simpleContent〉
            〈xs:extension base="支出功能分类名称类型"〉
                〈xs:attribute ref="locID" use="optional" fixed="011102"/〉
            〈/xs:extension〉
        〈/xs:simpleContent〉
    〈/xs:complexType〉
〈/xs:element〉
〈xs:element name="政府支出管理结构代码"〉
    〈xs:complexType〉
        〈xs:simpleContent〉
            〈xs:extension base="政府支出管理结构代码类型"〉
                〈xs:attribute ref="locID" use="optional" fixed="011201"/〉
            〈/xs:extension〉
        〈/xs:simpleContent〉
    〈/xs:complexType〉
〈/xs:element〉
〈xs:element name="政府支出管理结构名称"〉
    〈xs:complexType〉
        〈xs:simpleContent〉
            〈xs:extension base="政府支出管理结构名称类型"〉
                〈xs:attribute ref="locID" use="optional" fixed="011202"/〉
            〈/xs:extension〉
        〈/xs:simpleContent〉
```

```
        〈/xs:complexType〉
    〈/xs:element〉
    〈xs:element name = "支出经济分类编码"〉
        〈xs:complexType〉
            〈xs:simpleContent〉
                〈xs:extension base = "支出经济分类编码类型"〉
                    〈xs:attribute ref = "locID" use = "optional" fixed = "011301"/〉
                〈/xs:extension〉
            〈/xs:simpleContent〉
        〈/xs:complexType〉
    〈/xs:element〉
    〈xs:element name = "支出经济分类名称"〉
        〈xs:complexType〉
            〈xs:simpleContent〉
                〈xs:extension base = "支出经济分类名称类型"〉
                    〈xs:attribute ref = "locID" use = "optional" fixed = "011302"/〉
                〈/xs:extension〉
            〈/xs:simpleContent〉
        〈/xs:complexType〉
    〈/xs:element〉
    〈xs:element name = "财政内部机构代码"〉
        〈xs:complexType〉
            〈xs:simpleContent〉
                〈xs:extension base = "财政内部机构代码类型"〉
                    〈xs:attribute ref = "locID" use = "optional" fixed = "011401"/〉
                〈/xs:extension〉
            〈/xs:simpleContent〉
        〈/xs:complexType〉
    〈/xs:element〉
    〈xs:element name = "财政内部机构名称"〉
        〈xs:complexType〉
            〈xs:simpleContent〉
                〈xs:extension base = "财政内部机构名称类型"〉
                    〈xs:attribute ref = "locID" use = "optional" fixed = "011402"/〉
                〈/xs:extension〉
            〈/xs:simpleContent〉
        〈/xs:complexType〉
    〈/xs:element〉
    〈xs:element name = "项目编码"〉
        〈xs:complexType〉
            〈xs:simpleContent〉
                〈xs:extension base = "项目编码类型"〉
                    〈xs:attribute ref = "locID" use = "optional" fixed = "011501"/〉
```

```
            </xs:extension>
        </xs:simpleContent>
    </xs:complexType>
</xs:element>
<xs:element name="项目名称">
    <xs:complexType>
        <xs:simpleContent>
            <xs:extension base="项目名称类型">
                <xs:attribute ref="locID" use="optional" fixed="011502"/>
            </xs:extension>
        </xs:simpleContent>
    </xs:complexType>
</xs:element>
<xs:element name="资金性质编码">
    <xs:complexType>
        <xs:simpleContent>
            <xs:extension base="资金性质编码类型">
                <xs:attribute ref="locID" use="optional" fixed="011801"/>
            </xs:extension>
        </xs:simpleContent>
    </xs:complexType>
</xs:element>
<xs:element name="资金性质名称">
    <xs:complexType>
        <xs:simpleContent>
            <xs:extension base="资金性质名称类型">
                <xs:attribute ref="locID" use="optional" fixed="011802"/>
            </xs:extension>
        </xs:simpleContent>
    </xs:complexType>
</xs:element>
<xs:element name="拨款期间属性编码">
    <xs:complexType>
        <xs:simpleContent>
            <xs:extension base="拨款期间属性编码类型">
                <xs:attribute ref="locID" use="optional" fixed="011901"/>
            </xs:extension>
        </xs:simpleContent>
    </xs:complexType>
</xs:element>
<xs:element name="拨款期间属性名称">
    <xs:complexType>
        <xs:simpleContent>
```

```
            <xs:extension base="拨款期间属性名称类型">
                <xs:attribute ref="locID" use="optional" fixed="011902"/>
            </xs:extension>
        </xs:simpleContent>
    </xs:complexType>
</xs:element>
<xs:element name="结算方式编码">
    <xs:complexType>
        <xs:simpleContent>
            <xs:extension base="结算方式编码类型">
                <xs:attribute ref="locID" use="optional" fixed="012001"/>
            </xs:extension>
        </xs:simpleContent>
    </xs:complexType>
</xs:element>
<xs:element name="结算方式名称">
    <xs:complexType>
        <xs:simpleContent>
            <xs:extension base="结算方式名称类型">
                <xs:attribute ref="locID" use="optional" fixed="012002"/>
            </xs:extension>
        </xs:simpleContent>
    </xs:complexType>
</xs:element>
<xs:element name="支付方式编码">
    <xs:complexType>
        <xs:simpleContent>
            <xs:extension base="支付方式编码类型">
                <xs:attribute ref="locID" use="optional" fixed="012101"/>
            </xs:extension>
        </xs:simpleContent>
    </xs:complexType>
</xs:element>
<xs:element name="支付方式名称">
    <xs:complexType>
        <xs:simpleContent>
            <xs:extension base="支付方式名称类型">
                <xs:attribute ref="locID" use="optional" fixed="012102"/>
            </xs:extension>
        </xs:simpleContent>
    </xs:complexType>
</xs:element>
<xs:element name="支出类型编码">
```

```
        <xs:complexType>
            <xs:simpleContent>
                <xs:extension base="支出类型编码类型">
                    <xs:attribute ref="locID" use="optional" fixed="012201"/>
                </xs:extension>
            </xs:simpleContent>
        </xs:complexType>
    </xs:element>
    <xs:element name="支出类型名称">
        <xs:complexType>
            <xs:simpleContent>
                <xs:extension base="支出类型名称类型">
                    <xs:attribute ref="locID" use="optional" fixed="012202"/>
                </xs:extension>
            </xs:simpleContent>
        </xs:complexType>
    </xs:element>
    <xs:element name="收款人名称">
        <xs:complexType>
            <xs:simpleContent>
                <xs:extension base="收款人名称类型">
                    <xs:attribute ref="locID" use="optional" fixed="040202"/>
                </xs:extension>
            </xs:simpleContent>
        </xs:complexType>
    </xs:element>
    <xs:element name="收款人银行名称">
        <xs:complexType>
            <xs:simpleContent>
                <xs:extension base="收款人银行名称类型">
                    <xs:attribute ref="locID" use="optional" fixed="040203"/>
                </xs:extension>
            </xs:simpleContent>
        </xs:complexType>
    </xs:element>
    <xs:element name="收款人银行账号">
        <xs:complexType>
            <xs:simpleContent>
                <xs:extension base="收款人银行账号类型">
                    <xs:attribute ref="locID" use="optional" fixed="040204"/>
                </xs:extension>
            </xs:simpleContent>
        </xs:complexType>
```

```
〈/xs:element〉
〈xs:element name="付款人名称"〉
    〈xs:complexType〉
        〈xs:simpleContent〉
            〈xs:extension base="付款人名称类型"〉
                〈xs:attribute ref="locID" use="optional" fixed="040205"/〉
            〈/xs:extension〉
        〈/xs:simpleContent〉
    〈/xs:complexType〉
〈/xs:element〉
〈xs:element name="付款人银行名称"〉
    〈xs:complexType〉
        〈xs:simpleContent〉
            〈xs:extension base="付款人银行名称类型"〉
                〈xs:attribute ref="locID" use="optional" fixed="040206"/〉
            〈/xs:extension〉
        〈/xs:simpleContent〉
    〈/xs:complexType〉
〈/xs:element〉
〈xs:element name="付款人银行账号"〉
    〈xs:complexType〉
        〈xs:simpleContent〉
            〈xs:extension base="付款人银行账号类型"〉
                〈xs:attribute ref="locID" use="optional" fixed="040207"/〉
            〈/xs:extension〉
        〈/xs:simpleContent〉
    〈/xs:complexType〉
〈/xs:element〉
〈xs:element name="扩展项目1编码"〉
    〈xs:complexType〉
        〈xs:simpleContent〉
            〈xs:extension base="扩展编码类型"〉
                〈xs:attribute ref="locID" use="optional" fixed="016001"/〉
            〈/xs:extension〉
        〈/xs:simpleContent〉
    〈/xs:complexType〉
〈/xs:element〉
〈xs:element name="扩展项目1值编码"〉
    〈xs:complexType〉
        〈xs:simpleContent〉
            〈xs:extension base="扩展项目值编码类型"〉
                〈xs:attribute ref="locID" use="optional" fixed="016101"/〉
            〈/xs:extension〉
```

```
            </xs:simpleContent>
        </xs:complexType>
    </xs:element>
    <xs:element name="扩展项目1值名称">
        <xs:complexType>
            <xs:simpleContent>
                <xs:extension base="扩展项目值名称类型">
                    <xs:attribute ref="locID" use="optional" fixed="016102"/>
                </xs:extension>
            </xs:simpleContent>
        </xs:complexType>
    </xs:element>
    <xs:element name="扩展项目2编码">
        <xs:complexType>
            <xs:simpleContent>
                <xs:extension base="扩展编码类型">
                    <xs:attribute ref="locID" use="optional" fixed="016001"/>
                </xs:extension>
            </xs:simpleContent>
        </xs:complexType>
    </xs:element>
    <xs:element name="扩展项目2值编码">
        <xs:complexType>
            <xs:simpleContent>
                <xs:extension base="扩展项目值编码类型">
                    <xs:attribute ref="locID" use="optional" fixed="016101"/>
                </xs:extension>
            </xs:simpleContent>
        </xs:complexType>
    </xs:element>
    <xs:element name="扩展项目2值名称">
        <xs:complexType>
            <xs:simpleContent>
                <xs:extension base="扩展项目值名称类型">
                    <xs:attribute ref="locID" use="optional" fixed="016102"/>
                </xs:extension>
            </xs:simpleContent>
        </xs:complexType>
    </xs:element>
    <xs:element name="扩展项目3编码">
        <xs:complexType>
            <xs:simpleContent>
                <xs:extension base="扩展编码类型">
```

```
                <xs:attribute ref="locID" use="optional" fixed="016001"/>
            </xs:extension>
        </xs:simpleContent>
    </xs:complexType>
</xs:element>
<xs:element name="扩展项目3值编码">
    <xs:complexType>
        <xs:simpleContent>
            <xs:extension base="扩展项目值编码类型">
                <xs:attribute ref="locID" use="optional" fixed="016101"/>
            </xs:extension>
        </xs:simpleContent>
    </xs:complexType>
</xs:element>
<xs:element name="扩展项目3值名称">
    <xs:complexType>
        <xs:simpleContent>
            <xs:extension base="扩展项目值名称类型">
                <xs:attribute ref="locID" use="optional" fixed="016102"/>
            </xs:extension>
        </xs:simpleContent>
    </xs:complexType>
</xs:element>
<xs:element name="扩展项目4编码">
    <xs:complexType>
        <xs:simpleContent>
            <xs:extension base="扩展编码类型">
                <xs:attribute ref="locID" use="optional" fixed="016001"/>
            </xs:extension>
        </xs:simpleContent>
    </xs:complexType>
</xs:element>
<xs:element name="扩展项目4值编码">
    <xs:complexType>
        <xs:simpleContent>
            <xs:extension base="扩展项目值编码类型">
                <xs:attribute ref="locID" use="optional" fixed="016101"/>
            </xs:extension>
        </xs:simpleContent>
    </xs:complexType>
</xs:element>
<xs:element name="扩展项目4值名称">
    <xs:complexType>
```

```
                <xs:simpleContent>
                    <xs:extension base="扩展项目值名称类型">
                        <xs:attribute ref="locID" use="optional" fixed="016102"/>
                    </xs:extension>
                </xs:simpleContent>
            </xs:complexType>
        </xs:element>
        <xs:element name="扩展项目 5 编码">
            <xs:complexType>
                <xs:simpleContent>
                    <xs:extension base="扩展编码类型">
                        <xs:attribute ref="locID" use="optional" fixed="016001"/>
                    </xs:extension>
                </xs:simpleContent>
            </xs:complexType>
        </xs:element>
        <xs:element name="扩展项目 5 值编码">
            <xs:complexType>
                <xs:simpleContent>
                    <xs:extension base="扩展项目值编码类型">
                        <xs:attribute ref="locID" use="optional" fixed="016101"/>
                    </xs:extension>
                </xs:simpleContent>
            </xs:complexType>
        </xs:element>
        <xs:element name="扩展项目 5 值名称">
            <xs:complexType>
                <xs:simpleContent>
                    <xs:extension base="扩展项目值名称类型">
                        <xs:attribute ref="locID" use="optional" fixed="016102"/>
                    </xs:extension>
                </xs:simpleContent>
            </xs:complexType>
        </xs:element>
        <xs:element name="支付金额">
            <xs:complexType>
                <xs:simpleContent>
                    <xs:extension base="支付金额类型">
                        <xs:attribute ref="locID" use="optional" fixed="040208"/>
                    </xs:extension>
                </xs:simpleContent>
            </xs:complexType>
        </xs:element>
```

```
                    〈xs:element name="支付摘要"〉
                        〈xs:complexType〉
                            〈xs:simpleContent〉
                                〈xs:extension base="支付摘要类型"〉
                                    〈xs:attribute ref="locID" use="optional" fixed="040209"/〉
                                〈/xs:extension〉
                            〈/xs:simpleContent〉
                        〈/xs:complexType〉
                    〈/xs:element〉
                    〈xs:element name="是否政府采购"〉
                        〈xs:complexType〉
                            〈xs:simpleContent〉
                                〈xs:extension base="是否政府采购类型"〉
                                    〈xs:attribute ref="locID" use="optional" fixed="040210"/〉
                                〈/xs:extension〉
                            〈/xs:simpleContent〉
                        〈/xs:complexType〉
                    〈/xs:element〉
                    〈xs:element name="政府采购确认函号"〉
                        〈xs:complexType〉
                            〈xs:simpleContent〉
                                〈xs:extension base="政府采购确认函号类型"〉
                                    〈xs:attribute ref="locID" use="optional" fixed="040211"/〉
                                〈/xs:extension〉
                            〈/xs:simpleContent〉
                        〈/xs:complexType〉
                    〈/xs:element〉
                〈/xs:sequence〉
                〈xs:attribute name="locID" type="xs:string" use="optional" fixed="T0402"
form="unqualified"/〉
            〈/xs:complexType〉
        〈/xs:element〉
        〈xs:element name="预算执行情况"〉
            〈xs:complexType〉
                〈xs:sequence〉
                    〈xs:element name="预算执行情况汇总编码"〉
                        〈xs:complexType〉
                            〈xs:simpleContent〉
                                〈xs:extension base="预算执行情况汇总编码类型"〉
                                    〈xs:attribute ref="locID" use="optional" fixed="040301"/〉
                                〈/xs:extension〉
                            〈/xs:simpleContent〉
                        〈/xs:complexType〉
```

```
</xs:element>
<xs:element name="预算年度">
    <xs:complexType>
        <xs:simpleContent>
            <xs:extension base="预算年度类型">
                <xs:attribute ref="locID" use="optional" fixed="040302"/>
            </xs:extension>
        </xs:simpleContent>
    </xs:complexType>
</xs:element>
<xs:element name="科目编号">
    <xs:complexType>
        <xs:simpleContent>
            <xs:extension base="科目编号类型">
                <xs:attribute ref="locID" use="optional" fixed="020301"/>
            </xs:extension>
        </xs:simpleContent>
    </xs:complexType>
</xs:element>
<xs:element name="预算单位代码">
    <xs:complexType>
        <xs:simpleContent>
            <xs:extension base="预算单位代码类型">
                <xs:attribute ref="locID" use="optional" fixed="010801"/>
            </xs:extension>
        </xs:simpleContent>
    </xs:complexType>
</xs:element>
<xs:element name="预算单位名称">
    <xs:complexType>
        <xs:simpleContent>
            <xs:extension base="预算单位名称类型">
                <xs:attribute ref="locID" use="optional" fixed="010802"/>
            </xs:extension>
        </xs:simpleContent>
    </xs:complexType>
</xs:element>
<xs:element name="支出功能分类编码">
    <xs:complexType>
        <xs:simpleContent>
            <xs:extension base="支出功能分类编码类型">
                <xs:attribute ref="locID" use="optional" fixed="011101"/>
            </xs:extension>
```

```
        </xs:simpleContent>
    </xs:complexType>
</xs:element>
<xs:element name="支出功能分类名称">
    <xs:complexType>
        <xs:simpleContent>
            <xs:extension base="支出功能分类名称类型">
                <xs:attribute ref="locID" use="optional" fixed="011102"/>
            </xs:extension>
        </xs:simpleContent>
    </xs:complexType>
</xs:element>
<xs:element name="支出经济分类编码">
    <xs:complexType>
        <xs:simpleContent>
            <xs:extension base="支出经济分类编码类型">
                <xs:attribute ref="locID" use="optional" fixed="011301"/>
            </xs:extension>
        </xs:simpleContent>
    </xs:complexType>
</xs:element>
<xs:element name="支出经济分类名称">
    <xs:complexType>
        <xs:simpleContent>
            <xs:extension base="支出经济分类名称类型">
                <xs:attribute ref="locID" use="optional" fixed="011302"/>
            </xs:extension>
        </xs:simpleContent>
    </xs:complexType>
</xs:element>
<xs:element name="财政内部机构代码">
    <xs:complexType>
        <xs:simpleContent>
            <xs:extension base="财政内部机构代码类型">
                <xs:attribute ref="locID" use="optional" fixed="011401"/>
            </xs:extension>
        </xs:simpleContent>
    </xs:complexType>
</xs:element>
<xs:element name="财政内部机构名称">
    <xs:complexType>
        <xs:simpleContent>
            <xs:extension base="财政内部机构名称类型">
```

```
                <xs:attribute ref="locID" use="optional" fixed="011402"/>
            </xs:extension>
        </xs:simpleContent>
    </xs:complexType>
</xs:element>
<xs:element name="政府支出管理结构代码">
    <xs:complexType>
        <xs:simpleContent>
            <xs:extension base="政府支出管理结构代码类型">
                <xs:attribute ref="locID" use="optional" fixed="011201"/>
            </xs:extension>
        </xs:simpleContent>
    </xs:complexType>
</xs:element>
<xs:element name="政府支出管理结构名称">
    <xs:complexType>
        <xs:simpleContent>
            <xs:extension base="政府支出管理结构名称类型">
                <xs:attribute ref="locID" use="optional" fixed="011202"/>
            </xs:extension>
        </xs:simpleContent>
    </xs:complexType>
</xs:element>
<xs:element name="项目编码">
    <xs:complexType>
        <xs:simpleContent>
            <xs:extension base="项目编码类型">
                <xs:attribute ref="locID" use="optional" fixed="011501"/>
            </xs:extension>
        </xs:simpleContent>
    </xs:complexType>
</xs:element>
<xs:element name="项目名称">
    <xs:complexType>
        <xs:simpleContent>
            <xs:extension base="项目名称类型">
                <xs:attribute ref="locID" use="optional" fixed="011502"/>
            </xs:extension>
        </xs:simpleContent>
    </xs:complexType>
</xs:element>
<xs:element name="预算来源编码">
    <xs:complexType>
```

```
            〈xs:simpleContent〉
                〈xs:extension base = "预算来源编码类型"〉
                    〈xs:attribute ref = "locID" use = "optional" fixed = "011601"/〉
                〈/xs:extension〉
            〈/xs:simpleContent〉
        〈/xs:complexType〉
    〈/xs:element〉
    〈xs:element name = "预算来源名称"〉
        〈xs:complexType〉
            〈xs:simpleContent〉
                〈xs:extension base = "预算来源名称类型"〉
                    〈xs:attribute ref = "locID" use = "optional" fixed = "011602"/〉
                〈/xs:extension〉
            〈/xs:simpleContent〉
        〈/xs:complexType〉
    〈/xs:element〉
    〈xs:element name = "预算来源性质编码"〉
        〈xs:complexType〉
            〈xs:simpleContent〉
                〈xs:extension base = "预算来源性质编码类型"〉
                    〈xs:attribute ref = "locID" use = "optional" fixed = "011701"/〉
                〈/xs:extension〉
            〈/xs:simpleContent〉
        〈/xs:complexType〉
    〈/xs:element〉
    〈xs:element name = "预算来源性质名称"〉
        〈xs:complexType〉
            〈xs:simpleContent〉
                〈xs:extension base = "预算来源性质名称类型"〉
                    〈xs:attribute ref = "locID" use = "optional" fixed = "011702"/〉
                〈/xs:extension〉
            〈/xs:simpleContent〉
        〈/xs:complexType〉
    〈/xs:element〉
    〈xs:element name = "资金性质编码"〉
        〈xs:complexType〉
            〈xs:simpleContent〉
                〈xs:extension base = "资金性质编码类型"〉
                    〈xs:attribute ref = "locID" use = "optional" fixed = "011801"/〉
                〈/xs:extension〉
            〈/xs:simpleContent〉
        〈/xs:complexType〉
    〈/xs:element〉
```

```
<xs:element name="资金性质名称">
    <xs:complexType>
        <xs:simpleContent>
            <xs:extension base="资金性质名称类型">
                <xs:attribute ref="locID" use="optional" fixed="011802"/>
            </xs:extension>
        </xs:simpleContent>
    </xs:complexType>
</xs:element>
<xs:element name="支出类型编码">
    <xs:complexType>
        <xs:simpleContent>
            <xs:extension base="支出类型编码类型">
                <xs:attribute ref="locID" use="optional" fixed="012201"/>
            </xs:extension>
        </xs:simpleContent>
    </xs:complexType>
</xs:element>
<xs:element name="支出类型名称">
    <xs:complexType>
        <xs:simpleContent>
            <xs:extension base="支出类型名称类型">
                <xs:attribute ref="locID" use="optional" fixed="012202"/>
            </xs:extension>
        </xs:simpleContent>
    </xs:complexType>
</xs:element>
<xs:element name="本年预算数">
    <xs:complexType>
        <xs:simpleContent>
            <xs:extension base="本年预算数类型">
                <xs:attribute ref="locID" use="optional" fixed="040105"/>
            </xs:extension>
        </xs:simpleContent>
    </xs:complexType>
</xs:element>
<xs:element name="本年调整数">
    <xs:complexType>
        <xs:simpleContent>
            <xs:extension base="本年调整数类型">
                <xs:attribute ref="locID" use="optional" fixed="040303"/>
            </xs:extension>
        </xs:simpleContent>
```

```
                    〈/xs:complexType〉
                〈/xs:element〉
                〈xs:element name="本年执行数"〉
                    〈xs:complexType〉
                        〈xs:simpleContent〉
                            〈xs:extension base="本年执行数类型"〉
                                〈xs:attribute ref="locID" use="optional" fixed="040304"/〉
                            〈/xs:extension〉
                        〈/xs:simpleContent〉
                    〈/xs:complexType〉
                〈/xs:element〉
            〈/xs:sequence〉
            〈xs:attribute name="locID" type="xs:string" use="optional" fixed="T0403"
form="unqualified"/〉
        〈/xs:complexType〉
    〈/xs:element〉
〈/xs:schema〉
```

A.6 结算、结余事项类 XML 大纲(Schema)

```
〈? xml version="1.0" encoding="GB18030"?〉
〈xs:schema xmlns:xs="http://www.w3.org/2001/XMLSchema" xmlns:总预算
="http://sxbw.audit.gov.cn/AccountingSoftwareDataInterfaceStandard/2010/PSGA/XMLSchema"
xmlns = " http://sxbw. audit. gov. cn/AccountingSoftwareDataInterfaceStandard/2010/PSGA/
XMLSchema"
targetNamespace = " http://sxbw.audit.gov.cn/AccountingSoftwareDataInterfaceStandard/2010/
PSGA/XMLSchema" elementFormDefault="qualified" attributeFormDefault="unqualified"〉
        〈xs:include schemaLocation="标准数据元素类型.xsd"/〉
    〈xs:element name="结算结余事项"〉
        〈xs:complexType〉
            〈xs:sequence〉
                〈xs:element ref="期初金额" maxOccurs="unbounded"/〉
                〈xs:element ref="结算事项" maxOccurs="unbounded"/〉
                〈xs:element ref="年终结余" maxOccurs="unbounded"/〉
            〈/xs:sequence〉
            〈xs:attribute ref="locID" use="optional" fixed="S05"/〉
        〈/xs:complexType〉
    〈/xs:element〉
    〈xs:element name="期初金额"〉
        〈xs:complexType〉
            〈xs:sequence〉
                〈xs:element name="期初金额汇总编码"〉
                    〈xs:complexType〉
```

```
            <xs:simpleContent>
                <xs:extension base="期初金额汇总编码类型">
                    <xs:attribute ref="locID" use="optional" fixed="050101"/>
                </xs:extension>
            </xs:simpleContent>
        </xs:complexType>
    </xs:element>
    <xs:element name="预算年度">
        <xs:complexType>
            <xs:simpleContent>
                <xs:extension base="预算年度类型">
                    <xs:attribute ref="locID" use="optional" fixed="040302"/>
                </xs:extension>
            </xs:simpleContent>
        </xs:complexType>
    </xs:element>
    <xs:element name="科目编号">
        <xs:complexType>
            <xs:simpleContent>
                <xs:extension base="科目编号类型">
                    <xs:attribute ref="locID" use="optional" fixed="020301"/>
                </xs:extension>
            </xs:simpleContent>
        </xs:complexType>
    </xs:element>
    <xs:element name="一般预算期初金额">
        <xs:complexType>
            <xs:simpleContent>
                <xs:extension base="一般预算期初金额类型">
                    <xs:attribute ref="locID" use="optional" fixed="050102"/>
                </xs:extension>
            </xs:simpleContent>
        </xs:complexType>
    </xs:element>
    <xs:element name="政府性基金期初金额">
        <xs:complexType>
            <xs:simpleContent>
                <xs:extension base="政府性基金期初金额类型">
                    <xs:attribute ref="locID" use="optional" fixed="050103"/>
                </xs:extension>
            </xs:simpleContent>
        </xs:complexType>
    </xs:element>
```

```
〈xs:element name = "社会保险基金期初金额"〉
    〈xs:complexType〉
        〈xs:simpleContent〉
            〈xs:extension base = "社会保险基金期初金额类型"〉
                〈xs:attribute ref = "locID" use = "optional" fixed = "050104"/〉
            〈/xs:extension〉
        〈/xs:simpleContent〉
    〈/xs:complexType〉
〈/xs:element〉
〈xs:element name = "预算外期初金额"〉
    〈xs:complexType〉
        〈xs:simpleContent〉
            〈xs:extension base = "预算外期初金额类型"〉
                〈xs:attribute ref = "locID" use = "optional" fixed = "050105"/〉
            〈/xs:extension〉
        〈/xs:simpleContent〉
    〈/xs:complexType〉
〈/xs:element〉
〈xs:element name = "其他期初金额"〉
    〈xs:complexType〉
        〈xs:simpleContent〉
            〈xs:extension base = "其他期初金额类型"〉
                〈xs:attribute ref = "locID" use = "optional" fixed = "050106"/〉
            〈/xs:extension〉
        〈/xs:simpleContent〉
    〈/xs:complexType〉
〈/xs:element〉
〈xs:element name = "转移性支出期初金额"〉
    〈xs:complexType〉
        〈xs:simpleContent〉
            〈xs:extension base = "转移性支出期初金额类型"〉
                〈xs:attribute ref = "locID" use = "optional" fixed = "050107"/〉
            〈/xs:extension〉
        〈/xs:simpleContent〉
    〈/xs:complexType〉
〈/xs:element〉
〈xs:element name = "转移性支出中一般预算期初金额"〉
    〈xs:complexType〉
        〈xs:simpleContent〉
            〈xs:extension base = "转移性支出中一般预算期初金额类型"〉
                〈xs:attribute ref = "locID" use = "optional" fixed = "050108"/〉
            〈/xs:extension〉
        〈/xs:simpleContent〉
```

```
                </xs:complexType>
            </xs:element>
            <xs:element name="转移性支出中政府性基金预算期初金额">
                <xs:complexType>
                    <xs:simpleContent>
                        <xs:extension base="转移性支出中政府性基金预算期初金额类型">
                            <xs:attribute ref="locID" use="optional" fixed="050109"/>
                        </xs:extension>
                    </xs:simpleContent>
                </xs:complexType>
            </xs:element>
            <xs:element name="转移性支出中社会保险基金预算期初金额">
                <xs:complexType>
                    <xs:simpleContent>
                        <xs:extension base="转移性支出中社会保险基金预算期初金额类型">
                            <xs:attribute ref="locID" use="optional" fixed="050110"/>
                        </xs:extension>
                    </xs:simpleContent>
                </xs:complexType>
            </xs:element>
            <xs:element name="转移性支出中预算外期初金额">
                <xs:complexType>
                    <xs:simpleContent>
                        <xs:extension base="转移性支出中预算外期初金额类型">
                            <xs:attribute ref="locID" use="optional" fixed="050111"/>
                        </xs:extension>
                    </xs:simpleContent>
                </xs:complexType>
            </xs:element>
            <xs:element name="转移性支出中其他期初金额">
                <xs:complexType>
                    <xs:simpleContent>
                        <xs:extension base="转移性支出中其他期初金额类型">
                            <xs:attribute ref="locID" use="optional" fixed="050112"/>
                        </xs:extension>
                    </xs:simpleContent>
                </xs:complexType>
            </xs:element>
        </xs:sequence>
        <xs:attribute name="locID" type="xs:string" use="optional" fixed="T0501"
form="unqualified"/>
    </xs:complexType>
</xs:element>
```

```
〈xs:element name="结算事项"〉
    〈xs:complexType〉
        〈xs:sequence〉
            〈xs:element name="结算事项代码"〉
                〈xs:complexType〉
                    〈xs:simpleContent〉
                        〈xs:extension base="结算事项代码类型"〉
                            〈xs:attribute ref="locID" use="optional" fixed="014001"/〉
                        〈/xs:extension〉
                    〈/xs:simpleContent〉
                〈/xs:complexType〉
            〈/xs:element〉
            〈xs:element name="结算事项名称"〉
                〈xs:complexType〉
                    〈xs:simpleContent〉
                        〈xs:extension base="结算事项名称类型"〉
                            〈xs:attribute ref="locID" use="optional" fixed="014002"/〉
                        〈/xs:extension〉
                    〈/xs:simpleContent〉
                〈/xs:complexType〉
            〈/xs:element〉
            〈xs:element name="汇总金额"〉
                〈xs:complexType〉
                    〈xs:simpleContent〉
                        〈xs:extension base="汇总金额类型"〉
                            〈xs:attribute ref="locID" use="optional" fixed="050201"/〉
                        〈/xs:extension〉
                    〈/xs:simpleContent〉
                〈/xs:complexType〉
            〈/xs:element〉
        〈/xs:sequence〉
        〈xs:attribute name="locID" type="xs:string" use="optional" fixed="T0502"
form="unqualified"/〉
    〈/xs:complexType〉
〈/xs:element〉
〈xs:element name="年终结余"〉
    〈xs:complexType〉
        〈xs:sequence〉
            〈xs:element name="年终结余汇总编码"〉
                〈xs:complexType〉
                    〈xs:simpleContent〉
                        〈xs:extension base="年终结余汇总编码类型"〉
                            〈xs:attribute ref="locID" use="optional" fixed="050301"/〉
```

```
                〈/xs:extension〉
            〈/xs:simpleContent〉
        〈/xs:complexType〉
    〈/xs:element〉
    〈xs:element name="预算年度"〉
        〈xs:complexType〉
            〈xs:simpleContent〉
                〈xs:extension base="预算年度类型"〉
                    〈xs:attribute ref="locID" use="optional" fixed="040302"/〉
                〈/xs:extension〉
            〈/xs:simpleContent〉
        〈/xs:complexType〉
    〈/xs:element〉
    〈xs:element name="科目编号"〉
        〈xs:complexType〉
            〈xs:simpleContent〉
                〈xs:extension base="科目编号类型"〉
                    〈xs:attribute ref="locID" use="optional" fixed="020301"/〉
                〈/xs:extension〉
            〈/xs:simpleContent〉
        〈/xs:complexType〉
    〈/xs:element〉
    〈xs:element name="一般预算年终结余"〉
        〈xs:complexType〉
            〈xs:simpleContent〉
                〈xs:extension base="一般预算年终结余类型"〉
                    〈xs:attribute ref="locID" use="optional" fixed="050302"/〉
                〈/xs:extension〉
            〈/xs:simpleContent〉
        〈/xs:complexType〉
    〈/xs:element〉
    〈xs:element name="政府性基金预算年终结余"〉
        〈xs:complexType〉
            〈xs:simpleContent〉
                〈xs:extension base="政府性基金预算年终结余类型"〉
                    〈xs:attribute ref="lccID" use="optional" fixed="050303"/〉
                〈/xs:extension〉
            〈/xs:simpleContent〉
        〈/xs:complexType〉
    〈/xs:element〉
    〈xs:element name="社会保险基金预算年终结余"〉
        〈xs:complexType〉
            〈xs:simpleContent〉
```

```
            <xs:extension base="社会保险基金预算年终结余类型">
                <xs:attribute ref="locID" use="optional" fixed="050304"/>
            </xs:extension>
        </xs:simpleContent>
    </xs:complexType>
</xs:element>
<xs:element name="预算外年终结余">
    <xs:complexType>
        <xs:simpleContent>
            <xs:extension base="预算外年终结余类型">
                <xs:attribute ref="locID" use="optional" fixed="050305"/>
            </xs:extension>
        </xs:simpleContent>
    </xs:complexType>
</xs:element>
<xs:element name="其他年终结余">
    <xs:complexType>
        <xs:simpleContent>
            <xs:extension base="其他年终结余类型">
                <xs:attribute ref="locID" use="optional" fixed="050306"/>
            </xs:extension>
        </xs:simpleContent>
    </xs:complexType>
</xs:element>
<xs:element name="转移性支出年终总结余">
    <xs:complexType>
        <xs:simpleContent>
            <xs:extension base="转移性支出年终总结余类型">
                <xs:attribute ref="locID" use="optional" fixed="050307"/>
            </xs:extension>
        </xs:simpleContent>
    </xs:complexType>
</xs:element>
<xs:element name="转移性支出中一般预算年终结余">
    <xs:complexType>
        <xs:simpleContent>
            <xs:extension base="转移性支出中一般预算年终结余类型">
                <xs:attribute ref="locID" use="optional" fixed="050308"/>
            </xs:extension>
        </xs:simpleContent>
    </xs:complexType>
</xs:element>
<xs:element name="转移性支出中政府性基金预算年终结余">
```

```
                    <xs:complexType>
                        <xs:simpleContent>
                            <xs:extension base="转移性支出中政府性基金预算年终结余类型">
                                <xs:attribute ref="locID" use="optional" fixed="050309"/>
                            </xs:extension>
                        </xs:simpleContent>
                    </xs:complexType>
                </xs:element>
                <xs:element name="转移性支出中社会保险基金预算年终结余">
                    <xs:complexType>
                        <xs:simpleContent>
                            <xs:extension base="转移性支出中社会保险基金预算年终结余类型">
                                <xs:attribute ref="locID" use="optional" fixed="050310"/>
                            </xs:extension>
                        </xs:simpleContent>
                    </xs:complexType>
                </xs:element>
                <xs:element name="转移性支出中预算外年终结余">
                    <xs:complexType>
                        <xs:simpleContent>
                            <xs:extension base="转移性支出中预算外年终结余类型">
                                <xs:attribute ref="locID" use="optional" fixed="050311"/>
                            </xs:extension>
                        </xs:simpleContent>
                    </xs:complexType>
                </xs:element>
                <xs:element name="转移性支出中其他年终结余">
                    <xs:complexType>
                        <xs:simpleContent>
                            <xs:extension base="转移性支出中其他年终结余类型">
                                <xs:attribute ref="locID" use="optional" fixed="050312"/>
                            </xs:extension>
                        </xs:simpleContent>
                    </xs:complexType>
                </xs:element>
            </xs:sequence>
            <xs:attribute name="locID" type="xs:string" use="optional" fixed="T0503"
form="unqualified"/>
        </xs:complexType>
    </xs:element>
</xs:schema>
```

附　录　B
（资料性附录）
总预算会计核算软件数据接口的 XML 实例

B.1　基础信息类 XML 实例


```
〈? xml version = "1.0" encoding = "GB18030"?〉
〈基础信息
xmlns = " http://sxbw. audit. gov. cn/AccountingSoftwareDataInterfaceStandard/2010/PSGA/
XMLSchema"
xmlns:xsi = "http://www.w3.org/2001/XMLSchema-instance"
xsi: schemaLocation = " http://sxbw. audit. gov. cn/AccountingSoftwareDataInterfaceStandard/
2010/PSGA/XMLSchema 基础信息.xsd"〉
    〈电子账簿〉
        〈电子账簿编号〉101〈/电子账簿编号〉
        〈电子账簿名称〉演示账簿〈/电子账簿名称〉
        〈会计核算单位〉某财政〈/会计核算单位〉
        〈组织机构代码〉12353687521〈/组织机构代码〉
        〈单位性质〉财政部门〈/单位性质〉
        〈行业〉财政〈/行业〉
        〈行政区划代码〉100094〈/行政区划代码〉
        〈开发单位〉某软件公司〈/开发单位〉
        〈版本号〉V4.0〈/版本号〉
        〈本位币〉人民币〈/本位币〉
        〈会计年度〉2010〈/会计年度〉
        〈标准版本号〉2.0〈/标准版本号〉
    〈/电子账簿〉
    〈会计期间〉
        〈会计年度〉2010〈/会计年度〉
        〈会计期间号〉1〈/会计期间号〉
        〈会计期间起始日期〉20100101〈/会计期间起始日期〉
        〈会计期间结束日期〉20100131〈/会计期间结束日期〉
    〈/会计期间〉
    〈币种〉
        〈币种编码〉01〈/币种编码〉
        〈币种名称〉人民币〈/币种名称〉
    〈/币种〉
    〈汇率类型〉
        〈汇率类型编号〉01〈/汇率类型编号〉
        〈汇率类型名称〉买入汇率〈/汇率类型名称〉
    〈/汇率类型〉
```

```
〈银行信息〉
    〈银行代码〉010001〈/银行代码〉
    〈银行名称〉＊＊银行〈/银行名称〉
〈/银行信息〉
〈银行账户〉
    〈银行账户编码〉201001〈/银行账户编码〉
    〈银行账户名称〉专户〈/银行账户名称〉
    〈开户银行代码〉010001〈/开户银行代码〉
    〈开户银行名称〉＊＊银行〈/开户银行名称〉
    〈银行账号〉8998010122254367〈/银行账号〉
    〈账户类型〉存款账户〈/账户类型〉
〈/银行账户〉
〈财政管理级次〉
    〈财政管理级次代码〉3〈/财政管理级次代码〉
    〈财政管理级次名称〉市级〈/财政管理级次名称〉
〈/财政管理级次〉
〈预算单位〉
    〈预算单位代码〉101〈/预算单位代码〉
    〈预算单位名称〉＊＊单位〈/预算单位名称〉
〈/预算单位〉
〈收入分类科目〉
    〈收入分类科目代码〉101〈/收入分类科目代码〉
    〈收入分类科目名称〉税收收入〈/收入分类科目名称〉
〈/收入分类科目〉
〈支出功能分类〉
    〈支出功能分类编码〉201〈/支出功能分类编码〉
    〈支出功能分类名称〉一般公共服务〈/支出功能分类名称〉
〈/支出功能分类〉
〈政府支出管理结构〉
    〈政府支出管理结构代码〉1〈/政府支出管理结构代码〉
    〈政府支出管理结构名称〉本级支出〈/政府支出管理结构名称〉
〈/政府支出管理结构〉
〈支出经济分类〉
    〈支出经济分类编码〉30101〈/支出经济分类编码〉
    〈支出经济分类名称〉基本工资〈/支出经济分类名称〉
〈/支出经济分类〉
〈财政内部机构〉
    〈财政内部机构代码〉005〈/财政内部机构代码〉
    〈财政内部机构名称〉预算处〈/财政内部机构名称〉
〈/财政内部机构〉
〈预算项目〉
    〈项目编码〉003002〈/项目编码〉
    〈项目名称〉＊＊公路建设〈/项目名称〉
```

```
    〈级次〉2〈/级次〉
    〈项目类型〉基本建设类项目〈/项目类型〉
    〈项目类别〉跨年度支出项目〈/项目类别〉
    〈项目申报属性〉延续项目〈/项目申报属性〉
    〈项目起始日期〉20080101〈/项目起始日期〉
    〈项目结束日期〉20101220〈/项目结束日期〉
〈/预算项目〉
〈预算来源〉
    〈预算来源编码〉1〈/预算来源编码〉
    〈预算来源名称〉上年结转〈/预算来源名称〉
〈/预算来源〉
〈预算来源性质〉
    〈预算来源性质编码〉02〈/预算来源性质编码〉
    〈预算来源性质名称〉预备费〈/预算来源性质名称〉
〈/预算来源性质〉
〈资金性质〉
    〈资金性质编码〉11〈/资金性质编码〉
    〈资金性质名称〉一般预算资金〈/资金性质名称〉
〈/资金性质〉
〈拨款期间属性〉
    〈拨款期间属性编码〉1〈/拨款期间属性编码〉
    〈拨款期间属性名称〉当期拨款〈/拨款期间属性名称〉
〈/拨款期间属性〉
〈结算方式〉
    〈结算方式编码〉1〈/结算方式编码〉
    〈结算方式名称〉现金支票〈/结算方式名称〉
〈/结算方式〉
〈支付方式〉
    〈支付方式编码〉1〈/支付方式编码〉
    〈支付方式名称〉财政直接支付〈/支付方式名称〉
〈/支付方式〉
〈支出类型〉
    〈支出类型编码〉2〈/支出类型编码〉
    〈支出类型名称〉转移支出〈/支出类型名称〉
〈/支出类型〉
〈结算事项体制〉
    〈结算事项代码〉31〈/结算事项代码〉
    〈结算事项名称〉本年本级支出合计〈/结算事项名称〉
〈/结算事项体制〉
〈扩展项目〉
    〈扩展编码〉001〈/扩展编码〉
    〈扩展名称〉辅助项目〈/扩展名称〉
    〈扩展描述〉用于贯穿性统计〈/扩展描述〉
```

〈有否层级特征〉1〈/有否层级特征〉
〈扩展项目编码规则〉3-3-3-3〈/扩展项目编码规则〉
〈/扩展项目〉
〈扩展项目值〉
〈扩展编码〉001〈/扩展编码〉
〈扩展项目值编码〉001〈/扩展项目值编码〉
〈扩展项目值名称〉迎奥运〈/扩展项目值名称〉
〈扩展项目值描述〉为迎奥运 * * 资金支出〈/扩展项目值描述〉
〈扩展项目值父节点〉null〈/扩展项目值父节点〉
〈扩展项目值级次〉1〈/扩展项目值级次〉
〈/扩展项目值〉
〈/基础信息〉

B.2 总账类 XML 实例

〈? xml version = "1.0" encoding = "GB18030"?〉
〈总账
xmlns = " http://sxbw. audit. gov. cn/AccountingSoftwareDataInterfaceStandard/2010/PSGA/XMLSchema"
xmlns:xsi = "http://www.w3.org/2001/XMLSchema-instance"
xsi: schemaLocation = " http://sxbw. audit. gov. cn/AccountingSoftwareDataInterfaceStandard/2010/PSGA/XMLSchema 总账.xsd"〉
〈总账基础信息〉
〈结构分隔符〉-〈/结构分隔符〉
〈会计科目编码规则〉4-2-2-2〈/会计科目编码规则〉
〈凭证头可扩展字段结构/〉
〈凭证头可扩展结构对应档案/〉
〈分录行可扩展字段结构〉结算方式-票据类别-票据号-票据日期〈/分录行可扩展字段结构〉
〈分录扩展字段对应档案〉结算方式-票据类别-票据号-票据日期〈/分录扩展字段对应档案〉
〈/总账基础信息〉
〈记账凭证类型〉
〈记账凭证类型编号〉01〈/记账凭证类型编号〉
〈记账凭证类型名称〉记账凭证〈/记账凭证类型名称〉
〈记账凭证类型简称〉记〈/记账凭证类型简称〉
〈/记账凭证类型〉
〈会计科目〉
〈科目编号〉101〈/科目编号〉
〈科目名称〉国库存款〈/科目名称〉
〈科目级次〉1〈/科目级次〉
〈科目类型〉资产〈/科目类型〉
〈余额方向〉借〈/余额方向〉
〈/会计科目〉
〈科目辅助核算〉

〈科目编号〉501〈/科目编号〉
〈辅助项编号〉201〈/辅助项编号〉
〈辅助项名称〉一般公共服务〈/辅助项名称〉
〈对应档案〉一般公共服务〈/对应档案〉
〈辅助项描述〉〈/辅助项描述〉
〈/科目辅助核算〉
〈账户余额及发生额〉
〈科目编号〉501〈/科目编号〉
〈辅助项 1 编号〉201〈/辅助项 1 编号〉
〈辅助项 2 编号〉〈/辅助项 2 编号〉
〈辅助项 3 编号〉〈/辅助项 3 编号〉
〈辅助项 4 编号〉〈/辅助项 4 编号〉
〈辅助项 5 编号〉〈/辅助项 5 编号〉
〈辅助项 6 编号〉〈/辅助项 6 编号〉
〈辅助项 7 编号〉〈/辅助项 7 编号〉
〈辅助项 8 编号〉〈/辅助项 8 编号〉
〈辅助项 9 编号〉〈/辅助项 9 编号〉
〈辅助项 10 编号〉〈/辅助项 10 编号〉
〈辅助项 11 编号〉〈/辅助项 11 编号〉
〈辅助项 12 编号〉〈/辅助项 12 编号〉
〈辅助项 13 编号〉〈/辅助项 13 编号〉
〈辅助项 14 编号〉〈/辅助项 14 编号〉
〈辅助项 15 编号〉〈/辅助项 15 编号〉
〈辅助项 16 编号〉〈/辅助项 16 编号〉
〈辅助项 17 编号〉〈/辅助项 17 编号〉
〈辅助项 18 编号〉〈/辅助项 18 编号〉
〈辅助项 19 编号〉〈/辅助项 19 编号〉
〈辅助项 20 编号〉〈/辅助项 20 编号〉
〈辅助项 21 编号〉〈/辅助项 21 编号〉
〈辅助项 22 编号〉〈/辅助项 22 编号〉
〈辅助项 23 编号〉〈/辅助项 23 编号〉
〈辅助项 24 编号〉〈/辅助项 24 编号〉
〈辅助项 25 编号〉〈/辅助项 25 编号〉
〈辅助项 26 编号〉〈/辅助项 26 编号〉
〈辅助项 27 编号〉〈/辅助项 27 编号〉
〈辅助项 28 编号〉〈/辅助项 28 编号〉
〈辅助项 29 编号〉〈/辅助项 29 编号〉
〈辅助项 30 编号〉〈/辅助项 30 编号〉
〈期初余额方向〉借〈/期初余额方向〉
〈期末余额方向〉结〈/期末余额方向〉
〈币种编码〉1〈/币种编码〉
〈会计年度〉2010〈/会计年度〉
〈会计期间号〉1〈/会计期间号〉

〈期初原币余额〉1000〈/期初原币余额〉
〈期初本币余额〉1000〈/期初本币余额〉
〈借方原币金额〉2000〈/借方原币金额〉
〈借方本币金额〉2000〈/借方本币金额〉
〈贷方原币金额〉2500〈/贷方原币金额〉
〈贷方本币金额〉2500〈/贷方本币金额〉
〈期末原币余额〉500〈/期末原币余额〉
〈期末本币余额〉500〈/期末本币余额〉
〈/账户余额及发生额〉
〈记账凭证〉
〈记账凭证日期〉20100101〈/记账凭证日期〉
〈会计年度〉2010〈/会计年度〉
〈会计期间号〉1〈/会计期间号〉
〈记账凭证类型编号〉01〈/记账凭证类型编号〉
〈记账凭证编号〉20100003〈/记账凭证编号〉
〈记账凭证行号〉1〈/记账凭证行号〉
〈记账凭证摘要〉〈/记账凭证摘要〉
〈科目编号〉501〈/科目编号〉
〈辅助项 1 编号〉201〈/辅助项 1 编号〉
〈辅助项 2 编号〉〈/辅助项 2 编号〉
〈辅助项 3 编号〉〈/辅助项 3 编号〉
〈辅助项 4 编号〉〈/辅助项 4 编号〉
〈辅助项 5 编号〉〈/辅助项 5 编号〉
〈辅助项 6 编号〉〈/辅助项 6 编号〉
〈辅助项 7 编号〉〈/辅助项 7 编号〉
〈辅助项 8 编号〉〈/辅助项 8 编号〉
〈辅助项 9 编号〉〈/辅助项 9 编号〉
〈辅助项 10 编号〉〈/辅助项 10 编号〉
〈辅助项 11 编号〉〈/辅助项 11 编号〉
〈辅助项 12 编号〉〈/辅助项 12 编号〉
〈辅助项 13 编号〉〈/辅助项 13 编号〉
〈辅助项 14 编号〉〈/辅助项 14 编号〉
〈辅助项 15 编号〉〈/辅助项 15 编号〉
〈辅助项 16 编号〉〈/辅助项 16 编号〉
〈辅助项 17 编号〉〈/辅助项 17 编号〉
〈辅助项 18 编号〉〈/辅助项 18 编号〉
〈辅助项 19 编号〉〈/辅助项 19 编号〉
〈辅助项 20 编号〉〈/辅助项 20 编号〉
〈辅助项 21 编号〉〈/辅助项 21 编号〉
〈辅助项 22 编号〉〈/辅助项 22 编号〉
〈辅助项 23 编号〉〈/辅助项 23 编号〉
〈辅助项 24 编号〉〈/辅助项 24 编号〉
〈辅助项 25 编号〉〈/辅助项 25 编号〉

```
    〈辅助项26编号〉〈/辅助项26编号〉
    〈辅助项27编号〉〈/辅助项27编号〉
    〈辅助项28编号〉〈/辅助项28编号〉
    〈辅助项29编号〉〈/辅助项29编号〉
    〈辅助项30编号〉〈/辅助项30编号〉
    〈币种编码〉1〈/币种编码〉
    〈借方原币金额〉2000〈/借方原币金额〉
    〈借方本币金额〉2000〈/借方本币金额〉
    〈贷方原币金额〉0〈/贷方原币金额〉
    〈贷方本币金额〉0〈/贷方本币金额〉
    〈汇率类型编号〉01〈/汇率类型编号〉
    〈汇率〉1.00〈/汇率〉
    〈凭证头可扩展字段结构值〉〈/凭证头可扩展字段结构值〉
    〈分录行可扩展字段结构值〉〈/分录行可扩展字段结构值〉
    〈指标文号〉〈/指标文号〉
    〈结算方式编码〉1〈/结算方式编码〉
    〈票据类型〉现金支票〈/票据类型〉
    〈票据号〉ZP00001〈/票据号〉
    〈票据日期〉20100101〈/票据日期〉
    〈附件数〉1〈/附件数〉
    〈制单人〉赵大〈/制单人〉
    〈审核人〉王二〈/审核人〉
    〈记账人〉张三〈/记账人〉
    〈出纳人〉李四〈/出纳人〉
    〈财务主管〉孙五〈/财务主管〉
    〈记账标志〉1〈/记账标志〉
    〈作废标志〉0〈/作废标志〉
    〈凭证来源系统〉总账〈/凭证来源系统〉
〈/记账凭证〉
〈报表集〉
    〈报表编号〉1〈/报表编号〉
    〈报表名称〉资产负债表〈/报表名称〉
    〈报告日〉20101231〈/报告日〉
    〈报告期〉201012〈/报告期〉
    〈编制单位〉某财政〈/编制单位〉
    〈货币单位〉人民币〈/货币单位〉
〈/报表集〉
〈报表项数据〉
    〈报表编号〉1〈/报表编号〉
    〈报表项编号〉1〈/报表项编号〉
    〈报表项名称〉国库存款〈/报表项名称〉
    〈报表项公式〉〈/报表项公式〉
    〈报表项数值〉100000.36〈/报表项数值〉
```

```
    〈/报表项数据〉
    〈报表项数据〉
        〈报表编号〉1〈/报表编号〉
        〈报表项编号〉2〈/报表项编号〉
        〈报表项名称〉其他财政存款〈/报表项名称〉
        〈报表项公式〉〈/报表项公式〉
        〈报表项数值〉200000.36〈/报表项数值〉
    〈/报表项数据〉
〈/总账〉
```

B.3 收入事项类 XML 实例

```
〈? xml version = "1.0" encoding = "GB18030"?〉
〈收入事项
xmlns = " http://sxbw. audit. gov. cn/AccountingSoftwareDataInterfaceStandard/2010/PSGA/XMLSchema"
xmlns:xsi = "http://www.w3.org/2001/XMLSchema-instance"
xsi: schemaLocation = " http://sxbw. audit. gov. cn/AccountingSoftwareDataInterfaceStandard/2010/PSGA/XMLSchema 收入事项.xsd"〉
    〈税收收入〉
        〈税收收入汇总编码〉R000001〈/税收收入汇总编码〉
        〈科目编号〉401〈/科目编号〉
        〈银行账户编码〉201002〈/银行账户编码〉
        〈银行账户名称〉某国库〈/银行账户名称〉
        〈开户银行代码〉001〈/开户银行代码〉
        〈开户银行名称〉* * 银行〈/开户银行名称〉
        〈银行账号〉8998010122254367〈/银行账号〉
        〈账户类型〉* * 金库〈/账户类型〉
        〈收入分类科目代码〉101〈/收入分类科目代码〉
        〈收入分类科目名称〉税收收入〈/收入分类科目名称〉
        〈税收收入金额〉200000〈/税收收入金额〉
    〈/税收收入〉
    〈社保基金〉
        〈社保基金汇总编码〉R000001〈/社保基金汇总编码〉
        〈科目编号〉405〈/科目编号〉
        〈银行账户编码〉201002〈/银行账户编码〉
        〈银行账户名称〉某国库〈/银行账户名称〉
        〈开户银行代码〉001〈/开户银行代码〉
        〈开户银行名称〉* * 银行〈/开户银行名称〉
        〈银行账号〉8998010122254367〈/银行账号〉
        〈账户类型〉* * 金库〈/账户类型〉
        〈收入分类科目代码〉102〈/收入分类科目代码〉
        〈收入分类科目名称〉社会保险基金收入〈/收入分类科目名称〉
```

〈社保基金收入金额〉200000〈/社保基金收入金额〉
〈/社保基金〉
〈非税收入〉
〈非税收入汇总编码〉R000001〈/非税收入汇总编码〉
〈科目编号〉407〈/科目编号〉
〈银行账户编码〉201003〈/银行账户编码〉
〈银行账户名称〉某专户〈/银行账户名称〉
〈开户银行代码〉002〈/开户银行代码〉
〈开户银行名称〉* *银行〈/开户银行名称〉
〈银行账号〉8998010122254367〈/银行账号〉
〈账户类型〉存款账户〈/账户类型〉
〈收入分类科目代码〉103〈/收入分类科目代码〉
〈收入分类科目名称〉非税收入〈/收入分类科目名称〉
〈非税收入项目代码〉103029〈/非税收入项目代码〉
〈非税收入项目名称〉专项收入〈/非税收入项目名称〉
〈收缴方式代码〉2〈/收缴方式代码〉
〈收缴方式名称〉集中缴库〈/收缴方式名称〉
〈分成标准类型代码〉2〈/分成标准类型代码〉
〈分成标准类型名称〉定额〈/分成标准类型名称〉
〈分成方向代码〉99〈/分成方向代码〉
〈分成方向名称〉其他〈/分成方向名称〉
〈分成标准〉70〈/分成标准〉
〈非税收入金额〉1000000〈/非税收入金额〉
〈/非税收入〉
〈贷款转贷回收本金收入〉
〈贷款转贷回收本金收入汇总编码〉R000001〈/贷款转贷回收本金收入汇总编码〉
〈科目编号〉403〈/科目编号〉
〈银行账户编码〉201004〈/银行账户编码〉
〈银行账户名称〉某专户〈/银行账户名称〉
〈开户银行代码〉002〈/开户银行代码〉
〈开户银行名称〉* *银行〈/开户银行名称〉
〈银行账号〉8998010122254367〈/银行账号〉
〈账户类型〉存款账户〈/账户类型〉
〈收入分类科目代码〉104〈/收入分类科目代码〉
〈收入分类科目名称〉贷款转贷回收本金收入〈/收入分类科目名称〉
〈贷款转贷回收本金收入金额〉2000000〈/贷款转贷回收本金收入金额〉
〈/贷款转贷回收本金收入〉
〈债务收入〉
〈债务收入汇总编码〉R000001〈/债务收入汇总编码〉
〈科目编号〉402〈/科目编号〉
〈银行账户编码〉201005〈/银行账户编码〉
〈银行账户名称〉某专户〈/银行账户名称〉
〈开户银行代码〉002〈/开户银行代码〉

```
        〈开户银行名称〉＊＊银行〈/开户银行名称〉
        〈银行账号〉8998010122254367〈/银行账号〉
        〈账户类型〉存款账户〈/账户类型〉
        〈收入分类科目代码〉105〈/收入分类科目代码〉
        〈收入分类科目名称〉债务收入〈/收入分类科目名称〉
        〈债务收入金额〉2000000〈/债务收入金额〉
    〈/债务收入〉
    〈转移性收入〉
        〈转移性收入汇总编码〉R000001〈/转移性收入汇总编码〉
        〈科目编号〉412〈/科目编号〉
        〈银行账户编码〉201002〈/银行账户编码〉
        〈银行账户名称〉某国库〈/银行账户名称〉
        〈开户银行代码〉001〈/开户银行代码〉
        〈开户银行名称〉＊＊银行〈/开户银行名称〉
        〈银行账号〉8998010122254367〈/银行账号〉
        〈账户类型〉＊＊金库〈/账户类型〉
        〈财政管理级次代码〉3〈/财政管理级次代码〉
        〈财政管理级次名称〉市级〈/财政管理级次名称〉
        〈收入分类科目代码〉110〈/收入分类科目代码〉
        〈收入分类科目名称〉转移性收入〈/收入分类科目名称〉
        〈转移性收入金额〉300000〈/转移性收入金额〉
    〈/转移性收入〉
〈/收入事项〉
```

B.4 支出事项类 XML 实例

```
〈? xml version = "1.0" encoding = "GB18030"?〉
〈支出事项
xmlns = " http://sxbw. audit. gov. cn/AccountingSoftwareDataInterfaceStandard/2010/PSGA/
XMLSchema"
xmlns:xsi = "http://www.w3.org/2001/XMLSchema-instance"
xsi: schemaLocation = " http://sxbw. audit. gov. cn/AccountingSoftwareDataInterfaceStandard/
2010/PSGA/XMLSchema 支出事项.xsd"〉
    〈预算指标〉
        〈预算指标编码〉BUD00001〈/预算指标编码〉
        〈业务日期〉20100101〈/业务日期〉
        〈发文文号〉财预发 201005〈/发文文号〉
        〈发文日期〉20100104〈/发文日期〉
        〈科目编号〉20101〈/科目编号〉
        〈预算单位代码〉003002〈/预算单位代码〉
        〈预算单位名称〉某单位〈/预算单位名称〉
        〈支出功能分类编码〉20101〈/支出功能分类编码〉
        〈支出功能分类名称〉人大事务〈/支出功能分类名称〉
```

```
    〈支出经济分类编码〉30201〈/支出经济分类编码〉
    〈支出经济分类名称〉办公费〈/支出经济分类名称〉
    〈财政内部机构代码〉005〈/财政内部机构代码〉
    〈财政内部机构名称〉行政政法科〈/财政内部机构名称〉
    〈政府支出管理结构代码〉111〈/政府支出管理结构代码〉
    〈政府支出管理结构名称〉基本支出〈/政府支出管理结构名称〉
    〈项目编码〉003002〈/项目编码〉
    〈项目名称〉打印纸采购〈/项目名称〉
    〈预算来源编码〉4〈/预算来源编码〉
    〈预算来源名称〉年初预算〈/预算来源名称〉
    〈预算来源性质编码〉01〈/预算来源性质编码〉
    〈预算来源性质名称〉据实结算〈/预算来源性质名称〉
    〈资金性质编码〉11〈/资金性质编码〉
    〈资金性质名称〉一般预算资金〈/资金性质名称〉
    〈扩展项目 1 编码〉〈/扩展项目 1 编码〉
    〈扩展项目 1 值编码〉〈/扩展项目 1 值编码〉
    〈扩展项目 1 值名称〉〈/扩展项目 1 值名称〉
    〈扩展项目 2 编码〉〈/扩展项目 2 编码〉
    〈扩展项目 2 值编码〉〈/扩展项目 2 值编码〉
    〈扩展项目 2 值名称〉〈/扩展项目 2 值名称〉
    〈扩展项目 3 编码〉〈/扩展项目 3 编码〉
    〈扩展项目 3 值编码〉〈/扩展项目 3 值编码〉
    〈扩展项目 3 值名称〉〈/扩展项目 3 值名称〉
    〈扩展项目 4 编码〉〈/扩展项目 4 编码〉
    〈扩展项目 4 值编码〉〈/扩展项目 4 值编码〉
    〈扩展项目 4 值名称〉〈/扩展项目 4 值名称〉
    〈扩展项目 5 编码〉〈/扩展项目 5 编码〉
    〈扩展项目 5 值编码〉〈/扩展项目 5 值编码〉
    〈扩展项目 5 值名称〉〈/扩展项目 5 值名称〉
    〈本年预算数〉50000〈/本年预算数〉
    〈累计调整数〉5000〈/累计调整数〉
〈/预算指标〉
〈支付凭证〉
    〈支付凭证编码〉ZF000001〈/支付凭证编码〉
    〈科目编号〉20100101〈/科目编号〉
    〈业务日期〉20100101〈/业务日期〉
    〈预算单位代码〉003002〈/预算单位代码〉
    〈预算单位名称〉某单位〈/预算单位名称〉
    〈支出功能分类编码〉20101〈/支出功能分类编码〉
    〈支出功能分类名称〉人大事务〈/支出功能分类名称〉
    〈政府支出管理结构代码〉111〈/政府支出管理结构代码〉
    〈政府支出管理结构名称〉基本支出〈/政府支出管理结构名称〉
    〈支出经济分类编码〉30201〈/支出经济分类编码〉
```

〈支出经济分类名称〉办公费〈/支出经济分类名称〉
〈财政内部机构代码〉005〈/财政内部机构代码〉
〈财政内部机构名称〉行政政法科〈/财政内部机构名称〉
〈项目编码〉003002〈/项目编码〉
〈项目名称〉打印纸采购〈/项目名称〉
〈资金性质编码〉11〈/资金性质编码〉
〈资金性质名称〉一般预算资金〈/资金性质名称〉
〈拨款期间属性编码〉〈/拨款期间属性编码〉
〈拨款期间属性名称〉〈/拨款期间属性名称〉
〈结算方式编码〉1〈/结算方式编码〉
〈结算方式名称〉现金支票〈/结算方式名称〉
〈支付方式编码〉2〈/支付方式编码〉
〈支付方式名称〉财政授权支付〈/支付方式名称〉
〈支出类型编码〉1〈/支出类型编码〉
〈支出类型名称〉购买支出〈/支出类型名称〉
〈收款人名称〉供应商〈/收款人名称〉
〈收款人银行名称〉招商银行〈/收款人银行名称〉
〈收款人银行账号〉8998010122254367〈/收款人银行账号〉
〈付款人名称〉单位零余额账户〈/付款人名称〉
〈付款人银行名称〉招商银行〈/付款人银行名称〉
〈付款人银行账号〉0998010133355688〈/付款人银行账号〉
〈扩展项目 1 编码〉〈/扩展项目 1 编码〉
〈扩展项目 1 值编码〉〈/扩展项目 1 值编码〉
〈扩展项目 1 值名称〉〈/扩展项目 1 值名称〉
〈扩展项目 2 编码〉〈/扩展项目 2 编码〉
〈扩展项目 2 值编码〉〈/扩展项目 2 值编码〉
〈扩展项目 2 值名称〉〈/扩展项目 2 值名称〉
〈扩展项目 3 编码〉〈/扩展项目 3 编码〉
〈扩展项目 3 值编码〉〈/扩展项目 3 值编码〉
〈扩展项目 3 值名称〉〈/扩展项目 3 值名称〉
〈扩展项目 4 编码〉〈/扩展项目 4 编码〉
〈扩展项目 4 值编码〉〈/扩展项目 4 值编码〉
〈扩展项目 4 值名称〉〈/扩展项目 4 值名称〉
〈扩展项目 5 编码〉〈/扩展项目 5 编码〉
〈扩展项目 5 值编码〉〈/扩展项目 5 值编码〉
〈扩展项目 5 值名称〉〈/扩展项目 5 值名称〉
〈支付金额〉3500〈/支付金额〉
〈支付摘要〉办公费〈/支付摘要〉
〈是否政府采购〉0〈/是否政府采购〉
〈政府采购确认函号〉〈/政府采购确认函号〉
〈/支付凭证〉
〈预算执行情况〉
〈预算执行情况汇总编码〉ZX000004〈/预算执行情况汇总编码〉

```
        〈预算年度〉2010〈/预算年度〉
        〈科目编号〉501〈/科目编号〉
        〈预算单位代码〉003002〈/预算单位代码〉
        〈预算单位名称〉某单位〈/预算单位名称〉
        〈支出功能分类编码〉20101〈/支出功能分类编码〉
        〈支出功能分类名称〉人大事务〈/支出功能分类名称〉
        〈支出经济分类编码〉30201〈/支出经济分类编码〉
        〈支出经济分类名称〉办公费〈/支出经济分类名称〉
        〈财政内部机构代码〉005〈/财政内部机构代码〉
        〈财政内部机构名称〉行政政法科〈/财政内部机构名称〉
        〈政府支出管理结构代码〉111〈/政府支出管理结构代码〉
        〈政府支出管理结构名称〉基本支出〈/政府支出管理结构名称〉
        〈项目编码〉003002〈/项目编码〉
        〈项目名称〉打印纸采购〈/项目名称〉
        〈预算来源编码〉4〈/预算来源编码〉
        〈预算来源名称〉年初预算〈/预算来源名称〉
        〈预算来源性质编码〉01〈/预算来源性质编码〉
        〈预算来源性质名称〉据实结算〈/预算来源性质名称〉
        〈资金性质编码〉11〈/资金性质编码〉
        〈资金性质名称〉一般预算资金〈/资金性质名称〉
        〈支出类型编码〉1〈/支出类型编码〉
        〈支出类型名称〉购买支出〈/支出类型名称〉
        〈本年预算数〉50000〈/本年预算数〉
        〈本年调整数〉5000〈/本年调整数〉
        〈本年执行数〉3500〈/本年执行数〉
    〈/预算执行情况〉
〈/支出事项〉
```

B.5 结算、结余事项类 XML 实例

```
〈? xml version = "1.0" encoding = "GB18030"?〉
〈结算结余事项
xmlns = " http://sxbw. audit. gov. cn/AccountingSoftwareDataInterfaceStandard/2010/PSGA/
XMLSchema"
xmlns:xsi = "http://www.w3.org/2001/XMLSchema-instance"
xsi: schemaLocation = " http://sxbw. audit. gov. cn/AccountingSoftwareDataInterfaceStandard/
2010/PSGA/XMLSchema 结算、结余事项.xsd"〉
        〈期初金额〉
        〈期初金额汇总编码〉F0001〈/期初金额汇总编码〉
        〈预算年度〉2010〈/预算年度〉
        〈科目编号〉101〈/科目编号〉
        〈一般预算期初金额〉100000〈/一般预算期初金额〉
        〈政府性基金期初金额〉20000〈/政府性基金期初金额〉
```

```
    〈社会保险基金期初金额〉30000〈/社会保险基金期初金额〉
    〈预算外期初金额〉400000〈/预算外期初金额〉
    〈其他期初金额〉50000〈/其他期初金额〉
    〈转移性支出期初金额〉100000〈/转移性支出期初金额〉
    〈转移性支出中一般预算期初金额〉10000〈/转移性支出中一般预算期初金额〉
    〈转移性支出中政府性基金预算期初金额〉20000〈/转移性支出中政府性基金预算期初金额〉
    〈转移性支出中社会保险基金预算期初金额〉30000〈/转移性支出中社会保险基金预算期初金额〉
    〈转移性支出中预算外期初金额〉20000〈/转移性支出中预算外期初金额〉
    〈转移性支出中其他期初金额〉20000〈/转移性支出中其他期初金额〉
  〈/期初金额〉
  〈结算事项〉
    〈结算事项代码〉11〈/结算事项代码〉
    〈结算事项名称〉本年本级收入合计〈/结算事项名称〉
    〈汇总金额〉80000000〈/汇总金额〉
  〈/结算事项〉
  〈年终结余〉
    〈年终结余汇总编码〉JY000002〈/年终结余汇总编码〉
    〈预算年度〉2010〈/预算年度〉
    〈科目编号〉101〈/科目编号〉
    〈一般预算年终结余〉200000〈/一般预算年终结余〉
    〈政府性基金预算年终结余〉200000〈/政府性基金预算年终结余〉
    〈社会保险基金预算年终结余〉100000〈/社会保险基金预算年终结余〉
    〈预算外年终结余〉20000〈/预算外年终结余〉
    〈其他年终结余〉100000〈/其他年终结余〉
    〈转移性支出年终总结余〉100000〈/转移性支出年终总结余〉
    〈转移性支出中一般预算年终结余〉10000〈/转移性支出中一般预算年终结余〉
    〈转移性支出中政府性基金预算年终结余〉20000〈/转移性支出中政府性基金预算年终结余〉
    〈转移性支出中社会保险基金预算年终结余〉30000〈/转移性支出中社会保险基金预算年终结余〉
    〈转移性支出中预算外年终结余〉20000〈/转移性支出中预算外年终结余〉
    〈转移性支出中其他年终结余〉20000〈/转移性支出中其他年终结余〉
  〈/年终结余〉
〈/结算结余事项〉
```

参 考 文 献

[1] GB/T 14885—2010 固定资产分类与代码
[2] GB 18030—2005 信息技术 中文编码字符集
[3] GB/T 18793—002 信息技术 可扩展置标语言(XML)1.0
[4] 《财政业务基础数据规范》财办[2008]22号
[5] 《会计基础工作规范》1996年 中华人民共和国财政部
[6] 《事业单位会计制度》1997年 中华人民共和国财政部
[7] 《行政单位会计制度》1998年 中华人民共和国财政部
[8] 《财政总预算会计制度》1997年 中华人民共和国财政部
[9] 《2010年政府收支分类科目》2010年 中华人民共和国财政部
[10] 《中国金融机构名录》中国人民银行

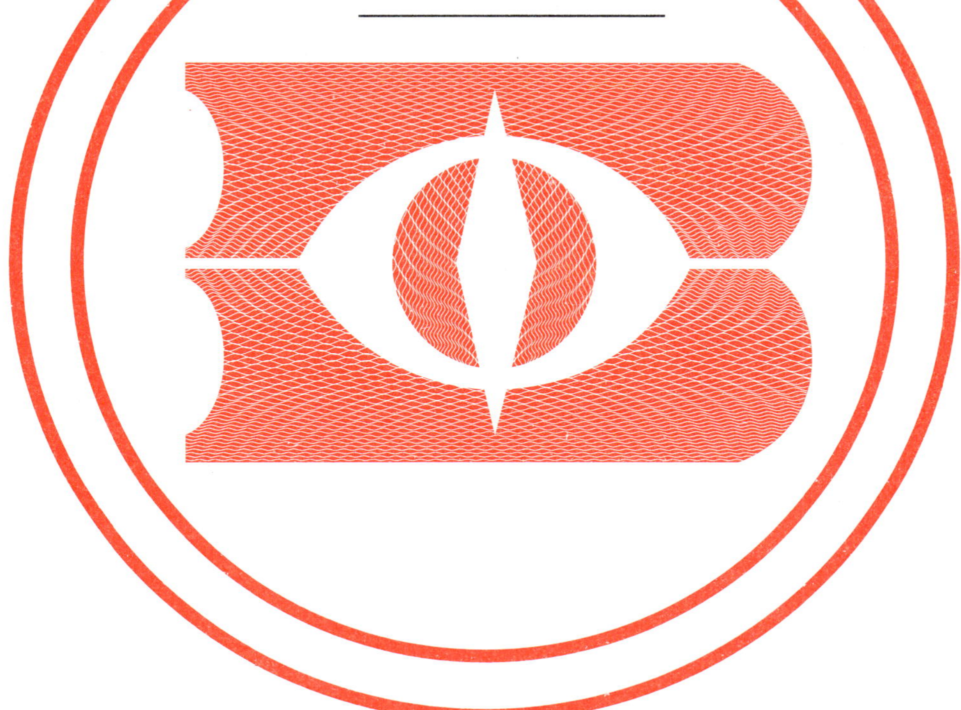

ICS 35.240
L 74

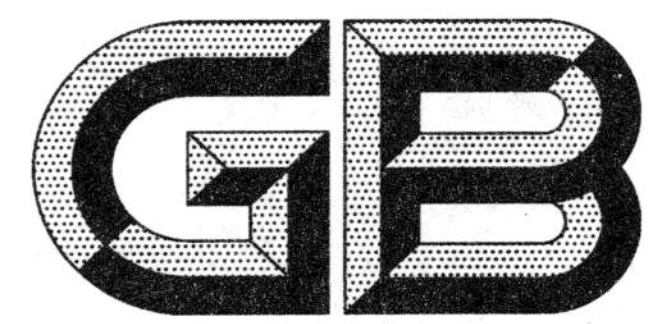

中华人民共和国国家标准

GB/T 24589.4—2011

财经信息技术　会计核算软件数据接口
第4部分：商业银行

Financial information technology—Data interface of accounting software—Part 4:Commercial bank

2011-12-30 发布　　　　2012-06-01 实施

中华人民共和国国家质量监督检验检疫总局
中国国家标准化管理委员会　发布

前　言

GB/T 24589《财经信息技术　会计核算软件数据接口》分为4个部分：

——第1部分：企业；

——第2部分：行政事业单位；

——第3部分：总预算会计；

——第4部分：商业银行。

本部分为GB/T 24589的第4部分。

本部分按照GB/T 1.1—2009给出的规则起草。

本部分由中华人民共和国审计署提出。

本部分由全国审计信息化标准化技术委员会(SAC/TC 341)归口。

本部分起草单位：中华人民共和国审计署计算机技术中心、浪潮集团山东通用软件有限公司、甲骨文(中国)软件系统有限公司、金蝶软件(中国)有限公司、南京审计学院、审计署驻武汉特派员办事处、审计署驻广州特派员办事处、审计署金融审计司、审计署驻济南特派员办事处、审计署驻成都特派员办事处、重庆金算盘软件有限公司、杭州新中大软件股份有限公司、思爱普(北京)软件系统有限公司、用友软件股份有限公司、中国电子技术标准化研究院。

本部分主要起草人：王智玉、杨蕴毅、杨政、王忠、徐权、张海燕、陈丽华、吴进、谢熠、林小锤、王兴山、焦学瑞、金纪文、陈金诚、武涛、严绍业、毛华扬、冯宇、胡静宜、彭涛。

引 言

本部分的名称中“财经”的含义是“‘财’指财政、财务；‘经’指经济活动”。本系列标准致力于财经信息技术领域的会计核算软件数据接口的标准化工作。

由于财务、税务、审计业务的财务数据可追溯性要求，按照我国1997年开始执行的原会计制度(包括16个具体准则和1个基本准则)制定的国家标准GB/T 19581—2004并不废止，继续有效，对应2006年底之前的会计核算软件产品。

从2007年1月1日起实施的是新的会计准则体系，包括1个基本准则、38个具体准则及其准则应用指南，结束了我国会计“制度”和“准则”两张皮的历史，实现了国际接轨，有利于我国融入国际经济体系。按照新的会计准则和《金融企业会计制度》，全国审计信息化标准化技术委员会重新制定了本系列标准，对应2007年以后实施的新会计制度下的会计核算软件数据接口产品。

财经信息技术　会计核算软件数据接口
第 4 部分：商业银行

1　范围

GB/T 24589 的本部分规定了会计核算软件接口的数据格式要求，包括会计核算数据元素、数据接口输出文件的内容和格式的要求。

本部分适用于商业银行所使用的会计核算软件的设计、研制、管理、购销和应用。

2　规范性引用文件

下列文件对于本文件的应用是必不可少的。凡是注日期的引用文件，仅注日期的版本适用于本文件。凡是不注日期的引用文件，其最新版本(包括所有的修改单)适用于本文件。

GB/T 2261.1—2003　个人基本信息分类与代码　第 1 部分：人的性别代码

GB/T 4658—2006　学历代码

GB/T 4754　国民经济行业分类

GB/T 7408—2005　数据元和交换格式　信息交换　日期和时间表示法

GB 11714—1997　全国组织机构代码编制规则

GB/T 12406—2008　表示货币和资金的代码

GB/T 18142—2000　信息技术　数据元素值格式记法

3　术语和定义

下列术语和定义适用于本文件。

3.1

会计核算软件　accounting software

会计核算工作用的计算机应用软件。

3.2

数据接口　data interface

计算机软件系统之间传送数据、交换信息的接口，以电子文件的形式实现。

3.3

数据结构　data structure

会计核算软件数据接口所输出数据的内部构成，包含有若干个不同的数据元素。

3.4

数据元素　data element

用一组属性描述定义、标识、表示和允许值的数据单元。

注：在本标准中是会计核算软件的数据接口所输出数据的不可分割的基本单位。

3.5

数据文件　data file

用于会计核算数据交换或处理的文件。

3.6

XML 文件　extensible markup language file

用具有数据描述功能、高度结构性及可验证性的可扩展置标语言描述的数据文件。

4　数据元素

4.1　数据元素的描述规则

数据元素的描述格式如下：

a)　数据元素的标识符：在本标准中，它是各个数据元素的唯一标识，采用六位数字来标记；其中第(1-2)位为元素类别号，第(3-4)位为该类别中的数据表编号，第(5-6)位为数据表中经过元素标准化合并后的顺序号，如果某表中出现了之前已经编号的元素则不重复编号。本部分中，第(1-2)位的表示按如下分类：

——01 表示公共基础档案类；

——02 表示公共变动档案类；

——03 表示个人信贷业务类；

——04 表示对公信贷业务类；

——05 表示个人信贷核心会计类；

——06 表示对公信贷核心会计类；

——07 表示个人存款核心会计类；

——08 表示对公存款核心会计类；

——09 表示内部分户账核心会计类；

——10 表示表外分户账核心会计类；

——11 表示表示总账类。

b)　数据元素的名称：数据元素的中文名称。

c)　数据元素的说明：数据元素的含义描述。

d)　数据元素的表示：数据元素值的类型及长度的表示形式，按照 GB/T 18142—2000 的要求，具体表示如下：

——C　　表示数字、字母、汉字及其他字符等；

——C n　表示 n 位字符的固定长度；

——C..n　表示最多为 n 位字符的可变长度；

——I..n　表示最多为 n 位的整数可计算形式；

——Dw.d　表示十进制小数可计算形式，w 表示包含小数点前后字符位在内的整个字段最多字符位数，d 表示小数点后的最多字符位数。

e)　数据元素的注释：与该数据元素相关的其他说明。

4.2　数据元素细目

4.2.1 公共基础档案类数据元素

标识符：010101

名　称：账务核算单位编号

说　明：单独进行核算的经济实体编号

表　示：C..60

注　释：

标识符:010102
名　称:账务核算单位名称
说　明:单独进行核算的经济实体名称
表　示:C..200
注　释:

标识符:010103
名　称:组织机构代码
说　明:商业银行机构的组织机构代码
表　示:C..20
注　释:按照 GB 11714—1997 的要求编制

标识符:010104
名　称:单位性质
说　明:赋值为“商业银行”
表　示:C8
注　释:

标识符:010105
名　称:行业
说　明:定位于大类代码所对应的行业名称
表　示:C..20
注　释:按照 GB/T 4754 编制

标识符:010106
名　称:开发单位
说　明:开发会计核算软件单位的名称
表　示:C..200
注　释:

标识符:010107
名　称:版本号
说　明:会计核算软件的版本标识
表　示:C..20
注　释:

标识符:010108
名　称:本位币
说　明:会计核算软件中本核算主体所使用的记账本位币
表　示:C..30
注　释:按照 GB/T 12406—2008 表示

标识符:010109

名　称:会计年度
说　明:当前财务会计报告年属
表　示:C4
注　释:例如“2010”

标识符:010110
名　称:标准版本号
说　明:当前使用的接口标准的版本号
表　示:C..30
注　释:用标准发布的编号来表示,例如“GB/T 24589.4—2010”

标识符:010201
名　称:银行机构编号
说　明:标识商业银行机构的唯一代码
表　示:C..60
注　释:

标识符:010202
名　称:银行机构名称
说　明:商业银行机构的名称全称
表　示:C..200
注　释:

标识符:010203
名　称:上级银行机构编号
说　明:本级银行机构的上级银行机构的编号
表　示:C..60
注　释:

标识符:010204
名　称:支付系统行号
说　明:用于人民银行所组织的大额支付系统\小额支付系统\城市商业银行银行汇票系统\全国支票影像系统(含一些城市的同城票据自动清分系统)等跨区域支付结算业务
表　示:C12
注　释:支付系统行号为12位定长数字,由3位银行行别代码、4位地区代码、4位分支机构序号和1位校验码组成

标识符:010205
名　称:电子联行行号
说　明:用于跨区域银行间的结算和资金清算
表　示:C6
注　释:由6位数字组成

标识符:010206
名　称:级别
说　明:银行机构归属的管理层次
表　示:C..60
注　释:例如"总行"、"一级分行"、"二级分行"、"支行"、"网点"等

标识符:010301
名　称:币种编码
说　明:货币种类的编码
表　示:C..10
注　释:按照 GB/T 12406—2008 表示

标识符:010302
名　称:币种名称
说　明:银行业务中涉及的货币种类名称
表　示:C..30
注　释:按照 GB/T 12406 表示

标识符:010303
名　称:币种英文名称
说　明:银行业务中涉及的货币种类英文名称
表　示:C..200
注　释:

标识符:010401
名　称:还款方式代码
说　明:偿还贷款方式的代码
表　示:C..60
注　释:

标识符:010402
名　称:还款方式名称
说　明:偿还贷款方式的名称
表　示:C..200
注　释:

标识符:010501
名　称:交易代码
说　明:银行业务交易的编码
表　示:C..60
注　释:

标识符:010502

名　称:交易名称
说　明:银行业务交易的名称
表　示:C..200
注　释:

标识符:010503
名　称:交易描述
说　明:银行业务交易的详细说明
表　示:C..600
注　释:

标识符:010504
名　称:交易系统
说　明:交易代码所归属的交易系统编号
表　示:C..60
注　释:

标识符:010601
名　称:会计科目编号规则
说　明:会计科目各级次编号的长度序列,科目各级次编号的长度用[-]隔开形成序列
表　示:C..200
注　释:例如“4-2-2”或“4-3-4”

标识符:010701
名　称:会计期间起始日期
说　明:当前会计期间对应的起始自然日期
表　示:C8
注　释:按照 GB/T 7408—2005 表示为“CCYYMMDD”

标识符:010702
名　称:会计期间结束日期
说　明:当前会计期间对应的结束自然日期
表　示:C8
注　释:按照 GB/T 7408—2005 表示为“CCYYMMDD”

标识符:010703
名　称:会计期间号
说　明:按照企业会计准则的要求对会计期间的编号。
表　示:C..15
注　释:需要支持调整期 ,例如“1201”表示第 12 月的第一个调整期

标识符:010801
名　称:科目编号

说　明:按照会计制度和业务性质对所有会计科目进行分类的编码
表　示:C..60
注　释:

标识符:010802
名　称:科目名称
说　明:科目编号末级所对应科目的名称
表　示:C..60
注　释:例如“应交个人所得税”

标识符:010803
名　称:科目级次
说　明:科目编号在科目结构中所对应的级次
表　示:I..2
注　释:

标识符:010804
名　称:科目类型
说　明:会计科目的种类
表　示:C..20
注　释:例如“资产类”、“负债类”、“所有者权益类”、“成本费用类”和“损益类”等

标识符:010805
名　称:余额方向
说　明:会计科目余额的借、贷方向
表　示:C..4
注　释:表示为“借”、“贷”或“借方”、“贷方”

标识符:010806
名　称:科目启用日期
说　明:会计科目启用的日期
表　示:C8
注　释:按照 GB/T 7408—2005 表示为“CCYYMMDD”

标识符:010807
名　称:科目停用日期
说　明:会计科目停用的日期
表　示:C8
注　释:按照 GB/T 7408—2005 表示为“CCYYMMDD”

标识符:010901
名　称:表外科目计量单位
说　明:表外科目数额的计量单位

表　示:C..10
注　释:例如“元”、“张”等

标识符:011001
名　称:公司客户统一编号
说　明:对公客户办理业务的唯一标识
表　示:C..60
注　释:

标识符:011002
名　称:对公信贷业务系统客户编号
说　明:对公客户在信贷业务系统中的编号
表　示:C..60
注　释:

标识符:011003
名　称:对公信贷核心系统客户编号
说　明:对公客户在信贷核心会计系统中的编号
表　示:C..60
注　释:

标识符:011004
名　称:对公存款核心系统客户编号
说　明:对公客户在存款核心会计系统中的编号
表　示:C..60
注　释:

标识符:011005
名　称:第三方客户编号
说　明:指与个人和银行互相联系的客户编号
表　示:C..60
注　释:一般指个人信贷中的楼盘开发商等

标识符:011101
名　称:个人客户统一编号
说　明:个人客户办理业务的唯一标识
表　示:C..60
注　释:

标识符:011102
名　称:个人信贷业务系统客户编号
说　明:个人客户在信贷业务系统中的编号
表　示:C..60

注　释：

标识符:011103
名　称:个人信贷核心系统客户编号
说　明:个人客户在信贷核心会计系统中的编号
表　示:C..60
注　释：

标识符:011104
名　称:个人存款核心系统客户编号
说　明:个人客户在存款核心会计系统中的编号
表　示:C..60
注　释：

标识符:011201
名　称:柜员统一编号
说　明:柜员办理业务的唯一标识
表　示:C..60
注　释：

标识符:011202
名　称:柜员对公信贷业务系统编号
说　明:柜员在对公信贷业务系统中的编号
表　示:C..60
注　释：

标识符:011203
名　称:柜员对公信贷核心会计系统编号
说　明:柜员在对公信贷核心会计系统中的编号
表　示:C..60
注　释：

标识符:011204
名　称:柜员对公存款核心会计系统编号
说　明:柜员在对公存款核心会计系统中的编号
表　示:C..60
注　释：

标识符:011205
名　称:柜员个人信贷业务系统编号
说　明:柜员在个人信贷业务系统中的编号
表　示:C..60
注　释：

标识符:011206
名　称:柜员个人信贷核心会计系统编号
说　明:柜员在个人信贷核心会计系统中的编号
表　示:C..60
注　释:

标识符:011207
名　称:柜员个人存款核心会计系统编号
说　明:柜员在个人存款核心会计系统中的编号
表　示:C..60
注　释:

标识符:011301
名　称:信用等级编号
说　明:银行评定的信用等级编号
表　示:C..60
注　释:

标识符:011302
名　称:信用等级名称
说　明:银行评定的信用等级名称
表　示:C..200
注　释:

标识符:011303
名　称:信用等级描述
说　明:银行评定的信用等级的详细说明
表　示:C..600
注　释:

标识符:011401
名　称:客户姓名
说　明:客户的姓名
表　示:C..30
注　释:

标识符:011402
名　称:客户英文姓名
说　明:客户的英文姓名
表　示:C..200
注　释:

标识符:011403

名　称:证件类别
说　明:证明个人身份的有效证件类别名称
表　示:C..30
注　释:例如“身份证”、“军官证”、“护照”等。同时具有多个有效证件可任选一个

标识符:011404
名　称:证件号码
说　明:证明个人身份的有效证件的号码
表　示:C..30
注　释:

标识符:011405
名　称:国籍
说　明:客户的国籍名称
表　示:C..60
注　释:

标识符:011406
名　称:民族
说　明:国家认可的在公安户籍管理部门正式登记注册的客户所属民族的名称
表　示:C..60
注　释:

标识符:011407
名　称:性别
说　明:人的性别
表　示:C..20
注　释:按照 GB/T 2261.1—2003 表示

标识符:011408
名　称:学历
说　明:本人接受国民教育系列各类学校的正式教育并获得证明其学习程度的有关证书的名称
表　示:C..60
注　释:按照 GB/T 4658—2006 表示

标识符:011409
名　称:出生日期
说　明:本人的出生年月日
表　示:C8
注　释:按照 GB/T 7408—2005 表示为“CCYYMMDD”

标识符:011410

名　称:工作单位名称
说　明:个人工作单位的名称
表　示:C..200
注　释:

标识符:011411
名　称:工作单位地址
说　明:个人所在单位的通信地址
表　示:C..200
注　释:

标识符:011412
名　称:工作单位电话
说　明:个人所在单位的电话号码
表　示:C..20
注　释:

标识符:011413
名　称:职业
说　明:个人客户从事的职业
表　示:C..20
注　释:

标识符:011414
名　称:家庭住址
说　明:个人客户的居住地址
表　示:C..200
注　释:

标识符:011415
名　称:通讯地址
说　明:个人客户的通讯地址
表　示:C..200
注　释:

标识符:011416
名　称:家庭电话
说　明:个人客户家庭固定电话号码
表　示:C..20
注　释:

标识符:011417

名　称:移动电话
说　明:个人客户移动电话号码
表　示:C..20
注　释:

标识符:011418
名　称:个人月收入
说　明:个人客户的本人月收入金额
表　示:D20.2
注　释:

标识符:011419
名　称:家庭月收入
说　明:个人客户的家庭月收入金额
表　示:D20.2
注　释:

标识符:011420
名　称:婚姻情况
说　明:个人客户的婚姻状况
表　示:C1
注　释:"1"表示"已婚","0" 表示未婚

标识符:011421
名　称:配偶姓名
说　明:个人客户配偶的姓名
表　示:C..30
注　释:

标识符:011422
名　称:配偶证件类别
说　明:个人客户配偶的证件类别
表　示:C..30
注　释:

标识符:011423
名　称:配偶证件号
说　明:个人客户配偶的证件号码
表　示:C..30
注　释:

标识符:011424

名　称:配偶联系电话
说　明:个人客户配偶的联系电话
表　示:C..20
注　释:

标识符:011425
名　称:配偶移动电话
说　明:个人客户配偶的移动电话
表　示:C..20
注　释:

标识符:011426
名　称:配偶对应客户号
说　明:个人客户配偶在银行系统的客户编号
表　示:C..60
注　释:

标识符:011427
名　称:本行员工标志
说　明:个人客户在本行工作的标志
表　示:C1
注　释:"1"表示"是","0"表示"否"

标识符:011428
名　称:上黑名单标志
说　明:个人客户是否上黑名单标志
表　示:C1
注　释:"1"表示"是","0"表示"否"

标识符:011429
名　称:上黑名单日期
说　明:个人客户上黑名单的日期
表　示:C8
注　释:按照 GB/T 7408—2005 表示为"CCYYMMDD"

标识符:011430
名　称:上黑名单原因
说　明:个人客户上黑名单的原因
表　示:C..1000
注　释:

标识符:011501

名　称:社会关系
说　明:个人客户的家庭成员间的社会关系描述
表　示:C..40
注　释:例如“配偶”、“子女”、“父亲”等

标识符:011502
名　称:家庭成员姓名
说　明:个人客户家庭成员的姓名
表　示:C..30
注　释:

标识符:011503
名　称:对应个人客户统一编号
说　明:个人客户的家庭成员所对应的个人客户统一编号
表　示:C..60
注　释:

标识符:011601
名　称:客户名称
说　明:客户的中文名称
表　示:C..200
注　释:

标识符:011602
名　称:客户英文名称
说　明:客户的英文名称
表　示:C..200
注　释:

标识符:011603
名　称:法人代表
说　明:公司客户法人代表的姓名
表　示:C..30
注　释:

标识符:011604
名　称:基本存款账号
说　明:属于客户基本账户账号,是指企业客户可以进行现金存取的账号
表　示:C..40
注　释:

标识符:011605
名　称:基本账户开户行

说　明:客户的基本账户所在行
表　示:C..60
注　释:输出银行机构编号

标识符:011606
名　称:注册资本
说　明:客户在工商机关注册时的资本金额
表　示:D20.2
注　释:

标识符:011607
名　称:注册地址
说　明:客户的工商登记注册地址
表　示:C..200
注　释:

标识符:011608
名　称:办公电话
说　明:处理公事的联系电话,一般为单位固定电话
表　示:C..20
注　释:

标识符:011609
名　称:营业执照号
说　明:客户的工商执照号码
表　示:C..20
注　释:

标识符:011610
名　称:营业执照有效期
说　明:客户的营业执照所注明有效日期
表　示:C8
注　释:按照 GB/T 7408—2005 表示为“CCYYMMDD”

标识符:011611
名　称:经营范围
说　明:客户的经营范围
表　示:C..400
注　释:

标识符:011612
名　称:成立日期
说　明:客户公司的注册成立日期

表　示:C8
注　释:按照 GB/T 7408—2005 表示为"CCYYMMDD"

标识符:011613
名　称:经济性质
说　明:企业的所有制和行政隶属关系
表　示:C..20
注　释:

标识符:011614
名　称:所属行业
说　明:企业的行业分类
表　示:C..20
注　释:按照 GB/T 4754 编制

标识符:011615
名　称:客户类别
说　明:银行对公客户的类别
表　示:C..40
注　释:

标识符:011616
名　称:国家名称
说　明:单位所在国家的中文名称
表　示:C..100
注　释:

标识符:011617
名　称:贷款证号
说　明:中国人民银行发放的企业贷款证号码
表　示:C..30
注　释:

标识符:011618
名　称:国税证号
说　明:企业缴纳国税时的唯一标识号码
表　示:C..30
注　释:

标识符:011619
名　称:地税证号
说　明:企业缴纳地税时的唯一标识号码
表　示:C..30

注　释:

标识符:011620
名　称:母公司客户编号
说　明:对公客户的母公司客户编号
表　示:C..60
注　释:

标识符:011621
名　称:统一授信标志
说　明:是否对集团企业内各法人(或关联企业)统一进行授信
表　示:C1
注　释:"1"表示"是","0"表示"否"

标识符:011622
名　称:授信额度
说　明:客户的授信额度
表　示:D20.2
注　释:

标识符:011623
名　称:已用额度
说　明:客户已经使用的额度
表　示:D20.2
注　释:

标识符:011624
名　称:上市公司标志
说　明:是否上市公司的标识
表　示:C1
注　释:"1"表示"是","0"表示"否"

标识符:011625
名　称:主要投资人及投资比例
说　明:对公客户的主要投资人名称和该投资人的投资比例
表　示:C..2000
注　释:

标识符:011626
名　称:注册资本币种
说　明:注册资本的币种名称
表　示:C..30
注　释:按照 GB/T 12406 表示

标识符:011701
名　称:对公信贷借据统一编号
说　明:对公信贷借据的唯一标识
表　示:C..60
注　释:

标识符:011702
名　称:对公信贷业务系统借据编号
说　明:对公信贷业务系统中的借据编号
表　示:C..60
注　释:

标识符:011703
名　称:对公信贷核心系统借据编号
说　明:对公信贷核心会计系统中的借据编号
表　示:C..60
注　释:

标识符:011801
名　称:汇率编号
说　明:汇率的流水编号
表　示:C..60
注　释:

标识符:011802
名　称:第二币种编码
说　明:兑换货币的编码
表　示:C..10
注　释:

标识符:011803
名　称:汇率种类
说　明:汇率种类的名称
表　示:C..60
注　释:例如“买入汇率”、“卖出汇率”等

标识符:011804
名　称:标价方法
说　明:描述汇率的标价方法
表　示:C..60
注　释:例如“直接标价法”、“间接标价法”

标识符:011901

名　称:利率代码
说　明:利率的编号,代表各类业务不同档次的利率
表　示:C..60
注　释:

标识符:011902
名　称:利率名称
说　明:对利率代码的解释
表　示:C..200
注　释:

标识符:011903
名　称:利率种类
说　明:根据利率性质的不同所做的分类名称
表　示:C..60
注　释:例如"存款利率"、"贷款利率"、"贴现率"等

标识符:011904
名　称:利率状态
说　明:描述利率是否在用
表　示:C1
注　释:"1"表示"是","0"表示"否"

标识符:011905
名　称:利率启用日期
说　明:某利率开始执行的日期
表　示:C8
注　释:按照 GB/T 7408—2005 表示为"CCYYMMDD"

标识符:011906
名　称:利率停用日期
说　明:某利率停止执行的日期
表　示:C8
注　释:按照 GB/T 7408—2005 表示为"CCYYMMDD"

标识符:012001
名　称:个人信贷借据统一编号
说　明:个人信贷借据的唯一标识
表　示:C..60
注　释:

标识符:012002
名　称:个人信贷业务系统借据编号

说　明:个人信贷业务系统中的借据编号
表　示:C..60
注　释:

标识符:012003
名　称:个人信贷核心系统借据编号
说　明:个人信贷核心会计系统中的借据编号
表　示:C..60
注　释:

4.2.2 公共变动档案类数据元素

标识符:020101
名　称:汇率日期
说　明:银行发布汇率的日期
表　示:C8
注　释:按照 GB/T 7408—2005 表示为"CCYYMMDD"

标识符:020102
名　称:汇率时间
说　明:银行发布汇率的时间
表　示:C6
注　释:按照 GB/T 7408—2005 表示为"hhmmss"

标识符:020103
名　称:汇率
说　明:汇率的具体数值
表　示:D8.4
注　释:

标识符:020201
名　称:利率变动日期
说　明:利率发生变动的日期
表　示:C8
注　释:按照 GB/T 7408—2005 表示为"CCYYMMDD"

标识符:020202
名　称:利率
说　明:利率的具体数值
表　示:D9.7
注　释:

标识符:020203
名　称:浮动上限值

说　明:利率浮动的上限数值
表　示:D9.7
注　释:

标识符:020204
名　称:浮动下限值
说　明:利率浮动的下限数值
表　示:D9.7
注　释:

标识符:020205
名　称:浮动标志
说　明:描述利率上浮或下浮的标志
表　示:C1
注　释:"1"表示"上浮","2"表示"下浮","0"表示"没有浮动"

标识符:020301
名　称:变动日期
说　明:客户内容变动的发生日期
表　示:C8
注　释:按照 GB/T 7408—2005 表示为"CCYYMMDD"

标识符:020302
名　称:变动前内容及数值
说　明:客户变动前的内容和数值
表　示:C..200
注　释:例如学历变更时,变更前内容为"学士"

标识符:020303
名　称:变动后内容及数值
说　明:客户变动后的内容和数值
表　示:C..200
注　释:例如学历变更时,变更后内容为"硕士"

标识符:020304
名　称:变动原因
说　明:客户信息变动的原因
表　示:C..200
注　释:

标识符:020305
名　称:变动项
说　明:客户信息变动的项目名称

表　示:C..60
注　释:例如"学历"

4.2.3 个人信贷业务类数据元素

标识符:030101
名　称:个人信贷担保合同编号
说　明:个人信贷担保合同的编号
表　示:C..60
注　释:

标识符:030102
名　称:个人信贷合同编号
说　明:个人信贷合同的编号
表　示:C..60
注　释:

标识符:030103
名　称:担保类型
说　明:信贷业务采取的担保措施
表　示:C..40
注　释:例如"保证"、"抵押"、"质押"等

标识符:030104
名　称:保证形式
说　明:信贷业务采取的保证方式名称
表　示:C..40
注　释:例如"一般保证"、"连带责任保证"

标识符:030105
名　称:保证人编号
说　明:为信贷业务提供担保的保证人编码
表　示:C..60
注　释:

标识符:030106
名　称:保证人名称
说　明:为信贷业务提供担保的保证人名称
表　示:C..200
注　释:

标识符:030107
名　称:保证人净资产
说　明:为信贷业务提供担保的保证人的净资产金额

表　示:D20.2
注　释:

标识符:030108
名　称:担保起始日
说　明:提供担保的起始日期
表　示:C8
注　释:按照 GB/T 7408—2005 表示为“CCYYMMDD”

标识符:030109
名　称:担保到期日
说　明:提供担保的到期日期
表　示:C8
注　释:按照 GB/T 7408—2005 表示为“CCYYMMDD”

标识符:030110
名　称:质或抵押物编号
说　明:因信贷业务而成为质或抵押物的编号
表　示:C..60
注　释:

标识符:030111
名　称:状态标志
说　明:合同是否有效的标志
表　示:C1
注　释:“1”表示“有效”,“0”表示“无效”

标识符:030201
名　称:质或抵押物名称
说　明:因信贷业务而成为质或抵押物的名称
表　示:C..200
注　释:

标识符:030202
名　称:质或抵押物类型
说　明:因信贷业务而成为质或抵押物的类型
表　示:C..40
注　释:例如“房产”、“车辆”等

标识符:030203
名　称:质或抵押物原价值
说　明:因信贷业务而成为质或抵押物的原有价值
表　示:D20.2

注　释：

标识符：030204
名　称：建成日期
说　明：因信贷业务而成为质或抵押物的建成日期
表　示：C8
注　释：按照 GB/T 7408—2005 表示为"CCYYMMDD"

标识符：030205
名　称：银行认定价值
说　明：银行认定的质或抵押物价值
表　示：D20.2
注　释：

标识符：030206
名　称：评估价值
说　明：因信贷业务而成为质或抵押物的评估价值
表　示：D20.2
注　释：

标识符：030207
名　称：评估日期
说　明：因信贷业务而成为质或抵押物的评估日期
表　示：C8
注　释：按照 GB/T 7408—2005 表示为"CCYYMMDD"

标识符：030208
名　称：评估机构名称
说　明：质或抵押物价值评估时的评估机构名称
表　示：C..200
注　释：

标识符：030209
名　称：质或抵押率
说　明：抵押贷款本金利息之和与抵押物估价值之比
表　示：D5.2
注　释：

标识符：030210
名　称：使用年限
说　明：质或抵押物可以使用的年限
表　示：D5.2
注　释：

标识符:030211
名　称:剩余年限
说　明:质或抵押物剩余的使用年限
表　示:D5.2
注　释:

标识符:030212
名　称:抵押物所有权人
说　明:质或抵押物所有权人的名称
表　示:C..200
注　释:

标识符:030213
名　称:抵押次数
说　明:质或抵押物多次抵押的次数
表　示:I3
注　释:

标识符:030214
名　称:已抵押价值
说　明:质或抵押物已经抵押的价值
表　示:D20.2
注　释:

标识符:030215
名　称:抵债资产标志
说　明:质或抵押物是否转为抵债资产
表　示:C1
注　释:“1”表示“是”,“0”表示“否”

标识符:030216
名　称:在库状态
说　明:质或抵押物的在库状态
表　示:C..20
注　释:例如“损坏”、“转让”、“在建”、“出租”等

标识符:030217
名　称:登记日期
说　明:质或抵押时办理权利登记日期
表　示:C8
注　释:按照 GB/T 7408—2005 表示为“CCYYMMDD”

标识符:030218

名　称:登记机构
说　明:质或抵押时办理权利登记的机构名称
表　示:C..200
注　释:

标识符:030301
名　称:营业机构号
说　明:发生交易的银行网点的代码
表　示:C..60
注　释:

标识符:030302
名　称:借款金额
说　明:客户借款的金额
表　示:D20.2
注　释:

标识符:030303
名　称:借款余额
说　明:客户借款的剩余金额
表　示:D20.2
注　释:

标识符:030304
名　称:贷款四级分类
说　明:贷款四级分类情况——贷款按其状态进行四级分类
表　示:C1
注　释:"1"表示"正常","2"表示"逾期","3"表示"呆滞","4"表示"呆账"

标识符:030305
名　称:贷款期限
说　明:贷款到期的年限
表　示:D5.2
注　释:

标识符:030306
名　称:总期数
说　明:贷款的总期数
表　示:I4
注　释:

标识符:030307
名　称:贷款实际发放日期

说　明:贷款实际发放的具体日期
表　示:C8
注　释:按照 GB/T 7408—2005 表示为“CCYYMMDD”

标识符:030308
名　称:贷款原始到期日期
说　明:贷款合同约定的原始到期日期
表　示:C8
注　释:按照 GB/T 7408—2005 表示为“CCYYMMDD”

标识符:030309
名　称:终结日期
说　明:信贷业务关户的日期
表　示:C8
注　释:按照 GB/T 7408—2005 表示为“CCYYMMDD”

标识符:030310
名　称:贷款类型
说　明:不同性质的贷款类别
表　示:C..60
注　释:例如“公积金贷款”、“商业贷款”、“组合贷款”等

标识符:030311
名　称:贷款入账账号
说　明:贷款发放时在会计系统的入账账号
表　示:C..30
注　释:

标识符:030312
名　称:贷款用途
说　明:贷款使用的具体内容
表　示:C..200
注　释:例如“国家助学贷款”、“买房”等

标识符:030313
名　称:终结类型
说　明:贷款的结清方式
表　示:C..100
注　释:例如“支付结清”、“借新还旧结清”、“转按结清”等

标识符:030314
名　称:贷款五级分类
说　明:贷款按其状态进行五级分类

表　示:C1
注　释:"1"表示"正常","2"表示"关注","3"表示"次级","4"表示"可疑","5"表示"损失"

标识符:030315
名　称:基准利率
说　明:中国人民银行规定的基准利率
表　示:D9.7
注　释:

标识符:030316
名　称:利率浮动
说　明:贷款利率浮动的幅度
表　示:D9.7
注　释:

标识符:030317
名　称:展期标志
说　明:贷款是否展期的标志
表　示:C1
注　释:"1"表示"是","0"表示"否"

标识符:030318
名　称:还款账号
说　明:用于扣划本金或利息的客户存款账号
表　示:C..30
注　释:

标识符:030319
名　称:额度
说　明:个人或者公司客户贷款的额度
表　示:D20.2
注　释:

标识符:030320
名　称:可用额度
说　明:个人或者公司客户贷款可以使用的额度
表　示:D20.2
注　释:

标识符:030321
名　称:第三方额度
说　明:授予第三方的信贷业务额度
表　示:D20.2

注　释:

标识符:030322
名　称:第三方可用额度
说　明:第三方客户的可用额度
表　示:D20.2
注　释:

标识符:030323
名　称:贷款申请号
说　明:申请贷款时申请单编号
表　示:C..60
注　释:

标识符:030324
名　称:表内欠息余额
说　明:贷款表内的欠息余额
表　示:D20.2
注　释:

标识符:030325
名　称:表外欠息余额
说　明:贷款表外的欠息余额
表　示:D20.2
注　释:

标识符:030326
名　称:计息方式
说　明:利息的计算方法
表　示:C..60
注　释:例如"一次性先收"、"一次性后收"、"单笔"、"按固定间隔结息"、"月供收息"等

标识符:030327
名　称:贷款实际到期日期
说　明:贷款实际到期的具体日期
表　示:C8
注　释:按照 GB/T 7408—2005 表示为"CCYYMMDD"

标识符:030328
名　称:月份
说　明:记录信息所归属的月份
表　示:C..2
注　释:例如"5"、"10"等

标识符:030401
名　称:交易流水号
说　明:本笔交易在信贷系统的交易流水号
表　示:C..60
注　释:

标识符:030402
名　称:交易日期
说　明:办理此笔交易的系统日期
表　示:C8
注　释:按照GB/T 7408—2005表示为“CCYYMMDD”

标识符:030403
名　称:核心交易流水号
说　明:本笔交易在核心会计系统的交易流水号
表　示:C..60
注　释:

标识符:030404
名　称:交易金额
说　明:贷款交易发放的金额
表　示:D20.2
注　释:

标识符:030405
名　称:摘要
说　明:交易内容的简要描述
表　示:C..200
注　释:

标识符:030406
名　称:交易标志
说　明:此笔交易的入账方式
表　示:C1
注　释:“1”表示“有效”,“0”表示“无效”

标识符:030407
名　称:交易时间
说　明:办理此笔交易的系统时间
表　示:C6
注　释:按照GB/T 7408—2005表示为“hhmmss”

标识符:030501

名　称:房屋编号
说　明:房屋的编号
表　示:C..60
注　释:

标识符:030502
名　称:售房合同编号
说　明:购房时签订的合同编号
表　示:C..60
注　释:

标识符:030503
名　称:房屋地址
说　明:楼盘地理位置
表　示:C..200
注　释:

标识符:030504
名　称:房屋类型
说　明:商品房的种类
表　示:C..60
注　释:例如“普通住宅”、“公寓”等

标识符:030505
名　称:购房类型
说　明:所购房屋的用途类型
表　示:C..60
注　释:例如“置换型”、“养老型”等

标识符:030506
名　称:售房合同签订日期
说　明:售房时签订房屋交易合同的日期
表　示:C8
注　释:按照 GB/T 7408—2005 表示为“CCYYMMDD”

标识符:030507
名　称:交房日期
说　明:房屋交易合同约定的交房日期
表　示:C8
注　释:按照 GB/T 7408—2005 表示为“CCYYMMDD”

标识符:030508
名　称:房屋建筑面积

说　明:商品房按住宅建筑外墙外围线测定的各层平面面积之和计算的面积
表　示:D20.6
注　释:

标识符:030509
名　称:房屋单价
说　明:建筑面积每平方米的价格
表　示:D20.2
注　释:

标识符:030510
名　称:房屋总金额
说　明:客户支付所购房产的总价款
表　示:D20.2
注　释:

标识符:030511
名　称:首付款
说　明:办理贷款业务前客户需要交纳的部分资金
表　示:D20.2
注　释:

标识符:030512
名　称:二手房标志
说　明:标识是否为二手房的标记
表　示:C1
注　释:"1"表示"是","0"表示"否"

标识符:030513
名　称:房贷代理
说　明:房屋贷款的代理机构名称
表　示:C..200
注　释:

标识符:030601
名　称:保险单号
说　明:保险单的编号
表　示:C..60
注　释:

标识符:030602
名　称:保险公司
说　明:办理保险业务的公司

表　示:C..200
注　释:包括办理保险的担保公司

标识符:030603
名　称:保单类型
说　明:保险单的类型
表　示:C..20
注　释:

标识符:030604
名　称:保险类型
说　明:对保险险种的分类
表　示:C..20
注　释:

标识符:030605
名　称:保险到期日
说　明:保险单结束日期
表　示:C8
注　释:按照 GB/T 7408—2005 表示为"CCYYMMDD"

标识符:030606
名　称:保险起始日
说　明:保险生效起始日期
表　示:C8
注　释:按照 GB/T 7408—2005 表示为"CCYYMMDD"

标识符:030607
名　称:出单日
说　明:保险单的出单日期
表　示:C8
注　释:按照 GB/T 7408—2005 表示为"CCYYMMDD"

标识符:030608
名　称:投保金额
说　明:投保人的贷款本金加规定还款日期内的利息之和
表　示:D20.2
注　释:

标识符:030609
名　称:预收保险费
说　明:保险公司提前收取的保险费
表　示:D20.2

注　释：

标识符：0306010
名　称：保险费
说　明：投保人为取得保险保障，按合同约定向保险公司支付的费用
表　示：D20.2
注　释：

标识符：030611
名　称：手续费
说　明：保险公司付给营销人员的报酬等费用支出
表　示：D20.2
注　释：

标识符：030612
名　称：保险价值
说　明：保险公司承担赔偿或给付保险责任的最高限额
表　示：D20.2
注　释：

标识符：030613
名　称：投保人
说　明：与保险公司订立保险合同，并按照保险合同负有交付保险费义务的人
表　示：C..30
注　释：

标识符：030614
名　称：受益人
说　明：在保险事故发生后，按保险合同规定有权向保险公司索赔并获得赔偿的人
表　示：C..200
注　释：

标识符：030615
名　称：备注信息
说　明：保险单的其他补充描述
表　示：C..200
注　释：

标识符：030701
名　称：楼盘编号
说　明：个人按揭贷款中的楼盘编号
表　示：C..60
注　释：

标识符:030702
名　称:楼盘名称
说　明:个人按揭贷款中的楼盘名称
表　示:C..60
注　释:

标识符:030703
名　称:楼盘地理位置
说　明:楼盘的地理位置
表　示:C..200
注　释:

标识符:030704
名　称:开发商编号
说　明:楼盘开发商企业的公司客户统一编号
表　示:C..60
注　释:

标识符:030705
名　称:开发商名称
说　明:楼盘开发商企业的公司客户名称
表　示:C..200
注　释:

标识符:030706
名　称:楼盘均价
说　明:房地产项目的平均售价
表　示:D20.2
注　释:用元/平方米标识

标识符:030707
名　称:容积率
说　明:楼盘的容积率
表　示:D5.2
注　释:

标识符:030708
名　称:投资总额
说　明:房地产项目投资总额
表　示:D20.2
注　释:

标识符:030709

名　称:开工日期
说　明:楼盘开工的日期
表　示:C8
注　释:按照 GB/T 7408—2005 表示为“CCYYMMDD”

标识符:030710
名　称:竣工日期
说　明:楼盘竣工的日期
表　示:C8
注　释:按照 GB/T 7408—2005 表示为“CCYYMMDD”

标识符:030711
名　称:预售许可证编号
说　明:房地产项目的预售许可证编号
表　示:C..60
注　释:

标识符:030712
名　称:预售许可证日期
说　明:预售许可证的发放日期
表　示:C8
注　释:按照 GB/T 7408—2005 表示为“CCYYMMDD”

标识符:030713
名　称:占地面积
说　明:房地产项目占用的土地面积
表　示:D20.2
注　释:

标识符:030714
名　称:楼盘建筑面积
说　明:楼盘的建筑面积
表　示:D20.2
注　释:

标识符:030801
名　称:车辆编号
说　明:贷款车辆的编号
表　示:C..60
注　释:

标识符:030802
名　称:售车合同编号

说　明:购车时签订的合同编号
表　示:C..60
注　释:

标识符:030803
名　称:车牌号码
说　明:贷款车辆的车牌编号
表　示:C..20
注　释:例如“鲁 A 09A96”

标识符:030804
名　称:车辆品牌
说　明:贷款车辆的品牌
表　示:C..60
注　释:

标识符:030805
名　称:车辆类型
说　明:依据设定标志对车辆的分类
表　示:C..60
注　释:例如“轿车”、“载货汽车”、“客车”等

标识符:030806
名　称:发动机号
说　明:贷款车辆的发动机编号
表　示:C..60
注　释:

标识符:030807
名　称:车架号
说　明:贷款车辆的识别代码
表　示:C..60
注　释:

标识符:030808
名　称:车价总金额
说　明:客户支付所购车辆的总价款
表　示:D20.2
注　释:

标识符:030809
名　称:用途
说　明:贷款车辆的用途

表　示:C..60
注　释:例如“商用”、“自用”等

标识符:030810
名　称:二手车标志
说　明:标识是否为二手车的标记
表　示:C1
注　释:“1”表示“是”,“0”表示“否”

标识符:030811
名　称:车贷代理
说　明:车辆贷款的代理机构
表　示:C..200
注　释:

4.2.4　对公信贷业务类数据元素

标识符:040101
名　称:对公信贷担保合同编号
说　明:担保合同的编号
表　示:C..60
注　释:

标识符:040102
名　称:对公信贷合同编号
说　明:对公信贷类合同编号
表　示:C..60
注　释:

标识符:040301
名　称:贷款性质
说　明:对贷款性质的描述
表　示:C..60
注　释:例如“新增”、“借新还旧”、“他行转按”、“行内转按”、“加按”等

4.2.5　个人信贷核心会计类数据元素

标识符:050101
名　称:个人贷款账号
说　明:个人贷款在会计系统中的入账号
表　示:C..30
注　释:

标识符:050102
名　称:账户名称

说　明:账户归属者的名称
表　示:C..60
注　释:

标识符:050103
名　称:贷款本金总额
说　明:贷款的本金总额
表　示:D20.2
注　释:

标识符:050104
名　称:贷款利息总额
说　明:贷款的利息总额
表　示:D20.2
注　释:

标识符:050105
名　称:当前期数
说　明:贷款目前的期数
表　示:I4
注　释:

标识符:050106
名　称:贷款正常余额
说　明:贷款账户截止到目前期数的剩余金额
表　示:D20.2
注　释:

标识符:050107
名　称:贷款逾期余额
说　明:贷款账户截止到目前期数逾期未还的贷款金额
表　示:D20.2
注　释:

标识符:050108
名　称:贷款状态
说　明:贷款的新近状况
表　示:C..10
注　释:例如"结清"、"核销"、"正常"、"逾期"等

标识符:050109
名　称:起息日期
说　明:贷款起息的日期

表　示:C8
注　释:按照 GB/T 7408—2005 表示为“CCYYMMDD”

标识符:050110
名　称:开户日期
说　明:办理开户的日期
表　示:C8
注　释:按照 GB/T 7408—2005 表示为“CCYYMMDD”

标识符:050111
名　称:销户日期
说　明:账户销户的日期
表　示:C8
注　释:按照 GB/T 7408—2005 表示为“CCYYMMDD”

标识符:050112
名　称:账户状态
说　明:标识账户的状态
表　示:C..60
注　释:例如“正常”、“冻结”等

标识符:050201
名　称:核心交易日期
说　明:本笔交易在核心系统的交易日期
表　示:C8
注　释:按照 GB/T 7408—2005 表示为“CCYYMMDD”

标识符:050202
名　称:借贷标志
说　明:此笔交易的借贷方向
表　示:C1
注　释:“1”表示“借”,“2”表示“贷”

标识符:050203
名　称:核心交易时间
说　明:本笔交易在核心系统的交易时间
表　示:C6
注　释:按照 GB/T 7408—2005 表示为“hhmmss”

标识符:050204
名　称:现转标志
说　明:标识现金或转账
表　示:C1

注　释:“1”表示“现金”,“2”表示“转账”

标识符:050205
名　称:对方账号
说　明:此笔交易的对方账号
表　示:C..30
注　释:

标识符:050206
名　称:对方户名
说　明:交易对方的户名
表　示:C..200
注　释:

标识符:050207
名　称:冲补标志
说　明:标识交易记录的冲补账状况
表　示:C1
注　释:“0”表示“正常”,“1”表示“冲账”,“2”表示“补账”

标识符:050208
名　称:交易柜员号
说　明:办理此笔交易的柜员编号
表　示:C..60
注　释:

标识符:050209
名　称:授权柜员号
说　明:授与权限的柜员编号
表　示:C..60
注　释:

标识符:050210
名　称:对方行号
说　明:交易对方账户所在行的支付系统行号
表　示:C12
注　释:

标识符:050211
名　称:时间戳
说　明:交易的唯一性的时间表示
表　示:C..60
注　释:

4.2.6 对公信贷核心会计类数据元素

标识符:060101
名　称:对公贷款账号
说　明:对公贷款在会计系统中的入账号
表　示:C..30
注　释:

4.2.7 个人存款核心会计类数据元素

标识符:070101
名　称:个人活期存款账号
说　明:个人客户开立活期存款账户的账号
表　示:C..30
注　释:

标识符:070102
名　称:账户类型
说　明:存款账户的类别
表　示:C..60
注　释:例如"活期存款"、"定期存款"等

标识符:070103
名　称:存款余额
说　明:存款账户的金额
表　示:D20.2
注　释:

标识符:070301
名　称:个人定期存款账号
说　明:个人客户开立定期存款账户的账号
表　示:C..30
注　释:

标识符:070302
名　称:存款期限
说　明:存款账户的期限
表　示:D5.2
注　释:

4.2.8 对公存款核心会计类数据元素

标识符:080101
名　称:对公活期存款账号
说　明:公司客户开立活期存款账户的账号

表　示:C..30
注　释:

标识符:080301
名　称:对公定期存款账号
说　明:公司客户开立定期存款账户的账号
表　示:C..30
注　释:

4.2.9 内部分户账核心会计类数据元素

标识符:090101
名　称:内部分户账账号
说　明:银行内部使用账户的账号
表　示:C..30
注　释:

标识符:090102
名　称:账户余额
说　明:账户目前的余额
表　示:D20.2
注　释:

标识符:090103
名　称:计息标志
说　明:账户的计息标志
表　示:C1
注　释:“1”表示“是”,“0”表示“否”

标识符:090104
名　称:客户编号
说　明:对公客户或者个人客户的统一编号
表　示:C..60
注　释:

标识符:090201
名　称:对方科目号
说　明:交易对方的科目号
表　示:C..60
注　释:

4.2.10 表外分户账核心会计类数据元素

标识符:100101
名　称:表外分户账账号

说　明:表外业务账户对应的账号
表　示:C..30
注　释:

标识符:100102
名　称:表外科目余额
说　明:表外科目的余额
表　示:D20.2
注　释:

标识符:100201
名　称:借据编号
说　明:办理交易业务的借据号码
表　示:C..60
注　释:

标识符:100202
名　称:交易数量
说　明:交易发生的数额
表　示:D20.2
注　释:

4.2.11 总账类数据元素

标识符:110101
名　称:期初原币余额
说　明:会计科目的期初原币余额
表　示:D20.2
注　释:

标识符:110102
名　称:期初本币余额
说　明:会计科目的期初本位币金额
表　示:D20.2
注　释:

标识符:110103
名　称:本期借方原币金额
说　明:总账余额表中某月借方原币发生额的合计数
表　示:D20.2
注　释:

标识符:110104
名　称:本期借方本币金额

说　明:总账余额表中某月借方本币发生额的合计数
表　示:D20.2
注　释:

标识符:110105
名　称:本期贷方原币金额
说　明:总账余额表中某月贷方原币发生额的合计数
表　示:D20.2
注　释:

标识符:110106
名　称:本期贷方本币金额
说　明:总账余额表中某月贷方本币发生额的合计数
表　示:D20.2
注　释:

标识符:110107
名　称:期末原币余额
说　明:会计科目的期末原币余额
表　示:D20.2
注　释:

标识符:110108
名　称:期末本币余额
说　明:会计科目的期末本币余额
表　示:D20.2
注　释:

标识符:110201
名　称:发生日期
说　明:汇总会计科目当日发生额的日期
表　示:C8
注　释:按照 GB/T 7408—2005 表示为“CCYYMMDD”

标识符:110202
名　称:借方原币金额
说　明:会计科目借方原币发生额
表　示:D20.2
注　释:

标识符:110203
名　称:借方本币金额
说　明:会计科目借方本币发生额

表　示:D20.2
注　释:

标识符:110204
名　称:贷方原币金额
说　明:会计科目贷方原币发生额
表　示:D20.2
注　释:

标识符:110205
名　称:贷方本币金额
说　明:会计科目贷方本币发生额
表　示:D20.2
注　释:

标识符:110301
名　称:总账凭证编号
说　明:总账凭证的顺序编号
表　示:C..60
注　释:依据会计基础工作规范对记账凭证连续编号

标识符:110302
名　称:总账凭证日期
说　明:制作总账凭证的日期
表　示:C8
注　释:按照 GB/T 7408—2005 表示为"CCYYMMDD"

标识符:110303
名　称:总账凭证摘要
说　明:总账凭证的简要业务说明
表　示:C..300
注　释:

标识符:110304
名　称:总账凭证行号
说　明:某一总账凭证各分录行的顺序编号
表　示:C..5
注　释:

标识符:110305
名　称:附件数
说　明:总账凭证所附的原始凭证张数
表　示:I..4

注　释：

标识符：110306
名　称：制单人
说　明：制作总账凭证的会计人员
表　示：C..30
注　释：

标识符：110307
名　称：审核人
说　明：审核总账凭证的会计人员
表　示：C..30
注　释：

标识符：110308
名　称：记账人
说　明：对总账凭证进行记账处理的会计人员
表　示：C..30
注　释：

标识符：110309
名　称：记账标志
说　明：总账凭证是否记账的标识
表　示：C1
注　释：完成赋值为“1”，否则赋值为“0”

标识符：110310
名　称：作废标志
说　明：已经生成凭证编号，但未进行账簿登记的凭证，予以作废处理所做的标识
表　示：C1
注　释：作废赋值为“1”，否则赋值为“0”

标识符：110401
名　称：报表编号
说　明：报表的唯一索引代号
表　示：C..20
注　释：

标识符：110402
名　称：报表名称
说　明：对外报送报表的名称
表　示：C..60
注　释：报表范围包括“资产负债表”、“利润表”、“现金流量表”、“所有者权益(股东权益)变动表”等

四张表

标识符:110403
名　称:报表报告日
说　明:报表数据所对应的会计日期(日)
表　示:C8
注　释:例如资产负债表的报表报告日为“20081231”,按照 GB/T 7408—2005 表示为“CCYYMMDD”

标识符:110404
名　称:报表报告期
说　明:报表数据所对应的会计期间
表　示:C6
注　释:例如利润表,2008 年报表报告期为“2008”,2008 年 12 月报表报告期为“200812”

标识符:110405
名　称:编制单位
说　明:编制会计报表的单位名称
表　示:C..200
注　释:

标识符:110406
名　称:货币单位
说　明:货币的计量单位
表　示:C..20
注　释:

标识符:110501
名　称:报表项编号
说　明:报表项目的顺序编号
表　示:C..20
注　释:

标识符:110502
名　称:报表项名称
说　明:报表中所列项目的名称
表　示:C..200
注　释:

标识符:110503
名　称:报表项公式
说　明:报表项目的计算公式,为文本型,可以是业务函数
表　示:C..2000
注　释:

标识符:110504
名　称:报表项数值
说　明:报表项目的数值
表　示:D20.2
注　释:

5　接口文件的输出

5.1　输出文件的格式

输出的接口文件应采用 XML 格式,具体格式参见附录 A,实例参见附录 B。

5.2　输出文件的数据结构

以下各表中的“数据元素标识符”栏中的编号对应 4.2 中所描述的标准化数据元素。

5.2.1　公共基础档案类数据结构

见表 1。

表 1　公共基础档案类数据结构

编号	数据表名	数据元素标识符	数据元素名
01	财务核算单位信息	010101	账务核算单位编号
		010102	账务核算单位名称
		010103	组织机构代码
		010104	单位性质
		010105	行业
		010106	开发单位
		010107	版本号
		010108	本位币
		010109	会计年度
		010110	标准版本号
02	商业银行机构	010201	银行机构编号
		010202	银行机构名称
		010203	上级银行机构编号
		010204	支付系统行号
		010205	电子联行行号
		010206	级别
03	币种	010301	币种编码
		010302	币种名称
		010303	币种英文名称

表 1（续）

编号	数 据 表 名	数据元素标识符	数据元素名
04	还款方式	010401	还款方式代码
		010402	还款方式名称
05	交易类型	010501	交易代码
		010502	交易名称
		010503	交易描述
		010504	交易系统
06	会计科目编号规则	010601	会计科目编号规则
07	会计期间	010109	会计年度
		010701	会计期间起始日期
		010702	会计期间结束日期
		010703	会计期间号
08	表内会计科目	010801	科目编号
		010802	科目名称
		010803	科目级次
		010804	科目类型
		010805	余额方向
		010806	科目启用日期
		010807	科目停用日期
09	表外会计科目	010801	科目编号
		010802	科目名称
		010803	科目级次
		010804	科目类型
		010901	表外科目计量单位
		010805	余额方向
		010806	科目启用日期
		010807	科目停用日期
10	对公客户统一编号	011001	公司客户统一编号
		011002	对公信贷业务系统客户编号
		011003	对公信贷核心系统客户编号
		011004	对公存款核心系统客户编号
		011005	第三方客户编号

表 1（续）

编号	数据表名	数据元素标识符	数据元素名
11	个人客户统一编号	011101	个人客户统一编号
		011102	个人信贷业务系统客户编号
		011103	个人信贷核心系统客户编号
		011104	个人存款核心系统客户编号
12	柜员统一编号	011201	柜员统一编号
		011202	对公信贷业务系统柜员编号
		011203	对公信贷核心系统柜员编号
		011204	对公存款核心系统柜员编号
		011205	个人信贷业务系统柜员编号
		011206	个人信贷核心系统柜员编号
		011207	个人存款核心系统柜员编号
		010201	银行机构编号
13	信用等级	011301	信用等级编号
		011302	信用等级名称
		011303	信用等级描述
14	个人客户	011101	个人客户统一编号
		011401	客户姓名
		011402	客户英文姓名
		011403	证件类别
		011404	证件号码
		011405	国籍
		011406	民族
		011407	性别
		011408	学历
		011409	出生日期
		011410	工作单位名称
		011411	工作单位地址
		011412	工作单位电话
		011413	职业
		011414	家庭住址

表 1（续）

编号	数据表名	数据元素标识符	数据元素名
14	个人客户	011415	通讯地址
		011416	家庭电话
		011417	移动电话
		011418	个人月收入
		011419	家庭月收入
		011420	婚姻情况
		011421	配偶姓名
		011422	配偶证件类别
		011423	配偶证件号
		011424	配偶联系电话
		011425	配偶移动电话
		011426	配偶对应客户号
		011427	本行员工标志
		011428	上黑名单标志
		011429	上黑名单日期
		011430	上黑名单原因
15	个人客户关系	011101	个人客户统一编号
		011501	社会关系
		011502	家庭成员姓名
		011403	证件类别
		011404	证件号码
		011410	工作单位名称
		011411	工作单位地址
		011412	工作单位电话
		011503	对应个人客户统一编号
16	对公客户	011001	公司客户统一编号
		011601	客户名称
		011602	客户英文名称
		011603	法人代表
		011404	证件号码
		011403	证件类别
		010103	组织机构代码
		011604	基本存款账号
		011605	基本账户开户行
		011606	注册资本

表 1（续）

编号	数据表名	数据元素标识符	数据元素名
16	对公客户	011607	注册地址
		011608	办公电话
		011609	营业执照号
		011610	营业执照有效期
		011611	经营范围
		011612	成立日期
		011613	经济性质
		011614	所属行业
		011615	客户类别
		011616	国家名称
		011617	贷款证号
		011618	国税证号
		011619	地税证号
		011620	母公司客户编号
		011621	统一授信标志
		011622	授信额度
		011623	已用额度
		011624	上市公司标志
		011301	信用等级编号
		011625	主要投资人及投资比例
		011626	注册资本币种
17	对公信贷借据统一编号	011701	对公信贷借据统一编号
		011702	对公信贷业务系统借据编号
		011703	对公信贷核心系统借据编号
18	汇率	011801	汇率编号
		010301	币种编码
		011802	第二币种编码
		011803	汇率种类
		011804	标价方法
19	利率	010301	币种编码
		011901	利率代码
		011902	利率名称
		011903	利率种类
		011904	利率状态
		011905	利率启用日期
		011906	利率停用日期

表 1（续）

编号	数据表名	数据元素标识符	数据元素名
20	个人信贷借据统一编号	012001	个人信贷借据统一编号
		012002	个人信贷业务系统借据编号
		012003	个人信贷核心系统借据编号

5.2.2 公共变动档案类数据结构

见表 2。

表 2 公共变动档案类数据结构

编号	数据表名	数据元素标识符	数据元素名
01	汇率变动	011801	汇率编号
		020101	汇率日期
		020102	汇率时间
		020103	汇率
02	利率变动	011901	利率代码
		020201	利率变动日期
		020202	利率
		020203	浮动上限值
		020204	浮动下限值
		020205	浮动标志
03	个人客户变动	011101	个人客户统一编号
		020301	变动日期
		020302	变动前内容及数值
		020303	变动后内容及数值
		020304	变动原因
		020305	变动项
04	对公客户变动	011001	公司客户统一编号
		020301	变动日期
		020302	变动前内容及数值
		020303	变动后内容及数值
		020304	变动原因
		020305	变动项

5.2.3 个人信贷类数据结构

见表3。

表3 个人信贷类数据结构

编号	数据表名	数据元素标识符	数据元素名
01	个人信贷业务担保合同	030101	个人信贷担保合同编号
		030102	个人信贷合同编号
		011101	个人客户统一编号
		030103	担保类型
		030104	保证形式
		030105	保证人编号
		030106	保证人名称
		030107	保证人净资产
		030108	担保起始日
		030109	担保到期日
		030110	质或抵押物编号
		030111	状态标志
02	个人信贷业务质或抵押物	030110	质或抵押物编号
		030201	质或抵押物名称
		030202	质或抵押物类型
		030203	质或抵押物原价值
		010301	币种编码
		030204	建成日期
		030205	银行认定价值
		030206	评估价值
		030207	评估日期
		030208	评估机构名称
		030209	质或抵押率
		030210	使用年限
		030211	剩余年限
		030212	抵押物所有权人
		030213	抵押次数
		030214	已抵押价值
		030215	抵债资产标志
		030216	在库状态
		030217	登记日期
		030218	登记机构

表3（续）

编号	数据表名	数据元素标识符	数据元素名
03	个人信贷业务借据	012001	个人信贷借据统一编号
		011101	个人客户统一编号
		030102	个人信贷合同编号
		030301	营业机构号
		010301	币种编码
		030302	借款金额
		030303	借款余额
		030304	贷款四级分类
		030305	贷款期限
		030306	总期数
		030307	贷款实际发放日期
		030308	贷款原始到期日期
		030309	终结日期
		030310	贷款类型
		030311	贷款入账账号
		030312	贷款用途
		030313	终结类型
		030314	贷款五级分类
		030315	基准利率
		030316	利率浮动
		030317	展期标志
		010401	还款方式代码
		030318	还款账号
		030319	额度
		030320	可用额度
		011005	第三方客户编号
		030321	第三方额度
		030322	第三方可用额度
		030323	贷款申请号
		030324	表内欠息余额
		030325	表外欠息余额
		030326	计息方式
		030327	贷款实际到期日期
		030328	月份

表 3（续）

编号	数 据 表 名	数据元素标识符	数据元素名
04	个人信贷业务借据交易明细	030401	交易流水号
		030402	交易日期
		030403	核心交易流水号
		012001	个人信贷借据统一编号
		010501	交易代码
		030404	交易金额
		030405	摘要
		030406	交易标志
		030407	交易时间
		030301	营业机构号
05	房屋	030501	房屋编号
		030502	售房合同编号
		012001	个人信借据统一编号
		030503	房屋地址
		030504	房屋类别
		030505	购房类型
		030701	楼盘编号
		030506	售房合同签订日期
		030507	交房日期
		030508	房屋建筑面积
		030509	房屋单价
		030510	房屋总金额
		030511	首付款
		030512	二手房标志
		030513	房贷代理
06	房屋保险单	030601	保险单号
		030602	保险公司
		030603	保单类型
		030604	保险类型
		030605	保险到期日
		030606	保险起始日
		030607	出单日
		030608	投保金额
		030609	预收保险费
		030610	保险费

表 3（续）

编号	数据表名	数据元素标识符	数据元素名
06	房屋保险单	030611	手续费
		030612	保险价值
		030613	投保人
		030614	受益人
		030615	备注信息
		030502	售房合同编号
07	楼盘	030701	楼盘编号
		030702	楼盘名称
		030703	楼盘地理位置
		030704	开发商编号
		030705	开发商名称
		030706	楼盘均价
		030707	容积率
		030708	投资总额
		030709	开工日期
		030710	竣工日期
		030711	预售许可证编号
		030712	预售许可证日期
		030713	占地面积
		030714	楼盘建筑面积
08	车辆	030801	车辆编号
		030802	售车合同编号
		030803	车牌号码
		012001	个人信贷借据统一编号
		030804	车辆品牌
		030805	车辆类型
		030806	发动机号
		030807	车架号
		030511	首付款
		030808	车价总金额
		030809	用途
		030810	二手车标志
		030811	车贷代理

表3（续）

编号	数据表名	数据元素标识符	数据元素名
09	车辆保险单	030601	保险单号
		030602	保险公司
		030603	保单类型
		030604	保险类型
		030605	保险到期日
		030606	保险起始日
		030607	出单日
		030608	投保金额
		030609	预收保险费
		030610	保险费
		030611	手续费
		030612	保险价值
		030613	投保人
		030614	受益人
		030615	备注信息
		030802	售车合同编号

5.2.4 对公信贷类数据结构

见表4。

表4 对公信贷类数据结构

编号	数据表名	数据元素标识符	数据元素名
01	对公信贷业务担保合同	040101	对公信贷担保合同编号
		040102	对公信贷合同编号
		011001	公司客户统一编号
		030103	担保类型
		030104	保证形式
		030105	保证人编号
		030106	保证人名称
		030107	保证人净资产
		030108	担保起始日
		030109	担保到期日
		030110	质或抵押物编号
		030111	状态标志

表 4（续）

编号	数据表名	数据元素标识符	数据元素名
02	对公信贷业务质或抵押物	030110	质或抵押物编号
		030201	质或抵押物名称
		030202	质或抵押物类型
		030203	质或抵押物原价值
		010301	币种编码
		030204	建成日期
		030205	银行认定价值
		030206	评估价值
		030207	评估日期
		030208	评估机构名称
		030209	质或抵押率
		030210	使用年限
		030211	剩余年限
		030212	抵押物所有权人
		030213	抵押次数
		030214	已抵押价值
		030215	抵债资产标志
		030216	在库状态
		030217	登记日期
		030218	登记机构
03	对公信贷业务借据	011701	对公信贷借据统一编号
		011001	公司客户统一编号
		040102	对公信贷合同编号
		040301	贷款性质
		030304	贷款四级分类
		030301	营业机构号
		030310	贷款类型
		030312	贷款用途
		010301	币种编码
		030302	借款金额
		030303	借款余额
		030314	贷款五级分类
		030305	贷款期限
		030306	总期数
		030307	贷款实际发放日期

表 4（续）

编号	数据表名	数据元素标识符	数据元素名
03	对公信贷业务借据	030327	贷款实际到期日期
		030308	贷款原始到期日期
		030309	终结日期
		030313	终结类型
		030315	基准利率
		030316	利率浮动
		030326	计息方式
		030324	表内欠息余额
		030325	表外欠息余额
		030311	贷款入账账号
		010401	还款方式代码
		030318	还款账号
		030323	贷款申请号
		030317	展期标志
		030328	月份
04	对公信贷业务借据交易明细	030401	交易流水号
		030402	交易日期
		030403	核心交易流水号
		011701	对公信贷借据统一编号
		010501	交易代码
		030404	交易金额
		030405	摘要
		030406	交易标志
		030407	交易时间
		030301	营业机构号

5.2.5 个人信贷核心会计类数据结构

见表 5。

表 5　个人信贷核心会计类数据结构

编号	数据表名	数据元素标识符	数据元素名
01	个人信贷分户账	050101	个人贷款账号
		012001	个人信贷借据统一编号
		030301	营业机构号
		050102	账户名称
		010301	币种编码
		030310	贷款类型
		011101	个人客户统一编号
		010801	科目编号
		030304	贷款四级分类
		030314	贷款五级分类
		030318	还款账号
		050103	贷款本金总额
		050104	贷款利息总额
		030305	贷款期限
		030317	展期标志
		030306	总期数
		050105	当前期数
		030307	贷款实际发放日期
		030308	贷款原始到期日期
		030327	贷款实际到期日期
		050106	贷款正常余额
		050107	贷款逾期余额
		050108	贷款状态
		030324	表内欠息余额
		030325	表外欠息余额
		050109	起息日期
		050110	开户日期
		050111	销户日期
		050112	账户状态
		030328	月份

表 5（续）

编号	数据表名	数据元素标识符	数据元素名
02	个人信贷分户账明细	030403	核心交易流水号
		050101	个人贷款账号
		012001	个人信贷借据统一编号
		050201	核心交易日期
		050203	核心交易时间
		010501	交易代码
		050202	借贷标志
		030301	营业机构号
		030404	交易金额
		010301	币种编码
		050204	现转标志
		030405	摘要
		050205	对方账号
		050206	对方户名
		050207	冲补标志
		050208	交易柜员号
		050209	授权柜员号
		050210	对方行号
		050211	时间戳

5.2.6 对公信贷核心会计类数据结构

见表 6。

表 6 对公信贷核心会计类数据结构

编号	数据表名	数据元素标识符	数据元素名
01	对公信贷分户账	060101	对公贷款账号
		011701	对公信贷借据统一编号
		030301	营业机构号
		050102	账户名称
		010301	币种编码
		030310	贷款类型
		011001	公司客户统一编号
		010801	科目编号
		030304	贷款四级分类

表 6（续）

编号	数据表名	数据元素标识符	数据元素名
01	对公信贷分户账	030314	贷款五级分类
		030318	还款账号
		050103	贷款本金总额
		050104	贷款利息总额
		030305	贷款期限
		030317	展期标志
		030306	总期数
		050105	当前期数
		030307	贷款实际发放日期
		030308	贷款原始到期日期
		030327	贷款实际到期日期
		050106	贷款正常余额
		050107	贷款逾期余额
		050108	贷款状态
		030324	表内欠息余额
		030325	表外欠息余额
		050109	起息日期
		050110	开户日期
		050111	销户日期
		050112	账户状态
		030328	月份
02	对公信贷分户账明细	030403	核心交易流水号
		011701	对公信贷借据统一编号
		060101	对公贷款账号
		050201	核心交易日期
		050203	核心交易时间
		010501	交易代码
		050202	借贷标志
		030301	营业机构号
		030404	交易金额
		010301	币种编码
		030405	摘要
		050205	对方账号
		050206	对方户名
		050207	冲补标志

表6（续）

编号	数据表名	数据元素标识符	数据元素名
02	对公信贷分户账明细	050208	交易柜员号
		050209	授权柜员号
		050210	对方行号
		050204	现转标志
		050211	时间戳

5.2.7 个人存款核心会计类数据结构

见表7。

表7 个人存款核心会计类数据结构

编号	数据表名	数据元素标识符	数据元素名
01	个人活期存款分户账	070101	个人活期存款账号
		011101	个人客户统一编号
		010301	币种编码
		010801	科目编号
		030301	营业机构号
		050102	账户名称
		070102	账户类型
		011901	利率代码
		070103	存款余额
		050110	开户日期
		050111	销户日期
		050112	账户状态
		030328	月份
02	个人活期存款分户账明细	030403	核心交易流水号
		070101	个人活期存款账号
		050201	核心交易日期
		050202	核心交易时间
		010301	币种编码
		010501	交易代码
		030404	交易金额
		030301	营业机构号
		050204	现转标志
		050210	对方行号

表 7（续）

编号	数 据 表 名	数据元素标识符	数据元素名
02	个人活期存款分户账明细	050205	对方账号
		050208	交易柜员号
		050209	授权柜员号
		030405	摘要
		050206	对方户名
		050207	冲补标志
		050203	借贷标志
		050211	时间戳
03	个人定期存款分户账	070301	个人定期存款账号
		011101	个人客户统一编号
		010301	币种编码
		010801	科目编号
		050102	账户名称
		030301	营业机构号
		070102	账户类型
		070302	存款期限
		011901	利率代码
		070103	存款余额
		050110	开户日期
		050111	销户日期
		050112	账户状态
		030328	月份
04	个人定期存款分户账明细	070301	个人定期存款账号
		050201	核心交易日期
		050202	核心交易时间
		030403	核心交易流水号
		010301	币种编码
		010501	交易代码
		030404	交易金额
		030301	营业机构号
		050204	现转标志
		050210	对方行号
		050205	对方账号
		050209	授权柜员号
		050208	交易柜员号

表 7（续）

编号	数 据 表 名	数据元素标识符	数据元素名
04	个人定期存款分户账明细	050207	冲补标志
		030405	摘要
		050206	对方户名
		050211	时间戳
		050203	借贷标志

5.2.8 对公存款核心会计类数据结构

见表 8。

表 8 对公存款核心会计类数据结构

编号	数 据 表 名	数据元素标识符	数据元素名
01	对公活期存款分户账	080101	对公活期存款账号
		011001	公司客户统一编号
		010301	币种编码
		010801	科目编号
		050102	账户名称
		030301	营业机构号
		070102	账户类型
		011901	利率代码
		070103	存款余额
		050110	开户日期
		050111	销户日期
		050112	账户状态
		030328	月份
02	对公活期存款分户账明细	030403	核心交易流水号
		080101	对公活期存款账号
		050201	核心交易日期
		050202	核心交易时间
		030301	营业机构号
		010501	交易代码
		030404	交易金额
		050204	现转标志
		050210	对方行号
		050205	对方账号

表 8（续）

编号	数据表名	数据元素标识符	数据元素名
02	对公活期存款分户账明细	010301	币种编码
		030405	摘要
		050209	授权柜员号
		050206	对方户名
		050208	交易柜员号
		050211	时间戳
		050203	借贷标志
		050207	冲补标志
03	对公定期存款分户账	080301	对公定期存款账号
		011001	公司客户统一编号
		010301	币种编码
		010801	科目编号
		050102	账户名称
		030301	营业机构号
		070102	账户类型
		070302	存款期限
		011901	利率代码
		070103	存款余额
		050110	开户日期
		050111	销户日期
		050112	账户状态
		030328	月份
04	对公定期存款分户账明细	030403	核心交易流水号
		080301	对公定期存款账号
		050201	核心交易日期
		050202	核心交易时间
		010301	币种编码
		010501	交易代码
		030404	交易金额
		030301	营业机构号
		050204	现转标志
		050210	对方行号
		050205	对方账号
		050209	授权柜员号
		050208	交易柜员号

表 8（续）

编号	数 据 表 名	数据元素标识符	数据元素名
04	对公定期存款分户账明细	050207	冲补标志
		030405	摘要
		050206	对方户名
		050211	时间戳
		050203	借贷标志

5.2.9 内部分户账核心会计类数据结构

见表 9。

表 9 内部分户账核心会计类数据结构

编号	数 据 表 名	数据元素标识符	数据元素名
01	内部分户账	090101	内部分户账账号
		050102	账户名称
		030301	营业机构号
		010301	币种编码
		010801	科目编号
		070102	账户类型
		090102	账户余额
		090103	计息标志
		030326	计息方式
		011901	利率代码
		050110	开户日期
		050111	销户日期
		090104	客户编号
		050112	账户状态
		030328	月份
02	内部分户账明细	090101	内部分户账账号
		050201	核心交易日期
		050202	核心交易时间
		030403	核心交易流水号
		010501	交易代码
		030405	摘要
		030404	交易金额
		010301	币种编码
		050203	借贷标志

表 9（续）

编号	数据表名	数据元素标识符	数据元素名
02	内部分户账明细	050204	现转标志
		030301	营业机构号
		050208	交易柜员号
		050209	授权柜员号
		090201	对方科目号
		050207	冲补标志
		050210	对方行号
		050205	对方账号
		050211	时间戳

5.2.10 表外分户账核心会计类数据结构

见表 10。

表 10 表外分户账核心会计类数据结构

编号	数据表名	数据元素标识符	数据元素名
01	表外分户账	100101	表外分户账账号
		030301	营业机构号
		050102	账户名称
		010301	币种编码
		010801	科目编号
		100102	表外科目余额
		050110	开户日期
		050111	销户日期
		050112	账户状态
		030328	月份
02	表外分户账明细	030403	核心交易流水号
		100101	表外分户账账号
		050201	核心交易日期
		050202	核心交易时间
		010301	币种编码
		030301	营业机构号
		100201	借据编号
		050203	借贷标志
		010501	交易代码

表 10（续）

编号	数 据 表 名	数据元素标识符	数据元素名
02	表外分户账明细	030404	交易金额
		050208	交易柜员号
		050209	授权柜员号
		050204	现转标志
		030405	摘要
		050207	冲补标志
		050205	对方账号
		100202	交易数量
		050211	时间戳

5.2.11 总账类数据结构

见表 11。

表 11 总账类数据结构

编号	数 据 表 名	数据元素标识符	数据元素名
01	总账余额	010801	科目编号
		010301	币种编码
		010109	会计年度
		010703	会计期间号
		110101	期初原币余额
		110102	期初本币余额
		110103	本期借方原币金额
		110104	本期借方本币金额
		110105	本期贷方原币金额
		110106	本期贷方本币金额
		110107	期末原币余额
		110108	期末本币余额
02	总账明细	010801	科目编号
		010301	币种编码
		010109	会计年度
		010703	会计期间号
		110201	发生日期
		110202	借方原币金额
		110203	借方本币金额
		110204	贷方原币金额
		110205	贷方本币金额

表 11（续）

编号	数据表名	数据元素标识符	数据元素名
03	总账凭证	110301	总账凭证编号
		110302	总账凭证日期
		110303	总账凭证摘要
		010301	币种编码
		010109	会计年度
		010703	会计期间号
		010801	科目编号
		110202	借方原币金额
		110203	借方本币金额
		110204	贷方原币金额
		110205	贷方本币金额
		110304	总账凭证行号
		110305	附件数
		110306	制单人
		110307	审核人
		110308	记账人
		110309	记账标志
		110310	作废标志
04	报表集	110401	报表编号
		110402	报表名称
		110403	报表报告日
		110404	报表报告期
		110405	编制单位
		110406	货币单位
05	报表项	110401	报表编号
		110501	报表项编号
		110502	报表项名称
		110503	报表项公式
		110504	报表项数值

5.3 输出文件的输出说明

本部分应按照实际存在的数据内容来确定数据文件的输出内容，数据文件的结构要求按照 5.2 各项数据结构内容进行输出。

5.4 输出文件的时间要求

本部分规定的会计软件数据接口的数据文件的输出时间要求见表12。

表12 输出文件的时间要求

分类	序号	数据表名	数据类型	输出时间要求
公共基础档案(01)	01	财务核算单位信息	基础信息	一次性输出
	02	商业银行机构	基础信息	一次性输出
	03	币种	基础信息	一次性输出
	04	还款方式	基础信息	一次性输出
	05	交易类型	基础信息	一次性输出
	06	会计科目编号规则	基础信息	一次性输出
	07	会计期间	基础信息	一次性输出
	08	表内会计科目	基础信息	一次性输出
	09	表外会计科目	基础信息	一次性输出
	10	对公客户统一编号	基础信息	一次性输出
	11	个人客户统一编号	基础信息	一次性输出
	12	柜员统一编号	基础信息	一次性输出
	13	信用等级	基础信息	一次性输出
	14	个人客户	基础信息	一次性输出
	15	个人客户关系	基础信息	一次性输出
	16	对公客户	基础信息	一次性输出
	17	对公信贷借据统一编号	基础信息	一次性输出
	18	汇率	基础信息	一次性输出
	19	利率	基础信息	一次性输出
	20	个人信贷借据统一编号	基础信息	一次性输出
公共变动档案(02)	01	汇率变动	基础信息	按月输出文件
	02	利率变动	基础信息	按月输出文件
	03	个人客户变动	基础信息	按月输出文件
	04	对公客户信息变动	基础信息	按月输出文件
个人信贷业务交易信息(03A)	03	个人信贷业务借据	业务数据	按月输出文件
	04	个人信贷业务借据交易明细	业务数据	按月输出文件

表 12(续)

分　类	序号	数据表名	数据类型	输出时间要求
个人信贷业务基础信息(03B)	01	个人信贷业务担保合同	基础信息	一次性输出
	02	个人信贷业务质或抵押物	基础信息	一次性输出
	05	房屋	基础信息	一次性输出
	06	房屋保险单	基础信息	一次性输出
	07	楼盘	基础信息	一次性输出
	08	车辆	基础信息	一次性输出
	09	车辆保险单	基础信息	一次性输出
对公信贷业务基础信息(04A)	01	对公信贷业务担保合同	基础信息	一次性输出
	02	对公信贷业务质或抵押物	基础信息	一次性输出
对公信贷业务交易信息(04B)	03	对公信贷业务借据	业务数据	按月输出文件
	04	对公信贷业务借据交易明细	业务数据	按月输出文件
个人信贷核心会计(05)	01	个人信贷分户账	业务数据	按月输出文件
	02	个人信贷分户账明细	业务数据	按月输出文件
对公信贷核心会计(06)	01	对公信贷分户账	业务数据	按月输出文件
	02	对公信贷分户账明细	业务数据	按月输出文件
个人存款核心会计(07)	01	个人活期存款分户账	业务数据	按月输出文件
	02	个人活期存款分户账明细	业务数据	按月输出文件
	03	个人定期存款分户账	业务数据	按月输出文件
	04	个人定期存款分户账明细	业务数据	按月输出文件
对公存款核心会计(08)	01	对公活期存款分户账	业务数据	按月输出文件
	02	对公活期存款分户账明细	业务数据	按月输出文件
	03	对公定期存款分户账	业务数据	按月输出文件
	04	对公定期存款分户账明细	业务数据	按月输出文件
内部分户账核心会计(09)	01	内部账分户账	业务数据	按月输出文件
	02	内部账分户账明细	业务数据	按月输出文件
表外分户账核心会计(10)	01	表外分户账	业务数据	按月输出文件
	02	表外分户账明细	业务数据	按月输出文件
总账(11)	01	总账余额	业务数据	按月输出文件
	02	总账明细	业务数据	按月输出文件
	03	总账凭证	业务数据	按月输出文件
	04	报表集	基础信息	按月输出文件
	05	报表项	财务报表	按月输出文件

6　符合性评价

声称符合本部分的产品应符合第 4 章和第 5 章的要求,且均需获得指定机构的标准符合性证明。

附 录 A
（资料性附录）
银行会计核算软件数据接口的 XML 大纲（Schema）

A.1 标准元素类型类 XML 大纲（Schema）

```
<?xml version = "1.0" encoding = "UTF-8"?>
<xs:schema xmlns:xs = "http://www.w3.org/2001/XMLSchema" xmlns:银行
 = "http://sxbw.audit.gov.cn/AccountingSoftwareDataInterfaceStandard/2010/Bank/XMLSchema"
xmlns = "http://sxbw.audit.gov.cn/AccountingSoftwareDataInterfaceStandard/2010/Bank/XMLSchema"
targetNamespace = "http://sxbw.audit.gov.cn/AccountingSoftwareDataInterfaceStandard/2010/
Bank/XMLSchema" elementFormDefault = "qualified" attributeFormDefault = "unqualified">
    <xs:attribute name = "locID">
        <xs:annotation>
            <xs:documentation>数据标识符</xs:documentation>
        </xs:annotation>
        <xs:simpleType>
            <xs:restriction base = "xs:string"/>
        </xs:simpleType>
    </xs:attribute>
    <xs:simpleType name = "账务核算单位编号类型">
        <xs:restriction base = "xs:string">
            <xs:maxLength value = "60"/>
        </xs:restriction>
    </xs:simpleType>
    <xs:simpleType name = "账务核算单位名称类型">
        <xs:restriction base = "xs:string">
            <xs:maxLength value = "200"/>
        </xs:restriction>
    </xs:simpleType>
    <xs:simpleType name = "组织机构代码类型">
        <xs:restriction base = "xs:string">
            <xs:maxLength value = "20"/>
        </xs:restriction>
    </xs:simpleType>
    <xs:simpleType name = "单位性质类型">
        <xs:restriction base = "xs:string">
            <xs:length value = "4"/>
        </xs:restriction>
    </xs:simpleType>
    <xs:simpleType name = "行业类型">
```

```
        <xs:restriction base="xs:string">
            <xs:maxLength value="20"/>
        </xs:restriction>
    </xs:simpleType>
    <xs:simpleType name="开发单位类型">
        <xs:restriction base="xs:string">
            <xs:maxLength value="200"/>
        </xs:restriction>
    </xs:simpleType>
    <xs:simpleType name="版本号类型">
        <xs:restriction base="xs:string">
            <xs:maxLength value="20"/>
        </xs:restriction>
    </xs:simpleType>
    <xs:simpleType name="本位币类型">
        <xs:restriction base="xs:string">
            <xs:maxLength value="30"/>
        </xs:restriction>
    </xs:simpleType>
    <xs:simpleType name="会计年度类型">
        <xs:restriction base="xs:string">
            <xs:length value="4"/>
        </xs:restriction>
    </xs:simpleType>
    <xs:simpleType name="标准版本号类型">
        <xs:restriction base="xs:string">
            <xs:maxLength value="30"/>
        </xs:restriction>
    </xs:simpleType>
    <xs:simpleType name="银行机构编号类型">
        <xs:restriction base="xs:string">
            <xs:maxLength value="60"/>
        </xs:restriction>
    </xs:simpleType>
    <xs:simpleType name="银行机构名称类型">
        <xs:restriction base="xs:string">
            <xs:maxLength value="200"/>
        </xs:restriction>
    </xs:simpleType>
    <xs:simpleType name="上级银行机构编号类型">
        <xs:restriction base="xs:string">
            <xs:maxLength value="60"/>
        </xs:restriction>
```

```
    〈/xs：simpleType〉
    〈xs：simpleType name = "支付系统行号类型"〉
        〈xs：restriction base = "xs：string"〉
            〈xs：length value = "12"/〉
        〈/xs：restriction〉
    〈/xs：simpleType〉
    〈xs：simpleType name = "电子联行行号类型"〉
        〈xs：restriction base = "xs：string"〉
            〈xs：length value = "6"/〉
        〈/xs：restriction〉
    〈/xs：simpleType〉
    〈xs：simpleType name = "级别类型"〉
        〈xs：restriction base = "xs：string"〉
            〈xs：maxLength value = "60"/〉
        〈/xs：restriction〉
    〈/xs：simpleType〉
    〈xs：simpleType name = "证件类别类型"〉
        〈xs：restriction base = "xs：string"〉
            〈xs：maxLength value = "30"/〉
        〈/xs：restriction〉
    〈/xs：simpleType〉
    〈xs：simpleType name = "证件号码类型"〉
        〈xs：restriction base = "xs：string"〉
            〈xs：maxLength value = "30"/〉
        〈/xs：restriction〉
    〈/xs：simpleType〉
    〈xs：simpleType name = "性别类型"〉
        〈xs：restriction base = "xs：string"〉
            〈xs：maxLength value = "20"/〉
        〈/xs：restriction〉
    〈/xs：simpleType〉
    〈xs：simpleType name = "出生日期类型"〉
        〈xs：restriction base = "xs：string"〉
            〈xs：length value = "8"/〉
        〈/xs：restriction〉
    〈/xs：simpleType〉
    〈xs：simpleType name = "币种编码类型"〉
        〈xs：restriction base = "xs：string"〉
            〈xs：maxLength value = "10"/〉
        〈/xs：restriction〉
    〈/xs：simpleType〉
    〈xs：simpleType name = "币种名称类型"〉
        〈xs：restriction base = "xs：string"〉
```

```
        <xs:maxLength value="30"/>
    </xs:restriction>
</xs:simpleType>
<xs:simpleType name="币种英文名称类型">
    <xs:restriction base="xs:string">
        <xs:maxLength value="200"/>
    </xs:restriction>
</xs:simpleType>
<xs:simpleType name="还款方式代码类型">
    <xs:restriction base="xs:string">
        <xs:maxLength value="60"/>
    </xs:restriction>
</xs:simpleType>
<xs:simpleType name="还款方式名称类型">
    <xs:restriction base="xs:string">
        <xs:maxLength value="200"/>
    </xs:restriction>
</xs:simpleType>
<xs:simpleType name="交易代码类型">
    <xs:restriction base="xs:string">
        <xs:maxLength value="60"/>
    </xs:restriction>
</xs:simpleType>
<xs:simpleType name="交易名称类型">
    <xs:restriction base="xs:string">
        <xs:maxLength value="200"/>
    </xs:restriction>
</xs:simpleType>
<xs:simpleType name="交易描述类型">
    <xs:restriction base="xs:string">
        <xs:maxLength value="600"/>
    </xs:restriction>
</xs:simpleType>
<xs:simpleType name="交易系统类型">
    <xs:restriction base="xs:string">
        <xs:maxLength value="60"/>
    </xs:restriction>
</xs:simpleType>
<xs:simpleType name="会计科目编号规则类型">
    <xs:restriction base="xs:string">
        <xs:maxLength value="200"/>
    </xs:restriction>
</xs:simpleType>
```

```
<xs:simpleType name="科目编号类型">
    <xs:restriction base="xs:string">
        <xs:maxLength value="60"/>
    </xs:restriction>
</xs:simpleType>
<xs:simpleType name="科目名称类型">
    <xs:restriction base="xs:string">
        <xs:maxLength value="60"/>
    </xs:restriction>
</xs:simpleType>
<xs:simpleType name="科目级次类型">
    <xs:restriction base="xs:int"/>
</xs:simpleType>
<xs:simpleType name="科目类型类型">
    <xs:restriction base="xs:string">
        <xs:maxLength value="20"/>
    </xs:restriction>
</xs:simpleType>
<xs:simpleType name="余额方向类型">
    <xs:restriction base="xs:string">
        <xs:maxLength value="4"/>
    </xs:restriction>
</xs:simpleType>
<xs:simpleType name="科目启用日期类型">
    <xs:restriction base="xs:string">
        <xs:length value="8"/>
    </xs:restriction>
</xs:simpleType>
<xs:simpleType name="科目停用日期类型">
    <xs:restriction base="xs:string">
        <xs:length value="8"/>
    </xs:restriction>
</xs:simpleType>
<xs:simpleType name="会计期间号类型">
    <xs:restriction base="xs:string">
        <xs:maxLength value="15"/>
    </xs:restriction>
</xs:simpleType>
<xs:simpleType name="会计期间起始日期类型">
    <xs:restriction base="xs:string">
        <xs:length value="8"/>
    </xs:restriction>
</xs:simpleType>
```

```
<xs:simpleType name="会计期间结束日期类型">
    <xs:restriction base="xs:string">
        <xs:length value="8"/>
    </xs:restriction>
</xs:simpleType>
<xs:simpleType name="表外科目计量单位类型">
    <xs:restriction base="xs:string">
        <xs:maxLength value="10"/>
    </xs:restriction>
</xs:simpleType>
<xs:simpleType name="个人客户统一编号类型">
    <xs:restriction base="xs:string">
        <xs:maxLength value="60"/>
    </xs:restriction>
</xs:simpleType>
<xs:simpleType name="个人信贷业务系统客户编号类型">
    <xs:restriction base="xs:string">
        <xs:maxLength value="60"/>
    </xs:restriction>
</xs:simpleType>
<xs:simpleType name="个人信贷核心系统客户编号类型">
    <xs:restriction base="xs:string">
        <xs:maxLength value="60"/>
    </xs:restriction>
</xs:simpleType>
<xs:simpleType name="个人存款核心系统客户编号类型">
    <xs:restriction base="xs:string">
        <xs:maxLength value="60"/>
    </xs:restriction>
</xs:simpleType>
<xs:simpleType name="公司客户统一编号类型">
    <xs:restriction base="xs:string">
        <xs:maxLength value="60"/>
    </xs:restriction>
</xs:simpleType>
<xs:simpleType name="对公信贷业务系统客户编号类型">
    <xs:restriction base="xs:string">
        <xs:maxLength value="60"/>
    </xs:restriction>
</xs:simpleType>
<xs:simpleType name="对公信贷核心系统客户编号类型">
    <xs:restriction base="xs:string">
        <xs:maxLength value="60"/>
```

```
        </xs:restriction>
    </xs:simpleType>
    <xs:simpleType name="对公存款核心系统客户编号类型">
        <xs:restriction base="xs:string">
            <xs:maxLength value="60"/>
        </xs:restriction>
    </xs:simpleType>
    <xs:simpleType name="柜员统一编号类型">
        <xs:restriction base="xs:string">
            <xs:maxLength value="60"/>
        </xs:restriction>
    </xs:simpleType>
    <xs:simpleType name="对公信贷业务系统柜员编号类型">
        <xs:restriction base="xs:string">
            <xs:maxLength value="60"/>
        </xs:restriction>
    </xs:simpleType>
    <xs:simpleType name="对公信贷核心系统柜员编号类型">
        <xs:restriction base="xs:string">
            <xs:maxLength value="60"/>
        </xs:restriction>
    </xs:simpleType>
    <xs:simpleType name="对公存款核心系统柜员编号类型">
        <xs:restriction base="xs:string">
            <xs:maxLength value="60"/>
        </xs:restriction>
    </xs:simpleType>
    <xs:simpleType name="个人信贷业务系统柜员编号类型">
        <xs:restriction base="xs:string">
            <xs:maxLength value="60"/>
        </xs:restriction>
    </xs:simpleType>
    <xs:simpleType name="个人信贷核心系统柜员编号类型">
        <xs:restriction base="xs:string">
            <xs:maxLength value="60"/>
        </xs:restriction>
    </xs:simpleType>
    <xs:simpleType name="个人存款核心系统柜员编号类型">
        <xs:restriction base="xs:string">
            <xs:maxLength value="60"/>
        </xs:restriction>
    </xs:simpleType>
    <xs:simpleType name="个人信贷借据统一编号类型">
```

```
    <xs:restriction base="xs:string">
        <xs:maxLength value="60"/>
    </xs:restriction>
</xs:simpleType>
<xs:simpleType name="个人信贷业务系统借据编号类型">
    <xs:restriction base="xs:string">
        <xs:maxLength value="60"/>
    </xs:restriction>
</xs:simpleType>
<xs:simpleType name="个人信贷核心系统借据编号类型">
    <xs:restriction base="xs:string">
        <xs:maxLength value="60"/>
    </xs:restriction>
</xs:simpleType>
<xs:simpleType name="对公信贷借据统一编号类型">
    <xs:restriction base="xs:string">
        <xs:maxLength value="60"/>
    </xs:restriction>
</xs:simpleType>
<xs:simpleType name="对公信贷业务系统借据编号类型">
    <xs:restriction base="xs:string">
        <xs:maxLength value="60"/>
    </xs:restriction>
</xs:simpleType>
<xs:simpleType name="对公信贷核心系统借据编号类型">
    <xs:restriction base="xs:string">
        <xs:maxLength value="60"/>
    </xs:restriction>
</xs:simpleType>
<xs:simpleType name="信用等级编号类型">
    <xs:restriction base="xs:string">
        <xs:maxLength value="60"/>
    </xs:restriction>
</xs:simpleType>
<xs:simpleType name="信用等级名称类型">
    <xs:restriction base="xs:string">
        <xs:maxLength value="200"/>
    </xs:restriction>
</xs:simpleType>
<xs:simpleType name="信用等级描述类型">
    <xs:restriction base="xs:string">
        <xs:maxLength value="600"/>
    </xs:restriction>
```

```
    </xs:simpleType>
    <xs:simpleType name="客户姓名类型">
        <xs:restriction base="xs:string">
            <xs:maxLength value="30"/>
        </xs:restriction>
    </xs:simpleType>
    <xs:simpleType name="客户英文姓名类型">
        <xs:restriction base="xs:string">
            <xs:maxLength value="200"/>
        </xs:restriction>
    </xs:simpleType>
    <xs:simpleType name="国籍类型">
        <xs:restriction base="xs:string">
            <xs:maxLength value="60"/>
        </xs:restriction>
    </xs:simpleType>
    <xs:simpleType name="民族类型">
        <xs:restriction base="xs:string">
            <xs:maxLength value="60"/>
        </xs:restriction>
    </xs:simpleType>
    <xs:simpleType name="学历类型">
        <xs:restriction base="xs:string">
            <xs:maxLength value="60"/>
        </xs:restriction>
    </xs:simpleType>
    <xs:simpleType name="工作单位名称类型">
        <xs:restriction base="xs:string">
            <xs:maxLength value="200"/>
        </xs:restriction>
    </xs:simpleType>
    <xs:simpleType name="工作单位地址类型">
        <xs:restriction base="xs:string">
            <xs:maxLength value="200"/>
        </xs:restriction>
    </xs:simpleType>
    <xs:simpleType name="工作单位电话类型">
        <xs:restriction base="xs:string">
            <xs:maxLength value="20"/>
        </xs:restriction>
    </xs:simpleType>
    <xs:simpleType name="职业类型">
        <xs:restriction base="xs:string">
```

```
        <xs:maxLength value="20"/>
    </xs:restriction>
</xs:simpleType>
<xs:simpleType name="家庭住址类型">
    <xs:restriction base="xs:string">
        <xs:maxLength value="200"/>
    </xs:restriction>
</xs:simpleType>
<xs:simpleType name="通讯地址类型">
    <xs:restriction base="xs:string">
        <xs:maxLength value="200"/>
    </xs:restriction>
</xs:simpleType>
<xs:simpleType name="家庭电话类型">
    <xs:restriction base="xs:string">
        <xs:maxLength value="20"/>
    </xs:restriction>
</xs:simpleType>
<xs:simpleType name="移动电话类型">
    <xs:restriction base="xs:string">
        <xs:maxLength value="20"/>
    </xs:restriction>
</xs:simpleType>
<xs:simpleType name="个人月收入类型">
    <xs:restriction base="xs:double"/>
</xs:simpleType>
<xs:simpleType name="家庭月收入类型">
    <xs:restriction base="xs:double"/>
</xs:simpleType>
<xs:simpleType name="婚姻情况类型">
    <xs:restriction base="xs:string">
        <xs:length value="1"/>
    </xs:restriction>
</xs:simpleType>
<xs:simpleType name="配偶姓名类型">
    <xs:restriction base="xs:string">
        <xs:maxLength value="30"/>
    </xs:restriction>
</xs:simpleType>
<xs:simpleType name="配偶证件类别类型">
    <xs:restriction base="xs:string">
        <xs:maxLength value="30"/>
    </xs:restriction>
```

```
    </xs:simpleType>
    <xs:simpleType name="配偶证件号类型">
        <xs:restriction base="xs:string">
            <xs:maxLength value="30"/>
        </xs:restriction>
    </xs:simpleType>
    <xs:simpleType name="配偶联系电话类型">
        <xs:restriction base="xs:string">
            <xs:maxLength value="20"/>
        </xs:restriction>
    </xs:simpleType>
    <xs:simpleType name="配偶移动电话类型">
        <xs:restriction base="xs:string">
            <xs:maxLength value="20"/>
        </xs:restriction>
    </xs:simpleType>
    <xs:simpleType name="配偶对应客户号类型">
        <xs:restriction base="xs:string">
            <xs:maxLength value="60"/>
        </xs:restriction>
    </xs:simpleType>
    <xs:simpleType name="上黑名单标志类型">
        <xs:restriction base="xs:string">
            <xs:length value="1"/>
            <xs:enumeration value="1"/>
            <xs:enumeration value="0"/>
        </xs:restriction>
    </xs:simpleType>
    <xs:simpleType name="本行员工标志类型">
        <xs:restriction base="xs:string">
            <xs:length value="1"/>
            <xs:enumeration value="1"/>
            <xs:enumeration value="0"/>
        </xs:restriction>
    </xs:simpleType>
    <xs:simpleType name="上黑名单日期类型">
        <xs:restriction base="xs:string">
            <xs:length value="8"/>
        </xs:restriction>
    </xs:simpleType>
    <xs:simpleType name="上黑名单原因类型">
        <xs:restriction base="xs:string">
            <xs:maxLength value="1000"/>
```

```
        〈/xs:restriction〉
    〈/xs:simpleType〉
    〈xs:simpleType name = "社会关系类型"〉
        〈xs:restriction base = "xs:string"〉
            〈xs:maxLength value = "40"/〉
        〈/xs:restriction〉
    〈/xs:simpleType〉
    〈xs:simpleType name = "家庭成员姓名类型"〉
        〈xs:restriction base = "xs:string"〉
            〈xs:maxLength value = "30"/〉
        〈/xs:restriction〉
    〈/xs:simpleType〉
    〈xs:simpleType name = "对应个人客户统一编号类型"〉
        〈xs:restriction base = "xs:string"〉
            〈xs:maxLength value = "60"/〉
        〈/xs:restriction〉
    〈/xs:simpleType〉
    〈xs:simpleType name = "客户名称类型"〉
        〈xs:restriction base = "xs:string"〉
            〈xs:maxLength value = "200"/〉
        〈/xs:restriction〉
    〈/xs:simpleType〉
    〈xs:simpleType name = "客户英文名称类型"〉
        〈xs:restriction base = "xs:string"〉
            〈xs:maxLength value = "200"/〉
        〈/xs:restriction〉
    〈/xs:simpleType〉
    〈xs:simpleType name = "法人代表类型"〉
        〈xs:restriction base = "xs:string"〉
            〈xs:maxLength value = "30"/〉
        〈/xs:restriction〉
    〈/xs:simpleType〉
    〈xs:simpleType name = "基本存款账号类型"〉
        〈xs:restriction base = "xs:string"〉
            〈xs:maxLength value = "40"/〉
        〈/xs:restriction〉
    〈/xs:simpleType〉
    〈xs:simpleType name = "基本账户开户行类型"〉
        〈xs:restriction base = "xs:string"〉
            〈xs:maxLength value = "60"/〉
        〈/xs:restriction〉
    〈/xs:simpleType〉
    〈xs:simpleType name = "注册资本类型"〉
```

```
        <xs:restriction base = "xs:double"/>
    </xs:simpleType>
<xs:simpleType name = "注册资本币种类型">
        <xs:restriction base = "xs:string">
            <xs:maxLength value = "30"/>
        </xs:restriction>
    </xs:simpleType>
    <xs:simpleType name = "注册地址类型">
        <xs:restriction base = "xs:string">
            <xs:maxLength value = "200"/>
        </xs:restriction>
    </xs:simpleType>
    <xs:simpleType name = "办公电话类型">
        <xs:restriction base = "xs:string">
            <xs:maxLength value = "20"/>
        </xs:restriction>
    </xs:simpleType>
    <xs:simpleType name = "营业执照号类型">
        <xs:restriction base = "xs:string">
            <xs:maxLength value = "20"/>
        </xs:restriction>
    </xs:simpleType>
    <xs:simpleType name = "营业执照有效期类型">
        <xs:restriction base = "xs:string">
            <xs:length value = "8"/>
        </xs:restriction>
    </xs:simpleType>
    <xs:simpleType name = "经营范围类型">
        <xs:restriction base = "xs:string">
            <xs:maxLength value = "400"/>
        </xs:restriction>
    </xs:simpleType>
    <xs:simpleType name = "成立日期类型">
        <xs:restriction base = "xs:string">
            <xs:length value = "8"/>
        </xs:restriction>
    </xs:simpleType>
    <xs:simpleType name = "经济性质类型">
        <xs:restriction base = "xs:string">
            <xs:maxLength value = "20"/>
        </xs:restriction>
    </xs:simpleType>
    <xs:simpleType name = "所属行业类型">
```

```
        <xs:restriction base="xs:string">
            <xs:maxLength value="20"/>
        </xs:restriction>
    </xs:simpleType>
    <xs:simpleType name="客户类别类型">
        <xs:restriction base="xs:string">
            <xs:maxLength value="40"/>
        </xs:restriction>
    </xs:simpleType>
    <xs:simpleType name="国家名称类型">
        <xs:restriction base="xs:string">
            <xs:maxLength value="100"/>
        </xs:restriction>
    </xs:simpleType>
    <xs:simpleType name="贷款证号类型">
        <xs:restriction base="xs:string">
            <xs:maxLength value="30"/>
        </xs:restriction>
    </xs:simpleType>
    <xs:simpleType name="国税证号类型">
        <xs:restriction base="xs:string">
            <xs:maxLength value="30"/>
        </xs:restriction>
    </xs:simpleType>
    <xs:simpleType name="地税证号类型">
        <xs:restriction base="xs:string">
            <xs:maxLength value="30"/>
        </xs:restriction>
    </xs:simpleType>
    <xs:simpleType name="母公司客户编号类型">
        <xs:restriction base="xs:string">
            <xs:maxLength value="60"/>
        </xs:restriction>
    </xs:simpleType>
    <xs:simpleType name="统一授信标志类型">
        <xs:restriction base="xs:string">
            <xs:length value="1"/>
            <xs:enumeration value="1"/>
            <xs:enumeration value="0"/>
        </xs:restriction>
    </xs:simpleType>
    <xs:simpleType name="授信额度类型">
        <xs:restriction base="xs:double"/>
```

```
    </xs:simpleType>
    <xs:simpleType name="已用额度类型">
        <xs:restriction base="xs:double"/>
    </xs:simpleType>
    <xs:simpleType name="上市公司标志类型">
        <xs:restriction base="xs:string">
            <xs:length value="1"/>
            <xs:enumeration value="1"/>
            <xs:enumeration value="0"/>
        </xs:restriction>
    </xs:simpleType>
<xs:simpleType name="主要投资人及投资比例类型">
        <xs:restriction base="xs:string">
            <xs:maxLength value="2000"/>
        </xs:restriction>
    </xs:simpleType>
    <xs:simpleType name="汇率编号类型">
        <xs:restriction base="xs:string">
            <xs:maxLength value="60"/>
        </xs:restriction>
    </xs:simpleType>
    <xs:simpleType name="第二币种编码类型">
        <xs:restriction base="xs:string">
            <xs:maxLength value="10"/>
        </xs:restriction>
    </xs:simpleType>
    <xs:simpleType name="汇率种类类型">
        <xs:restriction base="xs:string">
            <xs:maxLength value="60"/>
        </xs:restriction>
    </xs:simpleType>
    <xs:simpleType name="标价方法类型">
        <xs:restriction base="xs:string">
            <xs:maxLength value="60"/>
        </xs:restriction>
    </xs:simpleType>
    <xs:simpleType name="利率代码类型">
        <xs:restriction base="xs:string">
            <xs:maxLength value="60"/>
        </xs:restriction>
    </xs:simpleType>
    <xs:simpleType name="利率名称类型">
        <xs:restriction base="xs:string">
```

```
        <xs:maxLength value="200"/>
    </xs:restriction>
</xs:simpleType>
<xs:simpleType name="利率种类类型">
    <xs:restriction base="xs:string">
        <xs:maxLength value="60"/>
    </xs:restriction>
</xs:simpleType>
<xs:simpleType name="利率状态类型">
    <xs:restriction base="xs:string">
        <xs:length value="1"/>
    </xs:restriction>
</xs:simpleType>
<xs:simpleType name="利率启用日期类型">
    <xs:restriction base="xs:string">
        <xs:length value="8"/>
    </xs:restriction>
</xs:simpleType>
<xs:simpleType name="利率停用日期类型">
    <xs:restriction base="xs:string">
        <xs:length value="8"/>
    </xs:restriction>
</xs:simpleType>
<xs:simpleType name="日期类型">
    <xs:restriction base="xs:string">
        <xs:length value="8"/>
    </xs:restriction>
</xs:simpleType>
<xs:simpleType name="时间类型">
    <xs:restriction base="xs:string">
        <xs:length value="6"/>
    </xs:restriction>
</xs:simpleType>
<xs:simpleType name="汇率日期类型">
    <xs:restriction base="xs:string">
        <xs:length value="8"/>
    </xs:restriction>
</xs:simpleType>
<xs:simpleType name="汇率时间类型">
    <xs:restriction base="xs:string">
        <xs:length value="6"/>
    </xs:restriction>
</xs:simpleType>
```

```
<xs:simpleType name="汇率类型">
    <xs:restriction base="xs:double"/>
</xs:simpleType>
<xs:simpleType name="利率变动日期类型">
    <xs:restriction base="xs:string">
        <xs:length value="8"/>
    </xs:restriction>
</xs:simpleType>
<xs:simpleType name="利率类型">
    <xs:restriction base="xs:double"/>
</xs:simpleType>
<xs:simpleType name="浮动上限值类型">
    <xs:restriction base="xs:double"/>
</xs:simpleType>
<xs:simpleType name="浮动下限值类型">
    <xs:restriction base="xs:double"/>
</xs:simpleType>
<xs:simpleType name="浮动标志类型">
    <xs:restriction base="xs:string">
        <xs:length value="1"/>
        <xs:enumeration value="0"/>
        <xs:enumeration value="1"/>
        <xs:enumeration value="2"/>
    </xs:restriction>
</xs:simpleType>
<xs:simpleType name="变动日期类型">
    <xs:restriction base="xs:string">
        <xs:length value="8"/>
    </xs:restriction>
</xs:simpleType>
<xs:simpleType name="变动前内容及数值类型">
    <xs:restriction base="xs:string">
        <xs:maxLength value="200"/>
    </xs:restriction>
</xs:simpleType>
<xs:simpleType name="变动后内容及数值类型">
    <xs:restriction base="xs:string">
        <xs:maxLength value="200"/>
    </xs:restriction>
</xs:simpleType>
<xs:simpleType name="变动原因类型">
    <xs:restriction base="xs:string">
        <xs:maxLength value="200"/>
```

```
    </xs:restriction>
</xs:simpleType>
<xs:simpleType name="变动项类型">
    <xs:restriction base="xs:string">
        <xs:maxLength value="60"/>
    </xs:restriction>
</xs:simpleType>
<xs:simpleType name="个人信贷担保合同编号类型">
    <xs:restriction base="xs:string">
        <xs:maxLength value="60"/>
    </xs:restriction>
</xs:simpleType>
<xs:simpleType name="个人信贷合同编号类型">
    <xs:restriction base="xs:string">
        <xs:maxLength value="60"/>
    </xs:restriction>
</xs:simpleType>
<xs:simpleType name="担保类型类型">
    <xs:restriction base="xs:string">
        <xs:maxLength value="40"/>
    </xs:restriction>
</xs:simpleType>
<xs:simpleType name="保证形式类型">
    <xs:restriction base="xs:string">
        <xs:maxLength value="40"/>
    </xs:restriction>
</xs:simpleType>
<xs:simpleType name="保证人编号类型">
    <xs:restriction base="xs:string">
        <xs:maxLength value="60"/>
    </xs:restriction>
</xs:simpleType>
<xs:simpleType name="保证人名称类型">
    <xs:restriction base="xs:string">
        <xs:maxLength value="200"/>
    </xs:restriction>
</xs:simpleType>
<xs:simpleType name="保证人净资产类型">
    <xs:restriction base="xs:double"/>
</xs:simpleType>
<xs:simpleType name="担保起始日类型">
    <xs:restriction base="xs:string">
        <xs:length value="8"/>
```

```
        </xs:restriction>
    </xs:simpleType>
    <xs:simpleType name="担保到期日类型">
        <xs:restriction base="xs:string">
            <xs:length value="8"/>
        </xs:restriction>
    </xs:simpleType>
    <xs:simpleType name="状态标志类型">
        <xs:restriction base="xs:string">
            <xs:length value="1"/>
            <xs:enumeration value="1"/>
            <xs:enumeration value="0"/>
        </xs:restriction>
    </xs:simpleType>
    <xs:simpleType name="质或抵押物编号类型">
        <xs:restriction base="xs:string">
            <xs:maxLength value="60"/>
        </xs:restriction>
    </xs:simpleType>
    <xs:simpleType name="质或抵押物名称类型">
        <xs:restriction base="xs:string">
            <xs:maxLength value="200"/>
        </xs:restriction>
    </xs:simpleType>
    <xs:simpleType name="质或抵押物类型类型">
        <xs:restriction base="xs:string">
            <xs:maxLength value="40"/>
        </xs:restriction>
    </xs:simpleType>
    <xs:simpleType name="质或抵押物原价值类型">
        <xs:restriction base="xs:double"/>
    </xs:simpleType>
    <xs:simpleType name="建成日期类型">
        <xs:restriction base="xs:string">
            <xs:length value="8"/>
        </xs:restriction>
    </xs:simpleType>
    <xs:simpleType name="银行认定价值类型">
        <xs:restriction base="xs:double"/>
    </xs:simpleType>
    <xs:simpleType name="评估价值类型">
        <xs:restriction base="xs:double"/>
    </xs:simpleType>
```

```
<xs:simpleType name="评估日期类型">
    <xs:restriction base="xs:string">
        <xs:length value="8"/>
    </xs:restriction>
</xs:simpleType>
<xs:simpleType name="评估机构名称类型">
    <xs:restriction base="xs:string">
        <xs:maxLength value="200"/>
    </xs:restriction>
</xs:simpleType>
<xs:simpleType name="质或抵押率类型">
    <xs:restriction base="xs:double"/>
</xs:simpleType>
<xs:simpleType name="使用年限类型">
    <xs:restriction base="xs:double"/>
</xs:simpleType>
<xs:simpleType name="剩余年限类型">
    <xs:restriction base="xs:double"/>
</xs:simpleType>
<xs:simpleType name="抵押物所有权人类型">
    <xs:restriction base="xs:string">
        <xs:maxLength value="200"/>
    </xs:restriction>
</xs:simpleType>
<xs:simpleType name="抵押次数类型">
    <xs:restriction base="xs:int"/>
</xs:simpleType>
<xs:simpleType name="已抵押价值类型">
    <xs:restriction base="xs:double"/>
</xs:simpleType>
<xs:simpleType name="抵债资产标志类型">
    <xs:restriction base="xs:string">
        <xs:length value="1"/>
        <xs:enumeration value="1"/>
        <xs:enumeration value="0"/>
    </xs:restriction>
</xs:simpleType>
<xs:simpleType name="在库状态类型">
    <xs:restriction base="xs:string">
        <xs:maxLength value="20"/>
    </xs:restriction>
</xs:simpleType>
<xs:simpleType name="登记日期类型">
```

```
        <xs:restriction base="xs:string">
            <xs:length value="8"/>
        </xs:restriction>
    </xs:simpleType>
    <xs:simpleType name="登记机构类型">
        <xs:restriction base="xs:string">
            <xs:maxLength value="200"/>
        </xs:restriction>
    </xs:simpleType>
    <xs:simpleType name="借款金额类型">
        <xs:restriction base="xs:double"/>
    </xs:simpleType>
    <xs:simpleType name="借款余额类型">
        <xs:restriction base="xs:double"/>
    </xs:simpleType>
    <xs:simpleType name="贷款四级分类类型">
        <xs:restriction base="xs:string">
            <xs:length value="1"/>
            <xs:enumeration value="1"/>
            <xs:enumeration value="2"/>
            <xs:enumeration value="3"/>
            <xs:enumeration value="4"/>
        </xs:restriction>
    </xs:simpleType>
    <xs:simpleType name="贷款期限类型">
        <xs:restriction base="xs:double"/>
    </xs:simpleType>
    <xs:simpleType name="总期数类型">
        <xs:restriction base="xs:int"/>
    </xs:simpleType>
    <xs:simpleType name="贷款实际发放日期类型">
        <xs:restriction base="xs:string">
            <xs:length value="8"/>
        </xs:restriction>
    </xs:simpleType>
    <xs:simpleType name="贷款原始到期日期类型">
        <xs:restriction base="xs:string">
            <xs:length value="8"/>
        </xs:restriction>
    </xs:simpleType>
    <xs:simpleType name="终结日期类型">
        <xs:restriction base="xs:string">
            <xs:length value="8"/>
```

```
    〈/xs:restriction〉
〈/xs:simpleType〉
〈xs:simpleType name = "贷款类型类型"〉
    〈xs:restriction base = "xs:string"〉
        〈xs:maxLength value = "60"/〉
    〈/xs:restriction〉
〈/xs:simpleType〉
〈xs:simpleType name = "贷款入账账号类型"〉
    〈xs:restriction base = "xs:string"〉
        〈xs:maxLength value = "60"/〉
    〈/xs:restriction〉
〈/xs:simpleType〉
〈xs:simpleType name = "贷款用途类型"〉
    〈xs:restriction base = "xs:string"〉
        〈xs:maxLength value = "200"/〉
    〈/xs:restriction〉
〈/xs:simpleType〉
〈xs:simpleType name = "终结类型类型"〉
    〈xs:restriction base = "xs:string"〉
        〈xs:maxLength value = "100"/〉
    〈/xs:restriction〉
〈/xs:simpleType〉
〈xs:simpleType name = "贷款五级分类类型"〉
    〈xs:restriction base = "xs:string"〉
        〈xs:length value = "1"/〉
        〈xs:enumeration value = "1"/〉
        〈xs:enumeration value = "2"/〉
        〈xs:enumeration value = "3"/〉
        〈xs:enumeration value = "4"/〉
        〈xs:enumeration value = "5"/〉
    〈/xs:restriction〉
〈/xs:simpleType〉
〈xs:simpleType name = "基准利率类型"〉
    〈xs:restriction base = "xs:double"/〉
〈/xs:simpleType〉
〈xs:simpleType name = "利率浮动类型"〉
    〈xs:restriction base = "xs:double"/〉
〈/xs:simpleType〉
〈xs:simpleType name = "展期标志类型"〉
    〈xs:restriction base = "xs:string"〉
        〈xs:length value = "1"/〉
        〈xs:enumeration value = "1"/〉
        〈xs:enumeration value = "0"/〉
```

```
        </xs:restriction>
    </xs:simpleType>
    <xs:simpleType name="还款账号类型">
        <xs:restriction base="xs:string">
            <xs:maxLength value="30"/>
        </xs:restriction>
    </xs:simpleType>
    <xs:simpleType name="额度类型">
        <xs:restriction base="xs:double"/>
    </xs:simpleType>
    <xs:simpleType name="可用额度类型">
        <xs:restriction base="xs:double"/>
    </xs:simpleType>
    <xs:simpleType name="第三方客户编号类型">
        <xs:restriction base="xs:string">
            <xs:maxLength value="60"/>
        </xs:restriction>
    </xs:simpleType>
    <xs:simpleType name="第三方额度类型">
        <xs:restriction base="xs:double"/>
    </xs:simpleType>
    <xs:simpleType name="第三方可用额度类型">
        <xs:restriction base="xs:double"/>
    </xs:simpleType>
    <xs:simpleType name="贷款申请号类型">
        <xs:restriction base="xs:string">
            <xs:maxLength value="60"/>
        </xs:restriction>
    </xs:simpleType>
    <xs:simpleType name="表内欠息余额类型">
        <xs:restriction base="xs:double"/>
    </xs:simpleType>
    <xs:simpleType name="表外欠息余额类型">
        <xs:restriction base="xs:double"/>
    </xs:simpleType>
    <xs:simpleType name="计息方式类型">
        <xs:restriction base="xs:string">
            <xs:maxLength value="200"/>
        </xs:restriction>
    </xs:simpleType>
    <xs:simpleType name="贷款实际到期日期类型">
        <xs:restriction base="xs:string">
            <xs:length value="8"/>
```

```
    </xs:restriction>
</xs:simpleType>
<xs:simpleType name="交易流水号类型">
    <xs:restriction base="xs:string">
        <xs:maxLength value="60"/>
    </xs:restriction>
</xs:simpleType>
<xs:simpleType name="交易日期类型">
    <xs:restriction base="xs:string">
        <xs:length value="8"/>
    </xs:restriction>
</xs:simpleType>
<xs:simpleType name="核心交易流水号类型">
    <xs:restriction base="xs:string">
        <xs:maxLength value="60"/>
    </xs:restriction>
</xs:simpleType>
<xs:simpleType name="交易金额类型">
    <xs:restriction base="xs:double"/>
</xs:simpleType>
<xs:simpleType name="摘要类型">
    <xs:restriction base="xs:string">
        <xs:maxLength value="200"/>
    </xs:restriction>
</xs:simpleType>
<xs:simpleType name="交易标志类型">
    <xs:restriction base="xs:string">
        <xs:length value="1"/>
        <xs:enumeration value="1"/>
        <xs:enumeration value="0"/>
    </xs:restriction>
</xs:simpleType>
<xs:simpleType name="交易时间类型">
    <xs:restriction base="xs:string">
        <xs:length value="6"/>
    </xs:restriction>
</xs:simpleType>
<xs:simpleType name="房屋编号类型">
    <xs:restriction base="xs:string">
        <xs:maxLength value="60"/>
    </xs:restriction>
</xs:simpleType>
<xs:simpleType name="售房合同编号类型">
```

```
        <xs:restriction base="xs:string">
            <xs:maxLength value="60"/>
        </xs:restriction>
    </xs:simpleType>
    <xs:simpleType name="房屋地址类型">
        <xs:restriction base="xs:string">
            <xs:maxLength value="200"/>
        </xs:restriction>
    </xs:simpleType>
    <xs:simpleType name="房屋类别类型">
        <xs:restriction base="xs:string">
            <xs:maxLength value="60"/>
        </xs:restriction>
    </xs:simpleType>
    <xs:simpleType name="购房类型类型">
        <xs:restriction base="xs:string">
            <xs:maxLength value="60"/>
        </xs:restriction>
    </xs:simpleType>
    <xs:simpleType name="售房合同签订日期类型">
        <xs:restriction base="xs:string">
            <xs:length value="8"/>
        </xs:restriction>
    </xs:simpleType>
    <xs:simpleType name="交房日期类型">
        <xs:restriction base="xs:string">
            <xs:length value="8"/>
        </xs:restriction>
    </xs:simpleType>
    <xs:simpleType name="房屋建筑面积类型">
        <xs:restriction base="xs:double"/>
    </xs:simpleType>
    <xs:simpleType name="房屋单价类型">
        <xs:restriction base="xs:double"/>
    </xs:simpleType>
    <xs:simpleType name="房屋总金额类型">
        <xs:restriction base="xs:double"/>
    </xs:simpleType>
    <xs:simpleType name="首付款类型">
        <xs:restriction base="xs:double"/>
    </xs:simpleType>
    <xs:simpleType name="二手房标志类型">
        <xs:restriction base="xs:string">
```

```
            <xs:length value="1"/>
            <xs:enumeration value="1"/>
            <xs:enumeration value="0"/>
        </xs:restriction>
    </xs:simpleType>
    <xs:simpleType name="房贷代理类型">
        <xs:restriction base="xs:string">
            <xs:maxLength value="200"/>
        </xs:restriction>
    </xs:simpleType>
    <xs:simpleType name="保险单号类型">
        <xs:restriction base="xs:string">
            <xs:maxLength value="60"/>
        </xs:restriction>
    </xs:simpleType>
    <xs:simpleType name="保险公司类型">
        <xs:restriction base="xs:string">
            <xs:maxLength value="200"/>
        </xs:restriction>
    </xs:simpleType>
    <xs:simpleType name="保单类型类型">
        <xs:restriction base="xs:string">
            <xs:maxLength value="20"/>
        </xs:restriction>
    </xs:simpleType>
    <xs:simpleType name="保险类型类型">
        <xs:restriction base="xs:string">
            <xs:maxLength value="20"/>
        </xs:restriction>
    </xs:simpleType>
    <xs:simpleType name="保险到期日类型">
        <xs:restriction base="xs:string">
            <xs:length value="8"/>
        </xs:restriction>
    </xs:simpleType>
    <xs:simpleType name="保险起始日类型">
        <xs:restriction base="xs:string">
            <xs:length value="8"/>
        </xs:restriction>
    </xs:simpleType>
    <xs:simpleType name="出单日类型">
        <xs:restriction base="xs:string">
            <xs:length value="8"/>
```

```
        〈/xs：restriction〉
    〈/xs：simpleType〉
    〈xs：simpleType name = "投保金额类型"〉
        〈xs：restriction base = "xs：double"/〉
    〈/xs：simpleType〉
    〈xs：simpleType name = "预收保险费类型"〉
        〈xs：restriction base = "xs：double"/〉
    〈/xs：simpleType〉
    〈xs：simpleType name = "保险费类型"〉
        〈xs：restriction base = "xs：double"/〉
    〈/xs：simpleType〉
    〈xs：simpleType name = "手续费类型"〉
        〈xs：restriction base = "xs：double"/〉
    〈/xs：simpleType〉
    〈xs：simpleType name = "保险价值类型"〉
        〈xs：restriction base = "xs：double"/〉
    〈/xs：simpleType〉
    〈xs：simpleType name = "投保人类型"〉
        〈xs：restriction base = "xs：string"〉
            〈xs：maxLength value = "30"/〉
        〈/xs：restriction〉
    〈/xs：simpleType〉
    〈xs：simpleType name = "受益人类型"〉
        〈xs：restriction base = "xs：string"〉
            〈xs：maxLength value = "200"/〉
        〈/xs：restriction〉
    〈/xs：simpleType〉
    〈xs：simpleType name = "备注信息类型"〉
        〈xs：restriction base = "xs：string"〉
            〈xs：maxLength value = "200"/〉
        〈/xs：restriction〉
    〈/xs：simpleType〉
    〈xs：simpleType name = "楼盘编号类型"〉
        〈xs：restriction base = "xs：string"〉
            〈xs：maxLength value = "60"/〉
        〈/xs：restriction〉
    〈/xs：simpleType〉
    〈xs：simpleType name = "楼盘名称类型"〉
        〈xs：restriction base = "xs：string"〉
            〈xs：maxLength value = "60"/〉
        〈/xs：restriction〉
    〈/xs：simpleType〉
    〈xs：simpleType name = "楼盘地理位置类型"〉
```

```
        <xs:restriction base="xs:string">
            <xs:maxLength value="200"/>
        </xs:restriction>
    </xs:simpleType>
    <xs:simpleType name="开发商编号类型">
        <xs:restriction base="xs:string">
            <xs:maxLength value="60"/>
        </xs:restriction>
    </xs:simpleType>
    <xs:simpleType name="开发商名称类型">
        <xs:restriction base="xs:string">
            <xs:maxLength value="200"/>
        </xs:restriction>
    </xs:simpleType>
    <xs:simpleType name="楼盘均价类型">
        <xs:restriction base="xs:double"/>
    </xs:simpleType>
    <xs:simpleType name="容积率类型">
        <xs:restriction base="xs:double"/>
    </xs:simpleType>
    <xs:simpleType name="投资总额类型">
        <xs:restriction base="xs:double"/>
    </xs:simpleType>
    <xs:simpleType name="开工日期类型">
        <xs:restriction base="xs:string">
            <xs:length value="8"/>
        </xs:restriction>
    </xs:simpleType>
    <xs:simpleType name="竣工日期类型">
        <xs:restriction base="xs:string">
            <xs:length value="8"/>
        </xs:restriction>
    </xs:simpleType>
    <xs:simpleType name="预售许可证编号类型">
        <xs:restriction base="xs:string">
            <xs:maxLength value="60"/>
        </xs:restriction>
    </xs:simpleType>
    <xs:simpleType name="预售许可证日期类型">
        <xs:restriction base="xs:string">
            <xs:length value="8"/>
        </xs:restriction>
    </xs:simpleType>
```

```
〈xs:simpleType name = "占地面积类型"〉
    〈xs:restriction base = "xs:double"/〉
〈/xs:simpleType〉
〈xs:simpleType name = "楼盘建筑面积类型"〉
    〈xs:restriction base = "xs:double"/〉
〈/xs:simpleType〉
〈xs:simpleType name = "车辆编号类型"〉
    〈xs:restriction base = "xs:string"〉
        〈xs:maxLength value = "60"/〉
    〈/xs:restriction〉
〈/xs:simpleType〉
〈xs:simpleType name = "售车合同编号类型"〉
    〈xs:restriction base = "xs:string"〉
        〈xs:maxLength value = "60"/〉
    〈/xs:restriction〉
〈/xs:simpleType〉
〈xs:simpleType name = "车牌号码类型"〉
    〈xs:restriction base = "xs:string"〉
        〈xs:maxLength value = "20"/〉
    〈/xs:restriction〉
〈/xs:simpleType〉
〈xs:simpleType name = "车辆品牌类型"〉
    〈xs:restriction base = "xs:string"〉
        〈xs:maxLength value = "60"/〉
    〈/xs:restriction〉
〈/xs:simpleType〉
〈xs:simpleType name = "车辆类型类型"〉
    〈xs:restriction base = "xs:string"〉
        〈xs:maxLength value = "60"/〉
    〈/xs:restriction〉
〈/xs:simpleType〉
〈xs:simpleType name = "发动机号类型"〉
    〈xs:restriction base = "xs:string"〉
        〈xs:maxLength value = "60"/〉
    〈/xs:restriction〉
〈/xs:simpleType〉
〈xs:simpleType name = "车架号类型"〉
    〈xs:restriction base = "xs:string"〉
        〈xs:maxLength value = "60"/〉
    〈/xs:restriction〉
〈/xs:simpleType〉
〈xs:simpleType name = "车价总金额类型"〉
    〈xs:restriction base = "xs:double"/〉
```

```
</xs:simpleType>
<xs:simpleType name="用途类型">
    <xs:restriction base="xs:string">
        <xs:maxLength value="60"/>
    </xs:restriction>
</xs:simpleType>
<xs:simpleType name="二手车标志类型">
    <xs:restriction base="xs:string">
        <xs:length value="1"/>
        <xs:enumeration value="1"/>
        <xs:enumeration value="0"/>
    </xs:restriction>
</xs:simpleType>
<xs:simpleType name="第三方编号类型">
    <xs:restriction base="xs:string">
        <xs:maxLength value="60"/>
    </xs:restriction>
</xs:simpleType>
<xs:simpleType name="车贷代理类型">
    <xs:restriction base="xs:string">
        <xs:maxLength value="200"/>
    </xs:restriction>
</xs:simpleType>
<xs:simpleType name="对公信贷担保合同编号类型">
    <xs:restriction base="xs:string">
        <xs:maxLength value="60"/>
    </xs:restriction>
</xs:simpleType>
<xs:simpleType name="对公信贷合同编号类型">
    <xs:restriction base="xs:string">
        <xs:maxLength value="60"/>
    </xs:restriction>
</xs:simpleType>
<xs:simpleType name="贷款性质类型">
    <xs:restriction base="xs:string">
        <xs:maxLength value="60"/>
    </xs:restriction>
</xs:simpleType>
<xs:simpleType name="个人贷款账号类型">
    <xs:restriction base="xs:string">
        <xs:maxLength value="30"/>
    </xs:restriction>
</xs:simpleType>
```

```
<xs:simpleType name="营业机构号类型">
    <xs:restriction base="xs:string">
        <xs:maxLength value="60"/>
    </xs:restriction>
</xs:simpleType>
<xs:simpleType name="账户名称类型">
    <xs:restriction base="xs:string">
        <xs:maxLength value="60"/>
    </xs:restriction>
</xs:simpleType>
<xs:simpleType name="核心交易日期类型">
    <xs:restriction base="xs:string">
        <xs:length value="8"/>
    </xs:restriction>
</xs:simpleType>
<xs:simpleType name="核心交易时间类型">
    <xs:restriction base="xs:string">
        <xs:length value="6"/>
    </xs:restriction>
</xs:simpleType>
<xs:simpleType name="借贷标志类型">
    <xs:restriction base="xs:string">
        <xs:length value="1"/>
        <xs:enumeration value="1"/>
        <xs:enumeration value="2"/>
    </xs:restriction>
</xs:simpleType>
<xs:simpleType name="现转标志类型">
    <xs:restriction base="xs:string">
        <xs:length value="1"/>
        <xs:enumeration value="1"/>
        <xs:enumeration value="2"/>
    </xs:restriction>
</xs:simpleType>
<xs:simpleType name="对方账号类型">
    <xs:restriction base="xs:string">
        <xs:maxLength value="30"/>
    </xs:restriction>
</xs:simpleType>
<xs:simpleType name="对方户名类型">
    <xs:restriction base="xs:string">
        <xs:maxLength value="200"/>
    </xs:restriction>
```

```
</xs:simpleType>
<xs:simpleType name="冲补标志类型">
    <xs:restriction base="xs:string">
        <xs:length value="1"/>
        <xs:enumeration value="0"/>
        <xs:enumeration value="1"/>
        <xs:enumeration value="2"/>
    </xs:restriction>
</xs:simpleType>
<xs:simpleType name="贷款本金总额类型">
    <xs:restriction base="xs:double"/>
</xs:simpleType>
<xs:simpleType name="贷款利息总额类型">
    <xs:restriction base="xs:double"/>
</xs:simpleType>
<xs:simpleType name="当前期数类型">
    <xs:restriction base="xs:int"/>
</xs:simpleType>
<xs:simpleType name="贷款正常余额类型">
    <xs:restriction base="xs:double"/>
</xs:simpleType>
<xs:simpleType name="贷款逾期余额类型">
    <xs:restriction base="xs:double"/>
</xs:simpleType>
<xs:simpleType name="起息日期类型">
    <xs:restriction base="xs:string">
        <xs:length value="8"/>
    </xs:restriction>
</xs:simpleType>
<xs:simpleType name="开户日期类型">
    <xs:restriction base="xs:string">
        <xs:length value="8"/>
    </xs:restriction>
</xs:simpleType>
<xs:simpleType name="销户日期类型">
    <xs:restriction base="xs:string">
        <xs:length value="8"/>
    </xs:restriction>
</xs:simpleType>
<xs:simpleType name="月份类型">
    <xs:restriction base="xs:string">
        <xs:maxLength value="2"/>
        <xs:enumeration value="1"/>
```

```
        〈xs:enumeration value = "2"/〉
        〈xs:enumeration value = "3"/〉
        〈xs:enumeration value = "4"/〉
        〈xs:enumeration value = "5"/〉
        〈xs:enumeration value = "6"/〉
        〈xs:enumeration value = "7"/〉
        〈xs:enumeration value = "8"/〉
        〈xs:enumeration value = "9"/〉
        〈xs:enumeration value = "10"/〉
        〈xs:enumeration value = "11"/〉
        〈xs:enumeration value = "12"/〉
    〈/xs:restriction〉
〈/xs:simpleType〉
〈xs:simpleType name = "贷款状态类型"〉
    〈xs:restriction base = "xs:string"〉
        〈xs:maxLength value = "10"/〉
    〈/xs:restriction〉
〈/xs:simpleType〉
〈xs:simpleType name = "对公贷款账号类型"〉
    〈xs:restriction base = "xs:string"〉
        〈xs:maxLength value = "30"/〉
    〈/xs:restriction〉
〈/xs:simpleType〉
〈xs:simpleType name = "个人活期存款账号类型"〉
    〈xs:restriction base = "xs:string"〉
        〈xs:maxLength value = "30"/〉
    〈/xs:restriction〉
〈/xs:simpleType〉
〈xs:simpleType name = "账户类型类型"〉
    〈xs:restriction base = "xs:string"〉
        〈xs:maxLength value = "60"/〉
    〈/xs:restriction〉
〈/xs:simpleType〉
〈xs:simpleType name = "存款余额类型"〉
    〈xs:restriction base = "xs:double"/〉
〈/xs:simpleType〉
〈xs:simpleType name = "对方行号类型"〉
    〈xs:restriction base = "xs:string"〉
        〈xs:length value = "12"/〉
    〈/xs:restriction〉
〈/xs:simpleType〉
〈xs:simpleType name = "时间戳类型"〉
    〈xs:restriction base = "xs:string"〉
```

```
        〈xs:maxLength value = "60"/〉
    〈/xs:restriction〉
〈/xs:simpleType〉
〈xs:simpleType name = "交易柜员号类型"〉
    〈xs:restriction base = "xs:string"〉
        〈xs:maxLength value = "60"/〉
    〈/xs:restriction〉
〈/xs:simpleType〉
〈xs:simpleType name = "授权柜员号类型"〉
    〈xs:restriction base = "xs:string"〉
        〈xs:maxLength value = "60"/〉
    〈/xs:restriction〉
〈/xs:simpleType〉
〈xs:simpleType name = "个人定期存款账号类型"〉
    〈xs:restriction base = "xs:string"〉
        〈xs:maxLength value = "30"/〉
    〈/xs:restriction〉
〈/xs:simpleType〉
〈xs:simpleType name = "存款期限类型"〉
    〈xs:restriction base = "xs:double"/〉
〈/xs:simpleType〉
〈xs:simpleType name = "对公活期存款账号类型"〉
    〈xs:restriction base = "xs:string"〉
        〈xs:maxLength value = "30"/〉
    〈/xs:restriction〉
〈/xs:simpleType〉
〈xs:simpleType name = "对公定期存款账号类型"〉
    〈xs:restriction base = "xs:string"〉
        〈xs:maxLength value = "30"/〉
    〈/xs:restriction〉
〈/xs:simpleType〉
〈xs:simpleType name = "表外分户账账号类型"〉
    〈xs:restriction base = "xs:string"〉
        〈xs:maxLength value = "30"/〉
    〈/xs:restriction〉
〈/xs:simpleType〉
〈xs:simpleType name = "表外科目余额类型"〉
    〈xs:restriction base = "xs:double"/〉
〈/xs:simpleType〉
〈xs:simpleType name = "借据编号类型"〉
    〈xs:restriction base = "xs:string"〉
        〈xs:maxLength value = "60"/〉
    〈/xs:restriction〉
```

```
〈/xs:simpleType〉
〈xs:simpleType name="交易数量类型"〉
    〈xs:restriction base="xs:double"/〉
〈/xs:simpleType〉
〈xs:simpleType name="内部分户账账号类型"〉
    〈xs:restriction base="xs:string"〉
        〈xs:maxLength value="30"/〉
    〈/xs:restriction〉
〈/xs:simpleType〉
〈xs:simpleType name="计息标志类型"〉
    〈xs:restriction base="xs:string"〉
        〈xs:length value="1"/〉
        〈xs:enumeration value="1"/〉
        〈xs:enumeration value="0"/〉
    〈/xs:restriction〉
〈/xs:simpleType〉
〈xs:simpleType name="账户余额类型"〉
    〈xs:restriction base="xs:double"/〉
〈/xs:simpleType〉
〈xs:simpleType name="对方科目号类型"〉
    〈xs:restriction base="xs:string"〉
        〈xs:maxLength value="60"/〉
    〈/xs:restriction〉
〈/xs:simpleType〉
〈xs:simpleType name="客户编号类型"〉
    〈xs:restriction base="xs:string"〉
        〈xs:maxLength value="60"/〉
    〈/xs:restriction〉
〈/xs:simpleType〉
〈xs:simpleType name="账户状态类型"〉
    〈xs:restriction base="xs:string"〉
        〈xs:maxLength value="60"/〉
    〈/xs:restriction〉
〈/xs:simpleType〉
〈xs:simpleType name="期初原币余额类型"〉
    〈xs:restriction base="xs:double"/〉
〈/xs:simpleType〉
〈xs:simpleType name="期初本币余额类型"〉
    〈xs:restriction base="xs:double"/〉
〈/xs:simpleType〉
〈xs:simpleType name="本期借方原币金额类型"〉
    〈xs:restriction base="xs:double"/〉
〈/xs:simpleType〉
```

```
<xs:simpleType name="本期贷方原币金额类型">
    <xs:restriction base="xs:double"/>
</xs:simpleType>
<xs:simpleType name="本期借方本币金额类型">
    <xs:restriction base="xs:double"/>
</xs:simpleType>
<xs:simpleType name="本期贷方本币金额类型">
    <xs:restriction base="xs:double"/>
</xs:simpleType>
<xs:simpleType name="借方原币金额类型">
    <xs:restriction base="xs:double"/>
</xs:simpleType>
<xs:simpleType name="借方本币金额类型">
    <xs:restriction base="xs:double"/>
</xs:simpleType>
<xs:simpleType name="贷方原币金额类型">
    <xs:restriction base="xs:double"/>
</xs:simpleType>
<xs:simpleType name="贷方本币金额类型">
    <xs:restriction base="xs:double"/>
</xs:simpleType>
<xs:simpleType name="期末原币余额类型">
    <xs:restriction base="xs:double"/>
</xs:simpleType>
<xs:simpleType name="期末本币余额类型">
    <xs:restriction base="xs:double"/>
</xs:simpleType>
<xs:simpleType name="发生日期类型">
    <xs:restriction base="xs:string">
        <xs:length value="8"/>
    </xs:restriction>
</xs:simpleType>
<xs:simpleType name="总账凭证日期类型">
    <xs:restriction base="xs:string">
        <xs:length value="8"/>
    </xs:restriction>
</xs:simpleType>
<xs:simpleType name="总账凭证编号类型">
    <xs:restriction base="xs:string">
        <xs:maxLength value="60"/>
    </xs:restriction>
</xs:simpleType>
<xs:simpleType name="总账凭证行号类型">
```

```
        <xs:restriction base="xs:string">
            <xs:maxLength value="5"/>
        </xs:restriction>
    </xs:simpleType>
    <xs:simpleType name="总账凭证摘要类型">
        <xs:restriction base="xs:string">
            <xs:maxLength value="300"/>
        </xs:restriction>
    </xs:simpleType>
    <xs:simpleType name="附件数类型">
        <xs:restriction base="xs:int"/>
    </xs:simpleType>
    <xs:simpleType name="制单人类型">
        <xs:restriction base="xs:string">
            <xs:maxLength value="30"/>
        </xs:restriction>
    </xs:simpleType>
    <xs:simpleType name="审核人类型">
        <xs:restriction base="xs:string">
            <xs:maxLength value="30"/>
        </xs:restriction>
    </xs:simpleType>
    <xs:simpleType name="记账人类型">
        <xs:restriction base="xs:string">
            <xs:maxLength value="30"/>
        </xs:restriction>
    </xs:simpleType>
    <xs:simpleType name="记账标志类型">
        <xs:restriction base="xs:string">
            <xs:length value="1"/>
        </xs:restriction>
    </xs:simpleType>
    <xs:simpleType name="作废标志类型">
        <xs:restriction base="xs:string">
            <xs:length value="1"/>
        </xs:restriction>
    </xs:simpleType>
    <xs:simpleType name="报表编号类型">
        <xs:restriction base="xs:string">
            <xs:maxLength value="20"/>
        </xs:restriction>
    </xs:simpleType>
    <xs:simpleType name="报表名称类型">
```

```
        <xs:restriction base="xs:string">
            <xs:maxLength value="60"/>
        </xs:restriction>
    </xs:simpleType>
    <xs:simpleType name="报表报告日类型">
        <xs:restriction base="xs:string">
            <xs:length value="8"/>
        </xs:restriction>
    </xs:simpleType>
    <xs:simpleType name="报表报告期类型">
        <xs:restriction base="xs:string">
            <xs:maxLength value="6"/>
        </xs:restriction>
    </xs:simpleType>
    <xs:simpleType name="编制单位类型">
        <xs:restriction base="xs:string">
            <xs:maxLength value="200"/>
        </xs:restriction>
    </xs:simpleType>
    <xs:simpleType name="货币单位类型">
        <xs:restriction base="xs:string">
            <xs:maxLength value="30"/>
        </xs:restriction>
    </xs:simpleType>
    <xs:simpleType name="报表项编号类型">
        <xs:restriction base="xs:string">
            <xs:maxLength value="20"/>
        </xs:restriction>
    </xs:simpleType>
    <xs:simpleType name="报表项名称类型">
        <xs:restriction base="xs:string">
            <xs:maxLength value="200"/>
        </xs:restriction>
    </xs:simpleType>
    <xs:simpleType name="报表项公式类型">
        <xs:restriction base="xs:string">
            <xs:maxLength value="2000"/>
        </xs:restriction>
    </xs:simpleType>
    <xs:simpleType name="报表项数值类型">
        <xs:restriction base="xs:double"/>
    </xs:simpleType>
</xs:schema>
```

A.2 公共基础档案类 XML 大纲(Schema)

```
<?xml version = "1.0" encoding = "UTF-8"?>
<xs:schema xmlns:xs = "http://www.w3.org/2001/XMLSchema" xmlns:银行
 = "http://sxbw.audit.gov.cn/AccountingSoftwareDataInterfaceStandard/2010/Bank/XMLSchema"
xmlns = "http://sxbw.audit.gov.cn/AccountingSoftwareDataInterfaceStandard/2010/Bank/XMLSchema"
targetNamespace = "http://sxbw.audit.gov.cn/AccountingSoftwareDataInterfaceStandard/2010/
Bank/XMLSchema"
elementFormDefault = "qualified" attributeFormDefault = "unqualified">
    <xs:include schemaLocation = "标准数据元素类型.xsd"/>
    <xs:element name = "公共基础信息">
        <xs:complexType>
            <xs:sequence>
                <xs:element name = "基本信息" minOccurs = "0">
                    <xs:complexType>
                        <xs:sequence>
                            <xs:element ref = "账务核算单位信息档案"/>
                            <xs:element ref = "商业银行机构档案"/>
                            <xs:element ref = "币种档案"/>
                        </xs:sequence>
                        <xs:attribute ref = "locID" use = "optional" fixed = "G0101"/>
                    </xs:complexType>
                </xs:element>
                <xs:element name = "核心系统" minOccurs = "0">
                    <xs:complexType>
                        <xs:sequence>
                            <xs:element ref = "对公客户统一编号档案" minOccurs = "0"/>
                            <xs:element ref = "个人客户统一编号档案" minOccurs = "0"/>
                            <xs:element ref = "柜员统一编号档案" minOccurs = "0"/>
                            <xs:element ref = "个人客户档案" minOccurs = "0"/>
                            <xs:element ref = "个人客户关系档案" minOccurs = "0"/>
                            <xs:element ref = "对公客户档案" minOccurs = "0"/>
                            <xs:element ref = "会计科目编号规则档案" minOccurs = "0"/>
                            <xs:element ref = "表内会计科目档案" minOccurs = "0"/>
                            <xs:element ref = "表外会计科目档案" minOccurs = "0"/>
                            <xs:element ref = "对公信贷借据统一编号档案" minOccurs = "0"/>
                            <xs:element ref = "个人信贷借据统一编号档案" minOccurs = "0"/>
                            <xs:element ref = "还款方式档案" minOccurs = "0"/>
                            <xs:element ref = "交易类型档案" minOccurs = "0"/>
                            <xs:element ref = "信用等级档案" minOccurs = "0"/>
                            <xs:element ref = "汇率档案" minOccurs = "0"/>
                            <xs:element ref = "利率档案" minOccurs = "0"/>
                        </xs:sequence>
```

```
                <xs:attribute ref="locID" use="optional" fixed="G0102"/>
            </xs:complexType>
        </xs:element>
        <xs:element name="财务系统" minOccurs="0">
            <xs:complexType>
                <xs:sequence>
                    <xs:element ref="会计期间档案"/>
                    <xs:element ref="会计科目编号规则档案"/>
                    <xs:element ref="表内会计科目档案"/>
                    <xs:element ref="表外会计科目档案"/>
                </xs:sequence>
                <xs:attribute ref="locID" use="optional" fixed="G0103"/>
            </xs:complexType>
        </xs:element>
    </xs:sequence>
    <xs:attribute ref="locID" use="optional" fixed="S01"/>
  </xs:complexType>
</xs:element>
<xs:element name="账务核算单位信息档案">
  <xs:complexType>
    <xs:sequence>
        <xs:element ref="账务核算单位信息"/>
    </xs:sequence>
    <xs:attribute ref="locID" use="optional" fixed="T0101"/>
  </xs:complexType>
</xs:element>
<xs:element name="账务核算单位信息">
  <xs:complexType>
    <xs:sequence>
        <xs:element name="账务核算单位编号">
            <xs:complexType>
                <xs:simpleContent>
                    <xs:extension base="账务核算单位编号类型">
                        <xs:attribute ref="locID" use="optional" fixed="010101"/>
                    </xs:extension>
                </xs:simpleContent>
            </xs:complexType>
        </xs:element>
        <xs:element name="账务核算单位名称">
            <xs:complexType>
                <xs:simpleContent>
                    <xs:extension base="账务核算单位名称类型">
                        <xs:attribute ref="locID" use="optional" fixed="010102"/>
```

```
                </xs:extension>
            </xs:simpleContent>
        </xs:complexType>
    </xs:element>
    <xs:element name="组织机构代码">
        <xs:complexType>
            <xs:simpleContent>
                <xs:extension base="组织机构代码类型">
                    <xs:attribute ref="locID" use="optional" fixed="010103"/>
                </xs:extension>
            </xs:simpleContent>
        </xs:complexType>
    </xs:element>
    <xs:element name="单位性质">
        <xs:complexType>
            <xs:simpleContent>
                <xs:extension base="单位性质类型">
                    <xs:attribute ref="locID" use="optional" fixed="010104"/>
                </xs:extension>
            </xs:simpleContent>
        </xs:complexType>
    </xs:element>
    <xs:element name="行业">
        <xs:complexType>
            <xs:simpleContent>
                <xs:extension base="行业类型">
                    <xs:attribute ref="locID" use="optional" fixed="010105"/>
                </xs:extension>
            </xs:simpleContent>
        </xs:complexType>
    </xs:element>
    <xs:element name="开发单位">
        <xs:complexType>
            <xs:simpleContent>
                <xs:extension base="开发单位类型">
                    <xs:attribute ref="locID" use="optional" fixed="010106"/>
                </xs:extension>
            </xs:simpleContent>
        </xs:complexType>
    </xs:element>
    <xs:element name="版本号">
        <xs:complexType>
            <xs:simpleContent>
```

```
                    <xs:extension base="版本号类型">
                        <xs:attribute ref="locID" use="optional" fixed="010107"/>
                    </xs:extension>
                </xs:simpleContent>
            </xs:complexType>
        </xs:element>
        <xs:element name="本位币">
            <xs:complexType>
                <xs:simpleContent>
                    <xs:extension base="本位币类型">
                        <xs:attribute ref="locID" use="optional" fixed="010108"/>
                    </xs:extension>
                </xs:simpleContent>
            </xs:complexType>
        </xs:element>
        <xs:element name="会计年度">
            <xs:complexType>
                <xs:simpleContent>
                    <xs:extension base="会计年度类型">
                        <xs:attribute ref="locID" use="optional" fixed="010109"/>
                    </xs:extension>
                </xs:simpleContent>
            </xs:complexType>
        </xs:element>
        <xs:element name="标准版本号">
            <xs:complexType>
                <xs:simpleContent>
                    <xs:extension base="标准版本号类型">
                        <xs:attribute ref="locID" use="optional" fixed="010110"/>
                    </xs:extension>
                </xs:simpleContent>
            </xs:complexType>
        </xs:element>
    </xs:sequence>
    <xs:attribute ref="locID" use="optional" fixed="R0101"/>
  </xs:complexType>
</xs:element>
<xs:element name="商业银行机构档案">
    <xs:complexType>
        <xs:sequence>
            <xs:element ref="商业银行机构" maxOccurs="unbounded"/>
        </xs:sequence>
        <xs:attribute ref="locID" use="optional" fixed="T0102"/>
```

```
        </xs:complexType>
    </xs:element>
    <xs:element name="商业银行机构">
        <xs:complexType>
            <xs:sequence>
                <xs:element name="银行机构编号">
                    <xs:complexType>
                        <xs:simpleContent>
                            <xs:extension base="银行机构编号类型">
                                <xs:attribute ref="locID" use="optional" fixed="010201"/>
                            </xs:extension>
                        </xs:simpleContent>
                    </xs:complexType>
                </xs:element>
                <xs:element name="银行机构名称">
                    <xs:complexType>
                        <xs:simpleContent>
                            <xs:extension base="银行机构名称类型">
                                <xs:attribute ref="locID" use="optional" fixed="010202"/>
                            </xs:extension>
                        </xs:simpleContent>
                    </xs:complexType>
                </xs:element>
                <xs:element name="上级银行机构编号" minOccurs="0">
                    <xs:complexType>
                        <xs:simpleContent>
                            <xs:extension base="上级银行机构编号类型">
                                <xs:attribute ref="locID" use="optional" fixed="010203"/>
                            </xs:extension>
                        </xs:simpleContent>
                    </xs:complexType>
                </xs:element>
                <xs:element name="支付系统行号" minOccurs="0">
                    <xs:complexType>
                        <xs:simpleContent>
                            <xs:extension base="支付系统行号类型">
                                <xs:attribute ref="locID" use="optional" fixed="010204"/>
                            </xs:extension>
                        </xs:simpleContent>
                    </xs:complexType>
                </xs:element>
                <xs:element name="电子联行行号" minOccurs="0">
                    <xs:complexType>
```

```
                <xs:simpleContent>
                    <xs:extension base="电子联行行号类型">
                        <xs:attribute ref="locID" use="optional" fixed="010205"/>
                    </xs:extension>
                </xs:simpleContent>
            </xs:complexType>
        </xs:element>
        <xs:element name="级别">
            <xs:complexType>
                <xs:simpleContent>
                    <xs:extension base="级别类型">
                        <xs:attribute ref="locID" use="optional" fixed="010206"/>
                    </xs:extension>
                </xs:simpleContent>
            </xs:complexType>
        </xs:element>
    </xs:sequence>
    <xs:attribute ref="locID" use="optional" fixed="R0102"/>
  </xs:complexType>
</xs:element>
<xs:element name="币种档案">
  <xs:complexType>
    <xs:sequence>
        <xs:element ref="币种" maxOccurs="unbounded"/>
    </xs:sequence>
    <xs:attribute ref="locID" use="optional" fixed="T0103"/>
  </xs:complexType>
</xs:element>
<xs:element name="币种">
  <xs:complexType>
    <xs:sequence>
        <xs:element name="币种编码">
            <xs:complexType>
                <xs:simpleContent>
                    <xs:extension base="币种编码类型">
                        <xs:attribute ref="locID" use="optional" fixed="010301"/>
                    </xs:extension>
                </xs:simpleContent>
            </xs:complexType>
        </xs:element>
        <xs:element name="币种名称">
            <xs:complexType>
                <xs:simpleContent>
```

```
                        <xs:extension base="币种名称类型">
                            <xs:attribute ref="locID" use="optional" fixed="010302"/>
                        </xs:extension>
                    </xs:simpleContent>
                </xs:complexType>
            </xs:element>
            <xs:element name="币种英文名称" minOccurs="0">
                <xs:complexType>
                    <xs:simpleContent>
                        <xs:extension base="币种英文名称类型">
                            <xs:attribute ref="locID" use="optional" fixed="010303"/>
                        </xs:extension>
                    </xs:simpleContent>
                </xs:complexType>
            </xs:element>
        </xs:sequence>
        <xs:attribute ref="locID" use="optional" fixed="R0103"/>
    </xs:complexType>
</xs:element>
<xs:element name="还款方式档案">
    <xs:complexType>
        <xs:sequence>
            <xs:element ref="还款方式" maxOccurs="unbounded"/>
        </xs:sequence>
        <xs:attribute ref="locID" use="optional" fixed="T0104"/>
    </xs:complexType>
</xs:element>
<xs:element name="还款方式">
    <xs:complexType>
        <xs:sequence>
            <xs:element name="还款方式代码">
                <xs:complexType>
                    <xs:simpleContent>
                        <xs:extension base="还款方式代码类型">
                            <xs:attribute ref="locID" use="optional" fixed="010401"/>
                        </xs:extension>
                    </xs:simpleContent>
                </xs:complexType>
            </xs:element>
            <xs:element name="还款方式名称">
                <xs:complexType>
                    <xs:simpleContent>
                        <xs:extension base="还款方式名称类型">
```

```
                        <xs:attribute ref="locID" use="optional" fixed="010402"/>
                    </xs:extension>
                </xs:simpleContent>
            </xs:complexType>
        </xs:element>
    </xs:sequence>
    <xs:attribute ref="locID" use="optional" fixed="R0104"/>
</xs:complexType>
</xs:element>
<xs:element name="交易类型档案">
    <xs:complexType>
        <xs:sequence>
            <xs:element ref="交易类型" maxOccurs="unbounded"/>
        </xs:sequence>
        <xs:attribute ref="locID" use="optional" fixed="T0105"/>
    </xs:complexType>
</xs:element>
<xs:element name="交易类型">
    <xs:complexType>
        <xs:sequence>
            <xs:element name="交易代码">
                <xs:complexType>
                    <xs:simpleContent>
                        <xs:extension base="交易代码类型">
                            <xs:attribute ref="locID" use="optional" fixed="010501"/>
                        </xs:extension>
                    </xs:simpleContent>
                </xs:complexType>
            </xs:element>
            <xs:element name="交易名称">
                <xs:complexType>
                    <xs:simpleContent>
                        <xs:extension base="交易名称类型">
                            <xs:attribute ref="locID" use="optional" fixed="010502"/>
                        </xs:extension>
                    </xs:simpleContent>
                </xs:complexType>
            </xs:element>
            <xs:element name="交易描述" minOccurs="0">
                <xs:complexType>
                    <xs:simpleContent>
                        <xs:extension base="交易描述类型">
                            <xs:attribute ref="locID" use="optional" fixed="010503"/>
```

```
                        </xs:extension>
                    </xs:simpleContent>
                </xs:complexType>
            </xs:element>
            <xs:element name="交易系统">
                <xs:complexType>
                    <xs:simpleContent>
                        <xs:extension base="交易系统类型">
                            <xs:attribute ref="locID" use="optional" fixed="010504"/>
                        </xs:extension>
                    </xs:simpleContent>
                </xs:complexType>
            </xs:element>
        </xs:sequence>
        <xs:attribute ref="locID" use="optional" fixed="R0105"/>
    </xs:complexType>
</xs:element>
<xs:element name="表内会计科目档案">
    <xs:complexType>
        <xs:sequence>
            <xs:element ref="表内会计科目" maxOccurs="unbounded"/>
        </xs:sequence>
        <xs:attribute ref="locID" use="optional" fixed="T0108"/>
    </xs:complexType>
</xs:element>
<xs:element name="表内会计科目">
    <xs:complexType>
        <xs:sequence>
            <xs:element name="科目编号">
                <xs:complexType>
                    <xs:simpleContent>
                        <xs:extension base="科目编号类型">
                            <xs:attribute ref="locID" use="optional" fixed="010801"/>
                        </xs:extension>
                    </xs:simpleContent>
                </xs:complexType>
            </xs:element>
            <xs:element name="科目名称">
                <xs:complexType>
                    <xs:simpleContent>
                        <xs:extension base="科目名称类型">
                            <xs:attribute ref="locID" use="optional" fixed="010802"/>
                        </xs:extension>
```

```
        </xs:simpleContent>
    </xs:complexType>
</xs:element>
<xs:element name="科目级次">
    <xs:complexType>
        <xs:simpleContent>
            <xs:extension base="科目级次类型">
                <xs:attribute ref="locID" use="optional" fixed="010803"/>
            </xs:extension>
        </xs:simpleContent>
    </xs:complexType>
</xs:element>
<xs:element name="科目类型">
    <xs:complexType>
        <xs:simpleContent>
            <xs:extension base="科目类型类型">
                <xs:attribute ref="locID" use="optional" fixed="010804"/>
            </xs:extension>
        </xs:simpleContent>
    </xs:complexType>
</xs:element>
<xs:element name="余额方向" minOccurs="0">
    <xs:complexType>
        <xs:simpleContent>
            <xs:extension base="余额方向类型">
                <xs:attribute ref="locID" use="optional" fixed="010805"/>
            </xs:extension>
        </xs:simpleContent>
    </xs:complexType>
</xs:element>
<xs:element name="科目启用日期">
    <xs:complexType>
        <xs:simpleContent>
            <xs:extension base="科目启用日期类型">
                <xs:attribute ref="locID" use="optional" fixed="010806"/>
            </xs:extension>
        </xs:simpleContent>
    </xs:complexType>
</xs:element>
<xs:element name="科目停用日期" minOccurs="0">
    <xs:complexType>
        <xs:simpleContent>
            <xs:extension base="科目停用日期类型">
```

```
                                        〈xs:attribute ref = "locID" use = "optional" fixed = "010807"/〉
                                    〈/xs:extension〉
                                〈/xs:simpleContent〉
                            〈/xs:complexType〉
                        〈/xs:element〉
                    〈/xs:sequence〉
                    〈xs:attribute ref = "locID" use = "optional" fixed = "R0108"/〉
                〈/xs:complexType〉
            〈/xs:element〉
            〈xs:element name = "会计科目编号规则档案"〉
                〈xs:complexType〉
                    〈xs:sequence〉
                        〈xs:element name = "会计科目编号规则"〉
                            〈xs:complexType〉
                                〈xs:simpleContent〉
                                    〈xs:extension base = "会计科目编号规则类型"〉
                                        〈xs:attribute ref = "locID" use = "optional" fixed = "010601"/〉
                                    〈/xs:extension〉
                                〈/xs:simpleContent〉
                            〈/xs:complexType〉
                        〈/xs:element〉
                    〈/xs:sequence〉
                    〈xs:attribute ref = "locID" use = "optional" fixed = "T0106"/〉
                〈/xs:complexType〉
            〈/xs:element〉
            〈xs:element name = "会计科目编号规则"〉
                〈xs:complexType〉
                    〈xs:sequence〉
                        〈xs:element name = "会计科目编号规则"〉
                            〈xs:complexType〉
                                〈xs:simpleContent〉
                                    〈xs:extension base = "会计科目编号规则类型"〉
                                        〈xs:attribute ref = "locID" use = "optional" fixed = "010802"/〉
                                    〈/xs:extension〉
                                〈/xs:simpleContent〉
                            〈/xs:complexType〉
                        〈/xs:element〉
                    〈/xs:sequence〉
                    〈xs:attribute ref = "locID" use = "optional" fixed = "R0108"/〉
                〈/xs:complexType〉
            〈/xs:element〉
            〈xs:element name = "会计期间档案"〉
                〈xs:complexType〉
```

```
        <xs:sequence>
            <xs:element ref="会计期间" maxOccurs="unbounded"/>
        </xs:sequence>
        <xs:attribute ref="locID" use="optional" fixed="T0107"/>
    </xs:complexType>
</xs:element>
<xs:element name="会计期间">
    <xs:complexType>
        <xs:sequence>
            <xs:element name="会计年度">
                <xs:complexType>
                    <xs:simpleContent>
                        <xs:extension base="会计年度类型">
                            <xs:attribute ref="locID" use="optional" fixed="010109"/>
                        </xs:extension>
                    </xs:simpleContent>
                </xs:complexType>
            </xs:element>
            <xs:element name="会计期间起始日期">
                <xs:complexType>
                    <xs:simpleContent>
                        <xs:extension base="会计期间起始日期类型">
                            <xs:attribute ref="locID" use="optional" fixed="010701"/>
                        </xs:extension>
                    </xs:simpleContent>
                </xs:complexType>
            </xs:element>
            <xs:element name="会计期间结束日期">
                <xs:complexType>
                    <xs:simpleContent>
                        <xs:extension base="会计期间结束日期类型">
                            <xs:attribute ref="locID" use="optional" fixed="010702"/>
                        </xs:extension>
                    </xs:simpleContent>
                </xs:complexType>
            </xs:element>
            <xs:element name="会计期间号">
                <xs:complexType>
                    <xs:simpleContent>
                        <xs:extension base="会计期间号类型">
                            <xs:attribute ref="locID" use="optional" fixed="010703"/>
                        </xs:extension>
                    </xs:simpleContent>
```

```
                        </xs:complexType>
                    </xs:element>
                </xs:sequence>
                <xs:attribute ref="locID" use="optional" fixed="R0107"/>
            </xs:complexType>
        </xs:element>
        <xs:element name="表外会计科目档案">
            <xs:complexType>
                <xs:sequence>
                    <xs:element ref="表外会计科目" maxOccurs="unbounded"/>
                </xs:sequence>
                <xs:attribute ref="locID" use="optional" fixed="T0109"/>
            </xs:complexType>
        </xs:element>
        <xs:element name="表外会计科目">
            <xs:complexType>
                <xs:sequence>
                    <xs:element name="科目编号">
                        <xs:complexType>
                            <xs:simpleContent>
                                <xs:extension base="科目编号类型">
                                    <xs:attribute ref="locID" use="optional" fixed="010801"/>
                                </xs:extension>
                            </xs:simpleContent>
                        </xs:complexType>
                    </xs:element>
                    <xs:element name="科目名称">
                        <xs:complexType>
                            <xs:simpleContent>
                                <xs:extension base="科目名称类型">
                                    <xs:attribute ref="locID" use="optional" fixed="010802"/>
                                </xs:extension>
                            </xs:simpleContent>
                        </xs:complexType>
                    </xs:element>
                    <xs:element name="科目级次">
                        <xs:complexType>
                            <xs:simpleContent>
                                <xs:extension base="科目级次类型">
                                    <xs:attribute ref="locID" use="optional" fixed="010803"/>
                                </xs:extension>
                            </xs:simpleContent>
                        </xs:complexType>
```

```
</xs:element>
<xs:element name="科目类型">
    <xs:complexType>
        <xs:simpleContent>
            <xs:extension base="科目类型类型">
                <xs:attribute ref="locID" use="optional" fixed="010804"/>
            </xs:extension>
        </xs:simpleContent>
    </xs:complexType>
</xs:element>
<xs:element name="表外科目计量单位" minOccurs="0">
    <xs:complexType>
        <xs:simpleContent>
            <xs:extension base="表外科目计量单位类型">
                <xs:attribute ref="locID" use="optional" fixed="010901"/>
            </xs:extension>
        </xs:simpleContent>
    </xs:complexType>
</xs:element>
<xs:element name="余额方向" minOccurs="0">
    <xs:complexType>
        <xs:simpleContent>
            <xs:extension base="余额方向类型">
                <xs:attribute ref="locID" use="optional" fixed="010805"/>
            </xs:extension>
        </xs:simpleContent>
    </xs:complexType>
</xs:element>
<xs:element name="科目启用日期">
    <xs:complexType>
        <xs:simpleContent>
            <xs:extension base="科目启用日期类型">
                <xs:attribute ref="locID" use="optional" fixed="010806"/>
            </xs:extension>
        </xs:simpleContent>
    </xs:complexType>
</xs:element>
<xs:element name="科目停用日期" minOccurs="0">
    <xs:complexType>
        <xs:simpleContent>
            <xs:extension base="科目停用日期类型">
                <xs:attribute ref="locID" use="optional" fixed="010807"/>
            </xs:extension>
```

```
                    </xs:simpleContent>
                </xs:complexType>
            </xs:element>
        </xs:sequence>
        <xs:attribute ref="locID" use="optional" fixed="R0109"/>
    </xs:complexType>
</xs:element>
<xs:element name="个人客户统一编号档案">
    <xs:complexType>
        <xs:sequence>
            <xs:element ref="个人客户统一编号" maxOccurs="unbounded"/>
        </xs:sequence>
        <xs:attribute ref="locID" use="optional" fixed="T0111"/>
    </xs:complexType>
</xs:element>
<xs:element name="个人客户统一编号">
    <xs:complexType>
        <xs:sequence>
            <xs:element name="个人客户统一编号">
                <xs:complexType>
                    <xs:simpleContent>
                        <xs:extension base="个人客户统一编号类型">
                            <xs:attribute ref="locID" use="optional" fixed="011101"/>
                        </xs:extension>
                    </xs:simpleContent>
                </xs:complexType>
            </xs:element>
            <xs:element name="个人信贷业务系统客户编号" minOccurs="0">
                <xs:complexType>
                    <xs:simpleContent>
                        <xs:extension base="个人信贷业务系统客户编号类型">
                            <xs:attribute ref="locID" use="optional" fixed="011102"/>
                        </xs:extension>
                    </xs:simpleContent>
                </xs:complexType>
            </xs:element>
            <xs:element name="个人信贷核心系统客户编号" minOccurs="0">
                <xs:complexType>
                    <xs:simpleContent>
                        <xs:extension base="个人信贷核心系统客户编号类型">
                            <xs:attribute ref="locID" use="optional" fixed="011103"/>
                        </xs:extension>
                    </xs:simpleContent>
```

```
            </xs:complexType>
        </xs:element>
        <xs:element name="个人存款核心系统客户编号" minOccurs="0">
            <xs:complexType>
                <xs:simpleContent>
                    <xs:extension base="个人存款核心系统客户编号类型">
                        <xs:attribute ref="locID" use="optional" fixed="011104"/>
                    </xs:extension>
                </xs:simpleContent>
            </xs:complexType>
        </xs:element>
    </xs:sequence>
    <xs:attribute ref="locID" use="optional" fixed="R0111"/>
  </xs:complexType>
</xs:element>
<xs:element name="对公客户统一编号档案">
  <xs:complexType>
    <xs:sequence>
        <xs:element ref="对公客户统一编号" maxOccurs="unbounded"/>
    </xs:sequence>
    <xs:attribute ref="locID" use="optional" fixed="T0110"/>
  </xs:complexType>
</xs:element>
<xs:element name="对公客户统一编号">
  <xs:complexType>
    <xs:sequence>
        <xs:element name="公司客户统一编号">
            <xs:complexType>
                <xs:simpleContent>
                    <xs:extension base="公司客户统一编号类型">
                        <xs:attribute ref="locID" use="optional" fixed="011001"/>
                    </xs:extension>
                </xs:simpleContent>
            </xs:complexType>
        </xs:element>
        <xs:element name="对公信贷业务系统客户编号" minOccurs="0">
            <xs:complexType>
                <xs:simpleContent>
                    <xs:extension base="对公信贷业务系统客户编号类型">
                        <xs:attribute ref="locID" use="optional" fixed="011002"/>
                    </xs:extension>
                </xs:simpleContent>
            </xs:complexType>
```

```
                    〈/xs:element〉
                    〈xs:element name="对公信贷核心系统客户编号" minOccurs="0"〉
                        〈xs:complexType〉
                            〈xs:simpleContent〉
                                〈xs:extension base="对公信贷核心系统客户编号类型"〉
                                    〈xs:attribute ref="locID" use="optional" fixed="011003"/〉
                                〈/xs:extension〉
                            〈/xs:simpleContent〉
                        〈/xs:complexType〉
                    〈/xs:element〉
                    〈xs:element name="对公存款核心系统客户编号" minOccurs="0"〉
                        〈xs:complexType〉
                            〈xs:simpleContent〉
                                〈xs:extension base="对公存款核心系统客户编号类型"〉
                                    〈xs:attribute ref="locID" use="optional" fixed="011004"/〉
                                〈/xs:extension〉
                            〈/xs:simpleContent〉
                        〈/xs:complexType〉
                    〈/xs:element〉
                    〈xs:element name="第三方客户编号" minOccurs="0"〉
                        〈xs:complexType〉
                            〈xs:simpleContent〉
                                〈xs:extension base="第三方客户编号类型"〉
                                    〈xs:attribute ref="locID" use="optional" fixed="011005"/〉
                                〈/xs:extension〉
                            〈/xs:simpleContent〉
                        〈/xs:complexType〉
                    〈/xs:element〉
                〈/xs:sequence〉
                〈xs:attribute ref="locID" use="optional" fixed="R0110"/〉
            〈/xs:complexType〉
        〈/xs:element〉
        〈xs:element name="个人信贷借据统一编号档案"〉
            〈xs:complexType〉
                〈xs:sequence〉
                    〈xs:element ref="个人信贷借据统一编号" maxOccurs="unbounded"/〉
                〈/xs:sequence〉
                〈xs:attribute ref="locID" use="optional" fixed="T0120"/〉
            〈/xs:complexType〉
        〈/xs:element〉
        〈xs:element name="个人信贷借据统一编号"〉
            〈xs:complexType〉
                〈xs:sequence〉
```

```
        〈xs:element name = "个人信贷借据统一编号"〉
            〈xs:complexType〉
                〈xs:simpleContent〉
                    〈xs:extension base = "个人信贷借据统一编号类型"〉
                        〈xs:attribute ref = "locID" use = "optional" fixed = "012001"/〉
                    〈/xs:extension〉
                〈/xs:simpleContent〉
            〈/xs:complexType〉
        〈/xs:element〉
        〈xs:element name = "个人信贷业务系统借据编号" minOccurs = "0"〉
            〈xs:complexType〉
                〈xs:simpleContent〉
                    〈xs:extension base = "个人信贷业务系统借据编号类型"〉
                        〈xs:attribute ref = "locID" use = "optional" fixed = "012002"/〉
                    〈/xs:extension〉
                〈/xs:simpleContent〉
            〈/xs:complexType〉
        〈/xs:element〉
        〈xs:element name = "个人信贷核心系统借据编号" minOccurs = "0"〉
            〈xs:complexType〉
                〈xs:simpleContent〉
                    〈xs:extension base = "个人信贷核心系统借据编号类型"〉
                        〈xs:attribute ref = "locID" use = "optional" fixed = "012003"/〉
                    〈/xs:extension〉
                〈/xs:simpleContent〉
            〈/xs:complexType〉
        〈/xs:element〉
    〈/xs:sequence〉
    〈xs:attribute ref = "locID" use = "optional" fixed = "R0120"/〉
  〈/xs:complexType〉
〈/xs:element〉
〈xs:element name = "对公信贷借据统一编号档案"〉
  〈xs:complexType〉
    〈xs:sequence〉
        〈xs:element ref = "对公信贷借据统一编号" maxOccurs = "unbounded"/〉
    〈/xs:sequence〉
    〈xs:attribute ref = "locID" use = "optional" fixed = "T0117"/〉
  〈/xs:complexType〉
〈/xs:element〉
〈xs:element name = "对公信贷借据统一编号"〉
  〈xs:complexType〉
    〈xs:sequence〉
        〈xs:element name = "对公信贷借据统一编号"〉
```

```
                    <xs:complexType>
                        <xs:simpleContent>
                            <xs:extension base="对公信贷借据统一编号类型">
                                <xs:attribute ref="locID" use="optional" fixed="011701"/>
                            </xs:extension>
                        </xs:simpleContent>
                    </xs:complexType>
                </xs:element>
                <xs:element name="对公信贷业务系统借据编号" minOccurs="0">
                    <xs:complexType>
                        <xs:simpleContent>
                            <xs:extension base="对公信贷业务系统借据编号类型">
                                <xs:attribute ref="locID" use="optional" fixed="011702"/>
                            </xs:extension>
                        </xs:simpleContent>
                    </xs:complexType>
                </xs:element>
                <xs:element name="对公信贷核心系统借据编号" minOccurs="0">
                    <xs:complexType>
                        <xs:simpleContent>
                            <xs:extension base="对公信贷核心系统借据编号类型">
                                <xs:attribute ref="locID" use="optional" fixed="011703"/>
                            </xs:extension>
                        </xs:simpleContent>
                    </xs:complexType>
                </xs:element>
            </xs:sequence>
            <xs:attribute ref="locID" use="optional" fixed="R0117"/>
        </xs:complexType>
    </xs:element>
    <xs:element name="柜员统一编号档案">
        <xs:complexType>
            <xs:sequence>
                <xs:element ref="柜员统一编号" maxOccurs="unbounded"/>
            </xs:sequence>
            <xs:attribute ref="locID" use="optional" fixed="T0112"/>
        </xs:complexType>
    </xs:element>
    <xs:element name="柜员统一编号">
        <xs:complexType>
            <xs:sequence>
                <xs:element name="柜员统一编号">
                    <xs:complexType>
```

```
            〈xs:simpleContent〉
                〈xs:extension base="柜员统一编号类型"〉
                    〈xs:attribute ref="locID" use="optional" fixed="011201"/〉
                〈/xs:extension〉
            〈/xs:simpleContent〉
        〈/xs:complexType〉
    〈/xs:element〉
    〈xs:element name="对公信贷业务系统柜员编号" minOccurs="0"〉
        〈xs:complexType〉
            〈xs:simpleContent〉
                〈xs:extension base="对公信贷业务系统柜员编号类型"〉
                    〈xs:attribute ref="locID" use="optional" fixed="011202"/〉
                〈/xs:extension〉
            〈/xs:simpleContent〉
        〈/xs:complexType〉
    〈/xs:element〉
    〈xs:element name="对公信贷核心系统柜员编号" minOccurs="0"〉
        〈xs:complexType〉
            〈xs:simpleContent〉
                〈xs:extension base="对公信贷核心系统柜员编号类型"〉
                    〈xs:attribute ref="locID" use="optional" fixed="011203"/〉
                〈/xs:extension〉
            〈/xs:simpleContent〉
        〈/xs:complexType〉
    〈/xs:element〉
    〈xs:element name="对公存款核心系统柜员编号" minOccurs="0"〉
        〈xs:complexType〉
            〈xs:simpleContent〉
                〈xs:extension base="对公存款核心系统柜员编号类型"〉
                    〈xs:attribute ref="locID" use="optional" fixed="011204"/〉
                〈/xs:extension〉
            〈/xs:simpleContent〉
        〈/xs:complexType〉
    〈/xs:element〉
    〈xs:element name="个人信贷业务系统柜员编号" minOccurs="0"〉
        〈xs:complexType〉
            〈xs:simpleContent〉
                〈xs:extension base="个人信贷业务系统柜员编号类型"〉
                    〈xs:attribute ref="locID" use="optional" fixed="011205"/〉
                〈/xs:extension〉
            〈/xs:simpleContent〉
        〈/xs:complexType〉
    〈/xs:element〉
```

```
<xs:element name="个人信贷核心系统柜员编号" minOccurs="0">
    <xs:complexType>
        <xs:simpleContent>
            <xs:extension base="个人信贷核心系统柜员编号类型">
                <xs:attribute ref="locID" use="optional" fixed="011206"/>
            </xs:extension>
        </xs:simpleContent>
    </xs:complexType>
</xs:element>
<xs:element name="个人存款核心系统柜员编号" minOccurs="0">
    <xs:complexType>
        <xs:simpleContent>
            <xs:extension base="个人存款核心系统柜员编号类型">
                <xs:attribute ref="locID" use="optional" fixed="011207"/>
            </xs:extension>
        </xs:simpleContent>
    </xs:complexType>
</xs:element>
<xs:element name="银行机构编号">
    <xs:complexType>
        <xs:simpleContent>
            <xs:extension base="银行机构编号类型">
                <xs:attribute ref="locID" use="optional" fixed="010201"/>
            </xs:extension>
        </xs:simpleContent>
    </xs:complexType>
</xs:element>
</xs:sequence>
<xs:attribute ref="locID" use="optional" fixed="R0112"/>
</xs:complexType>
</xs:element>
<xs:element name="信用等级档案">
    <xs:complexType>
        <xs:sequence>
            <xs:element ref="信用等级" maxOccurs="unbounded"/>
        </xs:sequence>
        <xs:attribute ref="locID" use="optional" fixed="T0113"/>
    </xs:complexType>
</xs:element>
<xs:element name="信用等级">
    <xs:complexType>
        <xs:sequence>
            <xs:element name="信用等级编号">
```

```
                <xs:complexType>
                    <xs:simpleContent>
                        <xs:extension base="信用等级编号类型">
                            <xs:attribute ref="locID" use="optional" fixed="011301"/>
                        </xs:extension>
                    </xs:simpleContent>
                </xs:complexType>
            </xs:element>
            <xs:element name="信用等级名称">
                <xs:complexType>
                    <xs:simpleContent>
                        <xs:extension base="信用等级名称类型">
                            <xs:attribute ref="locID" use="optional" fixed="011302"/>
                        </xs:extension>
                    </xs:simpleContent>
                </xs:complexType>
            </xs:element>
            <xs:element name="信用等级描述" minOccurs="0">
                <xs:complexType>
                    <xs:simpleContent>
                        <xs:extension base="信用等级描述类型">
                            <xs:attribute ref="locID" use="optional" fixed="011303"/>
                        </xs:extension>
                    </xs:simpleContent>
                </xs:complexType>
            </xs:element>
        </xs:sequence>
        <xs:attribute ref="locID" use="optional" fixed="R0113"/>
    </xs:complexType>
</xs:element>
<xs:element name="个人客户档案">
    <xs:complexType>
        <xs:sequence>
            <xs:element ref="个人客户" maxOccurs="unbounded"/>
        </xs:sequence>
        <xs:attribute ref="locID" use="optional" fixed="T0114"/>
    </xs:complexType>
</xs:element>
<xs:element name="个人客户">
    <xs:complexType>
        <xs:sequence>
            <xs:element name="个人客户统一编号">
                <xs:complexType>
```

```
        <xs:simpleContent>
            <xs:extension base="个人客户统一编号类型">
                <xs:attribute ref="locID" use="optional" fixed="011101"/>
            </xs:extension>
        </xs:simpleContent>
    </xs:complexType>
</xs:element>
<xs:element name="客户姓名">
    <xs:complexType>
        <xs:simpleContent>
            <xs:extension base="客户姓名类型">
                <xs:attribute ref="locID" use="optional" fixed="011401"/>
            </xs:extension>
        </xs:simpleContent>
    </xs:complexType>
</xs:element>
<xs:element name="客户英文姓名" minOccurs="0">
    <xs:complexType>
        <xs:simpleContent>
            <xs:extension base="客户英文姓名类型">
                <xs:attribute ref="locID" use="optional" fixed="011402"/>
            </xs:extension>
        </xs:simpleContent>
    </xs:complexType>
</xs:element>
<xs:element name="证件类别">
    <xs:complexType>
        <xs:simpleContent>
            <xs:extension base="证件类别类型">
                <xs:attribute ref="locID" use="optional" fixed="011403"/>
            </xs:extension>
        </xs:simpleContent>
    </xs:complexType>
</xs:element>
<xs:element name="证件号码">
    <xs:complexType>
        <xs:simpleContent>
            <xs:extension base="证件号码类型">
                <xs:attribute ref="locID" use="optional" fixed="011404"/>
            </xs:extension>
        </xs:simpleContent>
    </xs:complexType>
</xs:element>
```

```
<xs:element name="国籍">
    <xs:complexType>
        <xs:simpleContent>
            <xs:extension base="国籍类型">
                <xs:attribute ref="locID" use="optional" fixed="011405"/>
            </xs:extension>
        </xs:simpleContent>
    </xs:complexType>
</xs:element>
<xs:element name="民族" minOccurs="0">
    <xs:complexType>
        <xs:simpleContent>
            <xs:extension base="民族类型">
                <xs:attribute ref="locID" use="optional" fixed="011406"/>
            </xs:extension>
        </xs:simpleContent>
    </xs:complexType>
</xs:element>
<xs:element name="性别">
    <xs:complexType>
        <xs:simpleContent>
            <xs:extension base="性别类型">
                <xs:attribute ref="locID" use="optional" fixed="011407"/>
            </xs:extension>
        </xs:simpleContent>
    </xs:complexType>
</xs:element>
<xs:element name="学历">
    <xs:complexType>
        <xs:simpleContent>
            <xs:extension base="学历类型">
                <xs:attribute ref="locID" use="optional" fixed="011408"/>
            </xs:extension>
        </xs:simpleContent>
    </xs:complexType>
</xs:element>
<xs:element name="出生日期">
    <xs:complexType>
        <xs:simpleContent>
            <xs:extension base="出生日期类型">
                <xs:attribute ref="locID" use="optional" fixed="011409"/>
            </xs:extension>
        </xs:simpleContent>
```

```
        </xs:complexType>
    </xs:element>
    <xs:element name="工作单位名称" minOccurs="0">
        <xs:complexType>
            <xs:simpleContent>
                <xs:extension base="工作单位名称类型">
                    <xs:attribute ref="locID" use="optional" fixed="011410"/>
                </xs:extension>
            </xs:simpleContent>
        </xs:complexType>
    </xs:element>
    <xs:element name="工作单位地址" minOccurs="0">
        <xs:complexType>
            <xs:simpleContent>
                <xs:extension base="工作单位地址类型">
                    <xs:attribute ref="locID" use="optional" fixed="011411"/>
                </xs:extension>
            </xs:simpleContent>
        </xs:complexType>
    </xs:element>
    <xs:element name="工作单位电话" minOccurs="0">
        <xs:complexType>
            <xs:simpleContent>
                <xs:extension base="工作单位电话类型">
                    <xs:attribute ref="locID" use="optional" fixed="011412"/>
                </xs:extension>
            </xs:simpleContent>
        </xs:complexType>
    </xs:element>
    <xs:element name="职业">
        <xs:complexType>
            <xs:simpleContent>
                <xs:extension base="职业类型">
                    <xs:attribute ref="locID" use="optional" fixed="011413"/>
                </xs:extension>
            </xs:simpleContent>
        </xs:complexType>
    </xs:element>
    <xs:element name="家庭住址">
        <xs:complexType>
            <xs:simpleContent>
                <xs:extension base="家庭住址类型">
                    <xs:attribute ref="locID" use="optional" fixed="011414"/>
```

```
                    </xs:extension>
                </xs:simpleContent>
            </xs:complexType>
        </xs:element>
        <xs:element name="通讯地址">
            <xs:complexType>
                <xs:simpleContent>
                    <xs:extension base="通讯地址类型">
                        <xs:attribute ref="locID" use="optional" fixed="011415"/>
                    </xs:extension>
                </xs:simpleContent>
            </xs:complexType>
        </xs:element>
        <xs:element name="家庭电话" minOccurs="0">
            <xs:complexType>
                <xs:simpleContent>
                    <xs:extension base="家庭电话类型">
                        <xs:attribute ref="locID" use="optional" fixed="011416"/>
                    </xs:extension>
                </xs:simpleContent>
            </xs:complexType>
        </xs:element>
        <xs:element name="移动电话" minOccurs="0">
            <xs:complexType>
                <xs:simpleContent>
                    <xs:extension base="移动电话类型">
                        <xs:attribute ref="locID" use="optional" fixed="011417"/>
                    </xs:extension>
                </xs:simpleContent>
            </xs:complexType>
        </xs:element>
        <xs:element name="个人月收入" minOccurs="0">
            <xs:complexType>
                <xs:simpleContent>
                    <xs:extension base="个人月收入类型">
                        <xs:attribute ref="locID" use="optional" fixed="011418"/>
                    </xs:extension>
                </xs:simpleContent>
            </xs:complexType>
        </xs:element>
        <xs:element name="家庭月收入" minOccurs="0">
            <xs:complexType>
                <xs:simpleContent>
```

```
                <xs:extension base="家庭月收入类型">
                    <xs:attribute ref="locID" use="optional" fixed="011419"/>
                </xs:extension>
            </xs:simpleContent>
        </xs:complexType>
    </xs:element>
    <xs:element name="婚姻情况">
        <xs:complexType>
            <xs:simpleContent>
                <xs:extension base="婚姻情况类型">
                    <xs:attribute ref="locID" use="optional" fixed="011420"/>
                </xs:extension>
            </xs:simpleContent>
        </xs:complexType>
    </xs:element>
    <xs:element name="配偶姓名" minOccurs="0">
        <xs:complexType>
            <xs:simpleContent>
                <xs:extension base="配偶姓名类型">
                    <xs:attribute ref="locID" use="optional" fixed="011421"/>
                </xs:extension>
            </xs:simpleContent>
        </xs:complexType>
    </xs:element>
    <xs:element name="配偶证件类别" minOccurs="0">
        <xs:complexType>
            <xs:simpleContent>
                <xs:extension base="配偶证件类别类型">
                    <xs:attribute ref="locID" use="optional" fixed="011422"/>
                </xs:extension>
            </xs:simpleContent>
        </xs:complexType>
    </xs:element>
    <xs:element name="配偶证件号" minOccurs="0">
        <xs:complexType>
            <xs:simpleContent>
                <xs:extension base="配偶证件号类型">
                    <xs:attribute ref="locID" use="optional" fixed="011423"/>
                </xs:extension>
            </xs:simpleContent>
        </xs:complexType>
    </xs:element>
    <xs:element name="配偶联系电话" minOccurs="0">
```

```
            <xs:complexType>
                <xs:simpleContent>
                    <xs:extension base="配偶联系电话类型">
                        <xs:attribute ref="locID" use="optional" fixed="011424"/>
                    </xs:extension>
                </xs:simpleContent>
            </xs:complexType>
        </xs:element>
        <xs:element name="配偶移动电话" minOccurs="0">
            <xs:complexType>
                <xs:simpleContent>
                    <xs:extension base="配偶移动电话类型">
                        <xs:attribute ref="locID" use="optional" fixed="011425"/>
                    </xs:extension>
                </xs:simpleContent>
            </xs:complexType>
        </xs:element>
        <xs:element name="配偶对应客户号" minOccurs="0">
            <xs:complexType>
                <xs:simpleContent>
                    <xs:extension base="配偶对应客户号类型">
                        <xs:attribute ref="locID" use="optional" fixed="011426"/>
                    </xs:extension>
                </xs:simpleContent>
            </xs:complexType>
        </xs:element>
        <xs:element name="本行员工标志">
            <xs:complexType>
                <xs:simpleContent>
                    <xs:extension base="本行员工标志类型">
                        <xs:attribute ref="locID" use="optional" fixed="011427"/>
                    </xs:extension>
                </xs:simpleContent>
            </xs:complexType>
        </xs:element>
        <xs:element name="上黑名单标志">
            <xs:complexType>
                <xs:simpleContent>
                    <xs:extension base="上黑名单标志类型">
                        <xs:attribute ref="locID" use="optional" fixed="011428"/>
                    </xs:extension>
                </xs:simpleContent>
            </xs:complexType>
```

```
            </xs:element>
            <xs:element name="上黑名单日期" minOccurs="0">
                <xs:complexType>
                    <xs:simpleContent>
                        <xs:extension base="上黑名单日期类型">
                            <xs:attribute ref="locID" use="optional" fixed="011429"/>
                        </xs:extension>
                    </xs:simpleContent>
                </xs:complexType>
            </xs:element>
            <xs:element name="上黑名单原因" minOccurs="0">
                <xs:complexType>
                    <xs:simpleContent>
                        <xs:extension base="上黑名单原因类型">
                            <xs:attribute ref="locID" use="optional" fixed="011430"/>
                        </xs:extension>
                    </xs:simpleContent>
                </xs:complexType>
            </xs:element>
        </xs:sequence>
        <xs:attribute ref="locID" use="optional" fixed="R0114"/>
    </xs:complexType>
</xs:element>
<xs:element name="个人客户关系档案">
    <xs:complexType>
        <xs:sequence>
            <xs:element ref="个人客户关系" maxOccurs="unbounded"/>
        </xs:sequence>
        <xs:attribute ref="locID" use="optional" fixed="T0115"/>
    </xs:complexType>
</xs:element>
<xs:element name="个人客户关系">
    <xs:complexType>
        <xs:sequence>
            <xs:element name="个人客户统一编号">
                <xs:complexType>
                    <xs:simpleContent>
                        <xs:extension base="个人客户统一编号类型">
                            <xs:attribute ref="locID" use="optional" fixed="011101"/>
                        </xs:extension>
                    </xs:simpleContent>
                </xs:complexType>
            </xs:element>
```

```
〈xs:element name="社会关系"〉
    〈xs:complexType〉
        〈xs:simpleContent〉
            〈xs:extension base="社会关系类型"〉
                〈xs:attribute ref="locID" use="optional" fixed="011501"/〉
            〈/xs:extension〉
        〈/xs:simpleContent〉
    〈/xs:complexType〉
〈/xs:element〉
〈xs:element name="家庭成员姓名"〉
    〈xs:complexType〉
        〈xs:simpleContent〉
            〈xs:extension base="家庭成员姓名类型"〉
                〈xs:attribute ref="locID" use="optional" fixed="011502"/〉
            〈/xs:extension〉
        〈/xs:simpleContent〉
    〈/xs:complexType〉
〈/xs:element〉
〈xs:element name="证件类别"〉
    〈xs:complexType〉
        〈xs:simpleContent〉
            〈xs:extension base="证件类别类型"〉
                〈xs:attribute ref="locID" use="optional" fixed="011403"/〉
            〈/xs:extension〉
        〈/xs:simpleContent〉
    〈/xs:complexType〉
〈/xs:element〉
〈xs:element name="证件号码"〉
    〈xs:complexType〉
        〈xs:simpleContent〉
            〈xs:extension base="证件号码类型"〉
                〈xs:attribute ref="locID" use="optional" fixed="011404"/〉
            〈/xs:extension〉
        〈/xs:simpleContent〉
    〈/xs:complexType〉
〈/xs:element〉
〈xs:element name="工作单位名称" minOccurs="0"〉
    〈xs:complexType〉
        〈xs:simpleContent〉
            〈xs:extension base="工作单位名称类型"〉
                〈xs:attribute ref="locID" use="optional" fixed="011410"/〉
            〈/xs:extension〉
        〈/xs:simpleContent〉
```

```
                    〈/xs:complexType〉
                〈/xs:element〉
                〈xs:element name = "工作单位地址" minOccurs = "0"〉
                    〈xs:complexType〉
                        〈xs:simpleContent〉
                            〈xs:extension base = "工作单位地址类型"〉
                                〈xs:attribute ref = "locID" use = "optional" fixed = "011411"/〉
                            〈/xs:extension〉
                        〈/xs:simpleContent〉
                    〈/xs:complexType〉
                〈/xs:element〉
                〈xs:element name = "工作单位电话" minOccurs = "0"〉
                    〈xs:complexType〉
                        〈xs:simpleContent〉
                            〈xs:extension base = "工作单位电话类型"〉
                                〈xs:attribute ref = "locID" use = "optional" fixed = "011412"/〉
                            〈/xs:extension〉
                        〈/xs:simpleContent〉
                    〈/xs:complexType〉
                〈/xs:element〉
                〈xs:element name = "对应个人客户统一编号" minOccurs = "0"〉
                    〈xs:complexType〉
                        〈xs:simpleContent〉
                            〈xs:extension base = "对应个人客户统一编号类型"〉
                                〈xs:attribute ref = "locID" use = "optional" fixed = "011503"/〉
                            〈/xs:extension〉
                        〈/xs:simpleContent〉
                    〈/xs:complexType〉
                〈/xs:element〉
            〈/xs:sequence〉
            〈xs:attribute ref = "locID" use = "optional" fixed = "R0115"/〉
        〈/xs:complexType〉
    〈/xs:element〉
    〈xs:element name = "对公客户档案"〉
        〈xs:complexType〉
            〈xs:sequence〉
                〈xs:element ref = "对公客户" maxOccurs = "unbounded"/〉
            〈/xs:sequence〉
            〈xs:attribute ref = "locID" use = "optional" fixed = "T0116"/〉
        〈/xs:complexType〉
    〈/xs:element〉
    〈xs:element name = "对公客户"〉
        〈xs:complexType〉
```

```
<xs:sequence>
    <xs:element name="公司客户统一编号">
        <xs:complexType>
            <xs:simpleContent>
                <xs:extension base="公司客户统一编号类型">
                    <xs:attribute ref="locID" use="optional" fixed="011001"/>
                </xs:extension>
            </xs:simpleContent>
        </xs:complexType>
    </xs:element>
    <xs:element name="客户名称">
        <xs:complexType>
            <xs:simpleContent>
                <xs:extension base="客户名称类型">
                    <xs:attribute ref="locID" use="optional" fixed="011601"/>
                </xs:extension>
            </xs:simpleContent>
        </xs:complexType>
    </xs:element>
    <xs:element name="客户英文名称" minOccurs="0">
        <xs:complexType>
            <xs:simpleContent>
                <xs:extension base="客户英文名称类型">
                    <xs:attribute ref="locID" use="optional" fixed="011602"/>
                </xs:extension>
            </xs:simpleContent>
        </xs:complexType>
    </xs:element>
    <xs:element name="法人代表" minOccurs="0">
        <xs:complexType>
            <xs:simpleContent>
                <xs:extension base="法人代表类型">
                    <xs:attribute ref="locID" use="optional" fixed="011603"/>
                </xs:extension>
            </xs:simpleContent>
        </xs:complexType>
    </xs:element>
    <xs:element name="证件类别" minOccurs="0">
        <xs:complexType>
            <xs:simpleContent>
                <xs:extension base="证件类别类型">
                    <xs:attribute ref="locID" use="optional" fixed="011403"/>
                </xs:extension>
```

```
            </xs:simpleContent>
        </xs:complexType>
    </xs:element>
    <xs:element name="证件号码" minOccurs="0">
        <xs:complexType>
            <xs:simpleContent>
                <xs:extension base="证件号码类型">
                    <xs:attribute ref="locID" use="optional" fixed="011404"/>
                </xs:extension>
            </xs:simpleContent>
        </xs:complexType>
    </xs:element>
    <xs:element name="组织机构代码" minOccurs="0">
        <xs:complexType>
            <xs:simpleContent>
                <xs:extension base="组织机构代码类型">
                    <xs:attribute ref="locID" use="optional" fixed="010103"/>
                </xs:extension>
            </xs:simpleContent>
        </xs:complexType>
    </xs:element>
    <xs:element name="基本存款账号">
        <xs:complexType>
            <xs:simpleContent>
                <xs:extension base="基本存款账号类型">
                    <xs:attribute ref="locID" use="optional" fixed="011604"/>
                </xs:extension>
            </xs:simpleContent>
        </xs:complexType>
    </xs:element>
    <xs:element name="基本账户开户行">
        <xs:complexType>
            <xs:simpleContent>
                <xs:extension base="基本账户开户行类型">
                    <xs:attribute ref="locID" use="optional" fixed="011605"/>
                </xs:extension>
            </xs:simpleContent>
        </xs:complexType>
    </xs:element>
    <xs:element name="注册资本">
        <xs:complexType>
            <xs:simpleContent>
                <xs:extension base="注册资本类型">
```

```
                <xs:attribute ref="locID" use="optional" fixed="011606"/>
            </xs:extension>
        </xs:simpleContent>
    </xs:complexType>
</xs:element>
<xs:element name="注册资本币种">
    <xs:complexType>
        <xs:simpleContent>
            <xs:extension base="注册资本币种类型">
                <xs:attribute ref="locID" use="optional" fixed="011626"/>
            </xs:extension>
        </xs:simpleContent>
    </xs:complexType>
</xs:element>
<xs:element name="注册地址">
    <xs:complexType>
        <xs:simpleContent>
            <xs:extension base="注册地址类型">
                <xs:attribute ref="locID" use="optional" fixed="011607"/>
            </xs:extension>
        </xs:simpleContent>
    </xs:complexType>
</xs:element>
<xs:element name="办公电话">
    <xs:complexType>
        <xs:simpleContent>
            <xs:extension base="办公电话类型">
                <xs:attribute ref="locID" use="optional" fixed="011608"/>
            </xs:extension>
        </xs:simpleContent>
    </xs:complexType>
</xs:element>
<xs:element name="营业执照号">
    <xs:complexType>
        <xs:simpleContent>
            <xs:extension base="营业执照号类型">
                <xs:attribute ref="locID" use="optional" fixed="011609"/>
            </xs:extension>
        </xs:simpleContent>
    </xs:complexType>
</xs:element>
<xs:element name="营业执照有效期">
    <xs:complexType>
```

```
            〈xs:simpleContent〉
                〈xs:extension base="营业执照有效期类型"〉
                    〈xs:attribute ref="locID" use="optional" fixed="011610"/〉
                〈/xs:extension〉
            〈/xs:simpleContent〉
        〈/xs:complexType〉
    〈/xs:element〉
    〈xs:element name="经营范围"〉
        〈xs:complexType〉
            〈xs:simpleContent〉
                〈xs:extension base="经营范围类型"〉
                    〈xs:attribute ref="locID" use="optional" fixed="011611"/〉
                〈/xs:extension〉
            〈/xs:simpleContent〉
        〈/xs:complexType〉
    〈/xs:element〉
    〈xs:element name="成立日期"〉
        〈xs:complexType〉
            〈xs:simpleContent〉
                〈xs:extension base="成立日期类型"〉
                    〈xs:attribute ref="locID" use="optional" fixed="011612"/〉
                〈/xs:extension〉
            〈/xs:simpleContent〉
        〈/xs:complexType〉
    〈/xs:element〉
    〈xs:element name="经济性质"〉
        〈xs:complexType〉
            〈xs:simpleContent〉
                〈xs:extension base="经济性质类型"〉
                    〈xs:attribute ref="locID" use="optional" fixed="011613"/〉
                〈/xs:extension〉
            〈/xs:simpleContent〉
        〈/xs:complexType〉
    〈/xs:element〉
    〈xs:element name="所属行业"〉
        〈xs:complexType〉
            〈xs:simpleContent〉
                〈xs:extension base="所属行业类型"〉
                    〈xs:attribute ref="locID" use="optional" fixed="011614"/〉
                〈/xs:extension〉
            〈/xs:simpleContent〉
        〈/xs:complexType〉
    〈/xs:element〉
```

```
<xs:element name="客户类别">
    <xs:complexType>
        <xs:simpleContent>
            <xs:extension base="客户类别类型">
                <xs:attribute ref="locID" use="optional" fixed="011615"/>
            </xs:extension>
        </xs:simpleContent>
    </xs:complexType>
</xs:element>
<xs:element name="国家名称">
    <xs:complexType>
        <xs:simpleContent>
            <xs:extension base="国家名称类型">
                <xs:attribute ref="locID" use="optional" fixed="011616"/>
            </xs:extension>
        </xs:simpleContent>
    </xs:complexType>
</xs:element>
<xs:element name="贷款证号" minOccurs="0">
    <xs:complexType>
        <xs:simpleContent>
            <xs:extension base="贷款证号类型">
                <xs:attribute ref="locID" use="optional" fixed="011617"/>
            </xs:extension>
        </xs:simpleContent>
    </xs:complexType>
</xs:element>
<xs:element name="国税证号" minOccurs="0">
    <xs:complexType>
        <xs:simpleContent>
            <xs:extension base="国税证号类型">
                <xs:attribute ref="locID" use="optional" fixed="011618"/>
            </xs:extension>
        </xs:simpleContent>
    </xs:complexType>
</xs:element>
<xs:element name="地税证号" minOccurs="0">
    <xs:complexType>
        <xs:simpleContent>
            <xs:extension base="地税证号类型">
                <xs:attribute ref="locID" use="optional" fixed="011619"/>
            </xs:extension>
        </xs:simpleContent>
```

```
        〈/xs:complexType〉
    〈/xs:element〉
    〈xs:element name="母公司客户编号" minOccurs="0"〉
        〈xs:complexType〉
            〈xs:simpleContent〉
                〈xs:extension base="母公司客户编号类型"〉
                    〈xs:attribute ref="locID" use="optional" fixed="011620"/〉
                〈/xs:extension〉
            〈/xs:simpleContent〉
        〈/xs:complexType〉
    〈/xs:element〉
    〈xs:element name="统一授信标志"〉
        〈xs:complexType〉
            〈xs:simpleContent〉
                〈xs:extension base="统一授信标志类型"〉
                    〈xs:attribute ref="locID" use="optional" fixed="011621"/〉
                〈/xs:extension〉
            〈/xs:simpleContent〉
        〈/xs:complexType〉
    〈/xs:element〉
    〈xs:element name="授信额度" minOccurs="0"〉
        〈xs:complexType〉
            〈xs:simpleContent〉
                〈xs:extension base="授信额度类型"〉
                    〈xs:attribute ref="locID" use="optional" fixed="011622"/〉
                〈/xs:extension〉
            〈/xs:simpleContent〉
        〈/xs:complexType〉
    〈/xs:element〉
    〈xs:element name="已用额度" minOccurs="0"〉
        〈xs:complexType〉
            〈xs:simpleContent〉
                〈xs:extension base="已用额度类型"〉
                    〈xs:attribute ref="locID" use="optional" fixed="011623"/〉
                〈/xs:extension〉
            〈/xs:simpleContent〉
        〈/xs:complexType〉
    〈/xs:element〉
    〈xs:element name="上市公司标志"〉
        〈xs:complexType〉
            〈xs:simpleContent〉
                〈xs:extension base="上市公司标志类型"〉
                    〈xs:attribute ref="locID" use="optional" fixed="011624"/〉
```

```
                        〈/xs:extension〉
                    〈/xs:simpleContent〉
                〈/xs:complexType〉
            〈/xs:element〉
            〈xs:element name="信用等级编号" minOccurs="0"〉
                〈xs:complexType〉
                    〈xs:simpleContent〉
                        〈xs:extension base="信用等级编号类型"〉
                            〈xs:attribute ref="locID" use="optional" fixed="011301"/〉
                        〈/xs:extension〉
                    〈/xs:simpleContent〉
                〈/xs:complexType〉
            〈/xs:element〉
            〈xs:element name="主要投资人及投资比例" minOccurs="0" maxOccurs=
"unbounded"〉
                〈xs:complexType〉
                    〈xs:simpleContent〉
                        〈xs:extension base="主要投资人及投资比例类型"〉
                            〈xs:attribute ref="locID" use="optional" fixed="011625"/〉
                        〈/xs:extension〉
                    〈/xs:simpleContent〉
                〈/xs:complexType〉
            〈/xs:element〉
        〈/xs:sequence〉
        〈xs:attribute ref="locID" use="optional" fixed="R0116"/〉
    〈/xs:complexType〉
〈/xs:element〉
〈xs:element name="汇率档案"〉
    〈xs:complexType〉
        〈xs:sequence〉
            〈xs:element ref="汇率" maxOccurs="unbounded"/〉
        〈/xs:sequence〉
        〈xs:attribute ref="locID" use="optional" fixed="T0118"/〉
    〈/xs:complexType〉
〈/xs:element〉
〈xs:element name="汇率"〉
    〈xs:complexType〉
        〈xs:sequence〉
            〈xs:element name="汇率编号"〉
                〈xs:complexType〉
                    〈xs:simpleContent〉
                        〈xs:extension base="汇率编号类型"〉
                            〈xs:attribute ref="locID" use="optional" fixed="011801"/〉
```

```
                    </xs:extension>
                </xs:simpleContent>
            </xs:complexType>
        </xs:element>
        <xs:element name="币种编码">
            <xs:complexType>
                <xs:simpleContent>
                    <xs:extension base="币种编码类型">
                        <xs:attribute ref="locID" use="optional" fixed="010301"/>
                    </xs:extension>
                </xs:simpleContent>
            </xs:complexType>
        </xs:element>
        <xs:element name="第二币种编码">
            <xs:complexType>
                <xs:simpleContent>
                    <xs:extension base="第二币种编码类型">
                        <xs:attribute ref="locID" use="optional" fixed="011802"/>
                    </xs:extension>
                </xs:simpleContent>
            </xs:complexType>
        </xs:element>
        <xs:element name="汇率种类">
            <xs:complexType>
                <xs:simpleContent>
                    <xs:extension base="汇率种类类型">
                        <xs:attribute ref="locID" use="optional" fixed="011803"/>
                    </xs:extension>
                </xs:simpleContent>
            </xs:complexType>
        </xs:element>
        <xs:element name="标价方法">
            <xs:complexType>
                <xs:simpleContent>
                    <xs:extension base="标价方法类型">
                        <xs:attribute ref="locID" use="optional" fixed="011804"/>
                    </xs:extension>
                </xs:simpleContent>
            </xs:complexType>
        </xs:element>
    </xs:sequence>
    <xs:attribute ref="locID" use="optional" fixed="R0118"/>
</xs:complexType>
```

```
〈/xs:element〉
〈xs:element name = "利率档案"〉
    〈xs:complexType〉
        〈xs:sequence〉
            〈xs:element ref = "利率" maxOccurs = "unbounded"/〉
        〈/xs:sequence〉
        〈xs:attribute ref = "locID" use = "optional" fixed = "T0119"/〉
    〈/xs:complexType〉
〈/xs:element〉
〈xs:element name = "利率"〉
    〈xs:complexType〉
        〈xs:sequence〉
            〈xs:element name = "币种编码"〉
                〈xs:complexType〉
                    〈xs:simpleContent〉
                        〈xs:extension base = "币种编码类型"〉
                            〈xs:attribute ref = "locID" use = "optional" fixed = "010301"/〉
                        〈/xs:extension〉
                    〈/xs:simpleContent〉
                〈/xs:complexType〉
            〈/xs:element〉
            〈xs:element name = "利率代码"〉
                〈xs:complexType〉
                    〈xs:simpleContent〉
                        〈xs:extension base = "利率代码类型"〉
                            〈xs:attribute ref = "locID" use = "optional" fixed = "011901"/〉
                        〈/xs:extension〉
                    〈/xs:simpleContent〉
                〈/xs:complexType〉
            〈/xs:element〉
            〈xs:element name = "利率名称"〉
                〈xs:complexType〉
                    〈xs:simpleContent〉
                        〈xs:extension base = "利率名称类型"〉
                            〈xs:attribute ref = "locID" use = "optional" fixed = "011902"/〉
                        〈/xs:extension〉
                    〈/xs:simpleContent〉
                〈/xs:complexType〉
            〈/xs:element〉
            〈xs:element name = "利率种类"〉
                〈xs:complexType〉
                    〈xs:simpleContent〉
                        〈xs:extension base = "利率种类类型"〉
```

```
                        <xs:attribute ref="locID" use="optional" fixed="011903"/>
                    </xs:extension>
                </xs:simpleContent>
            </xs:complexType>
        </xs:element>
        <xs:element name="利率状态">
            <xs:complexType>
                <xs:simpleContent>
                    <xs:extension base="利率状态类型">
                        <xs:attribute ref="locID" use="optional" fixed="011904"/>
                    </xs:extension>
                </xs:simpleContent>
            </xs:complexType>
        </xs:element>
        <xs:element name="利率启用日期">
            <xs:complexType>
                <xs:simpleContent>
                    <xs:extension base="利率启用日期类型">
                        <xs:attribute ref="locID" use="optional" fixed="011905"/>
                    </xs:extension>
                </xs:simpleContent>
            </xs:complexType>
        </xs:element>
        <xs:element name="利率停用日期" minOccurs="0">
            <xs:complexType>
                <xs:simpleContent>
                    <xs:extension base="利率停用日期类型">
                        <xs:attribute ref="locID" use="optional" fixed="011906"/>
                    </xs:extension>
                </xs:simpleContent>
            </xs:complexType>
        </xs:element>
    </xs:sequence>
    <xs:attribute ref="locID" use="optional" fixed="R0119"/>
  </xs:complexType>
</xs:element>
</xs:schema>
```

A.3 公共变动档案类 XML 大纲(Schema)

```
<?xml version="1.0" encoding="UTF-8"?>
<xs:schema xmlns:xs="http://www.w3.org/2001/XMLSchema" xmlns:银行
="http://sxbw.audit.gov.cn/AccountingSoftwareDataInterfaceStandard/2010/Bank/XMLSchema"
```

```
xmlns = "http://sxbw.audit.gov.cn/AccountingSoftwareDataInterfaceStandard/2010/Bank/XMLSchema"
targetNamespace = "http://sxbw.audit.gov.cn/AccountingSoftwareDataInterfaceStandard/2010/
Bank/XMLSchema"
elementFormDefault = "qualified" attributeFormDefault = "unqualified"〉
    〈xs:include schemaLocation = "标准数据元素类型.xsd"/〉
    〈xs:element name = "公共变动信息"〉
        〈xs:complexType〉
            〈xs:sequence〉
                〈xs:element ref = "汇率变动档案" minOccurs = "0"/〉
                〈xs:element ref = "利率变动档案" minOccurs = "0"/〉
                〈xs:element ref = "个人客户信息变动档案" minOccurs = "0"/〉
                〈xs:element ref = "对公客户信息变动档案" minOccurs = "0"/〉
            〈/xs:sequence〉
            〈xs:attribute ref = "locID" use = "optional" fixed = "S02"/〉
        〈/xs:complexType〉
    〈/xs:element〉
    〈xs:element name = "汇率变动档案"〉
        〈xs:complexType〉
            〈xs:sequence〉
                〈xs:element ref = "汇率变动" maxOccurs = "unbounded"/〉
            〈/xs:sequence〉
            〈xs:attribute ref = "locID" use = "optional" fixed = "T0201"/〉
        〈/xs:complexType〉
    〈/xs:element〉
    〈xs:element name = "汇率变动"〉
        〈xs:complexType〉
            〈xs:sequence〉
                〈xs:element name = "汇率编号"〉
                    〈xs:complexType〉
                        〈xs:simpleContent〉
                            〈xs:extension base = "汇率编号类型"〉
                                〈xs:attribute ref = "locID" use = "optional" fixed = "011801"/〉
                            〈/xs:extension〉
                        〈/xs:simpleContent〉
                    〈/xs:complexType〉
                〈/xs:element〉
                〈xs:element name = "汇率日期"〉
                    〈xs:complexType〉
                        〈xs:simpleContent〉
                            〈xs:extension base = "汇率日期类型"〉
                                〈xs:attribute ref = "locID" use = "optional" fixed = "020101"/〉
                            〈/xs:extension〉
                        〈/xs:simpleContent〉
                    〈/xs:complexType〉
```

```
            </xs:element>
            <xs:element name="汇率时间">
                <xs:complexType>
                    <xs:simpleContent>
                        <xs:extension base="汇率时间类型">
                            <xs:attribute ref="locID" use="optional" fixed="020102"/>
                        </xs:extension>
                    </xs:simpleContent>
                </xs:complexType>
            </xs:element>
            <xs:element name="汇率">
                <xs:complexType>
                    <xs:simpleContent>
                        <xs:extension base="汇率类型">
                            <xs:attribute ref="locID" use="optional" fixed="020103"/>
                        </xs:extension>
                    </xs:simpleContent>
                </xs:complexType>
            </xs:element>
        </xs:sequence>
        <xs:attribute ref="locID" use="optional" fixed="R0201"/>
    </xs:complexType>
</xs:element>
<xs:element name="利率变动档案">
    <xs:complexType>
        <xs:sequence>
            <xs:element ref="利率变动" maxOccurs="unbounded"/>
        </xs:sequence>
        <xs:attribute ref="locID" use="optional" fixed="T0202"/>
    </xs:complexType>
</xs:element>
<xs:element name="利率变动">
    <xs:complexType>
        <xs:sequence>
            <xs:element name="利率代码">
                <xs:complexType>
                    <xs:simpleContent>
                        <xs:extension base="利率代码类型">
                            <xs:attribute ref="locID" use="optional" fixed="011901"/>
                        </xs:extension>
                    </xs:simpleContent>
                </xs:complexType>
            </xs:element>
```

```
<xs:element name="利率变动日期">
    <xs:complexType>
        <xs:simpleContent>
            <xs:extension base="利率变动日期类型">
                <xs:attribute ref="locID" use="optional" fixed="020201"/>
            </xs:extension>
        </xs:simpleContent>
    </xs:complexType>
</xs:element>
<xs:element name="利率">
    <xs:complexType>
        <xs:simpleContent>
            <xs:extension base="利率类型">
                <xs:attribute ref="locID" use="optional" fixed="020202"/>
            </xs:extension>
        </xs:simpleContent>
    </xs:complexType>
</xs:element>
<xs:element name="浮动上限值">
    <xs:complexType>
        <xs:simpleContent>
            <xs:extension base="浮动上限值类型">
                <xs:attribute ref="locID" use="optional" fixed="020203"/>
            </xs:extension>
        </xs:simpleContent>
    </xs:complexType>
</xs:element>
<xs:element name="浮动下限值">
    <xs:complexType>
        <xs:simpleContent>
            <xs:extension base="浮动下限值类型">
                <xs:attribute ref="locID" use="optional" fixed="020204"/>
            </xs:extension>
        </xs:simpleContent>
    </xs:complexType>
</xs:element>
<xs:element name="浮动标志">
    <xs:complexType>
        <xs:simpleContent>
            <xs:extension base="浮动标志类型">
                <xs:attribute ref="locID" use="optional" fixed="020205"/>
            </xs:extension>
        </xs:simpleContent>
```

```
                        </xs:complexType>
                    </xs:element>
                </xs:sequence>
                <xs:attribute ref="locID" use="optional" fixed="R0202"/>
            </xs:complexType>
        </xs:element>
        <xs:element name="个人客户信息变动档案">
            <xs:complexType>
                <xs:sequence>
                    <xs:element ref="个人客户信息变动" maxOccurs="unbounded"/>
                </xs:sequence>
                <xs:attribute ref="locID" use="optional" fixed="T0203"/>
            </xs:complexType>
        </xs:element>
        <xs:element name="个人客户信息变动">
            <xs:complexType>
                <xs:sequence>
                    <xs:element name="个人客户统一编号">
                        <xs:complexType>
                            <xs:simpleContent>
                                <xs:extension base="个人客户统一编号类型">
                                    <xs:attribute ref="locID" use="optional" fixed="011101"/>
                                </xs:extension>
                            </xs:simpleContent>
                        </xs:complexType>
                    </xs:element>
                    <xs:element name="变动日期">
                        <xs:complexType>
                            <xs:simpleContent>
                                <xs:extension base="变动日期类型">
                                    <xs:attribute ref="locID" use="optional" fixed="020301"/>
                                </xs:extension>
                            </xs:simpleContent>
                        </xs:complexType>
                    </xs:element>
                    <xs:element name="变动前内容及数值">
                        <xs:complexType>
                            <xs:simpleContent>
                                <xs:extension base="变动前内容及数值类型">
                                    <xs:attribute ref="locID" use="optional" fixed="020302"/>
                                </xs:extension>
                            </xs:simpleContent>
                        </xs:complexType>
```

```
        </xs:element>
        <xs:element name="变动后内容及数值">
            <xs:complexType>
                <xs:simpleContent>
                    <xs:extension base="变动后内容及数值类型">
                        <xs:attribute ref="locID" use="optional" fixed="020303"/>
                    </xs:extension>
                </xs:simpleContent>
            </xs:complexType>
        </xs:element>
        <xs:element name="变动原因" minOccurs="0">
            <xs:complexType>
                <xs:simpleContent>
                    <xs:extension base="变动原因类型">
                        <xs:attribute ref="locID" use="optional" fixed="020304"/>
                    </xs:extension>
                </xs:simpleContent>
            </xs:complexType>
        </xs:element>
        <xs:element name="变动项">
            <xs:complexType>
                <xs:simpleContent>
                    <xs:extension base="变动项类型">
                        <xs:attribute ref="locID" use="optional" fixed="020305"/>
                    </xs:extension>
                </xs:simpleContent>
            </xs:complexType>
        </xs:element>
    </xs:sequence>
    <xs:attribute ref="locID" use="optional" fixed="R0203"/>
  </xs:complexType>
</xs:element>
<xs:element name="对公客户信息变动档案">
  <xs:complexType>
    <xs:sequence>
        <xs:element ref="对公客户信息变动" maxOccurs="unbounded"/>
    </xs:sequence>
    <xs:attribute ref="locID" use="optional" fixed="T0204"/>
  </xs:complexType>
</xs:element>
<xs:element name="对公客户信息变动">
  <xs:complexType>
    <xs:sequence>
```

```
〈xs:element name="公司客户统一编号"〉
    〈xs:complexType〉
        〈xs:simpleContent〉
            〈xs:extension base="公司客户统一编号类型"〉
                〈xs:attribute ref="locID" use="optional" fixed="011001"/〉
            〈/xs:extension〉
        〈/xs:simpleContent〉
    〈/xs:complexType〉
〈/xs:element〉
〈xs:element name="变动日期"〉
    〈xs:complexType〉
        〈xs:simpleContent〉
            〈xs:extension base="变动日期类型"〉
                〈xs:attribute ref="locID" use="optional" fixed="020301"/〉
            〈/xs:extension〉
        〈/xs:simpleContent〉
    〈/xs:complexType〉
〈/xs:element〉
〈xs:element name="变动前内容及数值"〉
    〈xs:complexType〉
        〈xs:simpleContent〉
            〈xs:extension base="变动前内容及数值类型"〉
                〈xs:attribute ref="locID" use="optional" fixed="020302"/〉
            〈/xs:extension〉
        〈/xs:simpleContent〉
    〈/xs:complexType〉
〈/xs:element〉
〈xs:element name="变动后内容及数值"〉
    〈xs:complexType〉
        〈xs:simpleContent〉
            〈xs:extension base="变动后内容及数值类型"〉
                〈xs:attribute ref="locID" use="optional" fixed="020303"/〉
            〈/xs:extension〉
        〈/xs:simpleContent〉
    〈/xs:complexType〉
〈/xs:element〉
〈xs:element name="变动原因" minOccurs="0"〉
    〈xs:complexType〉
        〈xs:simpleContent〉
            〈xs:extension base="变动原因类型"〉
                〈xs:attribute ref="locID" use="optional" fixed="020304"/〉
            〈/xs:extension〉
        〈/xs:simpleContent〉
```

```
                    </xs:complexType>
                </xs:element>
                <xs:element name="变动项">
                    <xs:complexType>
                        <xs:simpleContent>
                            <xs:extension base="变动项类型">
                                <xs:attribute ref="locID" use="optional" fixed="020305"/>
                            </xs:extension>
                        </xs:simpleContent>
                    </xs:complexType>
                </xs:element>
            </xs:sequence>
            <xs:attribute ref="locID" use="optional" fixed="R0204"/>
        </xs:complexType>
    </xs:element>
</xs:schema>
```

A.4 个人信贷类 XML 大纲(Schema)

```
<?xml version="1.0" encoding="UTF-8"?>
<xs:schema xmlns:xs="http://www.w3.org/2001/XMLSchema" xmlns:银行
="http://sxbw.audit.gov.cn/AccountingSoftwareDataInterfaceStandard/2010/Bank/XMLSchema"
xmlns="http://sxbw.audit.gov.cn/AccountingSoftwareDataInterfaceStandard/2010/Bank/XMLSchema"
targetNamespace="http://sxbw.audit.gov.cn/AccountingSoftwareDataInterfaceStandard/2010/
Bank/XMLSchema"
elementFormDefault="qualified" attributeFormDefault="unqualified">
    <xs:include schemaLocation="标准数据元素类型.xsd"/>
    <xs:element name="个人信贷业务">
        <xs:complexType>
            <xs:sequence>
                <xs:element ref="个人信贷业务担保合同档案" minOccurs="0"/>
                <xs:element ref="个人信贷业务质或抵押物档案" minOccurs="0"/>
                <xs:element ref="个人信贷业务借据档案" minOccurs="0"/>
                <xs:element ref="个人信贷业务借据交易明细档案" minOccurs="0"/>
                <xs:element ref="房屋档案" minOccurs="0"/>
                <xs:element ref="房屋保险单档案" minOccurs="0"/>
                <xs:element ref="楼盘档案" minOccurs="0"/>
                <xs:element ref="车辆档案" minOccurs="0"/>
                <xs:element ref="车辆保险单档案" minOccurs="0"/>
            </xs:sequence>
            <xs:attribute ref="locID" use="optional" fixed="S03"/>
        </xs:complexType>
    </xs:element>
    <xs:element name="个人信贷业务担保合同档案">
```

```
        <xs:complexType>
            <xs:sequence>
                <xs:element ref="个人信贷业务担保合同" maxOccurs="unbounded"/>
            </xs:sequence>
            <xs:attribute ref="locID" use="optional" fixed="T0301"/>
        </xs:complexType>
    </xs:element>
    <xs:element name="个人信贷业务担保合同">
        <xs:complexType>
            <xs:sequence>
                <xs:element name="个人信贷担保合同编号">
                    <xs:complexType>
                        <xs:simpleContent>
                            <xs:extension base="个人信贷担保合同编号类型">
                                <xs:attribute ref="locID" use="optional" fixed="030101"/>
                            </xs:extension>
                        </xs:simpleContent>
                    </xs:complexType>
                </xs:element>
                <xs:element name="个人信贷合同编号">
                    <xs:complexType>
                        <xs:simpleContent>
                            <xs:extension base="个人信贷合同编号类型">
                                <xs:attribute ref="locID" use="optional" fixed="030102"/>
                            </xs:extension>
                        </xs:simpleContent>
                    </xs:complexType>
                </xs:element>
                <xs:element name="个人客户统一编号">
                    <xs:complexType>
                        <xs:simpleContent>
                            <xs:extension base="个人客户统一编号类型">
                                <xs:attribute ref="locID" use="optional" fixed="011101"/>
                            </xs:extension>
                        </xs:simpleContent>
                    </xs:complexType>
                </xs:element>
                <xs:element name="担保类型">
                    <xs:complexType>
                        <xs:simpleContent>
                            <xs:extension base="担保类型类型">
                                <xs:attribute ref="locID" use="optional" fixed="030103"/>
                            </xs:extension>
```

```
        </xs:simpleContent>
    </xs:complexType>
</xs:element>
<xs:element name="保证人" minOccurs="0" maxOccurs="unbounded">
    <xs:complexType>
        <xs:sequence>
            <xs:element name="保证人编号">
                <xs:complexType>
                    <xs:simpleContent>
                        <xs:extension base="保证人编号类型">
                            <xs:attribute ref="locID" use="optional" fixed
="030105"/>
                        </xs:extension>
                    </xs:simpleContent>
                </xs:complexType>
            </xs:element>
            <xs:element name="保证人名称">
                <xs:complexType>
                    <xs:simpleContent>
                        <xs:extension base="保证人名称类型">
                            <xs:attribute ref="locID" use="optional" fixed
="030106"/>
                        </xs:extension>
                    </xs:simpleContent>
                </xs:complexType>
            </xs:element>
            <xs:element name="保证人净资产">
                <xs:complexType>
                    <xs:simpleContent>
                        <xs:extension base="保证人净资产类型">
                            <xs:attribute ref="locID" use="optional" fixed
="030107"/>
                        </xs:extension>
                    </xs:simpleContent>
                </xs:complexType>
            </xs:element>
            <xs:element name="保证形式" minOccurs="0">
                <xs:complexType>
                    <xs:simpleContent>
                        <xs:extension base="保证形式类型">
                            <xs:attribute ref="locID" use="optional" fixed
="030104"/>
                        </xs:extension>
```

```
                        </xs:simpleContent>
                    </xs:complexType>
                </xs:element>
            </xs:sequence>
            <xs:attribute ref="locID" use="optional" fixed="G0301"/>
        </xs:complexType>
    </xs:element>
    <xs:element name="担保起始日">
        <xs:complexType>
            <xs:simpleContent>
                <xs:extension base="担保起始日类型">
                    <xs:attribute ref="locID" use="optional" fixed="030108"/>
                </xs:extension>
            </xs:simpleContent>
        </xs:complexType>
    </xs:element>
    <xs:element name="担保到期日">
        <xs:complexType>
            <xs:simpleContent>
                <xs:extension base="担保到期日类型">
                    <xs:attribute ref="locID" use="optional" fixed="030109"/>
                </xs:extension>
            </xs:simpleContent>
        </xs:complexType>
    </xs:element>
    <xs:element name="质或抵押物编号" minOccurs="0" maxOccurs="unbounded">
        <xs:complexType>
            <xs:simpleContent>
                <xs:extension base="质或抵押物编号类型">
                    <xs:attribute ref="locID" use="optional" fixed="030110"/>
                </xs:extension>
            </xs:simpleContent>
        </xs:complexType>
    </xs:element>
    <xs:element name="状态标志">
        <xs:complexType>
            <xs:simpleContent>
                <xs:extension base="状态标志类型">
                    <xs:attribute ref="locID" use="optional" fixed="030111"/>
                </xs:extension>
            </xs:simpleContent>
        </xs:complexType>
    </xs:element>
```

```
        </xs:sequence>
        <xs:attribute ref="locID" use="optional" fixed="R0301"/>
    </xs:complexType>
</xs:element>
<xs:element name="个人信贷业务质或抵押物档案">
    <xs:complexType>
        <xs:sequence>
            <xs:element ref="个人信贷业务质或抵押物" maxOccurs="unbounded"/>
        </xs:sequence>
        <xs:attribute ref="locID" use="optional" fixed="T0302"/>
    </xs:complexType>
</xs:element>
<xs:element name="个人信贷业务质或抵押物">
    <xs:complexType>
        <xs:sequence>
            <xs:element name="质或抵押物编号">
                <xs:complexType>
                    <xs:simpleContent>
                        <xs:extension base="质或抵押物编号类型">
                            <xs:attribute ref="locID" use="optional" fixed="030110"/>
                        </xs:extension>
                    </xs:simpleContent>
                </xs:complexType>
            </xs:element>
            <xs:element name="质或抵押物名称">
                <xs:complexType>
                    <xs:simpleContent>
                        <xs:extension base="质或抵押物名称类型">
                            <xs:attribute ref="locID" use="optional" fixed="030201"/>
                        </xs:extension>
                    </xs:simpleContent>
                </xs:complexType>
            </xs:element>
            <xs:element name="质或抵押物类型">
                <xs:complexType>
                    <xs:simpleContent>
                        <xs:extension base="质或抵押物类型类型">
                            <xs:attribute ref="locID" use="optional" fixed="030202"/>
                        </xs:extension>
                    </xs:simpleContent>
                </xs:complexType>
            </xs:element>
            <xs:element name="质或抵押物原价值">
```

```
        〈xs:complexType〉
            〈xs:simpleContent〉
                〈xs:extension base="质或抵押物原价值类型"〉
                    〈xs:attribute ref="locID" use="optional" fixed="030203"/〉
                〈/xs:extension〉
            〈/xs:simpleContent〉
        〈/xs:complexType〉
    〈/xs:element〉
    〈xs:element name="币种编码"〉
        〈xs:complexType〉
            〈xs:simpleContent〉
                〈xs:extension base="币种编码类型"〉
                    〈xs:attribute ref="locID" use="optional" fixed="010301"/〉
                〈/xs:extension〉
            〈/xs:simpleContent〉
        〈/xs:complexType〉
    〈/xs:element〉
    〈xs:element name="建成日期" minOccurs="0"〉
        〈xs:complexType〉
            〈xs:simpleContent〉
                〈xs:extension base="建成日期类型"〉
                    〈xs:attribute ref="locID" use="optional" fixed="030204"/〉
                〈/xs:extension〉
            〈/xs:simpleContent〉
        〈/xs:complexType〉
    〈/xs:element〉
    〈xs:element name="银行认定价值"〉
        〈xs:complexType〉
            〈xs:simpleContent〉
                〈xs:extension base="银行认定价值类型"〉
                    〈xs:attribute ref="locID" use="optional" fixed="030205"/〉
                〈/xs:extension〉
            〈/xs:simpleContent〉
        〈/xs:complexType〉
    〈/xs:element〉
    〈xs:element name="评估价值"〉
        〈xs:complexType〉
            〈xs:simpleContent〉
                〈xs:extension base="评估价值类型"〉
                    〈xs:attribute ref="locID" use="optional" fixed="030206"/〉
                〈/xs:extension〉
            〈/xs:simpleContent〉
        〈/xs:complexType〉
```

```
</xs:element>
<xs:element name="评估日期">
    <xs:complexType>
        <xs:simpleContent>
            <xs:extension base="评估日期类型">
                <xs:attribute ref="locID" use="optional" fixed="030207"/>
            </xs:extension>
        </xs:simpleContent>
    </xs:complexType>
</xs:element>
<xs:element name="评估机构名称">
    <xs:complexType>
        <xs:simpleContent>
            <xs:extension base="评估机构名称类型">
                <xs:attribute ref="locID" use="optional" fixed="030208"/>
            </xs:extension>
        </xs:simpleContent>
    </xs:complexType>
</xs:element>
<xs:element name="质或抵押率">
    <xs:complexType>
        <xs:simpleContent>
            <xs:extension base="质或抵押率类型">
                <xs:attribute ref="locID" use="optional" fixed="030209"/>
            </xs:extension>
        </xs:simpleContent>
    </xs:complexType>
</xs:element>
<xs:element name="使用年限">
    <xs:complexType>
        <xs:simpleContent>
            <xs:extension base="使用年限类型">
                <xs:attribute ref="locID" use="optional" fixed="030210"/>
            </xs:extension>
        </xs:simpleContent>
    </xs:complexType>
</xs:element>
<xs:element name="剩余年限">
    <xs:complexType>
        <xs:simpleContent>
            <xs:extension base="剩余年限类型">
                <xs:attribute ref="locID" use="optional" fixed="030211"/>
            </xs:extension>
```

```
            </xs:simpleContent>
        </xs:complexType>
    </xs:element>
    <xs:element name="抵押物所有权人" maxOccurs="unbounded">
        <xs:complexType>
            <xs:simpleContent>
                <xs:extension base="抵押物所有权人类型">
                    <xs:attribute ref="locID" use="optional" fixed="030212"/>
                </xs:extension>
            </xs:simpleContent>
        </xs:complexType>
    </xs:element>
    <xs:element name="抵押次数">
        <xs:complexType>
            <xs:simpleContent>
                <xs:extension base="抵押次数类型">
                    <xs:attribute ref="locID" use="optional" fixed="030213"/>
                </xs:extension>
            </xs:simpleContent>
        </xs:complexType>
    </xs:element>
    <xs:element name="已抵押价值">
        <xs:complexType>
            <xs:simpleContent>
                <xs:extension base="已抵押价值类型">
                    <xs:attribute ref="locID" use="optional" fixed="030214"/>
                </xs:extension>
            </xs:simpleContent>
        </xs:complexType>
    </xs:element>
    <xs:element name="抵债资产标志">
        <xs:complexType>
            <xs:simpleContent>
                <xs:extension base="抵债资产标志类型">
                    <xs:attribute ref="locID" use="optional" fixed="030215"/>
                </xs:extension>
            </xs:simpleContent>
        </xs:complexType>
    </xs:element>
    <xs:element name="在库状态">
        <xs:complexType>
            <xs:simpleContent>
                <xs:extension base="在库状态类型">
```

```
                            〈xs:attribute ref = "locID" use = "optional" fixed = "030216"/〉
                        〈/xs:extension〉
                    〈/xs:simpleContent〉
                〈/xs:complexType〉
            〈/xs:element〉
            〈xs:element name = "登记日期"〉
                〈xs:complexType〉
                    〈xs:simpleContent〉
                        〈xs:extension base = "登记日期类型"〉
                            〈xs:attribute ref = "locID" use = "optional" fixed = "030217"/〉
                        〈/xs:extension〉
                    〈/xs:simpleContent〉
                〈/xs:complexType〉
            〈/xs:element〉
            〈xs:element name = "登记机构"〉
                〈xs:complexType〉
                    〈xs:simpleContent〉
                        〈xs:extension base = "登记机构类型"〉
                            〈xs:attribute ref = "locID" use = "optional" fixed = "030218"/〉
                        〈/xs:extension〉
                    〈/xs:simpleContent〉
                〈/xs:complexType〉
            〈/xs:element〉
        〈/xs:sequence〉
        〈xs:attribute ref = "locID" use = "optional" fixed = "R0302"/〉
    〈/xs:complexType〉
〈/xs:element〉
〈xs:element name = "个人信贷业务借据档案"〉
    〈xs:complexType〉
        〈xs:sequence〉
            〈xs:element ref = "个人信贷业务借据" maxOccurs = "unbounded"/〉
        〈/xs:sequence〉
        〈xs:attribute ref = "locID" use = "optional" fixed = "T0303"/〉
    〈/xs:complexType〉
〈/xs:element〉
〈xs:element name = "个人信贷业务借据"〉
    〈xs:complexType〉
        〈xs:sequence〉
            〈xs:element name = "个人信贷借据统一编号"〉
                〈xs:complexType〉
                    〈xs:simpleContent〉
                        〈xs:extension base = "个人信贷借据统一编号类型"〉
                            〈xs:attribute ref = "locID" use = "optional" fixed = "012001"/〉
```

```
                〈/xs:extension〉
            〈/xs:simpleContent〉
        〈/xs:complexType〉
    〈/xs:element〉
    〈xs:element name="个人客户统一编号"〉
        〈xs:complexType〉
            〈xs:simpleContent〉
                〈xs:extension base="个人客户统一编号类型"〉
                    〈xs:attribute ref="locID" use="optional" fixed="011101"/〉
                〈/xs:extension〉
            〈/xs:simpleContent〉
        〈/xs:complexType〉
    〈/xs:element〉
    〈xs:element name="个人信贷合同编号"〉
        〈xs:complexType〉
            〈xs:simpleContent〉
                〈xs:extension base="个人信贷合同编号类型"〉
                    〈xs:attribute ref="locID" use="optional" fixed="030102"/〉
                〈/xs:extension〉
            〈/xs:simpleContent〉
        〈/xs:complexType〉
    〈/xs:element〉
    〈xs:element name="营业机构号"〉
        〈xs:complexType〉
            〈xs:simpleContent〉
                〈xs:extension base="银行:营业机构号类型"〉
                    〈xs:attribute ref="银行:locID"use="optional" fixed="030301"/〉
                〈/xs:extension〉
            〈/xs:simpleContent〉
        〈/xs:complexType〉
    〈/xs:element〉
    〈xs:element name="币种编码"〉
        〈xs:complexType〉
            〈xs:simpleContent〉
                〈xs:extension base="币种编码类型"〉
                    〈xs:attribute ref="locID" use="optional" fixed="010301"/〉
                〈/xs:extension〉
            〈/xs:simpleContent〉
        〈/xs:complexType〉
    〈/xs:element〉
    〈xs:element name="借款金额"〉
        〈xs:complexType〉
```

```
        <xs:simpleContent>
            <xs:extension base="借款金额类型">
                <xs:attribute ref="locID" use="optional" fixed="030302"/>
            </xs:extension>
        </xs:simpleContent>
    </xs:complexType>
</xs:element>
<xs:element name="借款余额">
    <xs:complexType>
        <xs:simpleContent>
            <xs:extension base="借款余额类型">
                <xs:attribute ref="locID" use="optional" fixed="030303"/>
            </xs:extension>
        </xs:simpleContent>
    </xs:complexType>
</xs:element>
<xs:element name="贷款四级分类" minOccurs="0">
    <xs:complexType>
        <xs:simpleContent>
            <xs:extension base="贷款四级分类类型">
                <xs:attribute ref="locID" use="optional" fixed="030304"/>
            </xs:extension>
        </xs:simpleContent>
    </xs:complexType>
</xs:element>
<xs:element name="贷款期限">
    <xs:complexType>
        <xs:simpleContent>
            <xs:extension base="贷款期限类型">
                <xs:attribute ref="locID" use="optional" fixed="030305"/>
            </xs:extension>
        </xs:simpleContent>
    </xs:complexType>
</xs:element>
<xs:element name="总期数">
    <xs:complexType>
        <xs:simpleContent>
            <xs:extension base="总期数类型">
                <xs:attribute ref="locID" use="optional" fixed="030306"/>
            </xs:extension>
        </xs:simpleContent>
    </xs:complexType>
</xs:element>
```

```
〈xs:element name="贷款实际发放日期" minOccurs="0"〉
    〈xs:complexType〉
        〈xs:simpleContent〉
            〈xs:extension base="贷款实际发放日期类型"〉
                〈xs:attribute ref="locID" use="optional" fixed="030307"/〉
            〈/xs:extension〉
        〈/xs:simpleContent〉
    〈/xs:complexType〉
〈/xs:element〉
〈xs:element name="贷款原始到期日期"〉
    〈xs:complexType〉
        〈xs:simpleContent〉
            〈xs:extension base="贷款原始到期日期类型"〉
                〈xs:attribute ref="locID" use="optional" fixed="030308"/〉
            〈/xs:extension〉
        〈/xs:simpleContent〉
    〈/xs:complexType〉
〈/xs:element〉
〈xs:element name="终结日期" minOccurs="0"〉
    〈xs:complexType〉
        〈xs:simpleContent〉
            〈xs:extension base="终结日期类型"〉
                〈xs:attribute ref="locID" use="optional" fixed="030309"/〉
            〈/xs:extension〉
        〈/xs:simpleContent〉
    〈/xs:complexType〉
〈/xs:element〉
〈xs:element name="贷款类型"〉
    〈xs:complexType〉
        〈xs:simpleContent〉
            〈xs:extension base="贷款类型类型"〉
                〈xs:attribute ref="locID" use="optional" fixed="030310"/〉
            〈/xs:extension〉
        〈/xs:simpleContent〉
    〈/xs:complexType〉
〈/xs:element〉
〈xs:element name="贷款入账账号"〉
    〈xs:complexType〉
        〈xs:simpleContent〉
            〈xs:extension base="贷款入账账号类型"〉
                〈xs:attribute ref="locID" use="optional" fixed="030311"/〉
            〈/xs:extension〉
        〈/xs:simpleContent〉
```

```
        </xs:complexType>
    </xs:element>
    <xs:element name="贷款用途">
        <xs:complexType>
            <xs:simpleContent>
                <xs:extension base="贷款用途类型">
                    <xs:attribute ref="locID" use="optional" fixed="030312"/>
                </xs:extension>
            </xs:simpleContent>
        </xs:complexType>
    </xs:element>
    <xs:element name="终结类型" minOccurs="0">
        <xs:complexType>
            <xs:simpleContent>
                <xs:extension base="终结类型类型">
                    <xs:attribute ref="locID" use="optional" fixed="030313"/>
                </xs:extension>
            </xs:simpleContent>
        </xs:complexType>
    </xs:element>
    <xs:element name="贷款五级分类">
        <xs:complexType>
            <xs:simpleContent>
                <xs:extension base="贷款五级分类类型">
                    <xs:attribute ref="locID" use="optional" fixed="030314"/>
                </xs:extension>
            </xs:simpleContent>
        </xs:complexType>
    </xs:element>
    <xs:element name="基准利率">
        <xs:complexType>
            <xs:simpleContent>
                <xs:extension base="基准利率类型">
                    <xs:attribute ref="locID" use="optional" fixed="030315"/>
                </xs:extension>
            </xs:simpleContent>
        </xs:complexType>
    </xs:element>
    <xs:element name="利率浮动">
        <xs:complexType>
            <xs:simpleContent>
                <xs:extension base="利率浮动类型">
                    <xs:attribute ref="locID" use="optional" fixed="030316"/>
```

```
                </xs:extension>
            </xs:simpleContent>
        </xs:complexType>
    </xs:element>
    <xs:element name="展期标志">
        <xs:complexType>
            <xs:simpleContent>
                <xs:extension base="展期标志类型">
                    <xs:attribute ref="locID" use="optional" fixed="030317"/>
                </xs:extension>
            </xs:simpleContent>
        </xs:complexType>
    </xs:element>
    <xs:element name="还款方式代码">
        <xs:complexType>
            <xs:simpleContent>
                <xs:extension base="还款方式代码类型">
                    <xs:attribute ref="locID" use="optional" fixed="010401"/>
                </xs:extension>
            </xs:simpleContent>
        </xs:complexType>
    </xs:element>
    <xs:element name="还款账号">
        <xs:complexType>
            <xs:simpleContent>
                <xs:extension base="还款账号类型">
                    <xs:attribute ref="locID" use="optional" fixed="030318"/>
                </xs:extension>
            </xs:simpleContent>
        </xs:complexType>
    </xs:element>
    <xs:element name="额度">
        <xs:complexType>
            <xs:simpleContent>
                <xs:extension base="额度类型">
                    <xs:attribute ref="locID" use="optional" fixed="030319"/>
                </xs:extension>
            </xs:simpleContent>
        </xs:complexType>
    </xs:element>
    <xs:element name="可用额度">
        <xs:complexType>
            <xs:simpleContent>
```

```
            <xs:extension base="可用额度类型">
                <xs:attribute ref="locID" use="optional" fixed="030320"/>
            </xs:extension>
        </xs:simpleContent>
    </xs:complexType>
</xs:element>
<xs:element name="第三方客户编号">
    <xs:complexType>
        <xs:simpleContent>
            <xs:extension base="第三方客户编号类型">
                <xs:attribute ref="locID" use="optional" fixed="011005"/>
            </xs:extension>
        </xs:simpleContent>
    </xs:complexType>
</xs:element>
<xs:element name="第三方额度">
    <xs:complexType>
        <xs:simpleContent>
            <xs:extension base="第三方额度类型">
                <xs:attribute ref="locID" use="optional" fixed="030321"/>
            </xs:extension>
        </xs:simpleContent>
    </xs:complexType>
</xs:element>
<xs:element name="第三方可用额度">
    <xs:complexType>
        <xs:simpleContent>
            <xs:extension base="第三方可用额度类型">
                <xs:attribute ref="locID" use="optional" fixed="030322"/>
            </xs:extension>
        </xs:simpleContent>
    </xs:complexType>
</xs:element>
<xs:element name="贷款申请号">
    <xs:complexType>
        <xs:simpleContent>
            <xs:extension base="贷款申请号类型">
                <xs:attribute ref="locID" use="optional" fixed="030323"/>
            </xs:extension>
        </xs:simpleContent>
    </xs:complexType>
</xs:element>
<xs:element name="表内欠息余额">
```

```
        〈xs:complexType〉
            〈xs:simpleContent〉
                〈xs:extension base="表内欠息余额类型"〉
                    〈xs:attribute ref="locID" use="optional" fixed="030324"/〉
                〈/xs:extension〉
            〈/xs:simpleContent〉
        〈/xs:complexType〉
    〈/xs:element〉
    〈xs:element name="表外欠息余额"〉
        〈xs:complexType〉
            〈xs:simpleContent〉
                〈xs:extension base="表外欠息余额类型"〉
                    〈xs:attribute ref="locID" use="optional" fixed="030325"/〉
                〈/xs:extension〉
            〈/xs:simpleContent〉
        〈/xs:complexType〉
    〈/xs:element〉
    〈xs:element name="计息方式"〉
        〈xs:complexType〉
            〈xs:simpleContent〉
                〈xs:extension base="计息方式类型"〉
                    〈xs:attribute ref="locID" use="optional" fixed="030326"/〉
                〈/xs:extension〉
            〈/xs:simpleContent〉
        〈/xs:complexType〉
    〈/xs:element〉
    〈xs:element name="贷款实际到期日期" minOccurs="0"〉
        〈xs:complexType〉
            〈xs:simpleContent〉
                〈xs:extension base="贷款实际到期日期类型"〉
                    〈xs:attribute ref="locID" use="optional" fixed="030327"/〉
                〈/xs:extension〉
            〈/xs:simpleContent〉
        〈/xs:complexType〉
    〈/xs:element〉
    〈xs:element name="月份"〉
        〈xs:complexType〉
            〈xs:simpleContent〉
                〈xs:extension base="月份类型"〉
                    〈xs:attribute ref="locID" use="optional" fixed="030328"/〉
                〈/xs:extension〉
            〈/xs:simpleContent〉
        〈/xs:complexType〉
```

```
            </xs:element>
        </xs:sequence>
        <xs:attribute ref="locID" use="optional" fixed="R0303"/>
    </xs:complexType>
</xs:element>
<xs:element name="个人信贷业务借据交易明细档案">
    <xs:complexType>
        <xs:sequence>
            <xs:element ref="个人信贷业务借据交易明细" maxOccurs="unbounded"/>
        </xs:sequence>
        <xs:attribute ref="locID" use="optional" fixed="T0304"/>
    </xs:complexType>
</xs:element>
<xs:element name="个人信贷业务借据交易明细">
    <xs:complexType>
        <xs:sequence>
            <xs:element name="交易流水号">
                <xs:complexType>
                    <xs:simpleContent>
                        <xs:extension base="交易流水号类型">
                            <xs:attribute ref="locID" use="optional" fixed="030401"/>
                        </xs:extension>
                    </xs:simpleContent>
                </xs:complexType>
            </xs:element>
            <xs:element name="交易日期">
                <xs:complexType>
                    <xs:simpleContent>
                        <xs:extension base="交易日期类型">
                            <xs:attribute ref="locID" use="optional" fixed="030402"/>
                        </xs:extension>
                    </xs:simpleContent>
                </xs:complexType>
            </xs:element>
            <xs:element name="核心交易流水号">
                <xs:complexType>
                    <xs:simpleContent>
                        <xs:extension base="核心交易流水号类型">
                            <xs:attribute ref="locID" use="optional" fixed="030403"/>
                        </xs:extension>
                    </xs:simpleContent>
                </xs:complexType>
            </xs:element>
```

```
<xs:element name="个人信贷借据统一编号">
    <xs:complexType>
        <xs:simpleContent>
            <xs:extension base="个人信贷借据统一编号类型">
                <xs:attribute ref="locID" use="optional" fixed="012001"/>
            </xs:extension>
        </xs:simpleContent>
    </xs:complexType>
</xs:element>
<xs:element name="交易代码">
    <xs:complexType>
        <xs:simpleContent>
            <xs:extension base="交易代码类型">
                <xs:attribute ref="locID" use="optional" fixed="010501"/>
            </xs:extension>
        </xs:simpleContent>
    </xs:complexType>
</xs:element>
<xs:element name="交易金额">
    <xs:complexType>
        <xs:simpleContent>
            <xs:extension base="交易金额类型">
                <xs:attribute ref="locID" use="optional" fixed="030404"/>
            </xs:extension>
        </xs:simpleContent>
    </xs:complexType>
</xs:element>
<xs:element name="摘要">
    <xs:complexType>
        <xs:simpleContent>
            <xs:extension base="摘要类型">
                <xs:attribute ref="locID" use="optional" fixed="030405"/>
            </xs:extension>
        </xs:simpleContent>
    </xs:complexType>
</xs:element>
<xs:element name="交易标志">
    <xs:complexType>
        <xs:simpleContent>
            <xs:extension base="交易标志类型">
                <xs:attribute ref="locID" use="optional" fixed="030406"/>
            </xs:extension>
        </xs:simpleContent>
```

```
                〈/xs:complexType〉
            〈/xs:element〉
            〈xs:element name="交易时间"〉
                〈xs:complexType〉
                    〈xs:simpleContent〉
                        〈xs:extension base="交易时间类型"〉
                            〈xs:attribute ref="locID" use="optional" fixed="030407"/〉
                        〈/xs:extension〉
                    〈/xs:simpleContent〉
                〈/xs:complexType〉
            〈/xs:element〉
            〈xs:element name="营业机构号"〉
                〈xs:complexType〉
                    〈xs:simpleContent〉
                        〈xs:extension base="营业机构号类型"〉
                            〈xs:attribute ref="locID" use="optional" fixed="030301"/〉
                        〈/xs:extension〉
                    〈/xs:simpleContent〉
                〈/xs:complexType〉
            〈/xs:element〉
        〈/xs:sequence〉
        〈xs:attribute ref="locID" use="optional" fixed="R0304"/〉
    〈/xs:complexType〉
〈/xs:element〉
〈xs:element name="房屋档案"〉
    〈xs:complexType〉
        〈xs:sequence〉
            〈xs:element ref="房屋" maxOccurs="unbounded"/〉
        〈/xs:sequence〉
        〈xs:attribute ref="locID" use="optional" fixed="T0305"/〉
    〈/xs:complexType〉
〈/xs:element〉
〈xs:element name="房屋"〉
    〈xs:complexType〉
        〈xs:sequence〉
            〈xs:element name="房屋编号"〉
                〈xs:complexType〉
                    〈xs:simpleContent〉
                        〈xs:extension base="房屋编号类型"〉
                            〈xs:attribute ref="locID" use="optional" fixed="030501"/〉
                        〈/xs:extension〉
                    〈/xs:simpleContent〉
                〈/xs:complexType〉
```

```
</xs:element>
<xs:element name="售房合同编号">
    <xs:complexType>
        <xs:simpleContent>
            <xs:extension base="售房合同编号类型">
                <xs:attribute ref="locID" use="optional" fixed="030502"/>
            </xs:extension>
        </xs:simpleContent>
    </xs:complexType>
</xs:element>
<xs:element name="个人信贷借据统一编号">
    <xs:complexType>
        <xs:simpleContent>
            <xs:extension base="个人信贷借据统一编号类型">
                <xs:attribute ref="locID" use="optional" fixed="012001"/>
            </xs:extension>
        </xs:simpleContent>
    </xs:complexType>
</xs:element>
<xs:element name="房屋地址">
    <xs:complexType>
        <xs:simpleContent>
            <xs:extension base="房屋地址类型">
                <xs:attribute ref="locID" use="optional" fixed="030503"/>
            </xs:extension>
        </xs:simpleContent>
    </xs:complexType>
</xs:element>
<xs:element name="房屋类别">
    <xs:complexType>
        <xs:simpleContent>
            <xs:extension base="房屋类别类型">
                <xs:attribute ref="locID" use="optional" fixed="030504"/>
            </xs:extension>
        </xs:simpleContent>
    </xs:complexType>
</xs:element>
<xs:element name="购房类型" minOccurs="0">
    <xs:complexType>
        <xs:simpleContent>
            <xs:extension base="购房类型类型">
                <xs:attribute ref="locID" use="optional" fixed="030505"/>
            </xs:extension>
```

```
            〈/xs:simpleContent〉
        〈/xs:complexType〉
    〈/xs:element〉
    〈xs:element name="楼盘编号" minOccurs="0"〉
        〈xs:complexType〉
            〈xs:simpleContent〉
                〈xs:extension base="楼盘编号类型"〉
                    〈xs:attribute ref="locID" use="optional" fixed="030701"/〉
                〈/xs:extension〉
            〈/xs:simpleContent〉
        〈/xs:complexType〉
    〈/xs:element〉
    〈xs:element name="售房合同签订日期"〉
        〈xs:complexType〉
            〈xs:simpleContent〉
                〈xs:extension base="售房合同签订日期类型"〉
                    〈xs:attribute ref="locID" use="optional" fixed="030506"/〉
                〈/xs:extension〉
            〈/xs:simpleContent〉
        〈/xs:complexType〉
    〈/xs:element〉
    〈xs:element name="交房日期"〉
        〈xs:complexType〉
            〈xs:simpleContent〉
                〈xs:extension base="交房日期类型"〉
                    〈xs:attribute ref="locID" use="optional" fixed="030507"/〉
                〈/xs:extension〉
            〈/xs:simpleContent〉
        〈/xs:complexType〉
    〈/xs:element〉
    〈xs:element name="房屋建筑面积"〉
        〈xs:complexType〉
            〈xs:simpleContent〉
                〈xs:extension base="房屋建筑面积类型"〉
                    〈xs:attribute ref="locID" use="optional" fixed="030508"/〉
                〈/xs:extension〉
            〈/xs:simpleContent〉
        〈/xs:complexType〉
    〈/xs:element〉
    〈xs:element name="房屋单价"〉
        〈xs:complexType〉
            〈xs:simpleContent〉
                〈xs:extension base="房屋单价类型"〉
```

```
                        <xs:attribute ref="locID" use="optional" fixed="030509"/>
                    </xs:extension>
                </xs:simpleContent>
            </xs:complexType>
        </xs:element>
        <xs:element name="房屋总金额">
            <xs:complexType>
                <xs:simpleContent>
                    <xs:extension base="房屋总金额类型">
                        <xs:attribute ref="locID" use="optional" fixed="030510"/>
                    </xs:extension>
                </xs:simpleContent>
            </xs:complexType>
        </xs:element>
        <xs:element name="首付款">
            <xs:complexType>
                <xs:simpleContent>
                    <xs:extension base="首付款类型">
                        <xs:attribute ref="locID" use="optional" fixed="030511"/>
                    </xs:extension>
                </xs:simpleContent>
            </xs:complexType>
        </xs:element>
        <xs:element name="二手房标志">
            <xs:complexType>
                <xs:simpleContent>
                    <xs:extension base="二手房标志类型">
                        <xs:attribute ref="locID" use="optional" fixed="030512"/>
                    </xs:extension>
                </xs:simpleContent>
            </xs:complexType>
        </xs:element>
        <xs:element name="房贷代理" minOccurs="0">
            <xs:complexType>
                <xs:simpleContent>
                    <xs:extension base="房贷代理类型">
                        <xs:attribute ref="locID" use="optional" fixed="030513"/>
                    </xs:extension>
                </xs:simpleContent>
            </xs:complexType>
        </xs:element>
    </xs:sequence>
    <xs:attribute ref="locID" use="optional" fixed="R0305"/>
```

```
    </xs:complexType>
</xs:element>
<xs:element name="房屋保险单档案">
    <xs:complexType>
        <xs:sequence>
            <xs:element ref="房屋保险单" maxOccurs="unbounded"/>
        </xs:sequence>
        <xs:attribute ref="locID" use="optional" fixed="T0306"/>
    </xs:complexType>
</xs:element>
<xs:element name="房屋保险单">
    <xs:complexType>
        <xs:sequence>
            <xs:element name="保险单号">
                <xs:complexType>
                    <xs:simpleContent>
                        <xs:extension base="保险单号类型">
                            <xs:attribute ref="locID" use="optional" fixed="030601"/>
                        </xs:extension>
                    </xs:simpleContent>
                </xs:complexType>
            </xs:element>
            <xs:element name="保险公司">
                <xs:complexType>
                    <xs:simpleContent>
                        <xs:extension base="保险公司类型">
                            <xs:attribute ref="locID" use="optional" fixed="030602"/>
                        </xs:extension>
                    </xs:simpleContent>
                </xs:complexType>
            </xs:element>
            <xs:element name="保单类型">
                <xs:complexType>
                    <xs:simpleContent>
                        <xs:extension base="保单类型类型">
                            <xs:attribute ref="locID" use="optional" fixed="030603"/>
                        </xs:extension>
                    </xs:simpleContent>
                </xs:complexType>
            </xs:element>
            <xs:element name="保险类型">
                <xs:complexType>
                    <xs:simpleContent>
```

```
                    <xs:extension base="保险类型类型">
                        <xs:attribute ref="locID" use="optional" fixed="030604"/>
                    </xs:extension>
                </xs:simpleContent>
            </xs:complexType>
        </xs:element>
        <xs:element name="保险到期日">
            <xs:complexType>
                <xs:simpleContent>
                    <xs:extension base="保险到期日类型">
                        <xs:attribute ref="locID" use="optional" fixed="030605"/>
                    </xs:extension>
                </xs:simpleContent>
            </xs:complexType>
        </xs:element>
        <xs:element name="保险起始日">
            <xs:complexType>
                <xs:simpleContent>
                    <xs:extension base="保险起始日类型">
                        <xs:attribute ref="locID" use="optional" fixed="030606"/>
                    </xs:extension>
                </xs:simpleContent>
            </xs:complexType>
        </xs:element>
        <xs:element name="出单日">
            <xs:complexType>
                <xs:simpleContent>
                    <xs:extension base="出单日类型">
                        <xs:attribute ref="locID" use="optional" fixed="030607"/>
                    </xs:extension>
                </xs:simpleContent>
            </xs:complexType>
        </xs:element>
        <xs:element name="投保金额">
            <xs:complexType>
                <xs:simpleContent>
                    <xs:extension base="投保金额类型">
                        <xs:attribute ref="locID" use="optional" fixed="030608"/>
                    </xs:extension>
                </xs:simpleContent>
            </xs:complexType>
        </xs:element>
        <xs:element name="预收保险费">
```

```
        〈xs:complexType〉
            〈xs:simpleContent〉
                〈xs:extension base="预收保险费类型"〉
                    〈xs:attribute ref="locID" use="optional" fixed="030609"/〉
                〈/xs:extension〉
            〈/xs:simpleContent〉
        〈/xs:complexType〉
    〈/xs:element〉
    〈xs:element name="保险费"〉
        〈xs:complexType〉
            〈xs:simpleContent〉
                〈xs:extension base="保险费类型"〉
                    〈xs:attribute ref="locID" use="optional" fixed="030610"/〉
                〈/xs:extension〉
            〈/xs:simpleContent〉
        〈/xs:complexType〉
    〈/xs:element〉
    〈xs:element name="手续费"〉
        〈xs:complexType〉
            〈xs:simpleContent〉
                〈xs:extension base="手续费类型"〉
                    〈xs:attribute ref="locID" use="optional" fixed="030611"/〉
                〈/xs:extension〉
            〈/xs:simpleContent〉
        〈/xs:complexType〉
    〈/xs:element〉
    〈xs:element name="保险价值"〉
        〈xs:complexType〉
            〈xs:simpleContent〉
                〈xs:extension base="保险价值类型"〉
                    〈xs:attribute ref="locID" use="optional" fixed="030612"/〉
                〈/xs:extension〉
            〈/xs:simpleContent〉
        〈/xs:complexType〉
    〈/xs:element〉
    〈xs:element name="投保人"〉
        〈xs:complexType〉
            〈xs:simpleContent〉
                〈xs:extension base="投保人类型"〉
                    〈xs:attribute ref="locID" use="optional" fixed="030613"/〉
                〈/xs:extension〉
            〈/xs:simpleContent〉
        〈/xs:complexType〉
```

```
                </xs:element>
                <xs:element name="受益人">
                    <xs:complexType>
                        <xs:simpleContent>
                            <xs:extension base="受益人类型">
                                <xs:attribute ref="locID" use="optional" fixed="030614"/>
                            </xs:extension>
                        </xs:simpleContent>
                    </xs:complexType>
                </xs:element>
                <xs:element name="备注信息" minOccurs="0">
                    <xs:complexType>
                        <xs:simpleContent>
                            <xs:extension base="备注信息类型">
                                <xs:attribute ref="locID" use="optional" fixed="030615"/>
                            </xs:extension>
                        </xs:simpleContent>
                    </xs:complexType>
                </xs:element>
                <xs:element name="售房合同编号">
                    <xs:complexType>
                        <xs:simpleContent>
                            <xs:extension base="售房合同编号类型">
                                <xs:attribute ref="locID" use="optional" fixed="030502"/>
                            </xs:extension>
                        </xs:simpleContent>
                    </xs:complexType>
                </xs:element>
            </xs:sequence>
            <xs:attribute ref="locID" use="optional" fixed="R0306"/>
        </xs:complexType>
    </xs:element>
    <xs:element name="楼盘档案">
        <xs:complexType>
            <xs:sequence>
                <xs:element ref="楼盘" maxOccurs="unbounded"/>
            </xs:sequence>
            <xs:attribute ref="locID" use="optional" fixed="T0307"/>
        </xs:complexType>
    </xs:element>
    <xs:element name="楼盘">
        <xs:complexType>
            <xs:sequence>
```

```
<xs:element name="楼盘编号">
    <xs:complexType>
        <xs:simpleContent>
            <xs:extension base="楼盘编号类型">
                <xs:attribute ref="locID" use="optional" fixed="030701"/>
            </xs:extension>
        </xs:simpleContent>
    </xs:complexType>
</xs:element>
<xs:element name="楼盘名称">
    <xs:complexType>
        <xs:simpleContent>
            <xs:extension base="楼盘名称类型">
                <xs:attribute ref="locID" use="optional" fixed="030702"/>
            </xs:extension>
        </xs:simpleContent>
    </xs:complexType>
</xs:element>
<xs:element name="楼盘地理位置">
    <xs:complexType>
        <xs:simpleContent>
            <xs:extension base="楼盘地理位置类型">
                <xs:attribute ref="locID" use="optional" fixed="030703"/>
            </xs:extension>
        </xs:simpleContent>
    </xs:complexType>
</xs:element>
<xs:element name="开发商编号" minOccurs="0">
    <xs:complexType>
        <xs:simpleContent>
            <xs:extension base="开发商编号类型">
                <xs:attribute ref="locID" use="optional" fixed="030704"/>
            </xs:extension>
        </xs:simpleContent>
    </xs:complexType>
</xs:element>
<xs:element name="开发商名称">
    <xs:complexType>
        <xs:simpleContent>
            <xs:extension base="开发商名称类型">
                <xs:attribute ref="locID" use="optional" fixed="030705"/>
            </xs:extension>
        </xs:simpleContent>
```

```
        </xs:complexType>
    </xs:element>
    <xs:element name="楼盘均价">
        <xs:complexType>
            <xs:simpleContent>
                <xs:extension base="楼盘均价类型">
                    <xs:attribute ref="locID" use="optional" fixed="030706"/>
                </xs:extension>
            </xs:simpleContent>
        </xs:complexType>
    </xs:element>
    <xs:element name="容积率">
        <xs:complexType>
            <xs:simpleContent>
                <xs:extension base="容积率类型">
                    <xs:attribute ref="locID" use="optional" fixed="030707"/>
                </xs:extension>
            </xs:simpleContent>
        </xs:complexType>
    </xs:element>
    <xs:element name="投资总额">
        <xs:complexType>
            <xs:simpleContent>
                <xs:extension base="投资总额类型">
                    <xs:attribute ref="locID" use="optional" fixed="030708"/>
                </xs:extension>
            </xs:simpleContent>
        </xs:complexType>
    </xs:element>
    <xs:element name="开工日期">
        <xs:complexType>
            <xs:simpleContent>
                <xs:extension base="开工日期类型">
                    <xs:attribute ref="locID" use="optional" fixed="030709"/>
                </xs:extension>
            </xs:simpleContent>
        </xs:complexType>
    </xs:element>
    <xs:element name="竣工日期">
        <xs:complexType>
            <xs:simpleContent>
                <xs:extension base="竣工日期类型">
                    <xs:attribute ref="locID" use="optional" fixed="030710"/>
```

```
                </xs:extension>
            </xs:simpleContent>
        </xs:complexType>
    </xs:element>
    <xs:element name="预售许可证编号" minOccurs="0">
        <xs:complexType>
            <xs:simpleContent>
                <xs:extension base="预售许可证编号类型">
                    <xs:attribute ref="locID" use="optional" fixed="030711"/>
                </xs:extension>
            </xs:simpleContent>
        </xs:complexType>
    </xs:element>
    <xs:element name="预售许可证日期" minOccurs="0">
        <xs:complexType>
            <xs:simpleContent>
                <xs:extension base="预售许可证日期类型">
                    <xs:attribute ref="locID" use="optional" fixed="030712"/>
                </xs:extension>
            </xs:simpleContent>
        </xs:complexType>
    </xs:element>
    <xs:element name="占地面积">
        <xs:complexType>
            <xs:simpleContent>
                <xs:extension base="占地面积类型">
                    <xs:attribute ref="locID" use="optional" fixed="030713"/>
                </xs:extension>
            </xs:simpleContent>
        </xs:complexType>
    </xs:element>
    <xs:element name="楼盘建筑面积">
        <xs:complexType>
            <xs:simpleContent>
                <xs:extension base="楼盘建筑面积类型">
                    <xs:attribute ref="locID" use="optional" fixed="030714"/>
                </xs:extension>
            </xs:simpleContent>
        </xs:complexType>
    </xs:element>
</xs:sequence>
<xs:attribute ref="locID" use="optional" fixed="R0307"/>
</xs:complexType>
```

```
</xs:element>
<xs:element name="车辆档案">
    <xs:complexType>
        <xs:sequence>
            <xs:element ref="车辆" maxOccurs="unbounded"/>
        </xs:sequence>
        <xs:attribute ref="locID" use="optional" fixed="T0308"/>
    </xs:complexType>
</xs:element>
<xs:element name="车辆">
    <xs:complexType>
        <xs:sequence>
            <xs:element name="车辆编号">
                <xs:complexType>
                    <xs:simpleContent>
                        <xs:extension base="车辆编号类型">
                            <xs:attribute ref="locID" use="optional" fixed="030801"/>
                        </xs:extension>
                    </xs:simpleContent>
                </xs:complexType>
            </xs:element>
            <xs:element name="售车合同编号">
                <xs:complexType>
                    <xs:simpleContent>
                        <xs:extension base="售车合同编号类型">
                            <xs:attribute ref="locID" use="optional" fixed="030802"/>
                        </xs:extension>
                    </xs:simpleContent>
                </xs:complexType>
            </xs:element>
            <xs:element name="车牌号码">
                <xs:complexType>
                    <xs:simpleContent>
                        <xs:extension base="车牌号码类型">
                            <xs:attribute ref="locID" use="optional" fixed="030803"/>
                        </xs:extension>
                    </xs:simpleContent>
                </xs:complexType>
            </xs:element>
            <xs:element name="个人信贷借据统一编号">
                <xs:complexType>
                    <xs:simpleContent>
                        <xs:extension base="个人信贷借据统一编号类型">
```

```
                <xs:attribute ref="locID" use="optional" fixed="012001"/>
            </xs:extension>
        </xs:simpleContent>
    </xs:complexType>
</xs:element>
<xs:element name="车辆品牌">
    <xs:complexType>
        <xs:simpleContent>
            <xs:extension base="车辆品牌类型">
                <xs:attribute ref="locID" use="optional" fixed="030804"/>
            </xs:extension>
        </xs:simpleContent>
    </xs:complexType>
</xs:element>
<xs:element name="车辆类型">
    <xs:complexType>
        <xs:simpleContent>
            <xs:extension base="车辆类型类型">
                <xs:attribute ref="locID" use="optional" fixed="030805"/>
            </xs:extension>
        </xs:simpleContent>
    </xs:complexType>
</xs:element>
<xs:element name="发动机号">
    <xs:complexType>
        <xs:simpleContent>
            <xs:extension base="发动机号类型">
                <xs:attribute ref="locID" use="optional" fixed="030806"/>
            </xs:extension>
        </xs:simpleContent>
    </xs:complexType>
</xs:element>
<xs:element name="车架号">
    <xs:complexType>
        <xs:simpleContent>
            <xs:extension base="车架号类型">
                <xs:attribute ref="locID" use="optional" fixed="030807"/>
            </xs:extension>
        </xs:simpleContent>
    </xs:complexType>
</xs:element>
<xs:element name="首付款">
    <xs:complexType>
```

```
        <xs:simpleContent>
            <xs:extension base="首付款类型">
                <xs:attribute ref="locID" use="optional" fixed="030511"/>
            </xs:extension>
        </xs:simpleContent>
    </xs:complexType>
</xs:element>
<xs:element name="车价总金额">
    <xs:complexType>
        <xs:simpleContent>
            <xs:extension base="车价总金额类型">
                <xs:attribute ref="locID" use="optional" fixed="030808"/>
            </xs:extension>
        </xs:simpleContent>
    </xs:complexType>
</xs:element>
<xs:element name="用途">
    <xs:complexType>
        <xs:simpleContent>
            <xs:extension base="用途类型">
                <xs:attribute ref="locID" use="optional" fixed="030809"/>
            </xs:extension>
        </xs:simpleContent>
    </xs:complexType>
</xs:element>
<xs:element name="二手车标志">
    <xs:complexType>
        <xs:simpleContent>
            <xs:extension base="二手车标志类型">
                <xs:attribute ref="locID" use="optional" fixed="030810"/>
            </xs:extension>
        </xs:simpleContent>
    </xs:complexType>
</xs:element>
<xs:element name="车贷代理" minOccurs="0">
    <xs:complexType>
        <xs:simpleContent>
            <xs:extension base="车贷代理类型">
                <xs:attribute ref="locID" use="optional" fixed="030811"/>
            </xs:extension>
        </xs:simpleContent>
    </xs:complexType>
</xs:element>
```

```
        〈/xs:sequence〉
        〈xs:attribute ref = "locID" use = "optional" fixed = "R0308"/〉
    〈/xs:complexType〉
〈/xs:element〉
〈xs:element name = "车辆保险单档案"〉
    〈xs:complexType〉
        〈xs:sequence〉
            〈xs:element ref = "车辆保险单" maxOccurs = "unbounded"/〉
        〈/xs:sequence〉
        〈xs:attribute ref = "locID" use = "optional" fixed = "T0309"/〉
    〈/xs:complexType〉
〈/xs:element〉
〈xs:element name = "车辆保险单"〉
    〈xs:complexType〉
        〈xs:sequence〉
            〈xs:element name = "保险单号"〉
                〈xs:complexType〉
                    〈xs:simpleContent〉
                        〈xs:extension base = "保险单号类型"〉
                            〈xs:attribute ref = "locID" use = "optional" fixed = "030601"/〉
                        〈/xs:extension〉
                    〈/xs:simpleContent〉
                〈/xs:complexType〉
            〈/xs:element〉
            〈xs:element name = "保险公司"〉
                〈xs:complexType〉
                    〈xs:simpleContent〉
                        〈xs:extension base = "保险公司类型"〉
                            〈xs:attribute ref = "locID" use = "optional" fixed = "030602"/〉
                        〈/xs:extension〉
                    〈/xs:simpleContent〉
                〈/xs:complexType〉
            〈/xs:element〉
            〈xs:element name = "保单类型"〉
                〈xs:complexType〉
                    〈xs:simpleContent〉
                        〈xs:extension base = "保单类型类型"〉
                            〈xs:attribute ref = "locID" use = "optional" fixed = "030603"/〉
                        〈/xs:extension〉
                    〈/xs:simpleContent〉
                〈/xs:complexType〉
            〈/xs:element〉
            〈xs:element name = "保险类型"〉
```

```
        <xs:complexType>
            <xs:simpleContent>
                <xs:extension base="保险类型类型">
                    <xs:attribute ref="locID" use="optional" fixed="030604"/>
                </xs:extension>
            </xs:simpleContent>
        </xs:complexType>
    </xs:element>
    <xs:element name="保险到期日">
        <xs:complexType>
            <xs:simpleContent>
                <xs:extension base="保险到期日类型">
                    <xs:attribute ref="locID" use="optional" fixed="030605"/>
                </xs:extension>
            </xs:simpleContent>
        </xs:complexType>
    </xs:element>
    <xs:element name="保险起始日">
        <xs:complexType>
            <xs:simpleContent>
                <xs:extension base="保险起始日类型">
                    <xs:attribute ref="locID" use="optional" fixed="030606"/>
                </xs:extension>
            </xs:simpleContent>
        </xs:complexType>
    </xs:element>
    <xs:element name="出单日">
        <xs:complexType>
            <xs:simpleContent>
                <xs:extension base="出单日类型">
                    <xs:attribute ref="locID" use="optional" fixed="030607"/>
                </xs:extension>
            </xs:simpleContent>
        </xs:complexType>
    </xs:element>
    <xs:element name="投保金额">
        <xs:complexType>
            <xs:simpleContent>
                <xs:extension base="投保金额类型">
                    <xs:attribute ref="locID" use="optional" fixed="030608"/>
                </xs:extension>
            </xs:simpleContent>
        </xs:complexType>
```

```
</xs:element>
<xs:element name="预收保险费">
    <xs:complexType>
        <xs:simpleContent>
            <xs:extension base="预收保险费类型">
                <xs:attribute ref="locID" use="optional" fixed="030609"/>
            </xs:extension>
        </xs:simpleContent>
    </xs:complexType>
</xs:element>
<xs:element name="保险费">
    <xs:complexType>
        <xs:simpleContent>
            <xs:extension base="保险费类型">
                <xs:attribute ref="locID" use="optional" fixed="030610"/>
            </xs:extension>
        </xs:simpleContent>
    </xs:complexType>
</xs:element>
<xs:element name="手续费">
    <xs:complexType>
        <xs:simpleContent>
            <xs:extension base="手续费类型">
                <xs:attribute ref="locID" use="optional" fixed="030611"/>
            </xs:extension>
        </xs:simpleContent>
    </xs:complexType>
</xs:element>
<xs:element name="保险价值">
    <xs:complexType>
        <xs:simpleContent>
            <xs:extension base="保险价值类型">
                <xs:attribute ref="locID" use="optional" fixed="030612"/>
            </xs:extension>
        </xs:simpleContent>
    </xs:complexType>
</xs:element>
<xs:element name="投保人">
    <xs:complexType>
        <xs:simpleContent>
            <xs:extension base="投保人类型">
                <xs:attribute ref="locID" use="optional" fixed="030613"/>
            </xs:extension>
```

```
                    </xs:simpleContent>
                </xs:complexType>
            </xs:element>
            <xs:element name="受益人">
                <xs:complexType>
                    <xs:simpleContent>
                        <xs:extension base="受益人类型">
                            <xs:attribute ref="locID" use="optional" fixed="030614"/>
                        </xs:extension>
                    </xs:simpleContent>
                </xs:complexType>
            </xs:element>
            <xs:element name="备注信息" minOccurs="0">
                <xs:complexType>
                    <xs:simpleContent>
                        <xs:extension base="备注信息类型">
                            <xs:attribute ref="locID" use="optional" fixed="030615"/>
                        </xs:extension>
                    </xs:simpleContent>
                </xs:complexType>
            </xs:element>
            <xs:element name="售车合同编号">
                <xs:complexType>
                    <xs:simpleContent>
                        <xs:extension base="售车合同编号类型">
                            <xs:attribute ref="locID" use="optional" fixed="030802"/>
                        </xs:extension>
                    </xs:simpleContent>
                </xs:complexType>
            </xs:element>
        </xs:sequence>
        <xs:attribute ref="locID" use="optional" fixed="R0309"/>
    </xs:complexType>
  </xs:element>
</xs:schema>
```

A.5 对公信贷类 XML 大纲(Schema)

```
<?xml version="1.0" encoding="UTF-8"?>
<xs:schema xmlns:xs="http://www.w3.org/2001/XMLSchema" xmlns:银行
="http://sxbw.audit.gov.cn/AccountingSoftwareDataInterfaceStandard/2010/Bank/XMLSchema"
xmlns="http://sxbw.audit.gov.cn/AccountingSoftwareDataInterfaceStandard/2010/Bank/XMLSchema"
targetNamespace="http://sxbw.audit.gov.cn/AccountingSoftwareDataInterfaceStandard/2010/
```

```
Bank/XMLSchema" elementFormDefault = "qualified" attributeFormDefault = "unqualified"〉
    〈xs:include schemaLocation = "标准数据元素类型.xsd"/〉
    〈xs:element name = "对公信贷业务"〉
        〈xs:complexType〉
            〈xs:sequence〉
                〈xs:element ref = "对公信贷业务担保合同档案" minOccurs = "0"/〉
                〈xs:element ref = "对公信贷业务质或抵押物档案" minOccurs = "0"/〉
                〈xs:element ref = "对公信贷业务借据档案" minOccurs = "0"/〉
                〈xs:element ref = "对公信贷业务借据交易明细档案" minOccurs = "0"/〉
            〈/xs:sequence〉
            〈xs:attribute ref = "locID" use = "optional" fixed = "S04"/〉
        〈/xs:complexType〉
    〈/xs:element〉
    〈xs:element name = "对公信贷业务担保合同档案"〉
        〈xs:complexType〉
            〈xs:sequence〉
                〈xs:element ref = "对公信贷业务担保合同" maxOccurs = "unbounded"/〉
            〈/xs:sequence〉
            〈xs:attribute ref = "locID" use = "optional" fixed = "T0401"/〉
        〈/xs:complexType〉
    〈/xs:element〉
    〈xs:element name = "对公信贷业务担保合同"〉
        〈xs:complexType〉
            〈xs:sequence〉
                〈xs:element name = "对公信贷担保合同编号"〉
                    〈xs:complexType〉
                        〈xs:simpleContent〉
                            〈xs:extension base = "对公信贷担保合同编号类型"〉
                                〈xs:attribute ref = "locID" use = "optional" fixed = "040101"/〉
                            〈/xs:extension〉
                        〈/xs:simpleContent〉
                    〈/xs:complexType〉
                〈/xs:element〉
                〈xs:element name = "对公信贷合同编号"〉
                    〈xs:complexType〉
                        〈xs:simpleContent〉
                            〈xs:extension base = "对公信贷合同编号类型"〉
                                〈xs:attribute ref = "locID" use = "optional" fixed = "040102"/〉
                            〈/xs:extension〉
                        〈/xs:simpleContent〉
                    〈/xs:complexType〉
                〈/xs:element〉
                〈xs:element name = "公司客户统一编号"〉
```

```
          〈xs:complexType〉
              〈xs:simpleContent〉
                  〈xs:extension base="公司客户统一编号类型"〉
                      〈xs:attribute ref="locID" use="optional" fixed="011001"/〉
                  〈/xs:extension〉
              〈/xs:simpleContent〉
          〈/xs:complexType〉
      〈/xs:element〉
      〈xs:element name="担保类型"〉
          〈xs:complexType〉
              〈xs:simpleContent〉
                  〈xs:extension base="担保类型类型"〉
                      〈xs:attribute ref="locID" use="optional" fixed="030103"/〉
                  〈/xs:extension〉
              〈/xs:simpleContent〉
          〈/xs:complexType〉
      〈/xs:element〉
      〈xs:element name="保证人" minOccurs="0" maxOccurs="unbounded"〉
          〈xs:complexType〉
              〈xs:sequence〉
                  〈xs:element name="保证人编号"〉
                      〈xs:complexType〉
                          〈xs:simpleContent〉
                              〈xs:extension base="保证人编号类型"〉
                                  〈xs:attribute ref="locID" use="optional" fixed="030105"/〉
                              〈/xs:extension〉
                          〈/xs:simpleContent〉
                      〈/xs:complexType〉
                  〈/xs:element〉
                  〈xs:element name="保证人名称"〉
                      〈xs:complexType〉
                          〈xs:simpleContent〉
                              〈xs:extension base="保证人名称类型"〉
                                  〈xs:attribute ref="locID" use="optional" fixed="030106"/〉
                              〈/xs:extension〉
                          〈/xs:simpleContent〉
                      〈/xs:complexType〉
                  〈/xs:element〉
                  〈xs:element name="保证人净资产"〉
                      〈xs:complexType〉
                          〈xs:simpleContent〉
```

```
                                        〈xs:extension base = "保证人净资产类型"〉
                                            〈xs:attribute ref = "locID" use = "optional" fixed
= "030107"/〉
                                        〈/xs:extension〉
                                    〈/xs:simpleContent〉
                                〈/xs:complexType〉
                            〈/xs:element〉
                            〈xs:element name = "保证形式" minOccurs = "0"〉
                                〈xs:complexType〉
                                    〈xs:simpleContent〉
                                        〈xs:extension base = "保证形式类型"〉
                                            〈xs:attribute ref = "locID" use = "optional" fixed
= "030104"/〉
                                        〈/xs:extension〉
                                    〈/xs:simpleContent〉
                                〈/xs:complexType〉
                            〈/xs:element〉
                        〈/xs:sequence〉
                        〈xs:attribute ref = "locID" use = "optional" fixed = "G0301"/〉
                    〈/xs:complexType〉
                〈/xs:element〉
                〈xs:element name = "担保起始日"〉
                    〈xs:complexType〉
                        〈xs:simpleContent〉
                            〈xs:extension base = "担保起始日类型"〉
                                〈xs:attribute ref = "locID" use = "optional" fixed = "030108"/〉
                            〈/xs:extension〉
                        〈/xs:simpleContent〉
                    〈/xs:complexType〉
                〈/xs:element〉
                〈xs:element name = "担保到期日"〉
                    〈xs:complexType〉
                        〈xs:simpleContent〉
                            〈xs:extension base = "担保到期日类型"〉
                                〈xs:attribute ref = "locID" use = "optional" fixed = "030109"/〉
                            〈/xs:extension〉
                        〈/xs:simpleContent〉
                    〈/xs:complexType〉
                〈/xs:element〉
                〈xs:element name = "质或抵押物编号" minOccurs = "0" maxOccurs = "unbounded"〉
                    〈xs:complexType〉
                        〈xs:simpleContent〉
                            〈xs:extension base = "质或抵押物编号类型"〉
```

```
                    <xs:attribute ref="locID" use="optional" fixed="030110"/>
                </xs:extension>
            </xs:simpleContent>
        </xs:complexType>
    </xs:element>
    <xs:element name="状态标志">
        <xs:complexType>
            <xs:simpleContent>
                <xs:extension base="状态标志类型">
                    <xs:attribute ref="locID" use="optional" fixed="030111"/>
                </xs:extension>
            </xs:simpleContent>
        </xs:complexType>
    </xs:element>
</xs:sequence>
<xs:attribute ref="locID" use="optional" fixed="R0401"/>
</xs:complexType>
</xs:element>
<xs:element name="对公信贷业务质或抵押物档案">
    <xs:complexType>
        <xs:sequence>
            <xs:element ref="对公信贷业务质或抵押物" maxOccurs="unbounded"/>
        </xs:sequence>
        <xs:attribute ref="locID" use="optional" fixed="T0402"/>
    </xs:complexType>
</xs:element>
<xs:element name="对公信贷业务质或抵押物">
    <xs:complexType>
        <xs:sequence>
            <xs:element name="质或抵押物编号">
                <xs:complexType>
                    <xs:simpleContent>
                        <xs:extension base="质或抵押物编号类型">
                            <xs:attribute ref="locID" use="optional" fixed="030110"/>
                        </xs:extension>
                    </xs:simpleContent>
                </xs:complexType>
            </xs:element>
            <xs:element name="质或抵押物名称">
                <xs:complexType>
                    <xs:simpleContent>
                        <xs:extension base="质或抵押物名称类型">
                            <xs:attribute ref="locID" use="optional" fixed="030201"/>
```

```
            </xs:extension>
        </xs:simpleContent>
    </xs:complexType>
</xs:element>
<xs:element name = "质或抵押物类型">
    <xs:complexType>
        <xs:simpleContent>
            <xs:extension base = "质或抵押物类型类型">
                <xs:attribute ref = "locID" use = "optional" fixed = "030202"/>
            </xs:extension>
        </xs:simpleContent>
    </xs:complexType>
</xs:element>
<xs:element name = "质或抵押物原价值">
    <xs:complexType>
        <xs:simpleContent>
            <xs:extension base = "质或抵押物原价值类型">
                <xs:attribute ref = "locID" use = "optional" fixed = "030203"/>
            </xs:extension>
        </xs:simpleContent>
    </xs:complexType>
</xs:element>
<xs:element name = "币种编码">
    <xs:complexType>
        <xs:simpleContent>
            <xs:extension base = "币种编码类型">
                <xs:attribute ref = "locID" use = "optional" fixed = "010301"/>
            </xs:extension>
        </xs:simpleContent>
    </xs:complexType>
</xs:element>
<xs:element name = "建成日期" minOccurs = "0">
    <xs:complexType>
        <xs:simpleContent>
            <xs:extension base = "建成日期类型">
                <xs:attribute ref = "locID" use = "optional" fixed = "030204"/>
            </xs:extension>
        </xs:simpleContent>
    </xs:complexType>
</xs:element>
<xs:element name = "银行认定价值">
    <xs:complexType>
        <xs:simpleContent>
```

```
                    <xs:extension base="银行认定价值类型">
                        <xs:attribute ref="locID" use="optional" fixed="030205"/>
                    </xs:extension>
                </xs:simpleContent>
            </xs:complexType>
        </xs:element>
        <xs:element name="评估价值">
            <xs:complexType>
                <xs:simpleContent>
                    <xs:extension base="评估价值类型">
                        <xs:attribute ref="locID" use="optional" fixed="030206"/>
                    </xs:extension>
                </xs:simpleContent>
            </xs:complexType>
        </xs:element>
        <xs:element name="评估日期">
            <xs:complexType>
                <xs:simpleContent>
                    <xs:extension base="评估日期类型">
                        <xs:attribute ref="locID" use="optional" fixed="030207"/>
                    </xs:extension>
                </xs:simpleContent>
            </xs:complexType>
        </xs:element>
        <xs:element name="评估机构名称">
            <xs:complexType>
                <xs:simpleContent>
                    <xs:extension base="评估机构名称类型">
                        <xs:attribute ref="locID" use="optional" fixed="030208"/>
                    </xs:extension>
                </xs:simpleContent>
            </xs:complexType>
        </xs:element>
        <xs:element name="质或抵押率">
            <xs:complexType>
                <xs:simpleContent>
                    <xs:extension base="质或抵押率类型">
                        <xs:attribute ref="locID" use="optional" fixed="030209"/>
                    </xs:extension>
                </xs:simpleContent>
            </xs:complexType>
        </xs:element>
        <xs:element name="使用年限">
```

```
    <xs:complexType>
        <xs:simpleContent>
            <xs:extension base="使用年限类型">
                <xs:attribute ref="locID" use="optional" fixed="030210"/>
            </xs:extension>
        </xs:simpleContent>
    </xs:complexType>
</xs:element>
<xs:element name="剩余年限">
    <xs:complexType>
        <xs:simpleContent>
            <xs:extension base="剩余年限类型">
                <xs:attribute ref="locID" use="optional" fixed="030211"/>
            </xs:extension>
        </xs:simpleContent>
    </xs:complexType>
</xs:element>
<xs:element name="抵押物所有权人" maxOccurs="unbounded">
    <xs:complexType>
        <xs:simpleContent>
            <xs:extension base="抵押物所有权人类型">
                <xs:attribute ref="locID" use="optional" fixed="030212"/>
            </xs:extension>
        </xs:simpleContent>
    </xs:complexType>
</xs:element>
<xs:element name="抵押次数">
    <xs:complexType>
        <xs:simpleContent>
            <xs:extension base="抵押次数类型">
                <xs:attribute ref="locID" use="optional" fixed="030213"/>
            </xs:extension>
        </xs:simpleContent>
    </xs:complexType>
</xs:element>
<xs:element name="已抵押价值">
    <xs:complexType>
        <xs:simpleContent>
            <xs:extension base="已抵押价值类型">
                <xs:attribute ref="locID" use="optional" fixed="030214"/>
            </xs:extension>
        </xs:simpleContent>
    </xs:complexType>
```

```
            〈/xs:element〉
            〈xs:element name="抵债资产标志"〉
                〈xs:complexType〉
                    〈xs:simpleContent〉
                        〈xs:extension base="抵债资产标志类型"〉
                            〈xs:attribute ref="locID" use="optional" fixed="030215"/〉
                        〈/xs:extension〉
                    〈/xs:simpleContent〉
                〈/xs:complexType〉
            〈/xs:element〉
            〈xs:element name="在库状态"〉
                〈xs:complexType〉
                    〈xs:simpleContent〉
                        〈xs:extension base="在库状态类型"〉
                            〈xs:attribute ref="locID" use="optional" fixed="030216"/〉
                        〈/xs:extension〉
                    〈/xs:simpleContent〉
                〈/xs:complexType〉
            〈/xs:element〉
            〈xs:element name="登记日期"〉
                〈xs:complexType〉
                    〈xs:simpleContent〉
                        〈xs:extension base="登记日期类型"〉
                            〈xs:attribute ref="locID" use="optional" fixed="030217"/〉
                        〈/xs:extension〉
                    〈/xs:simpleContent〉
                〈/xs:complexType〉
            〈/xs:element〉
            〈xs:element name="登记机构"〉
                〈xs:complexType〉
                    〈xs:simpleContent〉
                        〈xs:extension base="登记机构类型"〉
                            〈xs:attribute ref="locID" use="optional" fixed="030218"/〉
                        〈/xs:extension〉
                    〈/xs:simpleContent〉
                〈/xs:complexType〉
            〈/xs:element〉
        〈/xs:sequence〉
        〈xs:attribute ref="locID" use="optional" fixed="R0402"/〉
    〈/xs:complexType〉
〈/xs:element〉
〈xs:element name="对公信贷业务借据档案"〉
    〈xs:complexType〉
```

```
        <xs:sequence>
            <xs:element ref="对公信贷业务借据" maxOccurs="unbounded"/>
        </xs:sequence>
        <xs:attribute ref="locID" use="optional" fixed="T0403"/>
    </xs:complexType>
</xs:element>
<xs:element name="对公信贷业务借据">
    <xs:complexType>
        <xs:sequence>
            <xs:element name="对公信贷借据统一编号">
                <xs:complexType>
                    <xs:simpleContent>
                        <xs:extension base="对公信贷借据统一编号类型">
                            <xs:attribute ref="locID" use="optional" fixed="011701"/>
                        </xs:extension>
                    </xs:simpleContent>
                </xs:complexType>
            </xs:element>
            <xs:element name="公司客户统一编号">
                <xs:complexType>
                    <xs:simpleContent>
                        <xs:extension base="公司客户统一编号类型">
                            <xs:attribute ref="locID" use="optional" fixed="011001"/>
                        </xs:extension>
                    </xs:simpleContent>
                </xs:complexType>
            </xs:element>
            <xs:element name="对公信贷合同编号">
                <xs:complexType>
                    <xs:simpleContent>
                        <xs:extension base="对公信贷合同编号类型">
                            <xs:attribute ref="locID" use="optional" fixed="040102"/>
                        </xs:extension>
                    </xs:simpleContent>
                </xs:complexType>
            </xs:element>
            <xs:element name="贷款性质">
                <xs:complexType>
                    <xs:simpleContent>
                        <xs:extension base="贷款性质类型">
                            <xs:attribute ref="locID" use="optional" fixed="040301"/>
                        </xs:extension>
                    </xs:simpleContent>
```

```
        </xs:complexType>
    </xs:element>
    <xs:element name="贷款四级分类" minOccurs="0">
        <xs:complexType>
            <xs:simpleContent>
                <xs:extension base="贷款四级分类类型">
                    <xs:attribute ref="locID" use="optional" fixed="030304"/>
                </xs:extension>
            </xs:simpleContent>
        </xs:complexType>
    </xs:element>
    <xs:element name="营业机构号">
        <xs:complexType>
            <xs:simpleContent>
                <xs:extension base="营业机构号类型">
                    <xs:attribute ref="locID" use="optional" fixed="030301"/>
                </xs:extension>
            </xs:simpleContent>
        </xs:complexType>
    </xs:element>
    <xs:element name="贷款类型">
        <xs:complexType>
            <xs:simpleContent>
                <xs:extension base="贷款类型类型">
                    <xs:attribute ref="locID" use="optional" fixed="030310"/>
                </xs:extension>
            </xs:simpleContent>
        </xs:complexType>
    </xs:element>
    <xs:element name="贷款用途">
        <xs:complexType>
            <xs:simpleContent>
                <xs:extension base="贷款用途类型">
                    <xs:attribute ref="locID" use="optional" fixed="030312"/>
                </xs:extension>
            </xs:simpleContent>
        </xs:complexType>
    </xs:element>
    <xs:element name="币种编码">
        <xs:complexType>
            <xs:simpleContent>
                <xs:extension base="币种编码类型">
                    <xs:attribute ref="locID" use="optional" fixed="010301"/>
```

```
                〈/xs:extension〉
            〈/xs:simpleContent〉
        〈/xs:complexType〉
    〈/xs:element〉
    〈xs:element name="借款金额"〉
        〈xs:complexType〉
            〈xs:simpleContent〉
                〈xs:extension base="借款金额类型"〉
                    〈xs:attribute ref="locID" use="optional" fixed="030302"/〉
                〈/xs:extension〉
            〈/xs:simpleContent〉
        〈/xs:complexType〉
    〈/xs:element〉
    〈xs:element name="借款余额"〉
        〈xs:complexType〉
            〈xs:simpleContent〉
                〈xs:extension base="借款余额类型"〉
                    〈xs:attribute ref="locID" use="optional" fixed="030303"/〉
                〈/xs:extension〉
            〈/xs:simpleContent〉
        〈/xs:complexType〉
    〈/xs:element〉
    〈xs:element name="贷款五级分类"〉
        〈xs:complexType〉
            〈xs:simpleContent〉
                〈xs:extension base="贷款五级分类类型"〉
                    〈xs:attribute ref="locID" use="optional" fixed="030314"/〉
                〈/xs:extension〉
            〈/xs:simpleContent〉
        〈/xs:complexType〉
    〈/xs:element〉
    〈xs:element name="贷款期限"〉
        〈xs:complexType〉
            〈xs:simpleContent〉
                〈xs:extension base="贷款期限类型"〉
                    〈xs:attribute ref="locID" use="optional" fixed="030305"/〉
                〈/xs:extension〉
            〈/xs:simpleContent〉
        〈/xs:complexType〉
    〈/xs:element〉
    〈xs:element name="总期数"〉
        〈xs:complexType〉
            〈xs:simpleContent〉
```

```
                    <xs:extension base="总期数类型">
                        <xs:attribute ref="locID" use="optional" fixed="030306"/>
                    </xs:extension>
                </xs:simpleContent>
            </xs:complexType>
        </xs:element>
        <xs:element name="贷款实际发放日期" minOccurs="0">
            <xs:complexType>
                <xs:simpleContent>
                    <xs:extension base="贷款实际发放日期类型">
                        <xs:attribute ref="locID" use="optional" fixed="030307"/>
                    </xs:extension>
                </xs:simpleContent>
            </xs:complexType>
        </xs:element>
        <xs:element name="贷款实际到期日期" minOccurs="0">
            <xs:complexType>
                <xs:simpleContent>
                    <xs:extension base="贷款实际到期日期类型">
                        <xs:attribute ref="locID" use="optional" fixed="030327"/>
                    </xs:extension>
                </xs:simpleContent>
            </xs:complexType>
        </xs:element>
        <xs:element name="贷款原始到期日期">
            <xs:complexType>
                <xs:simpleContent>
                    <xs:extension base="贷款原始到期日期类型">
                        <xs:attribute ref="locID" use="optional" fixed="030308"/>
                    </xs:extension>
                </xs:simpleContent>
            </xs:complexType>
        </xs:element>
        <xs:element name="终结日期" minOccurs="0">
            <xs:complexType>
                <xs:simpleContent>
                    <xs:extension base="终结日期类型">
                        <xs:attribute ref="locID" use="optional" fixed="030309"/>
                    </xs:extension>
                </xs:simpleContent>
            </xs:complexType>
        </xs:element>
        <xs:element name="终结类型" minOccurs="0">
```

```
        <xs:complexType>
            <xs:simpleContent>
                <xs:extension base="终结类型类型">
                    <xs:attribute ref="locID" use="optional" fixed="030313"/>
                </xs:extension>
            </xs:simpleContent>
        </xs:complexType>
    </xs:element>
    <xs:element name="基准利率">
        <xs:complexType>
            <xs:simpleContent>
                <xs:extension base="基准利率类型">
                    <xs:attribute ref="locID" use="optional" fixed="030315"/>
                </xs:extension>
            </xs:simpleContent>
        </xs:complexType>
    </xs:element>
    <xs:element name="利率浮动">
        <xs:complexType>
            <xs:simpleContent>
                <xs:extension base="利率浮动类型">
                    <xs:attribute ref="locID" use="optional" fixed="030316"/>
                </xs:extension>
            </xs:simpleContent>
        </xs:complexType>
    </xs:element>
    <xs:element name="计息方式">
        <xs:complexType>
            <xs:simpleContent>
                <xs:extension base="计息方式类型">
                    <xs:attribute ref="locID" use="optional" fixed="030326"/>
                </xs:extension>
            </xs:simpleContent>
        </xs:complexType>
    </xs:element>
    <xs:element name="表内欠息余额">
        <xs:complexType>
            <xs:simpleContent>
                <xs:extension base="表内欠息余额类型">
                    <xs:attribute ref="locID" use="optional" fixed="030324"/>
                </xs:extension>
            </xs:simpleContent>
        </xs:complexType>
```

```
</xs:element>
<xs:element name="表外欠息余额">
    <xs:complexType>
        <xs:simpleContent>
            <xs:extension base="表外欠息余额类型">
                <xs:attribute ref="locID" use="optional" fixed="030325"/>
            </xs:extension>
        </xs:simpleContent>
    </xs:complexType>
</xs:element>
<xs:element name="贷款入账账号">
    <xs:complexType>
        <xs:simpleContent>
            <xs:extension base="贷款入账账号类型">
                <xs:attribute ref="locID" use="optional" fixed="030311"/>
            </xs:extension>
        </xs:simpleContent>
    </xs:complexType>
</xs:element>
<xs:element name="还款方式代码">
    <xs:complexType>
        <xs:simpleContent>
            <xs:extension base="还款方式代码类型">
                <xs:attribute ref="locID" use="optional" fixed="010401"/>
            </xs:extension>
        </xs:simpleContent>
    </xs:complexType>
</xs:element>
<xs:element name="还款账号">
    <xs:complexType>
        <xs:simpleContent>
            <xs:extension base="还款账号类型">
                <xs:attribute ref="locID" use="optional" fixed="030318"/>
            </xs:extension>
        </xs:simpleContent>
    </xs:complexType>
</xs:element>
<xs:element name="贷款申请号">
    <xs:complexType>
        <xs:simpleContent>
            <xs:extension base="贷款申请号类型">
                <xs:attribute ref="locID" use="optional" fixed="030323"/>
            </xs:extension>
```

```
                </xs:simpleContent>
            </xs:complexType>
        </xs:element>
        <xs:element name="展期标志">
            <xs:complexType>
                <xs:simpleContent>
                    <xs:extension base="展期标志类型">
                        <xs:attribute ref="locID" use="optional" fixed="030317"/>
                    </xs:extension>
                </xs:simpleContent>
            </xs:complexType>
        </xs:element>
        <xs:element name="月份">
            <xs:complexType>
                <xs:simpleContent>
                    <xs:extension base="月份类型">
                        <xs:attribute ref="locID" use="optional" fixed="030328"/>
                    </xs:extension>
                </xs:simpleContent>
            </xs:complexType>
        </xs:element>
    </xs:sequence>
    <xs:attribute ref="locID" use="optional" fixed="R0403"/>
  </xs:complexType>
</xs:element>
<xs:element name="对公信贷业务借据交易明细档案">
  <xs:complexType>
    <xs:sequence>
        <xs:element ref="对公信贷业务借据交易明细" maxOccurs="unbounded"/>
    </xs:sequence>
    <xs:attribute ref="locID" use="optional" fixed="T0404"/>
  </xs:complexType>
</xs:element>
<xs:element name="对公信贷业务借据交易明细">
  <xs:complexType>
    <xs:sequence>
        <xs:element name="交易流水号">
            <xs:complexType>
                <xs:simpleContent>
                    <xs:extension base="交易流水号类型">
                        <xs:attribute ref="locID" use="optional" fixed="030401"/>
                    </xs:extension>
                </xs:simpleContent>
```

```
        </xs:complexType>
    </xs:element>
    <xs:element name="交易日期">
        <xs:complexType>
            <xs:simpleContent>
                <xs:extension base="交易日期类型">
                    <xs:attribute ref="locID" use="optional" fixed="030402"/>
                </xs:extension>
            </xs:simpleContent>
        </xs:complexType>
    </xs:element>
    <xs:element name="核心交易流水号">
        <xs:complexType>
            <xs:simpleContent>
                <xs:extension base="核心交易流水号类型">
                    <xs:attribute ref="locID" use="optional" fixed="030403"/>
                </xs:extension>
            </xs:simpleContent>
        </xs:complexType>
    </xs:element>
    <xs:element name="对公信贷借据统一编号">
        <xs:complexType>
            <xs:simpleContent>
                <xs:extension base="对公信贷借据统一编号类型">
                    <xs:attribute ref="locID" use="optional" fixed="011701"/>
                </xs:extension>
            </xs:simpleContent>
        </xs:complexType>
    </xs:element>
    <xs:element name="交易代码">
        <xs:complexType>
            <xs:simpleContent>
                <xs:extension base="交易代码类型">
                    <xs:attribute ref="locID" use="optional" fixed="010501"/>
                </xs:extension>
            </xs:simpleContent>
        </xs:complexType>
    </xs:element>
    <xs:element name="交易金额">
        <xs:complexType>
            <xs:simpleContent>
                <xs:extension base="交易金额类型">
                    <xs:attribute ref="locID" use="optional" fixed="030404"/>
```

```
                </xs:extension>
            </xs:simpleContent>
        </xs:complexType>
    </xs:element>
    <xs:element name="摘要">
        <xs:complexType>
            <xs:simpleContent>
                <xs:extension base="摘要类型">
                    <xs:attribute ref="locID" use="optional" fixed="030405"/>
                </xs:extension>
            </xs:simpleContent>
        </xs:complexType>
    </xs:element>
    <xs:element name="交易标志">
        <xs:complexType>
            <xs:simpleContent>
                <xs:extension base="交易标志类型">
                    <xs:attribute ref="locID" use="optional" fixed="030406"/>
                </xs:extension>
            </xs:simpleContent>
        </xs:complexType>
    </xs:element>
    <xs:element name="交易时间">
        <xs:complexType>
            <xs:simpleContent>
                <xs:extension base="交易时间类型">
                    <xs:attribute ref="locID" use="optional" fixed="030407"/>
                </xs:extension>
            </xs:simpleContent>
        </xs:complexType>
    </xs:element>
    <xs:element name="营业机构号">
        <xs:complexType>
            <xs:simpleContent>
                <xs:extension base="营业机构号类型">
                    <xs:attribute ref="locID" use="optional" fixed="030301"/>
                </xs:extension>
            </xs:simpleContent>
        </xs:complexType>
    </xs:element>
</xs:sequence>
<xs:attribute ref="locID" use="optional" fixed="R0404"/>
</xs:complexType>
```

```
    </xs:element>
</xs:schema>
```

A.6 个人信贷核心会计类 XML 大纲(Schema)

```
<?xml version="1.0" encoding="UTF-8"?>
<xs:schema xmlns:xs="http://www.w3.org/2001/XMLSchema" xmlns:银行
="http://sxbw.audit.gov.cn/AccountingSoftwareDataInterfaceStandard/2010/Bank/XMLSchema"
xmlns="http://sxbw.audit.gov.cn/AccountingSoftwareDataInterfaceStandard/2010/Bank/XMLSchema"
targetNamespace="http://sxbw.audit.gov.cn/AccountingSoftwareDataInterfaceStandard/2010/
Bank/XMLSchema" elementFormDefault="qualified" attributeFormDefault="unqualified">
    <xs:include schemaLocation="标准数据元素类型.xsd"/>
    <xs:element name="个人信贷核心会计">
        <xs:complexType>
            <xs:sequence>
                <xs:element ref="个人信贷分户账档案" minOccurs="0"/>
                <xs:element ref="个人信贷分户账明细档案" minOccurs="0"/>
            </xs:sequence>
            <xs:attribute ref="locID" use="optional" fixed="S05"/>
        </xs:complexType>
    </xs:element>
    <xs:element name="个人信贷分户账档案">
        <xs:complexType>
            <xs:sequence>
                <xs:element ref="个人信贷分户账" maxOccurs="unbounded"/>
            </xs:sequence>
            <xs:attribute ref="locID" use="optional" fixed="T0501"/>
        </xs:complexType>
    </xs:element>
    <xs:element name="个人信贷分户账">
        <xs:complexType>
            <xs:sequence>
                <xs:element name="个人贷款账号">
                    <xs:complexType>
                        <xs:simpleContent>
                            <xs:extension base="个人贷款账号类型">
                                <xs:attribute ref="locID" use="optional" fixed="050101"/>
                            </xs:extension>
                        </xs:simpleContent>
                    </xs:complexType>
                </xs:element>
                <xs:element name="个人信贷借据统一编号">
                    <xs:complexType>
```

```
        <xs:simpleContent>
            <xs:extension base="个人信贷借据统一编号类型">
                <xs:attribute ref="locID" use="optional" fixed="012001"/>
            </xs:extension>
        </xs:simpleContent>
    </xs:complexType>
</xs:element>
<xs:element name="营业机构号">
    <xs:complexType>
        <xs:simpleContent>
            <xs:extension base="营业机构号类型">
                <xs:attribute ref="locID" use="optional" fixed="030301"/>
            </xs:extension>
        </xs:simpleContent>
    </xs:complexType>
</xs:element>
<xs:element name="账户名称">
    <xs:complexType>
        <xs:simpleContent>
            <xs:extension base="账户名称类型">
                <xs:attribute ref="locID" use="optional" fixed="050102"/>
            </xs:extension>
        </xs:simpleContent>
    </xs:complexType>
</xs:element>
<xs:element name="币种编码">
    <xs:complexType>
        <xs:simpleContent>
            <xs:extension base="币种编码类型">
                <xs:attribute ref="locID" use="optional" fixed="010301"/>
            </xs:extension>
        </xs:simpleContent>
    </xs:complexType>
</xs:element>
<xs:element name="贷款类型">
    <xs:complexType>
        <xs:simpleContent>
            <xs:extension base="贷款类型类型">
                <xs:attribute ref="locID" use="optional" fixed="030310"/>
            </xs:extension>
        </xs:simpleContent>
    </xs:complexType>
</xs:element>
```

```
<xs:element name="个人客户统一编号">
    <xs:complexType>
        <xs:simpleContent>
            <xs:extension base="个人客户统一编号类型">
                <xs:attribute ref="locID" use="optional" fixed="011101"/>
            </xs:extension>
        </xs:simpleContent>
    </xs:complexType>
</xs:element>
<xs:element name="科目编号">
    <xs:complexType>
        <xs:simpleContent>
            <xs:extension base="科目编号类型">
                <xs:attribute ref="locID" use="optional" fixed="010801"/>
            </xs:extension>
        </xs:simpleContent>
    </xs:complexType>
</xs:element>
<xs:element name="贷款四级分类" minOccurs="0">
    <xs:complexType>
        <xs:simpleContent>
            <xs:extension base="贷款四级分类类型">
                <xs:attribute ref="locID" use="optional" fixed="030304"/>
            </xs:extension>
        </xs:simpleContent>
    </xs:complexType>
</xs:element>
<xs:element name="贷款五级分类">
    <xs:complexType>
        <xs:simpleContent>
            <xs:extension base="贷款五级分类类型">
                <xs:attribute ref="locID" use="optional" fixed="030314"/>
            </xs:extension>
        </xs:simpleContent>
    </xs:complexType>
</xs:element>
<xs:element name="还款账号">
    <xs:complexType>
        <xs:simpleContent>
            <xs:extension base="还款账号类型">
                <xs:attribute ref="locID" use="optional" fixed="030318"/>
            </xs:extension>
        </xs:simpleContent>
```

```
    </xs:complexType>
</xs:element>
<xs:element name="贷款本金总额">
    <xs:complexType>
        <xs:simpleContent>
            <xs:extension base="贷款本金总额类型">
                <xs:attribute ref="locID" use="optional" fixed="050103"/>
            </xs:extension>
        </xs:simpleContent>
    </xs:complexType>
</xs:element>
<xs:element name="贷款利息总额">
    <xs:complexType>
        <xs:simpleContent>
            <xs:extension base="贷款利息总额类型">
                <xs:attribute ref="locID" use="optional" fixed="050104"/>
            </xs:extension>
        </xs:simpleContent>
    </xs:complexType>
</xs:element>
<xs:element name="贷款期限">
    <xs:complexType>
        <xs:simpleContent>
            <xs:extension base="贷款期限类型">
                <xs:attribute ref="locID" use="optional" fixed="030305"/>
            </xs:extension>
        </xs:simpleContent>
    </xs:complexType>
</xs:element>
<xs:element name="展期标志">
    <xs:complexType>
        <xs:simpleContent>
            <xs:extension base="展期标志类型">
                <xs:attribute ref="locID" use="optional" fixed="030317"/>
            </xs:extension>
        </xs:simpleContent>
    </xs:complexType>
</xs:element>
<xs:element name="总期数">
    <xs:complexType>
        <xs:simpleContent>
            <xs:extension base="总期数类型">
                <xs:attribute ref="locID" use="optional" fixed="030306"/>
```

```
                </xs:extension>
            </xs:simpleContent>
        </xs:complexType>
    </xs:element>
    <xs:element name="当前期数">
        <xs:complexType>
            <xs:simpleContent>
                <xs:extension base="当前期数类型">
                    <xs:attribute ref="locID" use="optional" fixed="050105"/>
                </xs:extension>
            </xs:simpleContent>
        </xs:complexType>
    </xs:element>
    <xs:element name="贷款实际发放日期" minOccurs="0">
        <xs:complexType>
            <xs:simpleContent>
                <xs:extension base="贷款实际发放日期类型">
                    <xs:attribute ref="locID" use="optional" fixed="030307"/>
                </xs:extension>
            </xs:simpleContent>
        </xs:complexType>
    </xs:element>
    <xs:element name="贷款原始到期日期">
        <xs:complexType>
            <xs:simpleContent>
                <xs:extension base="贷款原始到期日期类型">
                    <xs:attribute ref="locID" use="optional" fixed="030308"/>
                </xs:extension>
            </xs:simpleContent>
        </xs:complexType>
    </xs:element>
    <xs:element name="贷款实际到期日期" minOccurs="0">
        <xs:complexType>
            <xs:simpleContent>
                <xs:extension base="贷款实际到期日期类型">
                    <xs:attribute ref="locID" use="optional" fixed="030327"/>
                </xs:extension>
            </xs:simpleContent>
        </xs:complexType>
    </xs:element>
    <xs:element name="贷款正常余额">
        <xs:complexType>
            <xs:simpleContent>
```

```
                〈xs:extension base="贷款正常余额类型"〉
                    〈xs:attribute ref="locID" use="optional" fixed="050106"/〉
                〈/xs:extension〉
            〈/xs:simpleContent〉
        〈/xs:complexType〉
    〈/xs:element〉
    〈xs:element name="贷款逾期余额"〉
        〈xs:complexType〉
            〈xs:simpleContent〉
                〈xs:extension base="贷款逾期余额类型"〉
                    〈xs:attribute ref="locID" use="optional" fixed="050107"/〉
                〈/xs:extension〉
            〈/xs:simpleContent〉
        〈/xs:complexType〉
    〈/xs:element〉
    〈xs:element name="贷款状态"〉
        〈xs:complexType〉
            〈xs:simpleContent〉
                〈xs:extension base="贷款状态类型"〉
                    〈xs:attribute ref="locID" use="optional" fixed="050108"/〉
                〈/xs:extension〉
            〈/xs:simpleContent〉
        〈/xs:complexType〉
    〈/xs:element〉
    〈xs:element name="表内欠息余额"〉
        〈xs:complexType〉
            〈xs:simpleContent〉
                〈xs:extension base="表内欠息余额类型"〉
                    〈xs:attribute ref="银行:locID" use="optional" fixed=
"030324"/〉
                〈/xs:extension〉
            〈/xs:simpleContent〉
        〈/xs:complexType〉
    〈/xs:element〉
    〈xs:element name="表外欠息余额"〉
        〈xs:complexType〉
            〈xs:simpleContent〉
                〈xs:extension base="表外欠息余额类型"〉
                    〈xs:attribute ref="locID" use="optional" fixed="030325"/〉
                〈/xs:extension〉
            〈/xs:simpleContent〉
        〈/xs:complexType〉
    〈/xs:element〉
```

```
〈xs:element name="起息日期"〉
    〈xs:complexType〉
        〈xs:simpleContent〉
            〈xs:extension base="起息日期类型"〉
                〈xs:attribute ref="locID" use="optional" fixed="050109"/〉
            〈/xs:extension〉
        〈/xs:simpleContent〉
    〈/xs:complexType〉
〈/xs:element〉
〈xs:element name="开户日期"〉
    〈xs:complexType〉
        〈xs:simpleContent〉
            〈xs:extension base="开户日期类型"〉
                〈xs:attribute ref="locID" use="optional" fixed="050110"/〉
            〈/xs:extension〉
        〈/xs:simpleContent〉
    〈/xs:complexType〉
〈/xs:element〉
〈xs:element name="销户日期" minOccurs="0"〉
    〈xs:complexType〉
        〈xs:simpleContent〉
            〈xs:extension base="销户日期类型"〉
                〈xs:attribute ref="locID" use="optional" fixed="050111"/〉
            〈/xs:extension〉
        〈/xs:simpleContent〉
    〈/xs:complexType〉
〈/xs:element〉
〈xs:element name="账户状态"〉
    〈xs:complexType〉
        〈xs:simpleContent〉
            〈xs:extension base="账户状态类型"〉
                〈xs:attribute ref="locID" use="optional" fixed="050112"/〉
            〈/xs:extension〉
        〈/xs:simpleContent〉
    〈/xs:complexType〉
〈/xs:element〉
〈xs:element name="月份"〉
    〈xs:complexType〉
        〈xs:simpleContent〉
            〈xs:extension base="月份类型"〉
                〈xs:attribute ref="locID" use="optional" fixed="030328"/〉
            〈/xs:extension〉
        〈/xs:simpleContent〉
```

```
                <xs:complexType>
            </xs:element>
        </xs:sequence>
        <xs:attribute ref="locID" use="optional" fixed="R0501"/>
    </xs:complexType>
</xs:element>
<xs:element name="个人信贷分户账明细档案">
    <xs:complexType>
        <xs:sequence>
            <xs:element ref="个人信贷分户账明细" maxOccurs="unbounded"/>
        </xs:sequence>
        <xs:attribute ref="locID" use="optional" fixed="T0502"/>
    </xs:complexType>
</xs:element>
<xs:element name="个人信贷分户账明细">
    <xs:complexType>
        <xs:sequence>
            <xs:element name="核心交易流水号">
                <xs:complexType>
                    <xs:simpleContent>
                        <xs:extension base="核心交易流水号类型">
                            <xs:attribute ref="locID" use="optional" fixed="030403"/>
                        </xs:extension>
                    </xs:simpleContent>
                </xs:complexType>
            </xs:element>
            <xs:element name="个人贷款账号">
                <xs:complexType>
                    <xs:simpleContent>
                        <xs:extension base="个人贷款账号类型">
                            <xs:attribute ref="locID" use="optional" fixed="050101"/>
                        </xs:extension>
                    </xs:simpleContent>
                </xs:complexType>
            </xs:element>
            <xs:element name="个人信贷借据统一编号">
                <xs:complexType>
                    <xs:simpleContent>
                        <xs:extension base="个人信贷借据统一编号类型">
                            <xs:attribute ref="locID" use="optional" fixed="012001"/>
                        </xs:extension>
                    </xs:simpleContent>
                </xs:complexType>
```

```
</xs:element>
<xs:element name="核心交易日期">
    <xs:complexType>
        <xs:simpleContent>
            <xs:extension base="核心交易日期类型">
                <xs:attribute ref="locID" use="optional" fixed="050201"/>
            </xs:extension>
        </xs:simpleContent>
    </xs:complexType>
</xs:element>
<xs:element name="核心交易时间">
    <xs:complexType>
        <xs:simpleContent>
            <xs:extension base="核心交易时间类型">
                <xs:attribute ref="locID" use="optional" fixed="050202"/>
            </xs:extension>
        </xs:simpleContent>
    </xs:complexType>
</xs:element>
<xs:element name="交易代码">
    <xs:complexType>
        <xs:simpleContent>
            <xs:extension base="交易代码类型">
                <xs:attribute ref="locID" use="optional" fixed="010501"/>
            </xs:extension>
        </xs:simpleContent>
    </xs:complexType>
</xs:element>
<xs:element name="借贷标志">
    <xs:complexType>
        <xs:simpleContent>
            <xs:extension base="借贷标志类型">
                <xs:attribute ref="locID" use="optional" fixed="050203"/>
            </xs:extension>
        </xs:simpleContent>
    </xs:complexType>
</xs:element>
<xs:element name="营业机构号">
    <xs:complexType>
        <xs:simpleContent>
            <xs:extension base="营业机构号类型">
                <xs:attribute ref="locID" use="optional" fixed="030301"/>
            </xs:extension>
```

```
        </xs:simpleContent>
    </xs:complexType>
</xs:element>
<xs:element name="交易金额">
    <xs:complexType>
        <xs:simpleContent>
            <xs:extension base="交易金额类型">
                <xs:attribute ref="locID" use="optional" fixed="030404"/>
            </xs:extension>
        </xs:simpleContent>
    </xs:complexType>
</xs:element>
<xs:element name="币种编码">
    <xs:complexType>
        <xs:simpleContent>
            <xs:extension base="币种编码类型">
                <xs:attribute ref="locID" use="optional" fixed="010301"/>
            </xs:extension>
        </xs:simpleContent>
    </xs:complexType>
</xs:element>
<xs:element name="现转标志">
    <xs:complexType>
        <xs:simpleContent>
            <xs:extension base="现转标志类型">
                <xs:attribute ref="locID" use="optional" fixed="050204"/>
            </xs:extension>
        </xs:simpleContent>
    </xs:complexType>
</xs:element>
<xs:element name="摘要">
    <xs:complexType>
        <xs:simpleContent>
            <xs:extension base="摘要类型">
                <xs:attribute ref="locID" use="optional" fixed="030405"/>
            </xs:extension>
        </xs:simpleContent>
    </xs:complexType>
</xs:element>
<xs:element name="对方账号" minOccurs="0">
    <xs:complexType>
        <xs:simpleContent>
            <xs:extension base="对方账号类型">
```

```
                <xs:attribute ref="locID" use="optional" fixed="050205"/>
            </xs:extension>
        </xs:simpleContent>
    </xs:complexType>
</xs:element>
<xs:element name="对方户名" minOccurs="0">
    <xs:complexType>
        <xs:simpleContent>
            <xs:extension base="对方户名类型">
                <xs:attribute ref="locID" use="optional" fixed="050206"/>
            </xs:extension>
        </xs:simpleContent>
    </xs:complexType>
</xs:element>
<xs:element name="冲补标志">
    <xs:complexType>
        <xs:simpleContent>
            <xs:extension base="冲补标志类型">
                <xs:attribute ref="locID" use="optional" fixed="050207"/>
            </xs:extension>
        </xs:simpleContent>
    </xs:complexType>
</xs:element>
<xs:element name="交易柜员号">
    <xs:complexType>
        <xs:simpleContent>
            <xs:extension base="交易柜员号类型">
                <xs:attribute ref="locID" use="optional" fixed="050208"/>
            </xs:extension>
        </xs:simpleContent>
    </xs:complexType>
</xs:element>
<xs:element name="授权柜员号" minOccurs="0">
    <xs:complexType>
        <xs:simpleContent>
            <xs:extension base="授权柜员号类型">
                <xs:attribute ref="locID" use="optional" fixed="050209"/>
            </xs:extension>
        </xs:simpleContent>
    </xs:complexType>
</xs:element>
<xs:element name="对方行号" minOccurs="0">
    <xs:complexType>
```

```
                〈xs:simpleContent〉
                    〈xs:extension base="对方行号类型"〉
                        〈xs:attribute ref="locID" use="optional" fixed="050210"/〉
                    〈/xs:extension〉
                〈/xs:simpleContent〉
            〈/xs:complexType〉
        〈/xs:element〉
        〈xs:element name="时间戳" minOccurs="0"〉
            〈xs:complexType〉
                〈xs:simpleContent〉
                    〈xs:extension base="时间戳类型"〉
                        〈xs:attribute ref="locID" use="optional" fixed="050211"/〉
                    〈/xs:extension〉
                〈/xs:simpleContent〉
            〈/xs:complexType〉
        〈/xs:element〉
    〈/xs:sequence〉
    〈xs:attribute ref="locID" use="optional" fixed="R0502"/〉
  〈/xs:complexType〉
 〈/xs:element〉
〈/xs:schema〉
```

A.7 对公信贷核心会计类 XML 大纲(Schema)

```
〈?xml version="1.0" encoding="UTF-8"?〉
〈xs:schema xmlns:xs="http://www.w3.org/2001/XMLSchema" xmlns:银行
="http://sxbw.audit.gov.cn/AccountingSoftwareDataInterfaceStandard/2010/Bank/XMLSchema"
xmlns="http://sxbw.audit.gov.cn/AccountingSoftwareDataInterfaceStandard/2010/Bank/XMLSchema"
targetNamespace="http://sxbw.audit.gov.cn/AccountingSoftwareDataInterfaceStandard/2010/
Bank/XMLSchema" elementFormDefault="qualified" attributeFormDefault="unqualified"〉
    〈xs:include schemaLocation="标准数据元素类型.xsd"/〉
    〈xs:element name="对公信贷核心会计"〉
        〈xs:complexType〉
            〈xs:sequence〉
                〈xs:element ref="对公信贷分户账档案" minOccurs="0"/〉
                〈xs:element ref="对公信贷分户账明细档案" minOccurs="0"/〉
            〈/xs:sequence〉
            〈xs:attribute ref="locID" use="optional" fixed="S06"/〉
        〈/xs:complexType〉
    〈/xs:element〉
    〈xs:element name="对公信贷分户账档案"〉
        〈xs:complexType〉
            〈xs:sequence〉
```

```
                〈xs:element ref="对公信贷分户账" maxOccurs="unbounded"/〉
            〈/xs:sequence〉
            〈xs:attribute ref="locID" use="optional" fixed="T0601"/〉
        〈/xs:complexType〉
    〈/xs:element〉
    〈xs:element name="对公信贷分户账"〉
        〈xs:complexType〉
            〈xs:sequence〉
                〈xs:element name="对公贷款账号"〉
                    〈xs:complexType〉
                        〈xs:simpleContent〉
                            〈xs:extension base="对公贷款账号类型"〉
                                〈xs:attribute ref="locID" use="optional" fixed="060101"/〉
                            〈/xs:extension〉
                        〈/xs:simpleContent〉
                    〈/xs:complexType〉
                〈/xs:element〉
                〈xs:element name="对公信贷借据统一编号"〉
                    〈xs:complexType〉
                        〈xs:simpleContent〉
                            〈xs:extension base="对公信贷借据统一编号类型"〉
                                〈xs:attribute ref="locID" use="optional" fixed="011701"/〉
                            〈/xs:extension〉
                        〈/xs:simpleContent〉
                    〈/xs:complexType〉
                〈/xs:element〉
                〈xs:element name="营业机构号"〉
                    〈xs:complexType〉
                        〈xs:simpleContent〉
                            〈xs:extension base="营业机构号类型"〉
                                〈xs:attribute ref="locID" use="optional" fixed="030301"/〉
                            〈/xs:extension〉
                        〈/xs:simpleContent〉
                    〈/xs:complexType〉
                〈/xs:element〉
                〈xs:element name="账户名称"〉
                    〈xs:complexType〉
                        〈xs:simpleContent〉
                            〈xs:extension base="账户名称类型"〉
                                〈xs:attribute ref="locID" use="optional" fixed="050102"/〉
                            〈/xs:extension〉
                        〈/xs:simpleContent〉
                    〈/xs:complexType〉
```

```
</xs:element>
<xs:element name="币种编码">
    <xs:complexType>
        <xs:simpleContent>
            <xs:extension base="币种编码类型">
                <xs:attribute ref="locID" use="optional" fixed="010301"/>
            </xs:extension>
        </xs:simpleContent>
    </xs:complexType>
</xs:element>
<xs:element name="贷款类型">
    <xs:complexType>
        <xs:simpleContent>
            <xs:extension base="贷款类型类型">
                <xs:attribute ref="locID" use="optional" fixed="030310"/>
            </xs:extension>
        </xs:simpleContent>
    </xs:complexType>
</xs:element>
<xs:element name="公司客户统一编号">
    <xs:complexType>
        <xs:simpleContent>
            <xs:extension base="公司客户统一编号类型">
                <xs:attribute ref="locID" use="optional" fixed="011001"/>
            </xs:extension>
        </xs:simpleContent>
    </xs:complexType>
</xs:element>
<xs:element name="科目编号">
    <xs:complexType>
        <xs:simpleContent>
            <xs:extension base="科目编号类型">
                <xs:attribute ref="locID" use="optional" fixed="010801"/>
            </xs:extension>
        </xs:simpleContent>
    </xs:complexType>
</xs:element>
<xs:element name="贷款四级分类" minOccurs="0">
    <xs:complexType>
        <xs:simpleContent>
            <xs:extension base="贷款四级分类类型">
                <xs:attribute ref="locID" use="optional" fixed="030304"/>
            </xs:extension>
```

```
            </xs:simpleContent>
        </xs:complexType>
    </xs:element>
    <xs:element name="贷款五级分类">
        <xs:complexType>
            <xs:simpleContent>
                <xs:extension base="贷款五级分类类型">
                    <xs:attribute ref="locID" use="optional" fixed="030314"/>
                </xs:extension>
            </xs:simpleContent>
        </xs:complexType>
    </xs:element>
    <xs:element name="还款账号">
        <xs:complexType>
            <xs:simpleContent>
                <xs:extension base="还款账号类型">
                    <xs:attribute ref="locID" use="optional" fixed="030318"/>
                </xs:extension>
            </xs:simpleContent>
        </xs:complexType>
    </xs:element>
    <xs:element name="贷款本金总额">
        <xs:complexType>
            <xs:simpleContent>
                <xs:extension base="贷款本金总额类型">
                    <xs:attribute ref="locID" use="optional" fixed="050103"/>
                </xs:extension>
            </xs:simpleContent>
        </xs:complexType>
    </xs:element>
    <xs:element name="贷款利息总额">
        <xs:complexType>
            <xs:simpleContent>
                <xs:extension base="贷款利息总额类型">
                    <xs:attribute ref="locID" use="optional" fixed="050104"/>
                </xs:extension>
            </xs:simpleContent>
        </xs:complexType>
    </xs:element>
    <xs:element name="贷款期限">
        <xs:complexType>
            <xs:simpleContent>
                <xs:extension base="贷款期限类型">
```

```
                〈xs:attribute ref="locID" use="optional" fixed="030305"/〉
            〈/xs:extension〉
        〈/xs:simpleContent〉
    〈/xs:complexType〉
〈/xs:element〉
〈xs:element name="展期标志"〉
    〈xs:complexType〉
        〈xs:simpleContent〉
            〈xs:extension base="展期标志类型"〉
                〈xs:attribute ref="locID" use="optional" fixed="030317"/〉
            〈/xs:extension〉
        〈/xs:simpleContent〉
    〈/xs:complexType〉
〈/xs:element〉
〈xs:element name="总期数"〉
    〈xs:complexType〉
        〈xs:simpleContent〉
            〈xs:extension base="总期数类型"〉
                〈xs:attribute ref="locID" use="optional" fixed="030306"/〉
            〈/xs:extension〉
        〈/xs:simpleContent〉
    〈/xs:complexType〉
〈/xs:element〉
〈xs:element name="当前期数"〉
    〈xs:complexType〉
        〈xs:simpleContent〉
            〈xs:extension base="当前期数类型"〉
                〈xs:attribute ref="locID" use="optional" fixed="050105"/〉
            〈/xs:extension〉
        〈/xs:simpleContent〉
    〈/xs:complexType〉
〈/xs:element〉
〈xs:element name="贷款实际发放日期" minOccurs="0"〉
    〈xs:complexType〉
        〈xs:simpleContent〉
            〈xs:extension base="贷款实际发放日期类型"〉
                〈xs:attribute ref="locID" use="optional" fixed="030307"/〉
            〈/xs:extension〉
        〈/xs:simpleContent〉
    〈/xs:complexType〉
〈/xs:element〉
〈xs:element name="贷款原始到期日期"〉
    〈xs:complexType〉
```

```
                <xs:simpleContent>
                    <xs:extension base="贷款原始到期日期类型">
                        <xs:attribute ref="locID" use="optional" fixed="030308"/>
                    </xs:extension>
                </xs:simpleContent>
            </xs:complexType>
        </xs:element>
        <xs:element name="贷款实际到期日期" minOccurs="0">
            <xs:complexType>
                <xs:simpleContent>
                    <xs:extension base="贷款实际到期日期类型">
                        <xs:attribute ref="locID" use="optional" fixed="030327"/>
                    </xs:extension>
                </xs:simpleContent>
            </xs:complexType>
        </xs:element>
        <xs:element name="贷款正常余额">
            <xs:complexType>
                <xs:simpleContent>
                    <xs:extension base="贷款正常余额类型">
                        <xs:attribute ref="locID" use="optional" fixed="050106"/>
                    </xs:extension>
                </xs:simpleContent>
            </xs:complexType>
        </xs:element>
        <xs:element name="贷款逾期余额">
            <xs:complexType>
                <xs:simpleContent>
                    <xs:extension base="贷款逾期余额类型">
                        <xs:attribute ref="locID" use="optional" fixed="050107"/>
                    </xs:extension>
                </xs:simpleContent>
            </xs:complexType>
        </xs:element>
        <xs:element name="贷款状态">
            <xs:complexType>
                <xs:simpleContent>
                    <xs:extension base="贷款状态类型">
                        <xs:attribute ref="locID" use="optional" fixed="050108"/>
                    </xs:extension>
                </xs:simpleContent>
            </xs:complexType>
        </xs:element>
```

```
<xs:element name="表内欠息余额">
    <xs:complexType>
        <xs:simpleContent>
            <xs:extension base="表内欠息余额类型">
                <xs:attribute ref="locID" use="optional" fixed="030324"/>
            </xs:extension>
        </xs:simpleContent>
    </xs:complexType>
</xs:element>
<xs:element name="表外欠息余额">
    <xs:complexType>
        <xs:simpleContent>
            <xs:extension base="表外欠息余额类型">
                <xs:attribute ref="locID" use="optional" fixed="030325"/>
            </xs:extension>
        </xs:simpleContent>
    </xs:complexType>
</xs:element>
<xs:element name="起息日期">
    <xs:complexType>
        <xs:simpleContent>
            <xs:extension base="起息日期类型">
                <xs:attribute ref="locID" use="optional" fixed="050109"/>
            </xs:extension>
        </xs:simpleContent>
    </xs:complexType>
</xs:element>
<xs:element name="开户日期">
    <xs:complexType>
        <xs:simpleContent>
            <xs:extension base="开户日期类型">
                <xs:attribute ref="locID" use="optional" fixed="050110"/>
            </xs:extension>
        </xs:simpleContent>
    </xs:complexType>
</xs:element>
<xs:element name="销户日期" minOccurs="0">
    <xs:complexType>
        <xs:simpleContent>
            <xs:extension base="销户日期类型">
                <xs:attribute ref="locID" use="optional" fixed="050111"/>
            </xs:extension>
        </xs:simpleContent>
```

```
                </xs:complexType>
            </xs:element>
            <xs:element name="账户状态">
                <xs:complexType>
                    <xs:simpleContent>
                        <xs:extension base="账户状态类型">
                            <xs:attribute ref="locID" use="optional" fixed="050112"/>
                        </xs:extension>
                    </xs:simpleContent>
                </xs:complexType>
            </xs:element>
            <xs:element name="月份">
                <xs:complexType>
                    <xs:simpleContent>
                        <xs:extension base="月份类型">
                            <xs:attribute ref="locID" use="optional" fixed="030328"/>
                        </xs:extension>
                    </xs:simpleContent>
                </xs:complexType>
            </xs:element>
        </xs:sequence>
        <xs:attribute ref="locID" use="optional" fixed="R0601"/>
    </xs:complexType>
</xs:element>
<xs:element name="对公信贷分户账明细档案">
    <xs:complexType>
        <xs:sequence>
            <xs:element ref="对公信贷分户账明细" maxOccurs="unbounded"/>
        </xs:sequence>
        <xs:attribute ref="locID" use="optional" fixed="T0602"/>
    </xs:complexType>
</xs:element>
<xs:element name="对公信贷分户账明细">
    <xs:complexType>
        <xs:sequence>
            <xs:element name="核心交易流水号">
                <xs:complexType>
                    <xs:simpleContent>
                        <xs:extension base="核心交易流水号类型">
                            <xs:attribute ref="locID" use="optional" fixed="030403"/>
                        </xs:extension>
                    </xs:simpleContent>
                </xs:complexType>
```

```
〈/xs:element〉
〈xs:element name = "对公信贷借据统一编号"〉
    〈xs:complexType〉
        〈xs:simpleContent〉
            〈xs:extension base = "对公信贷借据统一编号类型"〉
                〈xs:attribute ref = "locID" use = "optional" fixed = "011701"/〉
            〈/xs:extension〉
        〈/xs:simpleContent〉
    〈/xs:complexType〉
〈/xs:element〉
〈xs:element name = "对公贷款账号"〉
    〈xs:complexType〉
        〈xs:simpleContent〉
            〈xs:extension base = "对公贷款账号类型"〉
                〈xs:attribute ref = "locID" use = "optional" fixed = "060101"/〉
            〈/xs:extension〉
        〈/xs:simpleContent〉
    〈/xs:complexType〉
〈/xs:element〉
〈xs:element name = "核心交易日期"〉
    〈xs:complexType〉
        〈xs:simpleContent〉
            〈xs:extension base = "核心交易日期类型"〉
                〈xs:attribute ref = "locID" use = "optional" fixed = "050201"/〉
            〈/xs:extension〉
        〈/xs:simpleContent〉
    〈/xs:complexType〉
〈/xs:element〉
〈xs:element name = "核心交易时间"〉
    〈xs:complexType〉
        〈xs:simpleContent〉
            〈xs:extension base = "核心交易时间类型"〉
                〈xs:attribute ref = "locID" use = "optional" fixed = "050202"/〉
            〈/xs:extension〉
        〈/xs:simpleContent〉
    〈/xs:complexType〉
〈/xs:element〉
〈xs:element name = "交易代码"〉
    〈xs:complexType〉
        〈xs:simpleContent〉
            〈xs:extension base = "交易代码类型"〉
                〈xs:attribute ref = "locID" use = "optional" fixed = "010501"/〉
            〈/xs:extension〉
```

```
        </xs:simpleContent>
    </xs:complexType>
</xs:element>
<xs:element name="借贷标志">
    <xs:complexType>
        <xs:simpleContent>
            <xs:extension base="借贷标志类型">
                <xs:attribute ref="locID" use="optional" fixed="050203"/>
            </xs:extension>
        </xs:simpleContent>
    </xs:complexType>
</xs:element>
<xs:element name="营业机构号">
    <xs:complexType>
        <xs:simpleContent>
            <xs:extension base="营业机构号类型">
                <xs:attribute ref="locID" use="optional" fixed="030301"/>
            </xs:extension>
        </xs:simpleContent>
    </xs:complexType>
</xs:element>
<xs:element name="交易金额">
    <xs:complexType>
        <xs:simpleContent>
            <xs:extension base="交易金额类型">
                <xs:attribute ref="locID" use="optional" fixed="030404"/>
            </xs:extension>
        </xs:simpleContent>
    </xs:complexType>
</xs:element>
<xs:element name="币种编码">
    <xs:complexType>
        <xs:simpleContent>
            <xs:extension base="币种编码类型">
                <xs:attribute ref="locID" use="optional" fixed="010301"/>
            </xs:extension>
        </xs:simpleContent>
    </xs:complexType>
</xs:element>
<xs:element name="现转标志">
    <xs:complexType>
        <xs:simpleContent>
            <xs:extension base="现转标志类型">
```

```
                <xs:attribute ref="locID" use="optional" fixed="050204"/>
            </xs:extension>
        </xs:simpleContent>
    </xs:complexType>
</xs:element>
<xs:element name="摘要">
    <xs:complexType>
        <xs:simpleContent>
            <xs:extension base="摘要类型">
                <xs:attribute ref="locID" use="optional" fixed="030405"/>
            </xs:extension>
        </xs:simpleContent>
    </xs:complexType>
</xs:element>
<xs:element name="对方账号" minOccurs="0">
    <xs:complexType>
        <xs:simpleContent>
            <xs:extension base="对方账号类型">
                <xs:attribute ref="locID" use="optional" fixed="050205"/>
            </xs:extension>
        </xs:simpleContent>
    </xs:complexType>
</xs:element>
<xs:element name="对方户名" minOccurs="0">
    <xs:complexType>
        <xs:simpleContent>
            <xs:extension base="对方户名类型">
                <xs:attribute ref="locID" use="optional" fixed="050206"/>
            </xs:extension>
        </xs:simpleContent>
    </xs:complexType>
</xs:element>
<xs:element name="冲补标志">
    <xs:complexType>
        <xs:simpleContent>
            <xs:extension base="冲补标志类型">
                <xs:attribute ref="locID" use="optional" fixed="050207"/>
            </xs:extension>
        </xs:simpleContent>
    </xs:complexType>
</xs:element>
<xs:element name="交易柜员号">
    <xs:complexType>
```

```
                <xs:simpleContent>
                    <xs:extension base="交易柜员号类型">
                        <xs:attribute ref="locID" use="optional" fixed="050208"/>
                    </xs:extension>
                </xs:simpleContent>
            </xs:complexType>
        </xs:element>
        <xs:element name="授权柜员号" minOccurs="0">
            <xs:complexType>
                <xs:simpleContent>
                    <xs:extension base="授权柜员号类型">
                        <xs:attribute ref="locID" use="optional" fixed="050209"/>
                    </xs:extension>
                </xs:simpleContent>
            </xs:complexType>
        </xs:element>
        <xs:element name="对方行号" minOccurs="0">
            <xs:complexType>
                <xs:simpleContent>
                    <xs:extension base="对方行号类型">
                        <xs:attribute ref="locID" use="optional" fixed="050210"/>
                    </xs:extension>
                </xs:simpleContent>
            </xs:complexType>
        </xs:element>
        <xs:element name="时间戳" minOccurs="0">
            <xs:complexType>
                <xs:simpleContent>
                    <xs:extension base="时间戳类型">
                        <xs:attribute ref="locID" use="optional" fixed="050211"/>
                    </xs:extension>
                </xs:simpleContent>
            </xs:complexType>
        </xs:element>
    </xs:sequence>
    <xs:attribute ref="locID" use="optional" fixed="R0602"/>
  </xs:complexType>
 </xs:element>
</xs:schema>
```

A.8 个人存款核心会计类 XML 大纲（Schema）

```
<?xml version="1.0" encoding="UTF-8"?>
```

```
〈xs:schema xmlns:xs="http://www.w3.org/2001/XMLSchema" xmlns:银行
="http://sxbw.audit.gov.cn/AccountingSoftwareDataInterfaceStandard/2010/Bank/XMLSchema"
xmlns="http://sxbw.audit.gov.cn/AccountingSoftwareDataInterfaceStandard/2010/Bank/XMLSchema"
targetNamespace="http://sxbw.audit.gov.cn/AccountingSoftwareDataInterfaceStandard/2010/
Bank/XMLSchema" elementFormDefault="qualified" attributeFormDefault="unqualified"〉
    〈xs:include schemaLocation="标准数据元素类型.xsd"/〉
    〈xs:element name="个人存款核心会计"〉
        〈xs:complexType〉
            〈xs:sequence〉
                〈xs:element ref="个人活期存款分户账档案" minOccurs="0"/〉
                〈xs:element ref="个人活期存款分户账明细档案" minOccurs="0"/〉
                〈xs:element ref="个人定期存款分户账档案" minOccurs="0"/〉
                〈xs:element ref="个人定期存款分户账明细档案" minOccurs="0"/〉
            〈/xs:sequence〉
            〈xs:attribute ref="locID" use="optional" fixed="S07"/〉
        〈/xs:complexType〉
    〈/xs:element〉
    〈xs:element name="个人活期存款分户账档案"〉
        〈xs:complexType〉
            〈xs:sequence〉
                〈xs:element ref="个人活期存款分户账" maxOccurs="unbounded"/〉
            〈/xs:sequence〉
            〈xs:attribute ref="locID" use="optional" fixed="T0701"/〉
        〈/xs:complexType〉
    〈/xs:element〉
    〈xs:element name="个人活期存款分户账"〉
        〈xs:complexType〉
            〈xs:sequence〉
                〈xs:element name="个人活期存款账号"〉
                    〈xs:complexType〉
                        〈xs:simpleContent〉
                            〈xs:extension base="个人活期存款账号类型"〉
                                〈xs:attribute ref="locID" use="optional" fixed="070101"/〉
                            〈/xs:extension〉
                        〈/xs:simpleContent〉
                    〈/xs:complexType〉
                〈/xs:element〉
                〈xs:element name="个人客户统一编号"〉
                    〈xs:complexType〉
                        〈xs:simpleContent〉
                            〈xs:extension base="个人客户统一编号类型"〉
                                〈xs:attribute ref="locID" use="optional" fixed="011101"/〉
                            〈/xs:extension〉
```

```
                </xs:simpleContent>
            </xs:complexType>
        </xs:element>
        <xs:element name="币种编码">
            <xs:complexType>
                <xs:simpleContent>
                    <xs:extension base="币种编码类型">
                        <xs:attribute ref="locID" use="optional" fixed="010301"/>
                    </xs:extension>
                </xs:simpleContent>
            </xs:complexType>
        </xs:element>
        <xs:element name="科目编号">
            <xs:complexType>
                <xs:simpleContent>
                    <xs:extension base="科目编号类型">
                        <xs:attribute ref="locID" use="optional" fixed="010801"/>
                    </xs:extension>
                </xs:simpleContent>
            </xs:complexType>
        </xs:element>
        <xs:element name="营业机构号">
            <xs:complexType>
                <xs:simpleContent>
                    <xs:extension base="营业机构号类型">
                        <xs:attribute ref="locID" use="optional" fixed="030301"/>
                    </xs:extension>
                </xs:simpleContent>
            </xs:complexType>
        </xs:element>
        <xs:element name="账户名称">
            <xs:complexType>
                <xs:simpleContent>
                    <xs:extension base="账户名称类型">
                        <xs:attribute ref="locID" use="optional" fixed="050102"/>
                    </xs:extension>
                </xs:simpleContent>
            </xs:complexType>
        </xs:element>
        <xs:element name="账户类型">
            <xs:complexType>
                <xs:simpleContent>
                    <xs:extension base="账户类型类型">
```

```
                〈xs:attribute ref="locID" use="optional" fixed="070102"/〉
            〈/xs:extension〉
        〈/xs:simpleContent〉
    〈/xs:complexType〉
〈/xs:element〉
〈xs:element name="存款余额"〉
    〈xs:complexType〉
        〈xs:simpleContent〉
            〈xs:extension base="存款余额类型"〉
                〈xs:attribute ref="locID" use="optional" fixed="070103"/〉
            〈/xs:extension〉
        〈/xs:simpleContent〉
    〈/xs:complexType〉
〈/xs:element〉
〈xs:element name="开户日期"〉
    〈xs:complexType〉
        〈xs:simpleContent〉
            〈xs:extension base="开户日期类型"〉
                〈xs:attribute ref="locID" use="optional" fixed="050110"/〉
            〈/xs:extension〉
        〈/xs:simpleContent〉
    〈/xs:complexType〉
〈/xs:element〉
〈xs:element name="销户日期" minOccurs="0"〉
    〈xs:complexType〉
        〈xs:simpleContent〉
            〈xs:extension base="销户日期类型"〉
                〈xs:attribute ref="locID" use="optional" fixed="050111"/〉
            〈/xs:extension〉
        〈/xs:simpleContent〉
    〈/xs:complexType〉
〈/xs:element〉
〈xs:element name="账户状态"〉
    〈xs:complexType〉
        〈xs:simpleContent〉
            〈xs:extension base="账户状态类型"〉
                〈xs:attribute ref="locID" use="optional" fixed="050112"/〉
            〈/xs:extension〉
        〈/xs:simpleContent〉
    〈/xs:complexType〉
〈/xs:element〉
〈xs:element name="月份"〉
    〈xs:complexType〉
```

```
                    <xs:simpleContent>
                        <xs:extension base="月份类型">
                            <xs:attribute ref="locID" use="optional" fixed="030328"/>
                        </xs:extension>
                    </xs:simpleContent>
                </xs:complexType>
            </xs:element>
            <xs:element name="利率代码">
                <xs:complexType>
                    <xs:simpleContent>
                        <xs:extension base="利率代码类型">
                            <xs:attribute ref="locID" use="optional" fixed="011901"/>
                        </xs:extension>
                    </xs:simpleContent>
                </xs:complexType>
            </xs:element>
        </xs:sequence>
        <xs:attribute ref="locID" use="optional" fixed="R0701"/>
    </xs:complexType>
</xs:element>
<xs:element name="个人活期存款分户账明细档案">
    <xs:complexType>
        <xs:sequence>
            <xs:element ref="个人活期存款分户账明细" maxOccurs="unbounded"/>
        </xs:sequence>
        <xs:attribute ref="locID" use="optional" fixed="T0702"/>
    </xs:complexType>
</xs:element>
<xs:element name="个人活期存款分户账明细">
    <xs:complexType>
        <xs:sequence>
            <xs:element name="核心交易流水号">
                <xs:complexType>
                    <xs:simpleContent>
                        <xs:extension base="核心交易流水号类型">
                            <xs:attribute ref="locID" use="optional" fixed="030403"/>
                        </xs:extension>
                    </xs:simpleContent>
                </xs:complexType>
            </xs:element>
            <xs:element name="个人活期存款账号">
                <xs:complexType>
                    <xs:simpleContent>
```

```
                〈xs：extension base＝"个人活期存款账号类型"〉
                    〈xs：attribute ref＝"locID" use＝"optional" fixed＝"070101"/〉
                〈/xs：extension〉
            〈/xs：simpleContent〉
        〈/xs：complexType〉
    〈/xs：element〉
    〈xs：element name＝"核心交易日期"〉
        〈xs：complexType〉
            〈xs：simpleContent〉
                〈xs：extension base＝"核心交易日期类型"〉
                    〈xs：attribute ref＝"locID" use＝"optional" fixed＝"050201"/〉
                〈/xs：extension〉
            〈/xs：simpleContent〉
        〈/xs：complexType〉
    〈/xs：element〉
    〈xs：element name＝"核心交易时间"〉
        〈xs：complexType〉
            〈xs：simpleContent〉
                〈xs：extension base＝"核心交易时间类型"〉
                    〈xs：attribute ref＝"locID" use＝"optional" fixed＝"050202"/〉
                〈/xs：extension〉
            〈/xs：simpleContent〉
        〈/xs：complexType〉
    〈/xs：element〉
    〈xs：element name＝"币种编码"〉
        〈xs：complexType〉
            〈xs：simpleContent〉
                〈xs：extension base＝"币种编码类型"〉
                    〈xs：attribute ref＝"locID" use＝"optional" fixed＝"010301"/〉
                〈/xs：extension〉
            〈/xs：simpleContent〉
        〈/xs：complexType〉
    〈/xs：element〉
    〈xs：element name＝"交易代码"〉
        〈xs：complexType〉
            〈xs：simpleContent〉
                〈xs：extension base＝"交易代码类型"〉
                    〈xs：attribute ref＝"locID" use＝"optional" fixed＝"010501"/〉
                〈/xs：extension〉
            〈/xs：simpleContent〉
        〈/xs：complexType〉
    〈/xs：element〉
    〈xs：element name＝"交易金额"〉
```

```
        〈xs:complexType〉
            〈xs:simpleContent〉
                〈xs:extension base="交易金额类型"〉
                    〈xs:attribute ref="locID" use="optional" fixed="030404"/〉
                〈/xs:extension〉
            〈/xs:simpleContent〉
        〈/xs:complexType〉
    〈/xs:element〉
    〈xs:element name="营业机构号"〉
        〈xs:complexType〉
            〈xs:simpleContent〉
                〈xs:extension base="营业机构号类型"〉
                    〈xs:attribute ref="locID" use="optional" fixed="030301"/〉
                〈/xs:extension〉
            〈/xs:simpleContent〉
        〈/xs:complexType〉
    〈/xs:element〉
    〈xs:element name="现转标志"〉
        〈xs:complexType〉
            〈xs:simpleContent〉
                〈xs:extension base="现转标志类型"〉
                    〈xs:attribute ref="locID" use="optional" fixed="050204"/〉
                〈/xs:extension〉
            〈/xs:simpleContent〉
        〈/xs:complexType〉
    〈/xs:element〉
    〈xs:element name="对方行号" minOccurs="0"〉
        〈xs:complexType〉
            〈xs:simpleContent〉
                〈xs:extension base="对方行号类型"〉
                    〈xs:attribute ref="locID" use="optional" fixed="050210"/〉
                〈/xs:extension〉
            〈/xs:simpleContent〉
        〈/xs:complexType〉
    〈/xs:element〉
    〈xs:element name="对方账号" minOccurs="0"〉
        〈xs:complexType〉
            〈xs:simpleContent〉
                〈xs:extension base="对方账号类型"〉
                    〈xs:attribute ref="locID" use="optional" fixed="050205"/〉
                〈/xs:extension〉
            〈/xs:simpleContent〉
        〈/xs:complexType〉
```

```
</xs:element>
<xs:element name="对方户名" minOccurs="0">
    <xs:complexType>
        <xs:simpleContent>
            <xs:extension base="对方户名类型">
                <xs:attribute ref="locID" use="optional" fixed="050206"/>
            </xs:extension>
        </xs:simpleContent>
    </xs:complexType>
</xs:element>
<xs:element name="交易柜员号">
    <xs:complexType>
        <xs:simpleContent>
            <xs:extension base="交易柜员号类型">
                <xs:attribute ref="locID" use="optional" fixed="050208"/>
            </xs:extension>
        </xs:simpleContent>
    </xs:complexType>
</xs:element>
<xs:element name="授权柜员号" minOccurs="0">
    <xs:complexType>
        <xs:simpleContent>
            <xs:extension base="授权柜员号类型">
                <xs:attribute ref="locID" use="optional" fixed="050209"/>
            </xs:extension>
        </xs:simpleContent>
    </xs:complexType>
</xs:element>
<xs:element name="摘要">
    <xs:complexType>
        <xs:simpleContent>
            <xs:extension base="摘要类型">
                <xs:attribute ref="locID" use="optional" fixed="030405"/>
            </xs:extension>
        </xs:simpleContent>
    </xs:complexType>
</xs:element>
<xs:element name="冲补标志">
    <xs:complexType>
        <xs:simpleContent>
            <xs:extension base="冲补标志类型">
                <xs:attribute ref="locID" use="optional" fixed="050207"/>
            </xs:extension>
```

```
                        〈/xs:simpleContent〉
                    〈/xs:complexType〉
                〈/xs:element〉
                〈xs:element name = "借贷标志"〉
                    〈xs:complexType〉
                        〈xs:simpleContent〉
                            〈xs:extension base = "借贷标志类型"〉
                                〈xs:attribute ref = "locID" use = "optional" fixed = "050203"/〉
                            〈/xs:extension〉
                        〈/xs:simpleContent〉
                    〈/xs:complexType〉
                〈/xs:element〉
                〈xs:element name = "时间戳" minOccurs = "0"〉
                    〈xs:complexType〉
                        〈xs:simpleContent〉
                            〈xs:extension base = "时间戳类型"〉
                                〈xs:attribute ref = "locID" use = "optional" fixed = "050211"/〉
                            〈/xs:extension〉
                        〈/xs:simpleContent〉
                    〈/xs:complexType〉
                〈/xs:element〉
            〈/xs:sequence〉
            〈xs:attribute ref = "locID" use = "optional" fixed = "R0702"/〉
        〈/xs:complexType〉
    〈/xs:element〉
    〈xs:element name = "个人定期存款分户账档案"〉
        〈xs:complexType〉
            〈xs:sequence〉
                〈xs:element ref = "个人定期存款分户账" maxOccurs = "unbounded"/〉
            〈/xs:sequence〉
            〈xs:attribute ref = "locID" use = "optional" fixed = "T0703"/〉
        〈/xs:complexType〉
    〈/xs:element〉
    〈xs:element name = "个人定期存款分户账"〉
        〈xs:complexType〉
            〈xs:sequence〉
                〈xs:element name = "个人定期存款账号"〉
                    〈xs:complexType〉
                        〈xs:simpleContent〉
                            〈xs:extension base = "个人定期存款账号类型"〉
                                〈xs:attribute ref = "locID" use = "optional" fixed = "070301"/〉
                            〈/xs:extension〉
                        〈/xs:simpleContent〉
```

```
        </xs:complexType>
    </xs:element>
    <xs:element name="个人客户统一编号">
        <xs:complexType>
            <xs:simpleContent>
                <xs:extension base="个人客户统一编号类型">
                    <xs:attribute ref="locID" use="optional" fixed="011101"/>
                </xs:extension>
            </xs:simpleContent>
        </xs:complexType>
    </xs:element>
    <xs:element name="币种编码">
        <xs:complexType>
            <xs:simpleContent>
                <xs:extension base="币种编码类型">
                    <xs:attribute ref="locID" use="optional" fixed="010301"/>
                </xs:extension>
            </xs:simpleContent>
        </xs:complexType>
    </xs:element>
    <xs:element name="科目编号">
        <xs:complexType>
            <xs:simpleContent>
                <xs:extension base="科目编号类型">
                    <xs:attribute ref="locID" use="optional" fixed="010801"/>
                </xs:extension>
            </xs:simpleContent>
        </xs:complexType>
    </xs:element>
    <xs:element name="营业机构号">
        <xs:complexType>
            <xs:simpleContent>
                <xs:extension base="营业机构号类型">
                    <xs:attribute ref="locID" use="optional" fixed="030301"/>
                </xs:extension>
            </xs:simpleContent>
        </xs:complexType>
    </xs:element>
    <xs:element name="账户名称">
        <xs:complexType>
            <xs:simpleContent>
                <xs:extension base="账户名称类型">
                    <xs:attribute ref="locID" use="optional" fixed="050102"/>
```

```
                </xs:extension>
            </xs:simpleContent>
        </xs:complexType>
    </xs:element>
    <xs:element name="账户类型">
        <xs:complexType>
            <xs:simpleContent>
                <xs:extension base="账户类型类型">
                    <xs:attribute ref="locID" use="optional" fixed="070102"/>
                </xs:extension>
            </xs:simpleContent>
        </xs:complexType>
    </xs:element>
    <xs:element name="存款期限">
        <xs:complexType>
            <xs:simpleContent>
                <xs:extension base="存款期限类型">
                    <xs:attribute ref="locID" use="optional" fixed="070302"/>
                </xs:extension>
            </xs:simpleContent>
        </xs:complexType>
    </xs:element>
    <xs:element name="存款余额">
        <xs:complexType>
            <xs:simpleContent>
                <xs:extension base="存款余额类型">
                    <xs:attribute ref="locID" use="optional" fixed="070103"/>
                </xs:extension>
            </xs:simpleContent>
        </xs:complexType>
    </xs:element>
    <xs:element name="开户日期">
        <xs:complexType>
            <xs:simpleContent>
                <xs:extension base="开户日期类型">
                    <xs:attribute ref="locID" use="optional" fixed="050110"/>
                </xs:extension>
            </xs:simpleContent>
        </xs:complexType>
    </xs:element>
    <xs:element name="销户日期" minOccurs="0">
        <xs:complexType>
            <xs:simpleContent>
```

```
                        <xs:extension base="销户日期类型">
                            <xs:attribute ref="locID" use="optional" fixed="050111"/>
                        </xs:extension>
                    </xs:simpleContent>
                </xs:complexType>
            </xs:element>
            <xs:element name="账户状态">
                <xs:complexType>
                    <xs:simpleContent>
                        <xs:extension base="账户状态类型">
                            <xs:attribute ref="locID" use="optional" fixed="050112"/>
                        </xs:extension>
                    </xs:simpleContent>
                </xs:complexType>
            </xs:element>
            <xs:element name="月份">
                <xs:complexType>
                    <xs:simpleContent>
                        <xs:extension base="月份类型">
                            <xs:attribute ref="locID" use="optional" fixed="030328"/>
                        </xs:extension>
                    </xs:simpleContent>
                </xs:complexType>
            </xs:element>
            <xs:element name="利率代码">
                <xs:complexType>
                    <xs:simpleContent>
                        <xs:extension base="利率代码类型">
                            <xs:attribute ref="locID" use="optional" fixed="011901"/>
                        </xs:extension>
                    </xs:simpleContent>
                </xs:complexType>
            </xs:element>
        </xs:sequence>
        <xs:attribute ref="locID" use="optional" fixed="R0703"/>
    </xs:complexType>
</xs:element>
<xs:element name="个人定期存款分户账明细档案">
    <xs:complexType>
        <xs:sequence>
            <xs:element ref="个人定期存款分户账明细" maxOccurs="unbounded"/>
        </xs:sequence>
        <xs:attribute ref="locID" use="optional" fixed="T0704"/>
```

```
        〈/xs:complexType〉
    〈/xs:element〉
    〈xs:element name="个人定期存款分户账明细"〉
        〈xs:complexType〉
            〈xs:sequence〉
                〈xs:element name="核心交易流水号"〉
                    〈xs:complexType〉
                        〈xs:simpleContent〉
                            〈xs:extension base="核心交易流水号类型"〉
                                〈xs:attribute ref="locID" use="optional" fixed="030403"/〉
                            〈/xs:extension〉
                        〈/xs:simpleContent〉
                    〈/xs:complexType〉
                〈/xs:element〉
                〈xs:element name="个人定期存款账号"〉
                    〈xs:complexType〉
                        〈xs:simpleContent〉
                            〈xs:extension base="个人定期存款账号类型"〉
                                〈xs:attribute ref="locID" use="optional" fixed="070301"/〉
                            〈/xs:extension〉
                        〈/xs:simpleContent〉
                    〈/xs:complexType〉
                〈/xs:element〉
                〈xs:element name="核心交易日期"〉
                    〈xs:complexType〉
                        〈xs:simpleContent〉
                            〈xs:extension base="核心交易日期类型"〉
                                〈xs:attribute ref="locID" use="optional" fixed="050201"/〉
                            〈/xs:extension〉
                        〈/xs:simpleContent〉
                    〈/xs:complexType〉
                〈/xs:element〉
                〈xs:element name="核心交易时间"〉
                    〈xs:complexType〉
                        〈xs:simpleContent〉
                            〈xs:extension base="核心交易时间类型"〉
                                〈xs:attribute ref="locID" use="optional" fixed="050202"/〉
                            〈/xs:extension〉
                        〈/xs:simpleContent〉
                    〈/xs:complexType〉
                〈/xs:element〉
                〈xs:element name="币种编码"〉
                    〈xs:complexType〉
```

```
            〈xs:simpleContent〉
                〈xs:extension base="币种编码类型"〉
                    〈xs:attribute ref="locID" use="optional" fixed="010301"/〉
                〈/xs:extension〉
            〈/xs:simpleContent〉
        〈/xs:complexType〉
    〈/xs:element〉
    〈xs:element name="交易代码"〉
        〈xs:complexType〉
            〈xs:simpleContent〉
                〈xs:extension base="交易代码类型"〉
                    〈xs:attribute ref="locID" use="optional" fixed="010501"/〉
                〈/xs:extension〉
            〈/xs:simpleContent〉
        〈/xs:complexType〉
    〈/xs:element〉
    〈xs:element name="交易金额"〉
        〈xs:complexType〉
            〈xs:simpleContent〉
                〈xs:extension base="交易金额类型"〉
                    〈xs:attribute ref="locID" use="optional" fixed="030404"/〉
                〈/xs:extension〉
            〈/xs:simpleContent〉
        〈/xs:complexType〉
    〈/xs:element〉
    〈xs:element name="营业机构号"〉
        〈xs:complexType〉
            〈xs:simpleContent〉
                〈xs:extension base="营业机构号类型"〉
                    〈xs:attribute ref="locID" use="optional" fixed="030301"/〉
                〈/xs:extension〉
            〈/xs:simpleContent〉
        〈/xs:complexType〉
    〈/xs:element〉
    〈xs:element name="现转标志"〉
        〈xs:complexType〉
            〈xs:simpleContent〉
                〈xs:extension base="现转标志类型"〉
                    〈xs:attribute ref="locID" use="optional" fixed="050204"/〉
                〈/xs:extension〉
            〈/xs:simpleContent〉
        〈/xs:complexType〉
    〈/xs:element〉
```

```
〈xs:element name="对方行号" minOccurs="0"〉
    〈xs:complexType〉
        〈xs:simpleContent〉
            〈xs:extension base="对方行号类型"〉
                〈xs:attribute ref="locID" use="optional" fixed="050210"/〉
            〈/xs:extension〉
        〈/xs:simpleContent〉
    〈/xs:complexType〉
〈/xs:element〉
〈xs:element name="对方账号" minOccurs="0"〉
    〈xs:complexType〉
        〈xs:simpleContent〉
            〈xs:extension base="对方账号类型"〉
                〈xs:attribute ref="locID" use="optional" fixed="050205"/〉
            〈/xs:extension〉
        〈/xs:simpleContent〉
    〈/xs:complexType〉
〈/xs:element〉
〈xs:element name="对方户名" minOccurs="0"〉
    〈xs:complexType〉
        〈xs:simpleContent〉
            〈xs:extension base="对方户名类型"〉
                〈xs:attribute ref="locID" use="optional" fixed="050206"/〉
            〈/xs:extension〉
        〈/xs:simpleContent〉
    〈/xs:complexType〉
〈/xs:element〉
〈xs:element name="交易柜员号"〉
    〈xs:complexType〉
        〈xs:simpleContent〉
            〈xs:extension base="交易柜员号类型"〉
                〈xs:attribute ref="locID" use="optional" fixed="050208"/〉
            〈/xs:extension〉
        〈/xs:simpleContent〉
    〈/xs:complexType〉
〈/xs:element〉
〈xs:element name="授权柜员号" minOccurs="0"〉
    〈xs:complexType〉
        〈xs:simpleContent〉
            〈xs:extension base="授权柜员号类型"〉
                〈xs:attribute ref="locID" use="optional" fixed="050209"/〉
            〈/xs:extension〉
        〈/xs:simpleContent〉
```

```
                </xs:complexType>
            </xs:element>
            <xs:element name="摘要">
                <xs:complexType>
                    <xs:simpleContent>
                        <xs:extension base="摘要类型">
                            <xs:attribute ref="locID" use="optional" fixed="030405"/>
                        </xs:extension>
                    </xs:simpleContent>
                </xs:complexType>
            </xs:element>
            <xs:element name="冲补标志">
                <xs:complexType>
                    <xs:simpleContent>
                        <xs:extension base="冲补标志类型">
                            <xs:attribute ref="locID" use="optional" fixed="050207"/>
                        </xs:extension>
                    </xs:simpleContent>
                </xs:complexType>
            </xs:element>
            <xs:element name="借贷标志">
                <xs:complexType>
                    <xs:simpleContent>
                        <xs:extension base="借贷标志类型">
                            <xs:attribute ref="locID" use="optional" fixed="050203"/>
                        </xs:extension>
                    </xs:simpleContent>
                </xs:complexType>
            </xs:element>
            <xs:element name="时间戳" minOccurs="0">
                <xs:complexType>
                    <xs:simpleContent>
                        <xs:extension base="时间戳类型">
                            <xs:attribute ref="locID" use="optional" fixed="050211"/>
                        </xs:extension>
                    </xs:simpleContent>
                </xs:complexType>
            </xs:element>
        </xs:sequence>
        <xs:attribute ref="locID" use="optional" fixed="R0704"/>
    </xs:complexType>
  </xs:element>
</xs:schema>
```

A.9 对公存款核心会计类 XML 大纲(Schema)

```
〈?xml version="1.0" encoding="UTF-8"?〉
〈xs:schema xmlns:xs="http://www.w3.org/2001/XMLSchema" xmlns:银行
="http://sxbw.audit.gov.cn/AccountingSoftwareDataInterfaceStandard/2010/Bank/XMLSchema"
xmlns="http://sxbw.audit.gov.cn/AccountingSoftwareDataInterfaceStandard/2010/Bank/XMLSchema"
targetNamespace="http://sxbw.audit.gov.cn/AccountingSoftwareDataInterfaceStandard/2010/
Bank/XMLSchema" elementFormDefault="qualified" attributeFormDefault="unqualified"〉
    〈xs:include schemaLocation="标准数据元素类型.xsd"/〉
    〈xs:element name="对公存款核心会计"〉
        〈xs:complexType〉
            〈xs:sequence〉
                〈xs:element ref="对公活期存款分户账档案" minOccurs="0"/〉
                〈xs:element ref="对公活期存款分户账明细档案" minOccurs="0"/〉
                〈xs:element ref="对公定期存款分户账档案" minOccurs="0"/〉
                〈xs:element ref="对公定期存款分户账明细档案" minOccurs="0"/〉
            〈/xs:sequence〉
            〈xs:attribute ref="locID" use="optional" fixed="S08"/〉
        〈/xs:complexType〉
    〈/xs:element〉
    〈xs:element name="对公活期存款分户账档案"〉
        〈xs:complexType〉
            〈xs:sequence〉
                〈xs:element ref="对公活期存款分户账" maxOccurs="unbounded"/〉
            〈/xs:sequence〉
            〈xs:attribute ref="locID" use="optional" fixed="T0801"/〉
        〈/xs:complexType〉
    〈/xs:element〉
    〈xs:element name="对公活期存款分户账"〉
        〈xs:complexType〉
            〈xs:sequence〉
                〈xs:element name="对公活期存款账号"〉
                    〈xs:complexType〉
                        〈xs:simpleContent〉
                            〈xs:extension base="对公活期存款账号类型"〉
                                〈xs:attribute ref="locID" use="optional" fixed="080101"/〉
                            〈/xs:extension〉
                        〈/xs:simpleContent〉
                    〈/xs:complexType〉
                〈/xs:element〉
                〈xs:element name="公司客户统一编号"〉
                    〈xs:complexType〉
```

```
        <xs:simpleContent>
            <xs:extension base="公司客户统一编号类型">
                <xs:attribute ref="locID" use="optional" fixed="011001"/>
            </xs:extension>
        </xs:simpleContent>
    </xs:complexType>
</xs:element>
<xs:element name="币种编码">
    <xs:complexType>
        <xs:simpleContent>
            <xs:extension base="币种编码类型">
                <xs:attribute ref="locID" use="optional" fixed="010301"/>
            </xs:extension>
        </xs:simpleContent>
    </xs:complexType>
</xs:element>
<xs:element name="科目编号">
    <xs:complexType>
        <xs:simpleContent>
            <xs:extension base="科目编号类型">
                <xs:attribute ref="locID" use="optional" fixed="010801"/>
            </xs:extension>
        </xs:simpleContent>
    </xs:complexType>
</xs:element>
<xs:element name="营业机构号">
    <xs:complexType>
        <xs:simpleContent>
            <xs:extension base="营业机构号类型">
                <xs:attribute ref="locID" use="optional" fixed="030301"/>
            </xs:extension>
        </xs:simpleContent>
    </xs:complexType>
</xs:element>
<xs:element name="账户名称">
    <xs:complexType>
        <xs:simpleContent>
            <xs:extension base="账户名称类型">
                <xs:attribute ref="locID" use="optional" fixed="050102"/>
            </xs:extension>
        </xs:simpleContent>
    </xs:complexType>
</xs:element>
```

```
<xs:element name="账户类型">
    <xs:complexType>
        <xs:simpleContent>
            <xs:extension base="账户类型类型">
                <xs:attribute ref="locID" use="optional" fixed="070102"/>
            </xs:extension>
        </xs:simpleContent>
    </xs:complexType>
</xs:element>
<xs:element name="存款余额">
    <xs:complexType>
        <xs:simpleContent>
            <xs:extension base="存款余额类型">
                <xs:attribute ref="locID" use="optional" fixed="070103"/>
            </xs:extension>
        </xs:simpleContent>
    </xs:complexType>
</xs:element>
<xs:element name="开户日期">
    <xs:complexType>
        <xs:simpleContent>
            <xs:extension base="开户日期类型">
                <xs:attribute ref="locID" use="optional" fixed="050110"/>
            </xs:extension>
        </xs:simpleContent>
    </xs:complexType>
</xs:element>
<xs:element name="销户日期" minOccurs="0">
    <xs:complexType>
        <xs:simpleContent>
            <xs:extension base="销户日期类型">
                <xs:attribute ref="locID" use="optional" fixed="050111"/>
            </xs:extension>
        </xs:simpleContent>
    </xs:complexType>
</xs:element>
<xs:element name="账户状态">
    <xs:complexType>
        <xs:simpleContent>
            <xs:extension base="账户状态类型">
                <xs:attribute ref="locID" use="optional" fixed="050112"/>
            </xs:extension>
        </xs:simpleContent>
```

```
                </xs:complexType>
            </xs:element>
            <xs:element name="月份">
                <xs:complexType>
                    <xs:simpleContent>
                        <xs:extension base="月份类型">
                            <xs:attribute ref="locID" use="optional" fixed="030328"/>
                        </xs:extension>
                    </xs:simpleContent>
                </xs:complexType>
            </xs:element>
            <xs:element name="利率代码">
                <xs:complexType>
                    <xs:simpleContent>
                        <xs:extension base="利率代码类型">
                            <xs:attribute ref="locID" use="optional" fixed="011901"/>
                        </xs:extension>
                    </xs:simpleContent>
                </xs:complexType>
            </xs:element>
        </xs:sequence>
        <xs:attribute ref="locID" use="optional" fixed="R0801"/>
    </xs:complexType>
</xs:element>
<xs:element name="对公活期存款分户账明细档案">
    <xs:complexType>
        <xs:sequence>
            <xs:element ref="对公活期存款分户账明细" maxOccurs="unbounded"/>
        </xs:sequence>
        <xs:attribute ref="locID" use="optional" fixed="T0802"/>
    </xs:complexType>
</xs:element>
<xs:element name="对公活期存款分户账明细">
    <xs:complexType>
        <xs:sequence>
            <xs:element name="核心交易流水号">
                <xs:complexType>
                    <xs:simpleContent>
                        <xs:extension base="核心交易流水号类型">
                            <xs:attribute ref="locID" use="optional" fixed="030403"/>
                        </xs:extension>
                    </xs:simpleContent>
                </xs:complexType>
```

```
</xs:element>
<xs:element name="对公活期存款账号">
    <xs:complexType>
        <xs:simpleContent>
            <xs:extension base="对公活期存款账号类型">
                <xs:attribute ref="locID" use="optional" fixed="080101"/>
            </xs:extension>
        </xs:simpleContent>
    </xs:complexType>
</xs:element>
<xs:element name="核心交易日期">
    <xs:complexType>
        <xs:simpleContent>
            <xs:extension base="核心交易日期类型">
                <xs:attribute ref="locID" use="optional" fixed="050201"/>
            </xs:extension>
        </xs:simpleContent>
    </xs:complexType>
</xs:element>
<xs:element name="核心交易时间">
    <xs:complexType>
        <xs:simpleContent>
            <xs:extension base="核心交易时间类型">
                <xs:attribute ref="locID" use="optional" fixed="050202"/>
            </xs:extension>
        </xs:simpleContent>
    </xs:complexType>
</xs:element>
<xs:element name="币种编码">
    <xs:complexType>
        <xs:simpleContent>
            <xs:extension base="币种编码类型">
                <xs:attribute ref="locID" use="optional" fixed="010301"/>
            </xs:extension>
        </xs:simpleContent>
    </xs:complexType>
</xs:element>
<xs:element name="交易代码">
    <xs:complexType>
        <xs:simpleContent>
            <xs:extension base="交易代码类型">
                <xs:attribute ref="locID" use="optional" fixed="010501"/>
            </xs:extension>
```

```
                </xs:simpleContent>
            </xs:complexType>
        </xs:element>
        <xs:element name="交易金额">
            <xs:complexType>
                <xs:simpleContent>
                    <xs:extension base="交易金额类型">
                        <xs:attribute ref="locID" use="optional" fixed="030404"/>
                    </xs:extension>
                </xs:simpleContent>
            </xs:complexType>
        </xs:element>
        <xs:element name="营业机构号">
            <xs:complexType>
                <xs:simpleContent>
                    <xs:extension base="营业机构号类型">
                        <xs:attribute ref="locID" use="optional" fixed="030301"/>
                    </xs:extension>
                </xs:simpleContent>
            </xs:complexType>
        </xs:element>
        <xs:element name="现转标志">
            <xs:complexType>
                <xs:simpleContent>
                    <xs:extension base="现转标志类型">
                        <xs:attribute ref="locID" use="optional" fixed="050204"/>
                    </xs:extension>
                </xs:simpleContent>
            </xs:complexType>
        </xs:element>
        <xs:element name="对方行号" minOccurs="0">
            <xs:complexType>
                <xs:simpleContent>
                    <xs:extension base="对方行号类型">
                        <xs:attribute ref="locID" use="optional" fixed="050210"/>
                    </xs:extension>
                </xs:simpleContent>
            </xs:complexType>
        </xs:element>
        <xs:element name="对方账号" minOccurs="0">
            <xs:complexType>
                <xs:simpleContent>
                    <xs:extension base="对方账号类型">
```

```
                    〈xs:attribute ref="locID" use="optional" fixed="050205"/〉
                〈/xs:extension〉
            〈/xs:simpleContent〉
        〈/xs:complexType〉
    〈/xs:element〉
    〈xs:element name="对方户名" minOccurs="0"〉
        〈xs:complexType〉
            〈xs:simpleContent〉
                〈xs:extension base="对方户名类型"〉
                    〈xs:attribute ref="locID" use="optional" fixed="050206"/〉
                〈/xs:extension〉
            〈/xs:simpleContent〉
        〈/xs:complexType〉
    〈/xs:element〉
    〈xs:element name="交易柜员号"〉
        〈xs:complexType〉
            〈xs:simpleContent〉
                〈xs:extension base="交易柜员号类型"〉
                    〈xs:attribute ref="locID" use="optional" fixed="050208"/〉
                〈/xs:extension〉
            〈/xs:simpleContent〉
        〈/xs:complexType〉
    〈/xs:element〉
    〈xs:element name="授权柜员号" minOccurs="0"〉
        〈xs:complexType〉
            〈xs:simpleContent〉
                〈xs:extension base="授权柜员号类型"〉
                    〈xs:attribute ref="locID" use="optional" fixed="050209"/〉
                〈/xs:extension〉
            〈/xs:simpleContent〉
        〈/xs:complexType〉
    〈/xs:element〉
    〈xs:element name="摘要"〉
        〈xs:complexType〉
            〈xs:simpleContent〉
                〈xs:extension base="摘要类型"〉
                    〈xs:attribute ref="locID" use="optional" fixed="030405"/〉
                〈/xs:extension〉
            〈/xs:simpleContent〉
        〈/xs:complexType〉
    〈/xs:element〉
    〈xs:element name="冲补标志"〉
        〈xs:complexType〉
```

```
                        〈xs：simpleContent〉
                            〈xs：extension base = "冲补标志类型"〉
                                〈xs：attribute ref = "locID" use = "optional" fixed = "050207"/〉
                            〈/xs：extension〉
                        〈/xs：simpleContent〉
                    〈/xs：complexType〉
                〈/xs：element〉
                〈xs：element name = "借贷标志"〉
                    〈xs：complexType〉
                        〈xs：simpleContent〉
                            〈xs：extension base = "借贷标志类型"〉
                                〈xs：attribute ref = "locID" use = "optional" fixed = "050203"/〉
                            〈/xs：extension〉
                        〈/xs：simpleContent〉
                    〈/xs：complexType〉
                〈/xs：element〉
                〈xs：element name = "时间戳" minOccurs = "0"〉
                    〈xs：complexType〉
                        〈xs：simpleContent〉
                            〈xs：extension base = "时间戳类型"〉
                                〈xs：attribute ref = "locID" use = "optional" fixed = "050211"/〉
                            〈/xs：extension〉
                        〈/xs：simpleContent〉
                    〈/xs：complexType〉
                〈/xs：element〉
            〈/xs：sequence〉
            〈xs：attribute ref = "locID" use = "optional" fixed = "R0802"/〉
        〈/xs：complexType〉
    〈/xs：element〉
    〈xs：element name = "对公定期存款分户账档案"〉
        〈xs：complexType〉
            〈xs：sequence〉
                〈xs：element ref = "对公定期存款分户账" maxOccurs = "unbounded"/〉
            〈/xs：sequence〉
            〈xs：attribute ref = "locID" use = "optional" fixed = "T0803"/〉
        〈/xs：complexType〉
    〈/xs：element〉
    〈xs：element name = "对公定期存款分户账"〉
        〈xs：complexType〉
            〈xs：sequence〉
                〈xs：element name = "对公定期存款账号"〉
                    〈xs：complexType〉
                        〈xs：simpleContent〉
```

```
                    <xs:extension base="对公定期存款账号类型">
                        <xs:attribute ref="locID" use="optional" fixed="080301"/>
                    </xs:extension>
                </xs:simpleContent>
            </xs:complexType>
        </xs:element>
        <xs:element name="公司客户统一编号">
            <xs:complexType>
                <xs:simpleContent>
                    <xs:extension base="公司客户统一编号类型">
                        <xs:attribute ref="locID" use="optional" fixed="011001"/>
                    </xs:extension>
                </xs:simpleContent>
            </xs:complexType>
        </xs:element>
        <xs:element name="币种编码">
            <xs:complexType>
                <xs:simpleContent>
                    <xs:extension base="币种编码类型">
                        <xs:attribute ref="locID" use="optional" fixed="010301"/>
                    </xs:extension>
                </xs:simpleContent>
            </xs:complexType>
        </xs:element>
        <xs:element name="科目编号">
            <xs:complexType>
                <xs:simpleContent>
                    <xs:extension base="科目编号类型">
                        <xs:attribute ref="locID" use="optional" fixed="010801"/>
                    </xs:extension>
                </xs:simpleContent>
            </xs:complexType>
        </xs:element>
        <xs:element name="营业机构号">
            <xs:complexType>
                <xs:simpleContent>
                    <xs:extension base="营业机构号类型">
                        <xs:attribute ref="locID" use="optional" fixed="030301"/>
                    </xs:extension>
                </xs:simpleContent>
            </xs:complexType>
        </xs:element>
        <xs:element name="账户名称">
```

```
        <xs:complexType>
            <xs:simpleContent>
                <xs:extension base="账户名称类型">
                    <xs:attribute ref="locID" use="optional" fixed="050102"/>
                </xs:extension>
            </xs:simpleContent>
        </xs:complexType>
    </xs:element>
    <xs:element name="账户类型">
        <xs:complexType>
            <xs:simpleContent>
                <xs:extension base="账户类型类型">
                    <xs:attribute ref="locID" use="optional" fixed="070102"/>
                </xs:extension>
            </xs:simpleContent>
        </xs:complexType>
    </xs:element>
    <xs:element name="存款期限">
        <xs:complexType>
            <xs:simpleContent>
                <xs:extension base="存款期限类型">
                    <xs:attribute ref="locID" use="optional" fixed="070302"/>
                </xs:extension>
            </xs:simpleContent>
        </xs:complexType>
    </xs:element>
    <xs:element name="存款余额">
        <xs:complexType>
            <xs:simpleContent>
                <xs:extension base="存款余额类型">
                    <xs:attribute ref="locID" use="optional" fixed="070103"/>
                </xs:extension>
            </xs:simpleContent>
        </xs:complexType>
    </xs:element>
    <xs:element name="开户日期">
        <xs:complexType>
            <xs:simpleContent>
                <xs:extension base="开户日期类型">
                    <xs:attribute ref="locID" use="optional" fixed="050110"/>
                </xs:extension>
            </xs:simpleContent>
        </xs:complexType>
```

```
                </xs:element>
                <xs:element name="销户日期" minOccurs="0">
                    <xs:complexType>
                        <xs:simpleContent>
                            <xs:extension base="销户日期类型">
                                <xs:attribute ref="locID" use="optional" fixed="050111"/>
                            </xs:extension>
                        </xs:simpleContent>
                    </xs:complexType>
                </xs:element>
                <xs:element name="账户状态">
                    <xs:complexType>
                        <xs:simpleContent>
                            <xs:extension base="账户状态类型">
                                <xs:attribute ref="locID" use="optional" fixed="050112"/>
                            </xs:extension>
                        </xs:simpleContent>
                    </xs:complexType>
                </xs:element>
                <xs:element name="月份">
                    <xs:complexType>
                        <xs:simpleContent>
                            <xs:extension base="月份类型">
                                <xs:attribute ref="locID" use="optional" fixed="030328"/>
                            </xs:extension>
                        </xs:simpleContent>
                    </xs:complexType>
                </xs:element>
                <xs:element name="利率代码">
                    <xs:complexType>
                        <xs:simpleContent>
                            <xs:extension base="利率代码类型">
                                <xs:attribute ref="locID" use="optional" fixed="011901"/>
                            </xs:extension>
                        </xs:simpleContent>
                    </xs:complexType>
                </xs:element>
            </xs:sequence>
            <xs:attribute ref="locID" use="optional" fixed="R0803"/>
        </xs:complexType>
    </xs:element>
    <xs:element name="对公定期存款分户账明细档案">
        <xs:complexType>
```

```
        〈xs:sequence〉
            〈xs:element ref = "对公定期存款分户账明细" maxOccurs = "unbounded"/〉
        〈/xs:sequence〉
        〈xs:attribute ref = "locID" use = "optional" fixed = "T0804"/〉
    〈/xs:complexType〉
〈/xs:element〉
〈xs:element name = "对公定期存款分户账明细"〉
    〈xs:complexType〉
        〈xs:sequence〉
            〈xs:element name = "核心交易流水号"〉
                〈xs:complexType〉
                    〈xs:simpleContent〉
                        〈xs:extension base = "核心交易流水号类型"〉
                            〈xs:attribute ref = "locID" use = "optional" fixed = "030403"/〉
                        〈/xs:extension〉
                    〈/xs:simpleContent〉
                〈/xs:complexType〉
            〈/xs:element〉
            〈xs:element name = "对公定期存款账号"〉
                〈xs:complexType〉
                    〈xs:simpleContent〉
                        〈xs:extension base = "对公定期存款账号类型"〉
                            〈xs:attribute ref = "locID" use = "optional" fixed = "080301"/〉
                        〈/xs:extension〉
                    〈/xs:simpleContent〉
                〈/xs:complexType〉
            〈/xs:element〉
            〈xs:element name = "核心交易日期"〉
                〈xs:complexType〉
                    〈xs:simpleContent〉
                        〈xs:extension base = "核心交易日期类型"〉
                            〈xs:attribute ref = "locID" use = "optional" fixed = "050201"/〉
                        〈/xs:extension〉
                    〈/xs:simpleContent〉
                〈/xs:complexType〉
            〈/xs:element〉
            〈xs:element name = "核心交易时间"〉
                〈xs:complexType〉
                    〈xs:simpleContent〉
                        〈xs:extension base = "核心交易时间类型"〉
                            〈xs:attribute ref = "locID" use = "optional" fixed = "050202"/〉
                        〈/xs:extension〉
                    〈/xs:simpleContent〉
```

```
        </xs:complexType>
    </xs:element>
    <xs:element name="币种编码">
        <xs:complexType>
            <xs:simpleContent>
                <xs:extension base="币种编码类型">
                    <xs:attribute ref="locID" use="optional" fixed="010301"/>
                </xs:extension>
            </xs:simpleContent>
        </xs:complexType>
    </xs:element>
    <xs:element name="交易代码">
        <xs:complexType>
            <xs:simpleContent>
                <xs:extension base="交易代码类型">
                    <xs:attribute ref="locID" use="optional" fixed="010501"/>
                </xs:extension>
            </xs:simpleContent>
        </xs:complexType>
    </xs:element>
    <xs:element name="交易金额">
        <xs:complexType>
            <xs:simpleContent>
                <xs:extension base="交易金额类型">
                    <xs:attribute ref="locID" use="optional" fixed="030404"/>
                </xs:extension>
            </xs:simpleContent>
        </xs:complexType>
    </xs:element>
    <xs:element name="营业机构号">
        <xs:complexType>
            <xs:simpleContent>
                <xs:extension base="营业机构号类型">
                    <xs:attribute ref="locID" use="optional" fixed="030301"/>
                </xs:extension>
            </xs:simpleContent>
        </xs:complexType>
    </xs:element>
    <xs:element name="现转标志">
        <xs:complexType>
            <xs:simpleContent>
                <xs:extension base="现转标志类型">
                    <xs:attribute ref="locID" use="optional" fixed="050204"/>
```

```
                </xs:extension>
            </xs:simpleContent>
        </xs:complexType>
    </xs:element>
    <xs:element name="对方行号" minOccurs="0">
        <xs:complexType>
            <xs:simpleContent>
                <xs:extension base="对方行号类型">
                    <xs:attribute ref="locID" use="optional" fixed="050210"/>
                </xs:extension>
            </xs:simpleContent>
        </xs:complexType>
    </xs:element>
    <xs:element name="对方账号" minOccurs="0">
        <xs:complexType>
            <xs:simpleContent>
                <xs:extension base="对方账号类型">
                    <xs:attribute ref="locID" use="optional" fixed="050205"/>
                </xs:extension>
            </xs:simpleContent>
        </xs:complexType>
    </xs:element>
    <xs:element name="对方户名" minOccurs="0">
        <xs:complexType>
            <xs:simpleContent>
                <xs:extension base="对方户名类型">
                    <xs:attribute ref="locID" use="optional" fixed="050206"/>
                </xs:extension>
            </xs:simpleContent>
        </xs:complexType>
    </xs:element>
    <xs:element name="交易柜员号">
        <xs:complexType>
            <xs:simpleContent>
                <xs:extension base="交易柜员号类型">
                    <xs:attribute ref="locID" use="optional" fixed="050208"/>
                </xs:extension>
            </xs:simpleContent>
        </xs:complexType>
    </xs:element>
    <xs:element name="授权柜员号" minOccurs="0">
        <xs:complexType>
            <xs:simpleContent>
```

```
                    <xs:extension base="授权柜员号类型">
                        <xs:attribute ref="locID" use="optional" fixed="050209"/>
                    </xs:extension>
                </xs:simpleContent>
            </xs:complexType>
        </xs:element>
        <xs:element name="摘要">
            <xs:complexType>
                <xs:simpleContent>
                    <xs:extension base="摘要类型">
                        <xs:attribute ref="locID" use="optional" fixed="030405"/>
                    </xs:extension>
                </xs:simpleContent>
            </xs:complexType>
        </xs:element>
        <xs:element name="冲补标志">
            <xs:complexType>
                <xs:simpleContent>
                    <xs:extension base="冲补标志类型">
                        <xs:attribute ref="locID" use="optional" fixed="050207"/>
                    </xs:extension>
                </xs:simpleContent>
            </xs:complexType>
        </xs:element>
        <xs:element name="借贷标志">
            <xs:complexType>
                <xs:simpleContent>
                    <xs:extension base="借贷标志类型">
                        <xs:attribute ref="locID" use="optional" fixed="050203"/>
                    </xs:extension>
                </xs:simpleContent>
            </xs:complexType>
        </xs:element>
        <xs:element name="时间戳" minOccurs="0">
            <xs:complexType>
                <xs:simpleContent>
                    <xs:extension base="时间戳类型">
                        <xs:attribute ref="locID" use="optional" fixed="050211"/>
                    </xs:extension>
                </xs:simpleContent>
            </xs:complexType>
        </xs:element>
    </xs:sequence>
```

```
            <xs:attribute ref="locID" use="optional" fixed="R0804"/>
        </xs:complexType>
    </xs:element>
</xs:schema>
```

A.10 内部分户账核心会计类 XML 大纲(Schema)

```
<?xml version="1.0" encoding="UTF-8"?>
<xs:schema xmlns:xs="http://www.w3.org/2001/XMLSchema" xmlns:银行
="http://sxbw.audit.gov.cn/AccountingSoftwareDataInterfaceStandard/2010/Bank/XMLSchema"
xmlns="http://sxbw.audit.gov.cn/AccountingSoftwareDataInterfaceStandard/2010/Bank/XMLSchema"
targetNamespace="http://sxbw.audit.gov.cn/AccountingSoftwareDataInterfaceStandard/2010/
Bank/XMLSchema" elementFormDefault="qualified" attributeFormDefault="unqualified">
    <xs:include schemaLocation="标准数据元素类型.xsd"/>
    <xs:element name="内部分户账核心会计">
        <xs:complexType>
            <xs:sequence>
                <xs:element ref="内部分户账档案" minOccurs="0"/>
                <xs:element ref="内部分户账明细档案" minOccurs="0"/>
            </xs:sequence>
            <xs:attribute ref="locID" use="optional" fixed="S09"/>
        </xs:complexType>
    </xs:element>
    <xs:element name="内部分户账档案">
        <xs:complexType>
            <xs:sequence>
                <xs:element ref="内部分户账" maxOccurs="unbounded"/>
            </xs:sequence>
            <xs:attribute ref="locID" use="optional" fixed="T0901"/>
        </xs:complexType>
    </xs:element>
    <xs:element name="内部分户账">
        <xs:complexType>
            <xs:sequence>
                <xs:element name="内部分户账账号">
                    <xs:complexType>
                        <xs:simpleContent>
                            <xs:extension base="内部分户账账号类型">
                                <xs:attribute ref="locID" use="optional" fixed="090101"/>
                            </xs:extension>
                        </xs:simpleContent>
                    </xs:complexType>
                </xs:element>
```

```
<xs:element name="账户名称">
    <xs:complexType>
        <xs:simpleContent>
            <xs:extension base="账户名称类型">
                <xs:attribute ref="locID" use="optional" fixed="050102"/>
            </xs:extension>
        </xs:simpleContent>
    </xs:complexType>
</xs:element>
<xs:element name="账户类型">
    <xs:complexType>
        <xs:simpleContent>
            <xs:extension base="账户类型类型">
                <xs:attribute ref="locID" use="optional" fixed="070102"/>
            </xs:extension>
        </xs:simpleContent>
    </xs:complexType>
</xs:element>
<xs:element name="账户余额">
    <xs:complexType>
        <xs:simpleContent>
            <xs:extension base="账户余额类型">
                <xs:attribute ref="locID" use="optional" fixed="090102"/>
            </xs:extension>
        </xs:simpleContent>
    </xs:complexType>
</xs:element>
<xs:element name="营业机构号" minOccurs="0">
    <xs:complexType>
        <xs:simpleContent>
            <xs:extension base="营业机构号类型">
                <xs:attribute ref="locID" use="optional" fixed="030301"/>
            </xs:extension>
        </xs:simpleContent>
    </xs:complexType>
</xs:element>
<xs:element name="币种编码">
    <xs:complexType>
        <xs:simpleContent>
            <xs:extension base="币种编码类型">
                <xs:attribute ref="locID" use="optional" fixed="010301"/>
            </xs:extension>
        </xs:simpleContent>
```

```
        </xs:complexType>
    </xs:element>
    <xs:element name="科目编号">
        <xs:complexType>
            <xs:simpleContent>
                <xs:extension base="科目编号类型">
                    <xs:attribute ref="locID" use="optional" fixed="010801"/>
                </xs:extension>
            </xs:simpleContent>
        </xs:complexType>
    </xs:element>
    <xs:element name="计息标志">
        <xs:complexType>
            <xs:simpleContent>
                <xs:extension base="计息标志类型">
                    <xs:attribute ref="locID" use="optional" fixed="090103"/>
                </xs:extension>
            </xs:simpleContent>
        </xs:complexType>
    </xs:element>
    <xs:element name="计息方式" minOccurs="0">
        <xs:complexType>
            <xs:simpleContent>
                <xs:extension base="计息方式类型">
                    <xs:attribute ref="locID" use="optional" fixed="030326"/>
                </xs:extension>
            </xs:simpleContent>
        </xs:complexType>
    </xs:element>
    <xs:element name="利率代码" minOccurs="0">
        <xs:complexType>
            <xs:simpleContent>
                <xs:extension base="利率代码类型">
                    <xs:attribute ref="locID" use="optional" fixed="011901"/>
                </xs:extension>
            </xs:simpleContent>
        </xs:complexType>
    </xs:element>
    <xs:element name="开户日期">
        <xs:complexType>
            <xs:simpleContent>
                <xs:extension base="开户日期类型">
                    <xs:attribute ref="locID" use="optional" fixed="050110"/>
```

```
                        </xs:extension>
                    </xs:simpleContent>
                </xs:complexType>
            </xs:element>
            <xs:element name="销户日期" minOccurs="0">
                <xs:complexType>
                    <xs:simpleContent>
                        <xs:extension base="销户日期类型">
                            <xs:attribute ref="locID" use="optional" fixed="050111"/>
                        </xs:extension>
                    </xs:simpleContent>
                </xs:complexType>
            </xs:element>
            <xs:element name="客户编号">
                <xs:complexType>
                    <xs:simpleContent>
                        <xs:extension base="客户编号类型">
                            <xs:attribute ref="locID" use="optional" fixed="090104"/>
                        </xs:extension>
                    </xs:simpleContent>
                </xs:complexType>
            </xs:element>
            <xs:element name="账户状态">
                <xs:complexType>
                    <xs:simpleContent>
                        <xs:extension base="账户状态类型">
                            <xs:attribute ref="locID" use="optional" fixed="050112"/>
                        </xs:extension>
                    </xs:simpleContent>
                </xs:complexType>
            </xs:element>
            <xs:element name="月份">
                <xs:complexType>
                    <xs:simpleContent>
                        <xs:extension base="月份类型">
                            <xs:attribute ref="locID" use="optional" fixed="030328"/>
                        </xs:extension>
                    </xs:simpleContent>
                </xs:complexType>
            </xs:element>
        </xs:sequence>
        <xs:attribute ref="locID" use="optional" fixed="R0901"/>
    </xs:complexType>
```

```
</xs:element>
<xs:element name="内部分户账明细档案">
    <xs:complexType>
        <xs:sequence>
            <xs:element ref="内部分户账明细" maxOccurs="unbounded"/>
        </xs:sequence>
        <xs:attribute ref="locID" use="optional" fixed="T0902"/>
    </xs:complexType>
</xs:element>
<xs:element name="内部分户账明细">
    <xs:complexType>
        <xs:sequence>
            <xs:element name="内部分户账账号">
                <xs:complexType>
                    <xs:simpleContent>
                        <xs:extension base="内部分户账账号类型">
                            <xs:attribute ref="locID" use="optional" fixed="090101"/>
                        </xs:extension>
                    </xs:simpleContent>
                </xs:complexType>
            </xs:element>
            <xs:element name="核心交易流水号">
                <xs:complexType>
                    <xs:simpleContent>
                        <xs:extension base="核心交易流水号类型">
                            <xs:attribute ref="locID" use="optional" fixed="030403"/>
                        </xs:extension>
                    </xs:simpleContent>
                </xs:complexType>
            </xs:element>
            <xs:element name="核心交易日期">
                <xs:complexType>
                    <xs:simpleContent>
                        <xs:extension base="核心交易日期类型">
                            <xs:attribute ref="locID" use="optional" fixed="050201"/>
                        </xs:extension>
                    </xs:simpleContent>
                </xs:complexType>
            </xs:element>
            <xs:element name="核心交易时间">
                <xs:complexType>
                    <xs:simpleContent>
                        <xs:extension base="核心交易时间类型">
```

```
                <xs:attribute ref="locID" use="optional" fixed="050202"/>
            </xs:extension>
        </xs:simpleContent>
    </xs:complexType>
</xs:element>
<xs:element name="交易代码">
    <xs:complexType>
        <xs:simpleContent>
            <xs:extension base="交易代码类型">
                <xs:attribute ref="locID" use="optional" fixed="010501"/>
            </xs:extension>
        </xs:simpleContent>
    </xs:complexType>
</xs:element>
<xs:element name="借贷标志">
    <xs:complexType>
        <xs:simpleContent>
            <xs:extension base="借贷标志类型">
                <xs:attribute ref="locID" use="optional" fixed="050203"/>
            </xs:extension>
        </xs:simpleContent>
    </xs:complexType>
</xs:element>
<xs:element name="营业机构号">
    <xs:complexType>
        <xs:simpleContent>
            <xs:extension base="营业机构号类型">
                <xs:attribute ref="locID" use="optional" fixed="030301"/>
            </xs:extension>
        </xs:simpleContent>
    </xs:complexType>
</xs:element>
<xs:element name="交易金额">
    <xs:complexType>
        <xs:simpleContent>
            <xs:extension base="交易金额类型">
                <xs:attribute ref="locID" use="optional" fixed="030404"/>
            </xs:extension>
        </xs:simpleContent>
    </xs:complexType>
</xs:element>
<xs:element name="币种编码">
    <xs:complexType>
```

```
        <xs:simpleContent>
            <xs:extension base="币种编码类型">
                <xs:attribute ref="locID" use="optional" fixed="010301"/>
            </xs:extension>
        </xs:simpleContent>
    </xs:complexType>
</xs:element>
<xs:element name="现转标志">
    <xs:complexType>
        <xs:simpleContent>
            <xs:extension base="现转标志类型">
                <xs:attribute ref="locID" use="optional" fixed="050204"/>
            </xs:extension>
        </xs:simpleContent>
    </xs:complexType>
</xs:element>
<xs:element name="摘要">
    <xs:complexType>
        <xs:simpleContent>
            <xs:extension base="摘要类型">
                <xs:attribute ref="locID" use="optional" fixed="030405"/>
            </xs:extension>
        </xs:simpleContent>
    </xs:complexType>
</xs:element>
<xs:element name="对方账号" minOccurs="0">
    <xs:complexType>
        <xs:simpleContent>
            <xs:extension base="对方账号类型">
                <xs:attribute ref="locID" use="optional" fixed="050205"/>
            </xs:extension>
        </xs:simpleContent>
    </xs:complexType>
</xs:element>
<xs:element name="对方科目号" minOccurs="0" maxOccurs="unbounded">
    <xs:complexType>
        <xs:simpleContent>
            <xs:extension base="对方科目号类型">
                <xs:attribute ref="locID" use="optional" fixed="090201"/>
            </xs:extension>
        </xs:simpleContent>
    </xs:complexType>
</xs:element>
```

```
<xs:element name="冲补标志">
    <xs:complexType>
        <xs:simpleContent>
            <xs:extension base="冲补标志类型">
                <xs:attribute ref="locID" use="optional" fixed="050207"/>
            </xs:extension>
        </xs:simpleContent>
    </xs:complexType>
</xs:element>
<xs:element name="交易柜员号">
    <xs:complexType>
        <xs:simpleContent>
            <xs:extension base="交易柜员号类型">
                <xs:attribute ref="locID" use="optional" fixed="050208"/>
            </xs:extension>
        </xs:simpleContent>
    </xs:complexType>
</xs:element>
<xs:element name="授权柜员号" minOccurs="0">
    <xs:complexType>
        <xs:simpleContent>
            <xs:extension base="授权柜员号类型">
                <xs:attribute ref="locID" use="optional" fixed="050209"/>
            </xs:extension>
        </xs:simpleContent>
    </xs:complexType>
</xs:element>
<xs:element name="对方行号" minOccurs="0">
    <xs:complexType>
        <xs:simpleContent>
            <xs:extension base="对方行号类型">
                <xs:attribute ref="locID" use="optional" fixed="050210"/>
            </xs:extension>
        </xs:simpleContent>
    </xs:complexType>
</xs:element>
<xs:element name="时间戳" minOccurs="0">
    <xs:complexType>
        <xs:simpleContent>
            <xs:extension base="时间戳类型">
                <xs:attribute ref="locID" use="optional" fixed="050211"/>
            </xs:extension>
        </xs:simpleContent>
```

```
                <xs:complexType>
            </xs:element>
        </xs:sequence>
        <xs:attribute ref="locID" use="optional" fixed="R0902"/>
    </xs:complexType>
</xs:element>
</xs:schema>
```

A.11 表外分户账核心会计类 XML 大纲(Schema)

```
<?xml version="1.0" encoding="UTF-8"?>
<xs:schema xmlns:xs="http://www.w3.org/2001/XMLSchema" xmlns:银行
="http://sxbw.audit.gov.cn/AccountingSoftwareDataInterfaceStandard/2010/Bank/XMLSchema"
xmlns="http://sxbw.audit.gov.cn/AccountingSoftwareDataInterfaceStandard/2010/Bank/XMLSchema"
targetNamespace="http://sxbw.audit.gov.cn/AccountingSoftwareDataInterfaceStandard/2010/
Bank/XMLSchema" elementFormDefault="qualified" attributeFormDefault="unqualified">
    <xs:include schemaLocation="标准数据元素类型.xsd"/>
    <xs:element name="表外分户账核心会计">
        <xs:complexType>
            <xs:sequence>
                <xs:element ref="表外分户账档案" minOccurs="0"/>
                <xs:element ref="表外分户账明细档案" minOccurs="0"/>
            </xs:sequence>
            <xs:attribute ref="locID" use="optional" fixed="S10"/>
        </xs:complexType>
    </xs:element>
    <xs:element name="表外分户账档案">
        <xs:complexType>
            <xs:sequence>
                <xs:element ref="表外分户账" maxOccurs="unbounded"/>
            </xs:sequence>
            <xs:attribute ref="locID" use="optional" fixed="T1001"/>
        </xs:complexType>
    </xs:element>
    <xs:element name="表外分户账">
        <xs:complexType>
            <xs:sequence>
                <xs:element name="表外分户账账号">
                    <xs:complexType>
                        <xs:simpleContent>
                            <xs:extension base="表外分户账账号类型">
                                <xs:attribute ref="locID" use="optional" fixed="100101"/>
                            </xs:extension>
```

```
                </xs:simpleContent>
            </xs:complexType>
        </xs:element>
        <xs:element name="营业机构号">
            <xs:complexType>
                <xs:simpleContent>
                    <xs:extension base="营业机构号类型">
                        <xs:attribute ref="locID" use="optional" fixed="030301"/>
                    </xs:extension>
                </xs:simpleContent>
            </xs:complexType>
        </xs:element>
        <xs:element name="账户名称">
            <xs:complexType>
                <xs:simpleContent>
                    <xs:extension base="账户名称类型">
                        <xs:attribute ref="locID" use="optional" fixed="050102"/>
                    </xs:extension>
                </xs:simpleContent>
            </xs:complexType>
        </xs:element>
        <xs:element name="币种编码">
            <xs:complexType>
                <xs:simpleContent>
                    <xs:extension base="币种编码类型">
                        <xs:attribute ref="locID" use="optional" fixed="010301"/>
                    </xs:extension>
                </xs:simpleContent>
            </xs:complexType>
        </xs:element>
        <xs:element name="科目编号">
            <xs:complexType>
                <xs:simpleContent>
                    <xs:extension base="科目编号类型">
                        <xs:attribute ref="locID" use="optional" fixed="010801"/>
                    </xs:extension>
                </xs:simpleContent>
            </xs:complexType>
        </xs:element>
        <xs:element name="表外科目余额">
            <xs:complexType>
                <xs:simpleContent>
                    <xs:extension base="表外科目余额类型">
```

```
                        <xs:attribute ref="locID" use="optional" fixed="100102"/>
                    </xs:extension>
                </xs:simpleContent>
            </xs:complexType>
        </xs:element>
        <xs:element name="开户日期">
            <xs:complexType>
                <xs:simpleContent>
                    <xs:extension base="开户日期类型">
                        <xs:attribute ref="locID" use="optional" fixed="050110"/>
                    </xs:extension>
                </xs:simpleContent>
            </xs:complexType>
        </xs:element>
        <xs:element name="销户日期" minOccurs="0">
            <xs:complexType>
                <xs:simpleContent>
                    <xs:extension base="销户日期类型">
                        <xs:attribute ref="locID" use="optional" fixed="050111"/>
                    </xs:extension>
                </xs:simpleContent>
            </xs:complexType>
        </xs:element>
        <xs:element name="账户状态">
            <xs:complexType>
                <xs:simpleContent>
                    <xs:extension base="账户状态类型">
                        <xs:attribute ref="locID" use="optional" fixed="050112"/>
                    </xs:extension>
                </xs:simpleContent>
            </xs:complexType>
        </xs:element>
        <xs:element name="月份">
            <xs:complexType>
                <xs:simpleContent>
                    <xs:extension base="月份类型">
                        <xs:attribute ref="locID" use="optional" fixed="030328"/>
                    </xs:extension>
                </xs:simpleContent>
            </xs:complexType>
        </xs:element>
    </xs:sequence>
    <xs:attribute ref="locID" use="optional" fixed="R1001"/>
```

```
        </xs:complexType>
    </xs:element>
    <xs:element name="表外分户账明细档案">
        <xs:complexType>
            <xs:sequence>
                <xs:element ref="表外分户账明细" maxOccurs="unbounded"/>
            </xs:sequence>
            <xs:attribute ref="locID" use="optional" fixed="T1002"/>
        </xs:complexType>
    </xs:element>
    <xs:element name="表外分户账明细">
        <xs:complexType>
            <xs:sequence>
                <xs:element name="核心交易流水号">
                    <xs:complexType>
                        <xs:simpleContent>
                            <xs:extension base="核心交易流水号类型">
                                <xs:attribute ref="locID" use="optional" fixed="030403"/>
                            </xs:extension>
                        </xs:simpleContent>
                    </xs:complexType>
                </xs:element>
                <xs:element name="表外分户账账号">
                    <xs:complexType>
                        <xs:simpleContent>
                            <xs:extension base="表外分户账账号类型">
                                <xs:attribute ref="locID" use="optional" fixed="100101"/>
                            </xs:extension>
                        </xs:simpleContent>
                    </xs:complexType>
                </xs:element>
                <xs:element name="核心交易日期">
                    <xs:complexType>
                        <xs:simpleContent>
                            <xs:extension base="核心交易日期类型">
                                <xs:attribute ref="locID" use="optional" fixed="050201"/>
                            </xs:extension>
                        </xs:simpleContent>
                    </xs:complexType>
                </xs:element>
                <xs:element name="核心交易时间">
                    <xs:complexType>
                        <xs:simpleContent>
```

```
                <xs:extension base = "核心交易时间类型">
                    <xs:attribute ref = "locID" use = "optional" fixed = "050202"/>
                </xs:extension>
            </xs:simpleContent>
        </xs:complexType>
    </xs:element>
    <xs:element name = "交易代码">
        <xs:complexType>
            <xs:simpleContent>
                <xs:extension base = "交易代码类型">
                    <xs:attribute ref = "locID" use = "optional" fixed = "010501"/>
                </xs:extension>
            </xs:simpleContent>
        </xs:complexType>
    </xs:element>
    <xs:element name = "借贷标志">
        <xs:complexType>
            <xs:simpleContent>
                <xs:extension base = "借贷标志类型">
                    <xs:attribute ref = "locID" use = "optional" fixed = "050203"/>
                </xs:extension>
            </xs:simpleContent>
        </xs:complexType>
    </xs:element>
    <xs:element name = "营业机构号">
        <xs:complexType>
            <xs:simpleContent>
                <xs:extension base = "营业机构号类型">
                    <xs:attribute ref = "locID" use = "optional" fixed = "030301"/>
                </xs:extension>
            </xs:simpleContent>
        </xs:complexType>
    </xs:element>
    <xs:element name = "交易金额" minOccurs = "0">
        <xs:complexType>
            <xs:simpleContent>
                <xs:extension base = "交易金额类型">
                    <xs:attribute ref = "locID" use = "optional" fixed = "030404"/>
                </xs:extension>
            </xs:simpleContent>
        </xs:complexType>
    </xs:element>
    <xs:element name = "币种编码" minOccurs = "0">
```

```
        <xs:complexType>
            <xs:simpleContent>
                <xs:extension base="币种编码类型">
                    <xs:attribute ref="locID" use="optional" fixed="010301"/>
                </xs:extension>
            </xs:simpleContent>
        </xs:complexType>
    </xs:element>
    <xs:element name="现转标志" minOccurs="0">
        <xs:complexType>
            <xs:simpleContent>
                <xs:extension base="现转标志类型">
                    <xs:attribute ref="locID" use="optional" fixed="050204"/>
                </xs:extension>
            </xs:simpleContent>
        </xs:complexType>
    </xs:element>
    <xs:element name="摘要">
        <xs:complexType>
            <xs:simpleContent>
                <xs:extension base="摘要类型">
                    <xs:attribute ref="locID" use="optional" fixed="030405"/>
                </xs:extension>
            </xs:simpleContent>
        </xs:complexType>
    </xs:element>
    <xs:element name="冲补标志">
        <xs:complexType>
            <xs:simpleContent>
                <xs:extension base="冲补标志类型">
                    <xs:attribute ref="locID" use="optional" fixed="050207"/>
                </xs:extension>
            </xs:simpleContent>
        </xs:complexType>
    </xs:element>
    <xs:element name="交易柜员号">
        <xs:complexType>
            <xs:simpleContent>
                <xs:extension base="交易柜员号类型">
                    <xs:attribute ref="locID" use="optional" fixed="050208"/>
                </xs:extension>
            </xs:simpleContent>
        </xs:complexType>
```

```
</xs:element>
<xs:element name="授权柜员号" minOccurs="0">
    <xs:complexType>
        <xs:simpleContent>
            <xs:extension base="授权柜员号类型">
                <xs:attribute ref="locID" use="optional" fixed="050209"/>
            </xs:extension>
        </xs:simpleContent>
    </xs:complexType>
</xs:element>
<xs:element name="借据编号" minOccurs="0">
    <xs:complexType>
        <xs:simpleContent>
            <xs:extension base="借据编号类型">
                <xs:attribute ref="locID" use="optional" fixed="100201"/>
            </xs:extension>
        </xs:simpleContent>
    </xs:complexType>
</xs:element>
<xs:element name="交易数量" minOccurs="0">
    <xs:complexType>
        <xs:simpleContent>
            <xs:extension base="交易数量类型">
                <xs:attribute ref="locID" use="optional" fixed="100202"/>
            </xs:extension>
        </xs:simpleContent>
    </xs:complexType>
</xs:element>
<xs:element name="对方账号" minOccurs="0">
    <xs:complexType>
        <xs:simpleContent>
            <xs:extension base="对方账号类型">
                <xs:attribute ref="locID" use="optional" fixed="050205"/>
            </xs:extension>
        </xs:simpleContent>
    </xs:complexType>
</xs:element>
<xs:element name="时间戳" minOccurs="0">
    <xs:complexType>
        <xs:simpleContent>
            <xs:extension base="时间戳类型">
                <xs:attribute ref="locID" use="optional" fixed="050211"/>
            </xs:extension>
```

```
                        〈/xs:simpleContent〉
                    〈/xs:complexType〉
                〈/xs:element〉
            〈/xs:sequence〉
            〈xs:attribute ref = "locID" use = "optional" fixed = "R1002"/〉
        〈/xs:complexType〉
    〈/xs:element〉
〈/xs:schema〉
```

A.12　总账类 XML 大纲（Schema）

```
〈?xml version = "1.0" encoding = "UTF-8"?〉
〈xs:schema xmlns:xs = "http://www.w3.org/2001/XMLSchema" xmlns:银行
 = "http://sxbw.audit.gov.cn/AccountingSoftwareDataInterfaceStandard/2010/Bank/XMLSchema"
xmlns = "http://sxbw.audit.gov.cn/AccountingSoftwareDataInterfaceStandard/2010/Bank/XMLSchema"
targetNamespace = "http://sxbw.audit.gov.cn/AccountingSoftwareDataInterfaceStandard/2010/
Bank/XMLSchema" elementFormDefault = "qualified" attributeFormDefault = "unqualified"〉
    〈xs:include schemaLocation = "标准数据元素类型.xsd"/〉
    〈xs:element name = "总账"〉
        〈xs:complexType〉
            〈xs:sequence〉
                〈xs:element ref = "总账余额档案" minOccurs = "0"/〉
                〈xs:element ref = "总账明细档案" minOccurs = "0"/〉
                〈xs:element ref = "总账凭证档案" minOccurs = "0"/〉
                〈xs:element ref = "报表档案" minOccurs = "0"/〉
                〈xs:element ref = "报表项数据档案" minOccurs = "0"/〉
            〈/xs:sequence〉
            〈xs:attribute ref = "locID" use = "optional" fixed = "S11"/〉
        〈/xs:complexType〉
    〈/xs:element〉
    〈xs:element name = "总账余额档案"〉
        〈xs:complexType〉
            〈xs:sequence〉
                〈xs:element ref = "总账余额" maxOccurs = "unbounded"/〉
            〈/xs:sequence〉
            〈xs:attribute ref = "locID" use = "optional" fixed = "T1101"/〉
        〈/xs:complexType〉
    〈/xs:element〉
    〈xs:element name = "总账余额"〉
        〈xs:complexType〉
            〈xs:sequence〉
                〈xs:element name = "科目编号"〉
                    〈xs:complexType〉
```

```
        <xs:simpleContent>
            <xs:extension base="科目编号类型">
                <xs:attribute ref="locID" use="optional" fixed="010801"/>
            </xs:extension>
        </xs:simpleContent>
    </xs:complexType>
</xs:element>
<xs:element name="币种编码">
    <xs:complexType>
        <xs:simpleContent>
            <xs:extension base="币种编码类型">
                <xs:attribute ref="locID" use="optional" fixed="010301"/>
            </xs:extension>
        </xs:simpleContent>
    </xs:complexType>
</xs:element>
<xs:element name="会计年度">
    <xs:complexType>
        <xs:simpleContent>
            <xs:extension base="会计年度类型">
                <xs:attribute ref="locID" use="optional" fixed="010109"/>
            </xs:extension>
        </xs:simpleContent>
    </xs:complexType>
</xs:element>
<xs:element name="会计期间号">
    <xs:complexType>
        <xs:simpleContent>
            <xs:extension base="会计期间号类型">
                <xs:attribute ref="locID" use="optional" fixed="010703"/>
            </xs:extension>
        </xs:simpleContent>
    </xs:complexType>
</xs:element>
<xs:element name="期初原币余额">
    <xs:complexType>
        <xs:simpleContent>
            <xs:extension base="期初原币余额类型">
                <xs:attribute ref="locID" use="optional" fixed="110101"/>
            </xs:extension>
        </xs:simpleContent>
    </xs:complexType>
</xs:element>
```

```
<xs:element name="期初本币余额">
    <xs:complexType>
        <xs:simpleContent>
            <xs:extension base="期初本币余额类型">
                <xs:attribute ref="locID" use="optional" fixed="110102"/>
            </xs:extension>
        </xs:simpleContent>
    </xs:complexType>
</xs:element>
<xs:element name="本期借方原币金额">
    <xs:complexType>
        <xs:simpleContent>
            <xs:extension base="本期借方原币金额类型">
                <xs:attribute ref="locID" use="optional" fixed="110103"/>
            </xs:extension>
        </xs:simpleContent>
    </xs:complexType>
</xs:element>
<xs:element name="本期借方本币金额">
    <xs:complexType>
        <xs:simpleContent>
            <xs:extension base="本期借方本币金额类型">
                <xs:attribute ref="locID" use="optional" fixed="110104"/>
            </xs:extension>
        </xs:simpleContent>
    </xs:complexType>
</xs:element>
<xs:element name="本期贷方原币金额">
    <xs:complexType>
        <xs:simpleContent>
            <xs:extension base="本期贷方原币金额类型">
                <xs:attribute ref="locID" use="optional" fixed="110105"/>
            </xs:extension>
        </xs:simpleContent>
    </xs:complexType>
</xs:element>
<xs:element name="本期贷方本币金额">
    <xs:complexType>
        <xs:simpleContent>
            <xs:extension base="本期贷方本币金额类型">
                <xs:attribute ref="locID" use="optional" fixed="110106"/>
            </xs:extension>
        </xs:simpleContent>
```

```
                〈/xs:complexType〉
            〈/xs:element〉
            〈xs:element name="期末原币余额"〉
                〈xs:complexType〉
                    〈xs:simpleContent〉
                        〈xs:extension base="期末原币余额类型"〉
                            〈xs:attribute ref="locID" use="optional" fixed="110107"/〉
                        〈/xs:extension〉
                    〈/xs:simpleContent〉
                〈/xs:complexType〉
            〈/xs:element〉
            〈xs:element name="期末本币余额"〉
                〈xs:complexType〉
                    〈xs:simpleContent〉
                        〈xs:extension base="期末本币余额类型"〉
                            〈xs:attribute ref="locID" use="optional" fixed="110108"/〉
                        〈/xs:extension〉
                    〈/xs:simpleContent〉
                〈/xs:complexType〉
            〈/xs:element〉
        〈/xs:sequence〉
        〈xs:attribute ref="locID" use="optional" fixed="R1101"/〉
    〈/xs:complexType〉
〈/xs:element〉
〈xs:element name="总账明细档案"〉
    〈xs:complexType〉
        〈xs:sequence〉
            〈xs:element ref="总账明细" maxOccurs="unbounded"/〉
        〈/xs:sequence〉
        〈xs:attribute ref="locID" use="optional" fixed="T1102"/〉
    〈/xs:complexType〉
〈/xs:element〉
〈xs:element name="总账明细"〉
    〈xs:complexType〉
        〈xs:sequence〉
            〈xs:element name="科目编号"〉
                〈xs:complexType〉
                    〈xs:simpleContent〉
                        〈xs:extension base="科目编号类型"〉
                            〈xs:attribute ref="locID" use="optional" fixed="010801"/〉
                        〈/xs:extension〉
                    〈/xs:simpleContent〉
                〈/xs:complexType〉
```

```
        </xs:element>
        <xs:element name="币种编码">
            <xs:complexType>
                <xs:simpleContent>
                    <xs:extension base="币种编码类型">
                        <xs:attribute ref="locID" use="optional" fixed="010301"/>
                    </xs:extension>
                </xs:simpleContent>
            </xs:complexType>
        </xs:element>
        <xs:element name="会计年度">
            <xs:complexType>
                <xs:simpleContent>
                    <xs:extension base="会计年度类型">
                        <xs:attribute ref="locID" use="optional" fixed="010109"/>
                    </xs:extension>
                </xs:simpleContent>
            </xs:complexType>
        </xs:element>
        <xs:element name="会计期间号">
            <xs:complexType>
                <xs:simpleContent>
                    <xs:extension base="会计期间号类型">
                        <xs:attribute ref="locID" use="optional" fixed="010703"/>
                    </xs:extension>
                </xs:simpleContent>
            </xs:complexType>
        </xs:element>
        <xs:element name="发生日期">
            <xs:complexType>
                <xs:simpleContent>
                    <xs:extension base="发生日期类型">
                        <xs:attribute ref="locID" use="optional" fixed="110201"/>
                    </xs:extension>
                </xs:simpleContent>
            </xs:complexType>
        </xs:element>
        <xs:element name="借方原币金额">
            <xs:complexType>
                <xs:simpleContent>
                    <xs:extension base="借方原币金额类型">
                        <xs:attribute ref="locID" use="optional" fixed="110202"/>
                    </xs:extension>
```

```
                <\/xs:simpleContent>
            <\/xs:complexType>
        <\/xs:element>
        <xs:element name="借方本币金额">
            <xs:complexType>
                <xs:simpleContent>
                    <xs:extension base="借方本币金额类型">
                        <xs:attribute ref="locID" use="optional" fixed="110203"/>
                    <\/xs:extension>
                <\/xs:simpleContent>
            <\/xs:complexType>
        <\/xs:element>
        <xs:element name="贷方原币金额">
            <xs:complexType>
                <xs:simpleContent>
                    <xs:extension base="贷方原币金额类型">
                        <xs:attribute ref="locID" use="optional" fixed="110204"/>
                    <\/xs:extension>
                <\/xs:simpleContent>
            <\/xs:complexType>
        <\/xs:element>
        <xs:element name="贷方本币金额">
            <xs:complexType>
                <xs:simpleContent>
                    <xs:extension base="贷方本币金额类型">
                        <xs:attribute ref="locID" use="optional" fixed="110205"/>
                    <\/xs:extension>
                <\/xs:simpleContent>
            <\/xs:complexType>
        <\/xs:element>
    <\/xs:sequence>
    <xs:attribute ref="locID" use="optional" fixed="R1102"/>
<\/xs:complexType>
<\/xs:element>
<xs:element name="总账凭证档案">
    <xs:complexType>
        <xs:sequence>
            <xs:element ref="总账凭证" maxOccurs="unbounded"/>
        <\/xs:sequence>
        <xs:attribute ref="locID" use="optional" fixed="T1103"/>
    <\/xs:complexType>
<\/xs:element>
<xs:element name="总账凭证">
```

```
〈xs:complexType〉
    〈xs:sequence〉
        〈xs:element name="总账凭证编号"〉
            〈xs:complexType〉
                〈xs:simpleContent〉
                    〈xs:extension base="总账凭证编号类型"〉
                        〈xs:attribute ref="locID" use="optional" fixed="110301"/〉
                    〈/xs:extension〉
                〈/xs:simpleContent〉
            〈/xs:complexType〉
        〈/xs:element〉
        〈xs:element name="总账凭证日期"〉
            〈xs:complexType〉
                〈xs:simpleContent〉
                    〈xs:extension base="总账凭证日期类型"〉
                        〈xs:attribute ref="locID" use="optional" fixed="110302"/〉
                    〈/xs:extension〉
                〈/xs:simpleContent〉
            〈/xs:complexType〉
        〈/xs:element〉
        〈xs:element name="总账凭证摘要" minOccurs="0"〉
            〈xs:complexType〉
                〈xs:simpleContent〉
                    〈xs:extension base="总账凭证摘要类型"〉
                        〈xs:attribute ref="locID" use="optional" fixed="110303"/〉
                    〈/xs:extension〉
                〈/xs:simpleContent〉
            〈/xs:complexType〉
        〈/xs:element〉
        〈xs:element name="总账凭证行号"〉
            〈xs:complexType〉
                〈xs:simpleContent〉
                    〈xs:extension base="总账凭证行号类型"〉
                        〈xs:attribute ref="locID" use="optional" fixed="110304"/〉
                    〈/xs:extension〉
                〈/xs:simpleContent〉
            〈/xs:complexType〉
        〈/xs:element〉
        〈xs:element name="科目编号"〉
            〈xs:complexType〉
                〈xs:simpleContent〉
                    〈xs:extension base="科目编号类型"〉
                        〈xs:attribute ref="locID" use="optional" fixed="010801"/〉
```

```
                <xs:extension>
            </xs:simpleContent>
        </xs:complexType>
    </xs:element>
    <xs:element name="币种编码">
        <xs:complexType>
            <xs:simpleContent>
                <xs:extension base="币种编码类型">
                    <xs:attribute ref="locID" use="optional" fixed="010301"/>
                </xs:extension>
            </xs:simpleContent>
        </xs:complexType>
    </xs:element>
    <xs:element name="借方原币金额">
        <xs:complexType>
            <xs:simpleContent>
                <xs:extension base="借方原币金额类型">
                    <xs:attribute ref="locID" use="optional" fixed="110202"/>
                </xs:extension>
            </xs:simpleContent>
        </xs:complexType>
    </xs:element>
    <xs:element name="借方本币金额">
        <xs:complexType>
            <xs:simpleContent>
                <xs:extension base="借方本币金额类型">
                    <xs:attribute ref="locID" use="optional" fixed="110203"/>
                </xs:extension>
            </xs:simpleContent>
        </xs:complexType>
    </xs:element>
    <xs:element name="贷方原币金额">
        <xs:complexType>
            <xs:simpleContent>
                <xs:extension base="贷方原币金额类型">
                    <xs:attribute ref="locID" use="optional" fixed="110204"/>
                </xs:extension>
            </xs:simpleContent>
        </xs:complexType>
    </xs:element>
    <xs:element name="贷方本币金额">
        <xs:complexType>
            <xs:simpleContent>
```

```
                <xs:extension base="贷方本币金额类型">
                    <xs:attribute ref="locID" use="optional" fixed="110205"/>
                </xs:extension>
            </xs:simpleContent>
        </xs:complexType>
    </xs:element>
    <xs:element name="附件数">
        <xs:complexType>
            <xs:simpleContent>
                <xs:extension base="附件数类型">
                    <xs:attribute ref="locID" use="optional" fixed="110305"/>
                </xs:extension>
            </xs:simpleContent>
        </xs:complexType>
    </xs:element>
    <xs:element name="制单人" minOccurs="0">
        <xs:complexType>
            <xs:simpleContent>
                <xs:extension base="制单人类型">
                    <xs:attribute ref="locID" use="optional" fixed="110306"/>
                </xs:extension>
            </xs:simpleContent>
        </xs:complexType>
    </xs:element>
    <xs:element name="审核人" minOccurs="0">
        <xs:complexType>
            <xs:simpleContent>
                <xs:extension base="审核人类型">
                    <xs:attribute ref="locID" use="optional" fixed="110307"/>
                </xs:extension>
            </xs:simpleContent>
        </xs:complexType>
    </xs:element>
    <xs:element name="记账人" minOccurs="0">
        <xs:complexType>
            <xs:simpleContent>
                <xs:extension base="记账人类型">
                    <xs:attribute ref="locID" use="optional" fixed="110308"/>
                </xs:extension>
            </xs:simpleContent>
        </xs:complexType>
    </xs:element>
    <xs:element name="记账标志">
```

```
            <xs:complexType>
                <xs:simpleContent>
                    <xs:extension base="记账标志类型">
                        <xs:attribute ref="locID" use="optional" fixed="110309"/>
                    </xs:extension>
                </xs:simpleContent>
            </xs:complexType>
        </xs:element>
        <xs:element name="作废标志">
            <xs:complexType>
                <xs:simpleContent>
                    <xs:extension base="作废标志类型">
                        <xs:attribute ref="locID" use="optional" fixed="110310"/>
                    </xs:extension>
                </xs:simpleContent>
            </xs:complexType>
        </xs:element>
        <xs:element name="会计期间号">
            <xs:complexType>
                <xs:simpleContent>
                    <xs:extension base="会计期间号类型">
                        <xs:attribute ref="locID" use="optional" fixed="010703"/>
                    </xs:extension>
                </xs:simpleContent>
            </xs:complexType>
        </xs:element>
        <xs:element name="会计年度">
            <xs:complexType>
                <xs:simpleContent>
                    <xs:extension base="会计年度类型">
                        <xs:attribute ref="locID" use="optional" fixed="010109"/>
                    </xs:extension>
                </xs:simpleContent>
            </xs:complexType>
        </xs:element>
    </xs:sequence>
    <xs:attribute ref="locID" use="optional" fixed="R1103"/>
  </xs:complexType>
</xs:element>
<xs:element name="报表档案">
  <xs:complexType>
    <xs:sequence>
        <xs:element ref="报表" maxOccurs="unbounded"/>
```

```
        </xs:sequence>
        <xs:attribute ref="locID" use="optional" fixed="T1104"/>
    </xs:complexType>
</xs:element>
<xs:element name="报表">
    <xs:complexType>
        <xs:sequence>
            <xs:element name="报表编号">
                <xs:complexType>
                    <xs:simpleContent>
                        <xs:extension base="报表编号类型">
                            <xs:attribute ref="locID" use="optional" fixed="110401"/>
                        </xs:extension>
                    </xs:simpleContent>
                </xs:complexType>
            </xs:element>
            <xs:element name="报表名称">
                <xs:complexType>
                    <xs:simpleContent>
                        <xs:extension base="报表名称类型">
                            <xs:attribute ref="locID" use="optional" fixed="110402"/>
                        </xs:extension>
                    </xs:simpleContent>
                </xs:complexType>
            </xs:element>
            <xs:element name="报表报告日">
                <xs:complexType>
                    <xs:simpleContent>
                        <xs:extension base="报表报告日类型">
                            <xs:attribute ref="locID" use="optional" fixed="110403"/>
                        </xs:extension>
                    </xs:simpleContent>
                </xs:complexType>
            </xs:element>
            <xs:element name="报表报告期">
                <xs:complexType>
                    <xs:simpleContent>
                        <xs:extension base="报表报告期类型">
                            <xs:attribute ref="locID" use="optional" fixed="110404"/>
                        </xs:extension>
                    </xs:simpleContent>
                </xs:complexType>
            </xs:element>
```

```
            〈xs:element name = "编制单位"〉
                〈xs:complexType〉
                    〈xs:simpleContent〉
                        〈xs:extension base = "编制单位类型"〉
                            〈xs:attribute ref = "locID" use = "optional" fixed = "110405"/〉
                        〈/xs:extension〉
                    〈/xs:simpleContent〉
                〈/xs:complexType〉
            〈/xs:element〉
            〈xs:element name = "货币单位"〉
                〈xs:complexType〉
                    〈xs:simpleContent〉
                        〈xs:extension base = "货币单位类型"〉
                            〈xs:attribute ref = "locID" use = "optional" fixed = "110406"/〉
                        〈/xs:extension〉
                    〈/xs:simpleContent〉
                〈/xs:complexType〉
            〈/xs:element〉
        〈/xs:sequence〉
        〈xs:attribute ref = "locID" use = "optional" fixed = "R1104"/〉
    〈/xs:complexType〉
〈/xs:element〉
〈xs:element name = "报表项数据档案"〉
    〈xs:complexType〉
        〈xs:sequence〉
            〈xs:element ref = "报表项数据" maxOccurs = "unbounded"/〉
        〈/xs:sequence〉
        〈xs:attribute ref = "locID" use = "optional" fixed = "T1105"/〉
    〈/xs:complexType〉
〈/xs:element〉
〈xs:element name = "报表项数据"〉
    〈xs:complexType〉
        〈xs:sequence〉
            〈xs:element name = "报表编号"〉
                〈xs:complexType〉
                    〈xs:simpleContent〉
                        〈xs:extension base = "报表编号类型"〉
                            〈xs:attribute ref = "locID" use = "optional" fixed = "110401"/〉
                        〈/xs:extension〉
                    〈/xs:simpleContent〉
                〈/xs:complexType〉
            〈/xs:element〉
            〈xs:element name = "报表项编号"〉
```

```
                    <xs:complexType>
                        <xs:simpleContent>
                            <xs:extension base="报表项编号类型">
                                <xs:attribute ref="locID" use="optional" fixed="110501"/>
                            </xs:extension>
                        </xs:simpleContent>
                    </xs:complexType>
                </xs:element>
                <xs:element name="报表项名称">
                    <xs:complexType>
                        <xs:simpleContent>
                            <xs:extension base="报表项名称类型">
                                <xs:attribute ref="locID" use="optional" fixed="110502"/>
                            </xs:extension>
                        </xs:simpleContent>
                    </xs:complexType>
                </xs:element>
                <xs:element name="报表项公式">
                    <xs:complexType>
                        <xs:simpleContent>
                            <xs:extension base="报表项公式类型">
                                <xs:attribute ref="locID" use="optional" fixed="110503"/>
                            </xs:extension>
                        </xs:simpleContent>
                    </xs:complexType>
                </xs:element>
                <xs:element name="报表项数值">
                    <xs:complexType>
                        <xs:simpleContent>
                            <xs:extension base="报表项数值类型">
                                <xs:attribute ref="locID" use="optional" fixed="110504"/>
                            </xs:extension>
                        </xs:simpleContent>
                    </xs:complexType>
                </xs:element>
            </xs:sequence>
            <xs:attribute ref="locID" use="optional" fixed="R1105"/>
        </xs:complexType>
    </xs:element>
</xs:schema>
```

附　录　B
（资料性附录）
银行会计核算软件数据接口的 XML 实例

B.1　公共基础档案类 XML 实例

```
〈?xml version="1.0" encoding="UTF-8"?〉
〈公共基础信息
xsi:schemaLocation="http://sxbw.audit.gov.cn/AccountingSoftwareDataInterfaceStandard/2010/Bank/XMLSchema 公共基础信息.xsd" xmlns:银行
="http://sxbw.audit.gov.cn/Accounting SoftwareDataInterfaceStandard/2010/Bank/XMLSchema"
xmlns="http://sxbw.audit.gov.cn/AccountingSoftwareDataInterfaceStandard/2010/Bank/XMLSchema"
xmlns:xsi="http://www.w3.org/2001/XMLSchema-instance"〉
    〈基本信息〉
        〈账务核算单位信息档案〉
            〈账务核算单位信息〉
                〈账务核算单位编号〉001〈/账务核算单位编号〉
                〈账务核算单位名称〉＊＊银行＊＊＊分行＊＊＊＊支行〈/账务核算单位名称〉
                〈组织机构代码〉0001〈/组织机构代码〉
                〈单位性质〉商业银行〈/单位性质〉
                〈行业〉金融业〈/行业〉
                〈开发单位〉＊＊软件有限公司〈/开发单位〉
                〈版本号〉10.1〈/版本号〉
                〈本位币〉人民币元〈/本位币〉
                〈会计年度〉2010〈/会计年度〉
                〈标准版本号〉GB/T 24589.4〈/标准版本号〉
            〈/账务核算单位信息〉
        〈/账务核算单位信息档案〉
        〈商业银行机构档案〉
            〈商业银行机构〉
                〈银行机构编号〉BKCHCNBJ001〈/银行机构编号〉
                〈银行机构名称〉＊＊银行＊＊＊分行＊＊＊＊支行〈/银行机构名称〉
                〈上级银行机构编号/〉
                〈支付系统行号〉104000101153〈/支付系统行号〉
                〈电子联行行号〉888967〈/电子联行行号〉
                〈级别〉支行〈/级别〉
            〈/商业银行机构〉
            〈商业银行机构〉
                〈银行机构编号〉BKCHCNBJ110〈/银行机构编号〉
                〈银行机构名称〉＊＊银行＊＊＊分行＊＊＊＊支行＊＊1营业网点〈/银行机构名称〉
                〈上级银行机构编号〉BKCHCNBJ001〈/上级银行机构编号〉
```

```
        〈支付系统行号〉104000101101〈/支付系统行号〉
        〈电子联行行号〉888999〈/电子联行行号〉
        〈级别〉网点〈/级别〉
      〈/商业银行机构〉
      〈商业银行机构〉
        〈银行机构编号〉BKCHCNBJ111〈/银行机构编号〉
        〈银行机构名称〉＊＊银行＊＊＊分行＊＊＊＊支行＊＊2营业网点〈/银行机构名称〉
        〈上级银行机构编号〉BKCHCNBJ001〈/上级银行机构编号〉
        〈支付系统行号〉888999232111〈/支付系统行号〉
        〈电子联行行号〉104000〈/电子联行行号〉
        〈级别〉网点〈/级别〉
      〈/商业银行机构〉
    〈/商业银行机构档案〉
    〈币种档案〉
      〈币种〉
        〈币种编码〉01〈/币种编码〉
        〈币种名称〉人民币元〈/币种名称〉
        〈币种英文名称〉RMB〈/币种英文名称〉
      〈/币种〉
      〈币种〉
        〈币种编码〉02〈/币种编码〉
        〈币种名称〉美元〈/币种名称〉
        〈币种英文名称〉USD〈/币种英文名称〉
      〈/币种〉
      〈币种〉
        〈币种编码〉03〈/币种编码〉
        〈币种名称〉欧元〈/币种名称〉
        〈币种英文名称〉EUR〈/币种英文名称〉
      〈/币种〉
    〈/币种档案〉
  〈/基本信息〉
  〈核心系统〉
    〈对公客户统一编号档案〉
      〈对公客户统一编号〉
        〈公司客户统一编号〉GSKH00010001〈/公司客户统一编号〉
        〈对公信贷业务系统客户编号〉DGXDYWKH100010001〈/对公信贷业务系统客户编号〉
        〈对公信贷核心系统客户编号〉DGXDHXKH200010001〈/对公信贷核心系统客户编号〉
        〈对公存款核心系统客户编号〉DGCKHXKH300010001〈/对公存款核心系统客户编号〉
        〈第三方客户编号〉DSFKH400010001〈/第三方客户编号〉
      〈/对公客户统一编号〉
      〈对公客户统一编号〉
        〈公司客户统一编号〉GSKH00010002〈/公司客户统一编号〉
        〈对公信贷业务系统客户编号〉DGXDYWKH100010002〈/对公信贷业务系统客户编号〉
```

```
        〈对公信贷核心系统客户编号〉DGXDHXKH200010002〈/对公信贷核心系统客户编号〉
        〈对公存款核心系统客户编号〉DGCKHXKH300010002〈/对公存款核心系统客户编号〉
        〈第三方客户编号〉DSFKH400010002〈/第三方客户编号〉
    〈/对公客户统一编号〉
〈/对公客户统一编号档案〉
〈个人客户统一编号档案〉
    〈个人客户统一编号〉
        〈个人客户统一编号〉GRKH00010001〈/个人客户统一编号〉
        〈个人信贷业务系统客户编号〉GRXDYWKH100010001〈/个人信贷业务系统客户编号〉
        〈个人信贷核心系统客户编号〉GRXDHXKH200010001〈/个人信贷核心系统客户编号〉
        〈个人存款核心系统客户编号〉GRCKHXKH300010001〈/个人存款核心系统客户编号〉
    〈/个人客户统一编号〉
    〈个人客户统一编号〉
        〈个人客户统一编号〉GRKH00010002〈/个人客户统一编号〉
        〈个人信贷业务系统客户编号〉GRXDYWKH100010002〈/个人信贷业务系统客户编号〉
        〈个人信贷核心系统客户编号〉GRXDHXKH200010002〈/个人信贷核心系统客户编号〉
        〈个人存款核心系统客户编号〉GRCKHXKH300010002〈/个人存款核心系统客户编号〉
    〈/个人客户统一编号〉
    〈个人客户统一编号〉
        〈个人客户统一编号〉GRKH00010003〈/个人客户统一编号〉
        〈个人信贷业务系统客户编号〉GRXDYWKH100010003〈/个人信贷业务系统客户编号〉
        〈个人信贷核心系统客户编号〉GRXDHXKH200010003〈/个人信贷核心系统客户编号〉
        〈个人存款核心系统客户编号〉GRCKHXKH300010003〈/个人存款核心系统客户编号〉
    〈/个人客户统一编号〉
〈/个人客户统一编号档案〉
〈柜员统一编号档案〉
    〈柜员统一编号〉
        〈柜员统一编号〉GY00010001〈/柜员统一编号〉
        〈对公信贷业务系统柜员编号〉DGXDYWGY100010001〈/对公信贷业务系统柜员编号〉
        〈对公信贷核心系统柜员编号〉DGXDHXGY200010001〈/对公信贷核心系统柜员编号〉
        〈对公存款核心系统柜员编号〉DGXDHXGY300010001〈/对公存款核心系统柜员编号〉
        〈个人信贷业务系统柜员编号〉GRXDYWGY400010001〈/个人信贷业务系统柜员编号〉
        〈个人信贷核心系统柜员编号〉GRXDHXGY500010001〈/个人信贷核心系统柜员编号〉
        〈个人存款核心系统柜员编号〉GRCKHXGY600010001〈/个人存款核心系统柜员编号〉
        〈银行机构编号〉BKCHCNBJ110〈/银行机构编号〉
    〈/柜员统一编号〉
〈/柜员统一编号档案〉
〈个人客户档案〉
    〈个人客户〉
        〈个人客户统一编号〉GRKH00010001〈/个人客户统一编号〉
        〈客户姓名〉王**〈/客户姓名〉
        〈客户英文姓名/〉
        〈证件类别〉身份证〈/证件类别〉
```

〈证件号码〉1101* * * * * * * * * * * * * *〈/证件号码〉
〈国籍〉中国〈/国籍〉
〈民族〉汉族〈/民族〉
〈性别〉男〈/性别〉
〈学历〉本科〈/学历〉
〈出生日期〉19750708〈/出生日期〉
〈工作单位名称〉* *省* *公司〈/工作单位名称〉
〈工作单位地址〉* *省* *市* *大街* * *号〈/工作单位地址〉
〈工作单位电话〉0531* * * * * * * *〈/工作单位电话〉
〈职业〉开发工程师〈/职业〉
〈家庭住址〉* *市* *区* *街* *号〈/家庭住址〉
〈通讯地址〉* *市* *区* *街* *号〈/通讯地址〉
〈家庭电话〉0531* * * * * * * *〈/家庭电话〉
〈移动电话〉139* * * * * * * *〈/移动电话〉
〈个人月收入〉20000〈/个人月收入〉
〈家庭月收入〉40000〈/家庭月收入〉
〈婚姻情况〉1〈/婚姻情况〉
〈配偶姓名〉李* *〈/配偶姓名〉
〈配偶证件类别〉身份证〈/配偶证件类别〉
〈配偶证件号〉1101* * * * * * * * * * * * * *〈/配偶证件号〉
〈配偶联系电话〉010* * * * * * * *〈/配偶联系电话〉
〈配偶移动电话〉138* * * * * * * *〈/配偶移动电话〉
〈配偶对应客户号/〉
〈本行员工标志〉0〈/本行员工标志〉
〈上黑名单标志〉0〈/上黑名单标志〉
〈上黑名单原因/〉
〈/个人客户〉
〈个人客户〉
〈个人客户统一编号〉GRKH00010002〈/个人客户统一编号〉
〈客户姓名〉高* *〈/客户姓名〉
〈客户英文姓名/〉
〈证件类别〉身份证〈/证件类别〉
〈证件号码〉1101* * * * * * * * * * * * * *〈/证件号码〉
〈国籍〉中国〈/国籍〉
〈民族〉汉族〈/民族〉
〈性别〉男〈/性别〉
〈学历〉本科〈/学历〉
〈出生日期〉19750708〈/出生日期〉
〈工作单位名称〉* *省* *公司〈/工作单位名称〉
〈工作单位地址〉* *省* *市* *大街* * *号〈/工作单位地址〉
〈工作单位电话〉0531* * * * * * * *〈/工作单位电话〉
〈职业〉研究员〈/职业〉
〈家庭住址〉* *市* *区* *街* *号〈/家庭住址〉

〈通讯地址〉＊＊市＊＊区＊＊街＊＊号〈/通讯地址〉
〈家庭电话〉0531＊＊＊＊＊＊＊＊〈/家庭电话〉
〈移动电话〉139＊＊＊＊＊＊＊＊〈/移动电话〉
〈个人月收入〉10000〈/个人月收入〉
〈家庭月收入〉10000〈/家庭月收入〉
〈婚姻情况〉0〈/婚姻情况〉
〈配偶姓名/〉
〈配偶证件类别/〉
〈配偶证件号/〉
〈配偶联系电话/〉
〈配偶移动电话/〉
〈配偶对应客户号/〉
〈本行员工标志〉0〈/本行员工标志〉
〈上黑名单标志〉0〈/上黑名单标志〉
〈上黑名单原因/〉
〈/个人客户〉
〈个人客户〉
〈个人客户统一编号〉GRKH00010003〈/个人客户统一编号〉
〈客户姓名〉李＊＊〈/客户姓名〉
〈客户英文姓名/〉
〈证件类别〉身份证〈/证件类别〉
〈证件号码〉1101＊＊＊＊＊＊＊＊＊＊＊＊＊＊〈/证件号码〉
〈国籍〉中国〈/国籍〉
〈民族〉汉族〈/民族〉
〈性别〉男〈/性别〉
〈学历〉本科〈/学历〉
〈出生日期〉19760908〈/出生日期〉
〈工作单位名称〉＊＊省＊＊公司〈/工作单位名称〉
〈工作单位地址〉＊＊省＊＊市＊＊大街＊＊＊号〈/工作单位地址〉
〈工作单位电话〉0531＊＊＊＊＊＊＊＊〈/工作单位电话〉
〈职业〉销售〈/职业〉
〈家庭住址〉＊＊市＊＊区＊＊街＊＊号〈/家庭住址〉
〈通讯地址〉＊＊市＊＊区＊＊街＊＊号〈/通讯地址〉
〈家庭电话〉0531＊＊＊＊＊＊＊＊〈/家庭电话〉
〈移动电话〉139＊＊＊＊＊＊＊＊〈/移动电话〉
〈个人月收入〉15000〈/个人月收入〉
〈家庭月收入〉15000〈/家庭月收入〉
〈婚姻情况〉0〈/婚姻情况〉
〈配偶姓名/〉
〈配偶证件类别/〉
〈配偶证件号/〉
〈配偶联系电话/〉
〈配偶移动电话/〉

```
        〈配偶对应客户号/〉
        〈本行员工标志〉0〈/本行员工标志〉
        〈上黑名单标志〉0〈/上黑名单标志〉
        〈上黑名单原因/〉
    〈/个人客户〉
〈/个人客户档案〉
〈个人客户关系档案〉
    〈个人客户关系〉
        〈个人客户统一编号〉GRKH00010001〈/个人客户统一编号〉
        〈社会关系〉弟弟〈/社会关系〉
        〈家庭成员姓名〉王 * *〈/家庭成员姓名〉
        〈证件类别〉身份证〈/证件类别〉
        〈证件号码〉1101 * * * * * * * * * * * * * *〈/证件号码〉
        〈工作单位名称〉* * 市 * * 大学〈/工作单位名称〉
        〈工作单位地址〉* * 省 * * 市 * * 路 * * 号〈/工作单位地址〉
        〈工作单位电话〉0531 * * * * * * * *〈/工作单位电话〉
        〈对应个人客户统一编号/〉
    〈/个人客户关系〉
    〈个人客户关系〉
        〈个人客户统一编号〉GRKH00010002〈/个人客户统一编号〉
        〈社会关系〉妹妹〈/社会关系〉
        〈家庭成员姓名〉王 * *〈/家庭成员姓名〉
        〈证件类别〉身份证〈/证件类别〉
        〈证件号码〉1101 * * * * * * * * * * * * * *〈/证件号码〉
        〈工作单位名称〉* * 市 * * 大学〈/工作单位名称〉
        〈工作单位地址〉* * 省 * * 市 * * 路 * * 号〈/工作单位地址〉
        〈工作单位电话〉0531 * * * * * * * *〈/工作单位电话〉
        〈对应个人客户统一编号/〉
    〈/个人客户关系〉
〈/个人客户关系档案〉
〈对公客户档案〉
    〈对公客户〉
        〈公司客户统一编号〉GSKH00010001〈/公司客户统一编号〉
        〈客户名称〉* * 省 * * 房产开发公司〈/客户名称〉
        〈客户英文名称/〉
        〈法人代表〉杨 * *〈/法人代表〉
        〈证件类别〉身份证〈/证件类别〉
        〈证件号码〉1101 * * * * * * * * * * * * * *〈/证件号码〉
        〈组织机构代码〉020320〈/组织机构代码〉
        〈基本存款账号〉111111111111111111111111〈/基本存款账号〉
        〈基本账户开户行〉* * 银行 * * * 分行 * * * * 支行〈/基本账户开户行〉
        〈注册资本〉400000000〈/注册资本〉
        〈注册资本币种〉人民币〈/注册资本币种〉
```

〈注册地址〉＊＊市＊＊区＊＊＊大街＊＊号〈/注册地址〉
〈办公电话〉0531＊＊＊＊＊＊＊＊〈/办公电话〉
〈营业执照号〉23＊＊＊＊＊＊＊＊＊＊＊＊＊＊〈/营业执照号〉
〈营业执照有效期〉20201231〈/营业执照有效期〉
〈经营范围〉房产开发〈/经营范围〉
〈成立日期〉19600331〈/成立日期〉
〈经济性质〉国有企业〈/经济性质〉
〈所属行业〉房地产开发经营〈/所属行业〉
〈客户类别〉2〈/客户类别〉
〈国家名称〉中国〈/国家名称〉
〈贷款证号〉23＊＊＊＊＊＊＊＊＊＊＊＊＊〈/贷款证号〉
〈国税证号〉15＊＊＊＊＊＊＊＊＊＊＊＊＊〈/国税证号〉
〈地税证号〉15＊＊＊＊＊＊＊＊＊＊＊＊＊〈/地税证号〉
〈母公司客户编号/〉
〈统一授信标志〉1〈/统一授信标志〉
〈授信额度〉100000000〈/授信额度〉
〈已用额度〉40000000〈/已用额度〉
〈上市公司标志〉1〈/上市公司标志〉
〈信用等级编号〉001〈/信用等级编号〉
〈/对公客户〉
〈对公客户〉
〈公司客户统一编号〉GSKH00010002〈/公司客户统一编号〉
〈客户名称〉＊＊省＊＊汽车经销公司〈/客户名称〉
〈客户英文名称/〉
〈法人代表〉周＊＊〈/法人代表〉
〈证件类别〉身份证〈/证件类别〉
〈证件号码〉110＊＊＊＊＊＊＊＊＊＊＊＊＊＊〈/证件号码〉
〈组织机构代码〉023929〈/组织机构代码〉
〈基本存款账号〉22222222222222222222222〈/基本存款账号〉
〈基本账户开户行〉＊＊银行＊＊＊分行＊＊＊＊支行〈/基本账户开户行〉
〈注册资本〉231400000〈/注册资本〉
〈注册资本币种〉人民币〈/注册资本币种〉
〈注册地址〉＊＊市＊＊区＊＊＊大街＊＊号〈/注册地址〉
〈办公电话〉0531＊＊＊＊＊＊＊＊〈/办公电话〉
〈营业执照号〉11＊＊＊＊＊＊＊＊＊＊＊＊＊〈/营业执照号〉
〈营业执照有效期〉20200531〈/营业执照有效期〉
〈经营范围〉汽车销售〈/经营范围〉
〈成立日期〉19850601〈/成立日期〉
〈经济性质〉国有企业〈/经济性质〉
〈所属行业〉汽车零售〈/所属行业〉
〈客户类别〉2〈/客户类别〉
〈国家名称〉中国〈/国家名称〉
〈贷款证号〉23＊＊＊＊＊＊＊＊＊＊＊＊＊〈/贷款证号〉

```
        〈国税证号〉15*************〈/国税证号〉
        〈地税证号〉15*************〈/地税证号〉
        〈母公司客户编号/〉
        〈统一授信标志〉1〈/统一授信标志〉
        〈授信额度〉50000000〈/授信额度〉
        〈已用额度〉20000000〈/已用额度〉
        〈上市公司标志〉1〈/上市公司标志〉
        〈信用等级编号〉001〈/信用等级编号〉
    〈/对公客户〉
〈/对公客户档案〉
〈对公信贷借据统一编号档案〉
    〈对公信贷借据统一编号〉
        〈对公信贷借据统一编号〉DGXDJJ00010001〈/对公信贷借据统一编号〉
        〈对公信贷业务系统借据编号〉DGXDYWJJ00010001〈/对公信贷业务系统借据编号〉
        〈对公信贷核心系统借据编号〉DGXDHXJJ00010001〈/对公信贷核心系统借据编号〉
    〈/对公信贷借据统一编号〉
    〈对公信贷借据统一编号〉
        〈对公信贷借据统一编号〉DGXDJJ00010002〈/对公信贷借据统一编号〉
        〈对公信贷业务系统借据编号〉DGXDYWJJ00010002〈/对公信贷业务系统借据编号〉
        〈对公信贷核心系统借据编号〉DGXDHXJJ00010002〈/对公信贷核心系统借据编号〉
    〈/对公信贷借据统一编号〉
〈/对公信贷借据统一编号档案〉
〈个人信贷借据统一编号档案〉
    〈个人信贷借据统一编号〉
        〈个人信贷借据统一编号〉GRXDJJ00010001〈/个人信贷借据统一编号〉
        〈个人信贷业务系统借据编号〉GRXDYWJJ00010001〈/个人信贷业务系统借据编号〉
        〈个人信贷核心系统借据编号〉GRXDHXJJ00010001〈/个人信贷核心系统借据编号〉
    〈/个人信贷借据统一编号〉
    〈个人信贷借据统一编号〉
        〈个人信贷借据统一编号〉GRXDJJ00010002〈/个人信贷借据统一编号〉
        〈个人信贷业务系统借据编号〉GRXDYWJJ00010002〈/个人信贷业务系统借据编号〉
        〈个人信贷核心系统借据编号〉GRXDHXJJ00010002〈/个人信贷核心系统借据编号〉
    〈/个人信贷借据统一编号〉
〈/个人信贷借据统一编号档案〉
〈还款方式档案〉
    〈还款方式〉
        〈还款方式代码〉01〈/还款方式代码〉
        〈还款方式名称〉等额本息还款〈/还款方式名称〉
    〈/还款方式〉
    〈还款方式〉
        〈还款方式代码〉02〈/还款方式代码〉
        〈还款方式名称〉等额本金还款〈/还款方式名称〉
    〈/还款方式〉
```

〈/还款方式档案〉
〈交易类型档案〉
〈交易类型〉
〈交易代码〉GRXD1001〈/交易代码〉
〈交易名称〉个人贷款放款〈/交易名称〉
〈交易描述/〉
〈交易系统〉个人信贷〈/交易系统〉
〈/交易类型〉
〈交易类型〉
〈交易代码〉GRXD1002〈/交易代码〉
〈交易名称〉个人贷款扣收本金〈/交易名称〉
〈交易描述/〉
〈交易系统〉个人信贷〈/交易系统〉
〈/交易类型〉
〈交易类型〉
〈交易代码〉GRXD1003〈/交易代码〉
〈交易名称〉个人贷款扣收利息〈/交易名称〉
〈交易描述/〉
〈交易系统〉个人信贷〈/交易系统〉
〈/交易类型〉
〈交易类型〉
〈交易代码〉DGXD1004〈/交易代码〉
〈交易名称〉对公贷款扣收本金〈/交易名称〉
〈交易描述/〉
〈交易系统〉对公信贷〈/交易系统〉
〈/交易类型〉
〈交易类型〉
〈交易代码〉DGXD1005〈/交易代码〉
〈交易名称〉对公贷款扣收利息〈/交易名称〉
〈交易描述/〉
〈交易系统〉对公信贷〈/交易系统〉
〈/交易类型〉
〈交易类型〉
〈交易代码〉HX1001〈/交易代码〉
〈交易名称〉个人贷款放款〈/交易名称〉
〈交易描述/〉
〈交易系统〉核心系统〈/交易系统〉
〈/交易类型〉
〈交易类型〉
〈交易代码〉HX1002〈/交易代码〉
〈交易名称〉个人贷款扣收本金〈/交易名称〉
〈交易描述/〉
〈交易系统〉核心系统〈/交易系统〉

〈/交易类型〉
〈交易类型〉
〈交易代码〉HX1003〈/交易代码〉
〈交易名称〉个人贷款扣收利息〈/交易名称〉
〈交易描述/〉
〈交易系统〉核心系统〈/交易系统〉
〈/交易类型〉
〈交易类型〉
〈交易代码〉HX1004〈/交易代码〉
〈交易名称〉个人活期存款账户现金存入〈/交易名称〉
〈交易描述/〉
〈交易系统〉核心系统〈/交易系统〉
〈/交易类型〉
〈交易类型〉
〈交易代码〉HX1005〈/交易代码〉
〈交易名称〉个人活期存款账户转账支出〈/交易名称〉
〈交易描述/〉
〈交易系统〉核心系统〈/交易系统〉
〈/交易类型〉
〈交易类型〉
〈交易代码〉HX1006〈/交易代码〉
〈交易名称〉个人定期存款账户现金存入〈/交易名称〉
〈交易描述/〉
〈交易系统〉核心系统〈/交易系统〉
〈/交易类型〉
〈交易类型〉
〈交易代码〉HX1007〈/交易代码〉
〈交易名称〉对公贷款扣收本金〈/交易名称〉
〈交易描述/〉
〈交易系统〉核心系统〈/交易系统〉
〈/交易类型〉
〈交易类型〉
〈交易代码〉HX1008〈/交易代码〉
〈交易名称〉对公贷款扣收利息〈/交易名称〉
〈交易描述/〉
〈交易系统〉核心系统〈/交易系统〉
〈/交易类型〉
〈交易类型〉
〈交易代码〉HX1009〈/交易代码〉
〈交易名称〉对公活期存款账户现金存入〈/交易名称〉
〈交易描述/〉
〈交易系统〉核心系统〈/交易系统〉
〈/交易类型〉

```
    〈交易类型〉
        〈交易代码〉HX1010〈/交易代码〉
        〈交易名称〉对公活期存款账户转账存入〈/交易名称〉
        〈交易描述/〉
        〈交易系统〉核心系统〈/交易系统〉
    〈/交易类型〉
    〈交易类型〉
        〈交易代码〉HX1011〈/交易代码〉
        〈交易名称〉对公活期存款账户转账支出〈/交易名称〉
        〈交易描述/〉
        〈交易系统〉核心系统〈/交易系统〉
    〈/交易类型〉
    〈交易类型〉
        〈交易代码〉HX1012〈/交易代码〉
        〈交易名称〉对公定期存款账户现金存入〈/交易名称〉
        〈交易描述/〉
        〈交易系统〉核心系统〈/交易系统〉
    〈/交易类型〉
    〈交易类型〉
        〈交易代码〉HX1013〈/交易代码〉
        〈交易名称〉领取空白凭证〈/交易名称〉
        〈交易描述/〉
        〈交易系统〉核心系统〈/交易系统〉
    〈/交易类型〉
    〈交易类型〉
        〈交易代码〉HX1014〈/交易代码〉
        〈交易名称〉未收公司贷款利息转入表外〈/交易名称〉
        〈交易描述/〉
        〈交易系统〉核心系统〈/交易系统〉
    〈/交易类型〉
    〈交易类型〉
        〈交易代码〉HX1015〈/交易代码〉
        〈交易名称〉员工报销差旅费〈/交易名称〉
        〈交易描述/〉
        〈交易系统〉核心系统〈/交易系统〉
    〈/交易类型〉
    〈交易类型〉
        〈交易代码〉HX1016〈/交易代码〉
        〈交易名称〉支付员工差旅费〈/交易名称〉
        〈交易描述/〉
        〈交易系统〉核心系统〈/交易系统〉
    〈/交易类型〉
〈/交易类型档案〉
```

```
〈信用等级档案〉
    〈信用等级〉
        〈信用等级编号〉001〈/信用等级编号〉
        〈信用等级名称〉AAA 级〈/信用等级名称〉
        〈信用等级描述/〉
    〈/信用等级〉
    〈信用等级〉
        〈信用等级编号〉002〈/信用等级编号〉
        〈信用等级名称〉AA 级〈/信用等级名称〉
        〈信用等级描述/〉
    〈/信用等级〉
〈/信用等级档案〉
〈汇率档案〉
    〈汇率〉
        〈汇率编号〉01〈/汇率编号〉
        〈币种编码〉02〈/币种编码〉
        〈第二币种编码〉01〈/第二币种编码〉
        〈汇率种类〉买入汇率〈/汇率种类〉
        〈标价方法〉直接标价〈/标价方法〉
    〈/汇率〉
    〈汇率〉
        〈汇率编号〉02〈/汇率编号〉
        〈币种编码〉02〈/币种编码〉
        〈第二币种编码〉01〈/第二币种编码〉
        〈汇率种类〉卖出汇率〈/汇率种类〉
        〈标价方法〉直接标价〈/标价方法〉
    〈/汇率〉
〈/汇率档案〉
〈利率档案〉
    〈利率〉
        〈币种编码〉01〈/币种编码〉
        〈利率代码〉001〈/利率代码〉
        〈利率名称〉短期贷款-六个月以内(含)〈/利率名称〉
        〈利率种类〉贷款利率〈/利率种类〉
        〈利率状态〉1〈/利率状态〉
        〈利率启用日期〉20010101〈/利率启用日期〉
    〈/利率〉
    〈利率〉
        〈币种编码〉01〈/币种编码〉
        〈利率代码〉002〈/利率代码〉
        〈利率名称〉短期贷款-六个月至一年(含)〈/利率名称〉
        〈利率种类〉贷款利率〈/利率种类〉
        〈利率状态〉1〈/利率状态〉
```

〈利率启用日期〉20010101〈/利率启用日期〉
〈/利率〉
〈利率〉
〈币种编码〉01〈/币种编码〉
〈利率代码〉003〈/利率代码〉
〈利率名称〉中长期贷款-一至三年(含)〈/利率名称〉
〈利率种类〉贷款利率〈/利率种类〉
〈利率状态〉1〈/利率状态〉
〈利率启用日期〉20010101〈/利率启用日期〉
〈/利率〉
〈利率〉
〈币种编码〉01〈/币种编码〉
〈利率代码〉004〈/利率代码〉
〈利率名称〉中长期贷款-三至五年(含)〈/利率名称〉
〈利率种类〉贷款利率〈/利率种类〉
〈利率状态〉1〈/利率状态〉
〈利率启用日期〉20010101〈/利率启用日期〉
〈/利率〉
〈利率〉
〈币种编码〉01〈/币种编码〉
〈利率代码〉005〈/利率代码〉
〈利率名称〉中长期贷款-三至五年(含)-汽车贷款〈/利率名称〉
〈利率种类〉贷款利率〈/利率种类〉
〈利率状态〉1〈/利率状态〉
〈利率启用日期〉20010101〈/利率启用日期〉
〈/利率〉
〈利率〉
〈币种编码〉01〈/币种编码〉
〈利率代码〉006〈/利率代码〉
〈利率名称〉中长期贷款-五年以上〈/利率名称〉
〈利率种类〉贷款利率〈/利率种类〉
〈利率状态〉1〈/利率状态〉
〈利率启用日期〉20010101〈/利率启用日期〉
〈/利率〉
〈利率〉
〈币种编码〉01〈/币种编码〉
〈利率代码〉007〈/利率代码〉
〈利率名称〉中长期贷款-五年以上-首套房〈/利率名称〉
〈利率种类〉贷款利率〈/利率种类〉
〈利率状态〉1〈/利率状态〉
〈利率启用日期〉20010101〈/利率启用日期〉
〈/利率〉
〈利率〉

〈币种编码〉01〈/币种编码〉
〈利率代码〉008〈/利率代码〉
〈利率名称〉中长期贷款-五年以上-二手房〈/利率名称〉
〈利率种类〉贷款利率〈/利率种类〉
〈利率状态〉1〈/利率状态〉
〈利率启用日期〉20010101〈/利率启用日期〉
〈/利率〉
〈利率〉
〈币种编码〉01〈/币种编码〉
〈利率代码〉009〈/利率代码〉
〈利率名称〉活期存款〈/利率名称〉
〈利率种类〉存款利率〈/利率种类〉
〈利率状态〉1〈/利率状态〉
〈利率启用日期〉20010101〈/利率启用日期〉
〈/利率〉
〈利率〉
〈币种编码〉01〈/币种编码〉
〈利率代码〉010〈/利率代码〉
〈利率名称〉定期存款-整存整取(三个月)〈/利率名称〉
〈利率种类〉存款利率〈/利率种类〉
〈利率状态〉1〈/利率状态〉
〈利率启用日期〉20010101〈/利率启用日期〉
〈/利率〉
〈利率〉
〈币种编码〉01〈/币种编码〉
〈利率代码〉011〈/利率代码〉
〈利率名称〉定期存款-整存整取(半年)〈/利率名称〉
〈利率种类〉存款利率〈/利率种类〉
〈利率状态〉1〈/利率状态〉
〈利率启用日期〉20010101〈/利率启用日期〉
〈/利率〉
〈利率〉
〈币种编码〉01〈/币种编码〉
〈利率代码〉012〈/利率代码〉
〈利率名称〉定期存款-整存整取(一年)〈/利率名称〉
〈利率种类〉存款利率〈/利率种类〉
〈利率状态〉1〈/利率状态〉
〈利率启用日期〉20010101〈/利率启用日期〉
〈/利率〉
〈/利率档案〉
〈/核心系统〉
〈财务系统〉
〈会计期间档案〉

```
  〈会计期间〉
      〈会计年度〉2010〈/会计年度〉
      〈会计期间起始日期〉20100101〈/会计期间起始日期〉
      〈会计期间结束日期〉20100131〈/会计期间结束日期〉
      〈会计期间号〉01〈/会计期间号〉
  〈/会计期间〉
  〈会计期间〉
      〈会计年度〉2010〈/会计年度〉
      〈会计期间起始日期〉20100201〈/会计期间起始日期〉
      〈会计期间结束日期〉20100228〈/会计期间结束日期〉
      〈会计期间号〉02〈/会计期间号〉
  〈/会计期间〉
  〈会计期间〉
      〈会计年度〉2010〈/会计年度〉
      〈会计期间起始日期〉20100301〈/会计期间起始日期〉
      〈会计期间结束日期〉20100331〈/会计期间结束日期〉
      〈会计期间号〉03〈/会计期间号〉
  〈/会计期间〉
  〈会计期间〉
      〈会计年度〉2010〈/会计年度〉
      〈会计期间起始日期〉20100401〈/会计期间起始日期〉
      〈会计期间结束日期〉20100430〈/会计期间结束日期〉
      〈会计期间号〉04〈/会计期间号〉
  〈/会计期间〉
  〈会计期间〉
      〈会计年度〉2010〈/会计年度〉
      〈会计期间起始日期〉20100501〈/会计期间起始日期〉
      〈会计期间结束日期〉20100531〈/会计期间结束日期〉
      〈会计期间号〉05〈/会计期间号〉
  〈/会计期间〉
  〈会计期间〉
      〈会计年度〉2010〈/会计年度〉
      〈会计期间起始日期〉20100601〈/会计期间起始日期〉
      〈会计期间结束日期〉20100630〈/会计期间结束日期〉
      〈会计期间号〉06〈/会计期间号〉
  〈/会计期间〉
  〈会计期间〉
      〈会计年度〉2010〈/会计年度〉
      〈会计期间起始日期〉20100701〈/会计期间起始日期〉
      〈会计期间结束日期〉20100731〈/会计期间结束日期〉
      〈会计期间号〉07〈/会计期间号〉
  〈/会计期间〉
〈/会计期间档案〉
```

〈会计科目编号规则档案〉
〈会计科目编号规则〉4-2-2〈/会计科目编号规则〉
〈/会计科目编号规则档案〉
〈表内会计科目档案〉
〈表内会计科目〉
〈科目编号〉1001〈/科目编号〉
〈科目名称〉库存现金〈/科目名称〉
〈科目级次〉1〈/科目级次〉
〈科目类型〉资产〈/科目类型〉
〈余额方向〉借〈/余额方向〉
〈科目启用日期〉20070101〈/科目启用日期〉
〈/表内会计科目〉
〈表内会计科目〉
〈科目编号〉1002〈/科目编号〉
〈科目名称〉银行存款〈/科目名称〉
〈科目级次〉1〈/科目级次〉
〈科目类型〉资产〈/科目类型〉
〈余额方向〉借〈/余额方向〉
〈科目启用日期〉20070101〈/科目启用日期〉
〈/表内会计科目〉
〈表内会计科目〉
〈科目编号〉1132〈/科目编号〉
〈科目名称〉应收利息〈/科目名称〉
〈科目级次〉1〈/科目级次〉
〈科目类型〉资产〈/科目类型〉
〈余额方向〉借〈/余额方向〉
〈科目启用日期〉20070101〈/科目启用日期〉
〈/表内会计科目〉
〈表内会计科目〉
〈科目编号〉113201〈/科目编号〉
〈科目名称〉贷款应收利息〈/科目名称〉
〈科目级次〉2〈/科目级次〉
〈科目类型〉资产〈/科目类型〉
〈余额方向〉借〈/余额方向〉
〈科目启用日期〉20070101〈/科目启用日期〉
〈/表内会计科目〉
〈表内会计科目〉
〈科目编号〉11320101〈/科目编号〉
〈科目名称〉个人贷款应收利息〈/科目名称〉
〈科目级次〉3〈/科目级次〉
〈科目类型〉资产〈/科目类型〉
〈余额方向〉借〈/余额方向〉
〈科目启用日期〉20070101〈/科目启用日期〉

```
〈/表内会计科目〉
〈表内会计科目〉
    〈科目编号〉11320102〈/科目编号〉
    〈科目名称〉对公贷款应收利息〈/科目名称〉
    〈科目级次〉3〈/科目级次〉
    〈科目类型〉资产〈/科目类型〉
    〈余额方向〉借〈/余额方向〉
    〈科目启用日期〉20070101〈/科目启用日期〉
〈/表内会计科目〉
〈表内会计科目〉
    〈科目编号〉1303〈/科目编号〉
    〈科目名称〉贷款〈/科目名称〉
    〈科目级次〉1〈/科目级次〉
    〈科目类型〉资产〈/科目类型〉
    〈余额方向〉借〈/余额方向〉
    〈科目启用日期〉20070101〈/科目启用日期〉
〈/表内会计科目〉
〈表内会计科目〉
    〈科目编号〉130304〈/科目编号〉
    〈科目名称〉个人短期贷款〈/科目名称〉
    〈科目级次〉2〈/科目级次〉
    〈科目类型〉资产〈/科目类型〉
    〈余额方向〉借〈/余额方向〉
    〈科目启用日期〉20070101〈/科目启用日期〉
〈/表内会计科目〉
〈表内会计科目〉
    〈科目编号〉13030401〈/科目编号〉
    〈科目名称〉个人短期消费贷款〈/科目名称〉
    〈科目级次〉3〈/科目级次〉
    〈科目类型〉资产〈/科目类型〉
    〈余额方向〉借〈/余额方向〉
    〈科目启用日期〉20070101〈/科目启用日期〉
〈/表内会计科目〉
〈表内会计科目〉
    〈科目编号〉130404〈/科目编号〉
    〈科目名称〉个人中长期贷款〈/科目名称〉
    〈科目级次〉2〈/科目级次〉
    〈科目类型〉资产〈/科目类型〉
    〈余额方向〉借〈/余额方向〉
    〈科目启用日期〉20070101〈/科目启用日期〉
〈/表内会计科目〉
〈表内会计科目〉
    〈科目编号〉13030401〈/科目编号〉
```

〈科目名称〉个人中长期住房贷款〈/科目名称〉
〈科目级次〉3〈/科目级次〉
〈科目类型〉资产〈/科目类型〉
〈余额方向〉借〈/余额方向〉
〈科目启用日期〉20070101〈/科目启用日期〉
〈/表内会计科目〉
〈表内会计科目〉
〈科目编号〉13030402〈/科目编号〉
〈科目名称〉个人中长期汽车贷款〈/科目名称〉
〈科目级次〉3〈/科目级次〉
〈科目类型〉资产〈/科目类型〉
〈余额方向〉借〈/余额方向〉
〈科目启用日期〉20070101〈/科目启用日期〉
〈/表内会计科目〉
〈表内会计科目〉
〈科目编号〉13030403〈/科目编号〉
〈科目名称〉个人中长期经营贷款〈/科目名称〉
〈科目级次〉3〈/科目级次〉
〈科目类型〉资产〈/科目类型〉
〈余额方向〉借〈/余额方向〉
〈科目启用日期〉20070101〈/科目启用日期〉
〈/表内会计科目〉
〈表内会计科目〉
〈科目编号〉13030404〈/科目编号〉
〈科目名称〉个人中长期其他贷款〈/科目名称〉
〈科目级次〉3〈/科目级次〉
〈科目类型〉资产〈/科目类型〉
〈余额方向〉借〈/余额方向〉
〈科目启用日期〉20070101〈/科目启用日期〉
〈/表内会计科目〉
〈表内会计科目〉
〈科目编号〉130305〈/科目编号〉
〈科目名称〉公司短期贷款〈/科目名称〉
〈科目级次〉2〈/科目级次〉
〈科目类型〉资产〈/科目类型〉
〈余额方向〉借〈/余额方向〉
〈科目启用日期〉20070101〈/科目启用日期〉
〈/表内会计科目〉
〈表内会计科目〉
〈科目编号〉13030501〈/科目编号〉
〈科目名称〉公司短期流动资金贷款〈/科目名称〉
〈科目级次〉3〈/科目级次〉
〈科目类型〉资产〈/科目类型〉

```
    〈余额方向〉借〈/余额方向〉
    〈科目启用日期〉20070101〈/科目启用日期〉
〈/表内会计科目〉
〈表内会计科目〉
    〈科目编号〉130306〈/科目编号〉
    〈科目名称〉公司中长期贷款〈/科目名称〉
    〈科目级次〉2〈/科目级次〉
    〈科目类型〉资产〈/科目类型〉
    〈余额方向〉借〈/余额方向〉
    〈科目启用日期〉20070101〈/科目启用日期〉
〈/表内会计科目〉
〈表内会计科目〉
    〈科目编号〉13030601〈/科目编号〉
    〈科目名称〉公司中长期流动资金贷款〈/科目名称〉
    〈科目级次〉3〈/科目级次〉
    〈科目类型〉资产〈/科目类型〉
    〈余额方向〉借〈/余额方向〉
    〈科目启用日期〉20070101〈/科目启用日期〉
〈/表内会计科目〉
〈表内会计科目〉
    〈科目编号〉13030602〈/科目编号〉
    〈科目名称〉公司中长期固定资产贷款〈/科目名称〉
    〈科目级次〉3〈/科目级次〉
    〈科目类型〉资产〈/科目类型〉
    〈余额方向〉借〈/余额方向〉
    〈科目启用日期〉20070101〈/科目启用日期〉
〈/表内会计科目〉
〈表内会计科目〉
    〈科目编号〉1601〈/科目编号〉
    〈科目名称〉固定资产〈/科目名称〉
    〈科目级次〉1〈/科目级次〉
    〈科目类型〉资产〈/科目类型〉
    〈余额方向〉借〈/余额方向〉
    〈科目启用日期〉20070101〈/科目启用日期〉
〈/表内会计科目〉
〈表内会计科目〉
    〈科目编号〉160101〈/科目编号〉
    〈科目名称〉固定资产-房屋及建筑物〈/科目名称〉
    〈科目级次〉2〈/科目级次〉
    〈科目类型〉资产〈/科目类型〉
    〈余额方向〉借〈/余额方向〉
    〈科目启用日期〉20070101〈/科目启用日期〉
〈/表内会计科目〉
```

〈表内会计科目〉
〈科目编号〉1602〈/科目编号〉
〈科目名称〉累计折旧〈/科目名称〉
〈科目级次〉1〈/科目级次〉
〈科目类型〉资产〈/科目类型〉
〈余额方向〉借〈/余额方向〉
〈科目启用日期〉20070101〈/科目启用日期〉
〈/表内会计科目〉
〈表内会计科目〉
〈科目编号〉160201〈/科目编号〉
〈科目名称〉累计折旧-房屋及建筑物〈/科目名称〉
〈科目级次〉2〈/科目级次〉
〈科目类型〉资产〈/科目类型〉
〈余额方向〉借〈/余额方向〉
〈科目启用日期〉20070101〈/科目启用日期〉
〈/表内会计科目〉
〈表内会计科目〉
〈科目编号〉1603〈/科目编号〉
〈科目名称〉固定资产减值准备〈/科目名称〉
〈科目级次〉1〈/科目级次〉
〈科目类型〉资产〈/科目类型〉
〈余额方向〉借〈/余额方向〉
〈科目启用日期〉20070101〈/科目启用日期〉
〈/表内会计科目〉
〈表内会计科目〉
〈科目编号〉160301〈/科目编号〉
〈科目名称〉固定资产减值准备-房屋及建筑物〈/科目名称〉
〈科目级次〉2〈/科目级次〉
〈科目类型〉资产〈/科目类型〉
〈余额方向〉借〈/余额方向〉
〈科目启用日期〉20070101〈/科目启用日期〉
〈/表内会计科目〉
〈表内会计科目〉
〈科目编号〉2011〈/科目编号〉
〈科目名称〉吸收存款〈/科目名称〉
〈科目级次〉1〈/科目级次〉
〈科目类型〉负债〈/科目类型〉
〈余额方向〉贷〈/余额方向〉
〈科目启用日期〉20070101〈/科目启用日期〉
〈/表内会计科目〉
〈表内会计科目〉
〈科目编号〉201101〈/科目编号〉
〈科目名称〉吸收个人存款〈/科目名称〉

〈科目级次〉2〈/科目级次〉
〈科目类型〉负债〈/科目类型〉
〈余额方向〉贷〈/余额方向〉
〈科目启用日期〉20070101〈/科目启用日期〉
〈/表内会计科目〉
〈表内会计科目〉
〈科目编号〉20110101〈/科目编号〉
〈科目名称〉吸收个人活期存款〈/科目名称〉
〈科目级次〉3〈/科目级次〉
〈科目类型〉负债〈/科目类型〉
〈余额方向〉贷〈/余额方向〉
〈科目启用日期〉20070101〈/科目启用日期〉
〈/表内会计科目〉
〈表内会计科目〉
〈科目编号〉20110102〈/科目编号〉
〈科目名称〉吸收个人定期存款〈/科目名称〉
〈科目级次〉3〈/科目级次〉
〈科目类型〉负债〈/科目类型〉
〈余额方向〉贷〈/余额方向〉
〈科目启用日期〉20070101〈/科目启用日期〉
〈/表内会计科目〉
〈表内会计科目〉
〈科目编号〉201102〈/科目编号〉
〈科目名称〉吸收单位存款〈/科目名称〉
〈科目级次〉2〈/科目级次〉
〈科目类型〉负债〈/科目类型〉
〈余额方向〉贷〈/余额方向〉
〈科目启用日期〉20070101〈/科目启用日期〉
〈/表内会计科目〉
〈表内会计科目〉
〈科目编号〉20110201〈/科目编号〉
〈科目名称〉吸收单位活期存款〈/科目名称〉
〈科目级次〉3〈/科目级次〉
〈科目类型〉负债〈/科目类型〉
〈余额方向〉贷〈/余额方向〉
〈科目启用日期〉20070101〈/科目启用日期〉
〈/表内会计科目〉
〈表内会计科目〉
〈科目编号〉20110202〈/科目编号〉
〈科目名称〉吸收单位定期存款〈/科目名称〉
〈科目级次〉3〈/科目级次〉
〈科目类型〉负债〈/科目类型〉
〈余额方向〉贷〈/余额方向〉

```
        〈科目启用日期〉20070101〈/科目启用日期〉
    〈/表内会计科目〉
    〈表内会计科目〉
        〈科目编号〉2241〈/科目编号〉
        〈科目名称〉其他应付款〈/科目名称〉
        〈科目级次〉1〈/科目级次〉
        〈科目类型〉负债〈/科目类型〉
        〈余额方向〉贷〈/余额方向〉
        〈科目启用日期〉20070101〈/科目启用日期〉
    〈/表内会计科目〉
    〈表内会计科目〉
        〈科目编号〉6602〈/科目编号〉
        〈科目名称〉业务及管理费〈/科目名称〉
        〈科目级次〉1〈/科目级次〉
        〈科目类型〉损益〈/科目类型〉
        〈余额方向〉贷〈/余额方向〉
        〈科目启用日期〉20070101〈/科目启用日期〉
    〈/表内会计科目〉
    〈表内会计科目〉
        〈科目编号〉660201〈/科目编号〉
        〈科目名称〉管理费用〈/科目名称〉
        〈科目级次〉2〈/科目级次〉
        〈科目类型〉损益〈/科目类型〉
        〈余额方向〉贷〈/余额方向〉
        〈科目启用日期〉20070101〈/科目启用日期〉
    〈/表内会计科目〉
    〈表内会计科目〉
        〈科目编号〉66020101〈/科目编号〉
        〈科目名称〉差旅费〈/科目名称〉
        〈科目级次〉3〈/科目级次〉
        〈科目类型〉损益〈/科目类型〉
        〈余额方向〉贷〈/余额方向〉
        〈科目启用日期〉20070101〈/科目启用日期〉
    〈/表内会计科目〉
〈/表内会计科目档案〉
〈表外会计科目档案〉
    〈表外会计科目〉
        〈科目编号〉8201〈/科目编号〉
        〈科目名称〉重要空白凭证〈/科目名称〉
        〈科目级次〉1〈/科目级次〉
        〈科目类型〉备查登记〈/科目类型〉
        〈表外科目计量单位〉张〈/表外科目计量单位〉
        〈余额方向〉贷〈/余额方向〉
```

```
    〈科目启用日期〉20070101〈/科目启用日期〉
〈/表外会计科目〉
〈表外会计科目〉
    〈科目编号〉820101〈/科目编号〉
    〈科目名称〉重要空白凭证-汇票〈/科目名称〉
    〈科目级次〉2〈/科目级次〉
    〈科目类型〉备查登记〈/科目类型〉
    〈表外科目计量单位〉张〈/表外科目计量单位〉
    〈余额方向〉贷〈/余额方向〉
    〈科目启用日期〉20070101〈/科目启用日期〉
〈/表外会计科目〉
〈表外会计科目〉
    〈科目编号〉82010101〈/科目编号〉
    〈科目名称〉重要空白凭证-汇票-银行承兑汇票〈/科目名称〉
    〈科目级次〉3〈/科目级次〉
    〈科目类型〉备查登记〈/科目类型〉
    〈表外科目计量单位〉张〈/表外科目计量单位〉
    〈余额方向〉贷〈/余额方向〉
    〈科目启用日期〉20070101〈/科目启用日期〉
〈/表外会计科目〉
〈表外会计科目〉
    〈科目编号〉8305〈/科目编号〉
    〈科目名称〉未收利息〈/科目名称〉
    〈科目级次〉1〈/科目级次〉
    〈科目类型〉备查登记〈/科目类型〉
    〈表外科目计量单位/〉
    〈余额方向〉贷〈/余额方向〉
    〈科目启用日期〉20070101〈/科目启用日期〉
〈/表外会计科目〉
〈表外会计科目〉
    〈科目编号〉830501〈/科目编号〉
    〈科目名称〉未收贷款利息〈/科目名称〉
    〈科目级次〉2〈/科目级次〉
    〈科目类型〉备查登记〈/科目类型〉
    〈表外科目计量单位/〉
    〈余额方向〉贷〈/余额方向〉
    〈科目启用日期〉20070101〈/科目启用日期〉
〈/表外会计科目〉
〈表外会计科目〉
    〈科目编号〉83050101〈/科目编号〉
    〈科目名称〉未收个人贷款利息〈/科目名称〉
    〈科目级次〉3〈/科目级次〉
    〈科目类型〉备查登记〈/科目类型〉
```

```
                〈表外科目计量单位/〉
                〈余额方向〉贷〈/余额方向〉
                〈科目启用日期〉20070101〈/科目启用日期〉
            〈/表外会计科目〉
            〈表外会计科目〉
                〈科目编号〉83050102〈/科目编号〉
                〈科目名称〉未收公司贷款利息〈/科目名称〉
                〈科目级次〉3〈/科目级次〉
                〈科目类型〉备查登记〈/科目类型〉
                〈表外科目计量单位/〉
                〈余额方向〉贷〈/余额方向〉
                〈科目启用日期〉20070101〈/科目启用日期〉
            〈/表外会计科目〉
        〈/表外会计科目档案〉
    〈/财务系统〉
〈/公共基础信息〉
```

B.2 公共变动档案类 XML 实例

```
〈?xml version="1.0" encoding="UTF-8"?〉
〈公共变动信息
xsi:schemaLocation="http://sxbw.audit.gov.cn/AccountingSoftwareDataInterfaceStandard/2010/
Bank/XMLSchema 公共变动信息.xsd" xmlns:银行
="http://sxbw.audit.gov.cn/AccountingSoftwareDataInterfaceStandard/2010/Bank/XMLSchema"
xmlns="http://sxbw.audit.gov.cn/AccountingSoftwareDataInterfaceStandard/2010/Bank/XMLSchema"
xmlns:xsi="http://www.w3.org/2001/XMLSchema-instance"〉
    〈汇率变动档案〉
        〈汇率变动〉
            〈汇率编号〉01〈/汇率编号〉
            〈汇率日期〉20100101〈/汇率日期〉
            〈汇率时间〉173759〈/汇率时间〉
            〈汇率〉6.7838〈/汇率〉
        〈/汇率变动〉
        〈汇率变动〉
            〈汇率编号〉01〈/汇率编号〉
            〈汇率日期〉20100201〈/汇率日期〉
            〈汇率时间〉173759〈/汇率时间〉
            〈汇率〉6.7859〈/汇率〉
        〈/汇率变动〉
    〈/汇率变动档案〉
    〈利率变动档案〉
        〈利率变动〉
            〈利率代码〉007〈/利率代码〉
```

```
        〈利率变动日期〉20100501〈/利率变动日期〉
        〈利率〉5.94〈/利率〉
        〈浮动上限值〉10.098〈/浮动上限值〉
        〈浮动下限值〉5.049〈/浮动下限值〉
        〈浮动标志〉1〈/浮动标志〉
    〈/利率变动〉
    〈利率变动〉
        〈利率代码〉008〈/利率代码〉
        〈利率变动日期〉20100501〈/利率变动日期〉
        〈利率〉5.94〈/利率〉
        〈浮动上限值〉10.098〈/浮动上限值〉
        〈浮动下限值〉6.534〈/浮动下限值〉
        〈浮动标志〉1〈/浮动标志〉
    〈/利率变动〉
〈/利率变动档案〉
〈个人客户信息变动档案〉
    〈个人客户信息变动〉
        〈个人客户统一编号〉GRKH00010001〈/个人客户统一编号〉
        〈变动日期〉20100201〈/变动日期〉
        〈变动前内容及数值〉139＊＊＊＊＊＊＊＊〈/变动前内容及数值〉
        〈变动后内容及数值〉136＊＊＊＊＊＊＊＊〈/变动后内容及数值〉
        〈变动原因/〉
        〈变动项〉移动电话〈/变动项〉
    〈/个人客户信息变动〉
    〈个人客户信息变动〉
        〈个人客户统一编号〉GRKH00010002〈/个人客户统一编号〉
        〈变动日期〉20100102〈/变动日期〉
        〈变动前内容及数值〉本科〈/变动前内容及数值〉
        〈变动后内容及数值〉研究生〈/变动后内容及数值〉
        〈变动原因/〉
        〈变动项〉学历〈/变动项〉
    〈/个人客户信息变动〉
〈/个人客户信息变动档案〉
〈对公客户信息变动档案〉
    〈对公客户信息变动〉
        〈公司客户统一编号〉GSKH00010001〈/公司客户统一编号〉
        〈变动日期〉20100103〈/变动日期〉
        〈变动前内容及数值〉杨＊＊〈/变动前内容及数值〉
        〈变动后内容及数值〉吴＊＊〈/变动后内容及数值〉
        〈变动原因/〉
        〈变动项〉法人代表〈/变动项〉
    〈/对公客户信息变动〉
    〈对公客户信息变动〉
```

```
            〈公司客户统一编号〉GSKH00010002〈/公司客户统一编号〉
            〈变动日期〉20100201〈/变动日期〉
            〈变动前内容及数值〉50000000〈/变动前内容及数值〉
            〈变动后内容及数值〉60000000〈/变动后内容及数值〉
            〈变动原因〉提高受信额度〈/变动原因〉
            〈变动项〉受信额度〈/变动项〉
        〈/对公客户信息变动〉
    〈/对公客户信息变动档案〉
〈/公共变动信息〉
```

B.3 个人信贷类 XML 实例

```
〈? xml version="1.0" encoding="UTF-8"?〉
〈个人信贷业务
xsi:schemaLocation="http://sxbw.audit.gov.cn/AccountingSoftwareDataInterfaceStandard/2010/
Bank/XMLSchema 个人信贷业务.xsd" xmlns:银行
="http://sxbw.audit.gov.cn/AccountingSoftwareDataInterfaceStandard/2010/Bank/XMLSchema"
xmlns="http://sxbw.audit.gov.cn/AccountingSoftwareDataInterfaceStandard/2010/Bank/XMLSchema"
xmlns:xsi="http://www.w3.org/2001/XMLSchema-instance"〉
    〈个人信贷业务担保合同档案〉
        〈个人信贷业务担保合同〉
            〈个人信贷担保合同编号〉GRXDDBHT00010001〈/个人信贷担保合同编号〉
            〈个人信贷合同编号〉GRXDHT00010001〈/个人信贷合同编号〉
            〈个人客户统一编号〉GRKH0000010001〈/个人客户统一编号〉
            〈担保类型〉抵押〈/担保类型〉
            〈担保起始日〉20100118〈/担保起始日〉
            〈担保到期日〉20250118〈/担保到期日〉
            〈质或抵押物编号〉GRXDZHDYW00010001〈/质或抵押物编号〉
            〈状态标志〉1〈/状态标志〉
        〈/个人信贷业务担保合同〉
        〈个人信贷业务担保合同〉
            〈个人信贷担保合同编号〉GRXDDBHT00010002〈/个人信贷担保合同编号〉
            〈个人信贷合同编号〉GRXDHT00010001〈/个人信贷合同编号〉
            〈个人客户统一编号〉GRKH0000010001〈/个人客户统一编号〉
            〈担保类型〉抵押〈/担保类型〉
            〈担保起始日〉20100318〈/担保起始日〉
            〈担保到期日〉20250318〈/担保到期日〉
            〈质或抵押物编号〉GRXDZHDYW00010001〈/质或抵押物编号〉
            〈状态标志〉1〈/状态标志〉
        〈/个人信贷业务担保合同〉
        〈个人信贷业务担保合同〉
            〈个人信贷担保合同编号〉GRXDDBHT00010003〈/个人信贷担保合同编号〉
            〈个人信贷合同编号〉GRXDHT00010003〈/个人信贷合同编号〉
```

```
      〈个人客户统一编号〉GRKH00010003〈/个人客户统一编号〉
      〈担保类型〉保证〈/担保类型〉
      〈保证人〉
        〈保证人编号〉BZR00010001〈/保证人编号〉
        〈保证人名称〉张＊＊〈/保证人名称〉
        〈保证人净资产〉4000000〈/保证人净资产〉
        〈保证形式〉连带责任保证〈/保证形式〉
      〈/保证人〉
      〈担保起始日〉20100301〈/担保起始日〉
      〈担保到期日〉20200301〈/担保到期日〉
      〈质或抵押物编号/〉
      〈状态标志〉1〈/状态标志〉
    〈/个人信贷业务担保合同〉
  〈/个人信贷业务担保合同档案〉
  〈个人信贷业务质或抵押物档案〉
    〈个人信贷业务质或抵押物〉
      〈质或抵押物编号〉GRXDZHDYW00010001〈/质或抵押物编号〉
      〈质或抵押物名称〉＊＊公寓楼房〈/质或抵押物名称〉
      〈质或抵押物类型〉房产〈/质或抵押物类型〉
      〈质或抵押物原价值〉3000000〈/质或抵押物原价值〉
      〈币种编码〉01〈/币种编码〉
      〈建成日期〉20100630〈/建成日期〉
      〈银行认定价值〉3000000〈/银行认定价值〉
      〈评估价值〉3000000〈/评估价值〉
      〈评估日期〉20091220〈/评估日期〉
      〈评估机构名称〉＊＊市＊＊评估公司〈/评估机构名称〉
      〈质或抵押率〉0.5〈/质或抵押率〉
      〈使用年限〉70〈/使用年限〉
      〈剩余年限〉70〈/剩余年限〉
      〈抵押物所有权人〉王＊＊〈/抵押物所有权人〉
      〈抵押次数〉1〈/抵押次数〉
      〈已抵押价值〉1500000〈/已抵押价值〉
      〈抵债资产标志〉0〈/抵债资产标志〉
      〈在库状态〉使用〈/在库状态〉
      〈登记日期〉20091220〈/登记日期〉
      〈登记机构〉＊＊市＊＊房产管理局〈/登记机构〉
    〈/个人信贷业务质或抵押物〉
    〈个人信贷业务质或抵押物〉
      〈质或抵押物编号〉GRXDZHDYW00010002〈/质或抵押物编号〉
      〈质或抵押物名称〉＊＊汽车〈/质或抵押物名称〉
      〈质或抵押物类型〉车辆〈/质或抵押物类型〉
      〈质或抵押物原价值〉200000〈/质或抵押物原价值〉
      〈币种编码〉01〈/币种编码〉
```

〈建成日期〉20100215〈/建成日期〉
〈银行认定价值〉200000〈/银行认定价值〉
〈评估价值〉200000〈/评估价值〉
〈评估日期〉20100305〈/评估日期〉
〈评估机构名称〉＊＊市＊＊评估公司〈/评估机构名称〉
〈质或抵押率〉0.6〈/质或抵押率〉
〈使用年限〉15〈/使用年限〉
〈剩余年限〉15〈/剩余年限〉
〈抵押物所有权人〉高＊＊〈/抵押物所有权人〉
〈抵押次数〉1〈/抵押次数〉
〈已抵押价值〉120000〈/已抵押价值〉
〈抵债资产标志〉0〈/抵债资产标志〉
〈在库状态〉使用〈/在库状态〉
〈登记日期〉20100305〈/登记日期〉
〈登记机构〉＊＊市＊＊车辆管理所〈/登记机构〉
〈/个人信贷业务质或抵押物〉
〈/个人信贷业务质或抵押物档案〉
〈个人信贷业务借据档案〉
〈个人信贷业务借据〉
〈个人信贷借据统一编号〉GRXDJJ00010001〈/个人信贷借据统一编号〉
〈个人客户统一编号〉GRKH00010001〈/个人客户统一编号〉
〈个人信贷合同编号〉GRXDHT00010001〈/个人信贷合同编号〉
〈营业机构号〉BKCHCNBJ110〈/营业机构号〉
〈币种编码〉01〈/币种编码〉
〈借款金额〉1500000〈/借款金额〉
〈借款余额〉1489745.23〈/借款余额〉
〈贷款四级分类〉1〈/贷款四级分类〉
〈贷款期限〉15〈/贷款期限〉
〈总期数〉180〈/总期数〉
〈贷款实际发放日期〉20100118〈/贷款实际发放日期〉
〈贷款原始到期日期〉20250118〈/贷款原始到期日期〉
〈贷款类型〉商品房抵押贷款〈/贷款类型〉
〈贷款入账账号〉234583746585845〈/贷款入账账号〉
〈贷款用途〉购买商品房〈/贷款用途〉
〈终结类型/〉
〈贷款五级分类〉1〈/贷款五级分类〉
〈基准利率〉5.94〈/基准利率〉
〈利率浮动〉-1.782〈/利率浮动〉
〈展期标志〉0〈/展期标志〉
〈还款方式代码〉01〈/还款方式代码〉
〈还款账号〉135135135135〈/还款账号〉
〈额度〉1500000〈/额度〉
〈可用额度〉20000〈/可用额度〉

〈第三方客户编号〉GSKH00001001〈/第三方客户编号〉
〈第三方额度〉5000000〈/第三方额度〉
〈第三方可用额度〉2000000〈/第三方可用额度〉
〈贷款申请号〉GRXDSQ00010001〈/贷款申请号〉
〈表内欠息余额〉0〈/表内欠息余额〉
〈表外欠息余额〉0〈/表外欠息余额〉
〈计息方式〉按月计息〈/计息方式〉
〈月份〉3〈/月份〉
〈/个人信贷业务借据〉
〈个人信贷业务借据〉
〈个人信贷借据统一编号〉GRXDJJ00010002〈/个人信贷借据统一编号〉
〈个人客户统一编号〉GRKH00010002〈/个人客户统一编号〉
〈个人信贷合同编号〉GRXDHT00010002〈/个人信贷合同编号〉
〈营业机构号〉BKCHCNBJ111〈/营业机构号〉
〈币种编码〉01〈/币种编码〉
〈借款金额〉120000〈/借款金额〉
〈借款余额〉120000〈/借款余额〉
〈贷款四级分类〉1〈/贷款四级分类〉
〈贷款期限〉5〈/贷款期限〉
〈总期数〉60〈/总期数〉
〈贷款实际发放日期〉20100318〈/贷款实际发放日期〉
〈贷款原始到期日期〉20150318〈/贷款原始到期日期〉
〈贷款类型〉汽车按揭贷款〈/贷款类型〉
〈贷款入账账号〉748723482374823〈/贷款入账账号〉
〈贷款用途〉购车〈/贷款用途〉
〈终结类型/〉
〈贷款五级分类〉1〈/贷款五级分类〉
〈基准利率〉5.76〈/基准利率〉
〈利率浮动〉0〈/利率浮动〉
〈展期标志〉0〈/展期标志〉
〈还款方式代码〉01〈/还款方式代码〉
〈还款账号〉145145145145〈/还款账号〉
〈额度〉300000〈/额度〉
〈可用额度〉180000〈/可用额度〉
〈第三方客户编号〉GSKH00010002〈/第三方客户编号〉
〈第三方额度〉5000000〈/第三方额度〉
〈第三方可用额度〉2000000〈/第三方可用额度〉
〈贷款申请号〉GRXDSQ00010002〈/贷款申请号〉
〈表内欠息余额〉0〈/表内欠息余额〉
〈表外欠息余额〉0〈/表外欠息余额〉
〈计息方式〉按月计息〈/计息方式〉
〈月份〉3〈/月份〉
〈/个人信贷业务借据〉

〈/个人信贷业务借据档案〉
〈个人信贷业务借据交易明细档案〉
〈个人信贷业务借据交易明细〉
〈交易流水号〉GRXDYWJY20100300010001〈/交易流水号〉
〈交易日期〉20100318〈/交易日期〉
〈核心交易流水号〉GRXDHXJY20100300010001〈/核心交易流水号〉
〈个人信贷借据统一编号〉GRXDJJ00010001〈/个人信贷借据统一编号〉
〈交易代码〉GRXD1002〈/交易代码〉
〈交易金额〉6037.81〈/交易金额〉
〈摘要〉还本〈/摘要〉
〈交易标志〉1〈/交易标志〉
〈交易时间〉150022〈/交易时间〉
〈营业机构号〉BKCHCNBJ110〈/营业机构号〉
〈/个人信贷业务借据交易明细〉
〈个人信贷业务借据交易明细〉
〈交易流水号〉GRXDYWJY20100300010002〈/交易流水号〉
〈交易日期〉20100318〈/交易日期〉
〈核心交易流水号〉GRXDHXJY20100300010003〈/核心交易流水号〉
〈个人信贷借据统一编号〉GRXDJJ00010002〈/个人信贷借据统一编号〉
〈交易代码〉GRXD1001〈/交易代码〉
〈交易金额〉120000〈/交易金额〉
〈摘要〉放款〈/摘要〉
〈交易标志〉1〈/交易标志〉
〈交易时间〉150125〈/交易时间〉
〈营业机构号〉BKCHCNBJ111〈/营业机构号〉
〈/个人信贷业务借据交易明细〉
〈/个人信贷业务借据交易明细档案〉
〈房屋档案〉
〈房屋〉
〈房屋编号〉FW00010001〈/房屋编号〉
〈售房合同编号〉SFHT00010001〈/售房合同编号〉
〈个人信贷借据统一编号〉GRxDJJ00010001〈/个人信贷借据统一编号〉
〈房屋地址〉＊＊市＊＊区＊＊大街＊＊号＊＊室〈/房屋地址〉
〈房屋类别〉普通住宅〈/房屋类别〉
〈购房类型〉置换型〈/购房类型〉
〈楼盘编号〉LP00010001〈/楼盘编号〉
〈售房合同签订日期〉20100118〈/售房合同签订日期〉
〈交房日期〉20120318〈/交房日期〉
〈房屋建筑面积〉150〈/房屋建筑面积〉
〈房屋单价〉20000〈/房屋单价〉
〈房屋总金额〉3000000〈/房屋总金额〉
〈首付款〉1500000〈/首付款〉
〈二手房标志〉0〈/二手房标志〉

```
    〈房贷代理/〉
  〈/房屋〉
〈/房屋档案〉
〈房屋保险单档案〉
  〈房屋保险单〉
    〈保险单号〉FWBXD00010001〈/保险单号〉
    〈保险公司〉＊＊保险公司〈/保险公司〉
    〈保单类型〉电子保单〈/保单类型〉
    〈保险类型〉房屋险〈/保险类型〉
    〈保险到期日〉20250118〈/保险到期日〉
    〈保险起始日〉20100118〈/保险起始日〉
    〈出单日〉20100115〈/出单日〉
    〈投保金额〉1000000〈/投保金额〉
    〈预收保险费〉1550〈/预收保险费〉
    〈保险费〉11250〈/保险费〉
    〈手续费〉100〈/手续费〉
    〈保险价值〉3000000〈/保险价值〉
    〈投保人〉王＊＊〈/投保人〉
    〈受益人〉＊＊银行＊＊分行〈/受益人〉
    〈备注信息/〉
    〈售房合同编号〉SFHT00010001〈/售房合同编号〉
  〈/房屋保险单〉
〈/房屋保险单档案〉
〈楼盘档案〉
  〈楼盘〉
    〈楼盘编号〉LP00010001〈/楼盘编号〉
    〈楼盘名称〉＊＊花园〈/楼盘名称〉
    〈楼盘地理位置〉＊＊市＊＊区＊＊大街＊＊号〈/楼盘地理位置〉
    〈开发商编号〉GRKH00010001〈/开发商编号〉
    〈开发商名称〉＊＊省＊＊房产开发公司〈/开发商名称〉
    〈楼盘均价〉22000〈/楼盘均价〉
    〈容积率〉2〈/容积率〉
    〈投资总额〉2000000000〈/投资总额〉
    〈开工日期〉20080301〈/开工日期〉
    〈竣工日期〉20100601〈/竣工日期〉
    〈预售许可证编号〉YSXKZ00010001〈/预售许可证编号〉
    〈预售许可证日期〉20100101〈/预售许可证日期〉
    〈占地面积〉5000〈/占地面积〉
    〈楼盘建筑面积〉10000〈/楼盘建筑面积〉
  〈/楼盘〉
〈/楼盘档案〉
〈车辆档案〉
  〈车辆〉
```

〈车辆编号〉CL00010001〈/车辆编号〉
〈售车合同编号〉SCHT00010001〈/售车合同编号〉
〈车牌号码〉鲁 A09A96〈/车牌号码〉
〈个人信贷借据统一编号〉GRXDJJ00010002〈/个人信贷借据统一编号〉
〈车辆品牌〉风神〈/车辆品牌〉
〈车辆类型〉轿车〈/车辆类型〉
〈发动机号〉SDKFJ008〈/发动机号〉
〈车架号〉DIW9387〈/车架号〉
〈首付款〉80000〈/首付款〉
〈车价总金额〉200000〈/车价总金额〉
〈用途〉自用〈/用途〉
〈二手车标志〉0〈/二手车标志〉
〈车贷代理/〉
〈/车辆〉
〈/车辆档案〉
〈车辆保险单档案〉
〈车辆保险单〉
〈保险单号〉CLBXD00010001〈/保险单号〉
〈保险公司〉* *保险公司〈/保险公司〉
〈保单类型〉电子保单〈/保单类型〉
〈保险类型〉车辆险〈/保险类型〉
〈保险到期日〉20150318〈/保险到期日〉
〈保险起始日〉20100318〈/保险起始日〉
〈出单日〉20100315〈/出单日〉
〈投保金额〉200000〈/投保金额〉
〈预收保险费〉3362〈/预收保险费〉
〈保险费〉16810〈/保险费〉
〈手续费〉100〈/手续费〉
〈保险价值〉200000〈/保险价值〉
〈投保人〉高* *〈/投保人〉
〈受益人〉* *银行* * *分行〈/受益人〉
〈备注信息/〉
〈售车合同编号〉SCHT00010001〈/售车合同编号〉
〈/车辆保险单〉
〈/车辆保险单档案〉
〈/个人信贷业务〉

B.4 对公信贷类 XML 实例

〈?xml version="1.0" encoding="UTF-8"?〉
〈对公信贷业务
xsi:schemaLocation="http://sxbw.audit.gov.cn/AccountingSoftwareDataInterfaceStandard/2010/Bank/XMLSchema 对公信贷业务.xsd" xmlns:银行

="http://sxbw.audit.gov.cn/AccountingSoftwareDataInterfaceStandard/2010/Bank/XMLSchema"
xmlns = " http://sxbw. audit. gov. cn/AccountingSoftwareDataInterfaceStandard/2010/Bank/XMLSchema"
xmlns:xsi="http://www.w3.org/2001/XMLSchema-instance"〉
〈对公信贷业务担保合同档案〉
〈对公信贷业务担保合同〉
〈对公信贷担保合同编号〉DGXDDBHT00010001〈/对公信贷担保合同编号〉
〈对公信贷合同编号〉DGXDHT00010001〈/对公信贷合同编号〉
〈公司客户统一编号〉GSKH00010001〈/公司客户统一编号〉
〈担保类型〉抵押〈/担保类型〉
〈担保起始日〉20100118〈/担保起始日〉
〈担保到期日〉20120118〈/担保到期日〉
〈质或抵押物编号〉DGXDZHDYW00010001〈/质或抵押物编号〉
〈状态标志〉1〈/状态标志〉
〈/对公信贷业务担保合同〉
〈对公信贷业务担保合同〉
〈对公信贷担保合同编号〉DGXDDBHT00010002〈/对公信贷担保合同编号〉
〈对公信贷合同编号〉DGXDHT00010002〈/对公信贷合同编号〉
〈公司客户统一编号〉GSKH00010002〈/公司客户统一编号〉
〈担保类型〉保证〈/担保类型〉
〈保证人〉
〈保证人编号〉0002〈/保证人编号〉
〈保证人名称〉* * 市 * * 开发有限公司〈/保证人名称〉
〈保证人净资产〉30000000〈/保证人净资产〉
〈保证形式〉连带责任保证〈/保证形式〉
〈/保证人〉
〈担保起始日〉20100101〈/担保起始日〉
〈担保到期日〉20120101〈/担保到期日〉
〈质或抵押物编号/〉
〈状态标志〉1〈/状态标志〉
〈/对公信贷业务担保合同〉
〈/对公信贷业务担保合同档案〉
〈对公信贷业务质或抵押物档案〉
〈对公信贷业务质或抵押物〉
〈质或抵押物编号〉DGXDZHDYW00010001〈/质或抵押物编号〉
〈质或抵押物名称〉* * 办公楼〈/质或抵押物名称〉
〈质或抵押物类型〉房产〈/质或抵押物类型〉
〈质或抵押物原价值〉20000000〈/质或抵押物原价值〉
〈币种编码〉01〈/币种编码〉
〈建成日期〉20120118〈/建成日期〉
〈银行认定价值〉25000000〈/银行认定价值〉
〈评估价值〉25000000〈/评估价值〉
〈评估日期〉20100110〈/评估日期〉

〈评估机构名称〉＊＊市＊＊评估有限公司〈/评估机构名称〉
〈质或抵押率〉0.2〈/质或抵押率〉
〈使用年限〉70〈/使用年限〉
〈剩余年限〉70〈/剩余年限〉
〈抵押物所有权人〉＊＊省＊＊房产开发公司〈/抵押物所有权人〉
〈抵押次数〉1〈/抵押次数〉
〈已抵押价值〉5000000〈/已抵押价值〉
〈抵债资产标志〉0〈/抵债资产标志〉
〈在库状态〉使用〈/在库状态〉
〈登记日期〉20100110〈/登记日期〉
〈登记机构〉＊＊市＊＊房产管理局〈/登记机构〉
〈/对公信贷业务质或抵押物〉
〈/对公信贷业务质或抵押物档案〉
〈对公信贷业务借据档案〉
〈对公信贷业务借据〉
〈对公信贷借据统一编号〉DGXDJJ00010001〈/对公信贷借据统一编号〉
〈公司客户统一编号〉GSKH00010001〈/公司客户统一编号〉
〈对公信贷合同编号〉DGXDHT00010001〈/对公信贷合同编号〉
〈贷款性质〉自筹〈/贷款性质〉
〈贷款四级分类〉1〈/贷款四级分类〉
〈营业机构号〉BKCHCNBJ110〈/营业机构号〉
〈贷款类型〉房产开发贷款〈/贷款类型〉
〈贷款用途〉房产开发〈/贷款用途〉
〈币种编码〉01〈/币种编码〉
〈借款金额〉5000000〈/借款金额〉
〈借款余额〉4603602.63〈/借款余额〉
〈贷款五级分类〉1〈/贷款五级分类〉
〈贷款期限〉2〈/贷款期限〉
〈总期数〉24〈/总期数〉
〈贷款实际发放日期〉20100118〈/贷款实际发放日期〉
〈贷款原始到期日期〉20120118〈/贷款原始到期日期〉
〈终结类型/〉
〈基准利率〉5.4〈/基准利率〉
〈利率浮动〉0〈/利率浮动〉
〈计息方式〉按月计息〈/计息方式〉
〈表内欠息余额〉0〈/表内欠息余额〉
〈表外欠息余额〉0〈/表外欠息余额〉
〈贷款入账账号〉453295746372888〈/贷款入账账号〉
〈还款方式代码〉01〈/还款方式代码〉
〈还款账号〉123123123123〈/还款账号〉
〈贷款申请号〉DGXDSQ00010001〈/贷款申请号〉
〈展期标志〉0〈/展期标志〉
〈月份〉3〈/月份〉

〈/对公信贷业务借据〉
〈/对公信贷业务借据档案〉
〈对公信贷业务借据交易明细档案〉
〈对公信贷业务借据交易明细〉
〈交易流水号〉DGXDYWJY20100300010001〈/交易流水号〉
〈交易日期〉20100318〈/交易日期〉
〈核心交易流水号〉DGXDHXJY20100300010001〈/核心交易流水号〉
〈对公信贷借据统一编号〉DGXDJJ00010001〈/对公信贷借据统一编号〉
〈交易代码〉DGXD1001〈/交易代码〉
〈交易金额〉198643.63〈/交易金额〉
〈摘要〉还本〈/摘要〉
〈交易标志〉1〈/交易标志〉
〈交易时间〉150210〈/交易时间〉
〈营业机构号〉BKCHCNBJ110〈/营业机构号〉
〈/对公信贷业务借据交易明细〉
〈/对公信贷业务借据交易明细档案〉
〈/对公信贷业务〉

B.5　个人信贷核心会计类 XML 实例

〈? xml version="1.0" encoding="UTF-8"?〉
〈个人信贷核心会计
xsi:schemaLocation="http://sxbw.audit.gov.cn/AccountingSoftwareDataInterfaceStandard/2010/Bank/XMLSchema 个人信贷核心会计.xsd" xmlns:银行
="http://sxbw.audit.gov.cn/AccountingSoftwareDataInterfaceStandard/2010/Bank/XMLSchema"
xmlns="http://sxbw.audit.gov.cn/AccountingSoftwareDataInterfaceStandard/2010/Bank/XMLSchema"
xmlns:xsi="http://www.w3.org/2001/XMLSchema-instance"〉
〈个人信贷分户账档案〉
〈个人信贷分户账〉
〈个人贷款账号〉234583746585845〈/个人贷款账号〉
〈个人信贷借据统一编号〉GRXDJJ00010001〈/个人信贷借据统一编号〉
〈营业机构号〉BKCHCNBJ110〈/营业机构号〉
〈账户名称〉个人贷款账户-王＊＊〈/账户名称〉
〈币种编码〉01〈/币种编码〉
〈贷款类型〉商品房抵押贷款〈/贷款类型〉
〈个人客户统一编号〉GRKH00010001〈/个人客户统一编号〉
〈科目编号〉13030401〈/科目编号〉
〈贷款四级分类〉1〈/贷款四级分类〉
〈贷款五级分类〉1〈/贷款五级分类〉
〈还款账号〉135135135135〈/还款账号〉
〈贷款本金总额〉1500000〈/贷款本金总额〉
〈贷款利息总额〉518775.91〈/贷款利息总额〉
〈贷款期限〉15〈/贷款期限〉

〈展期标志〉0〈/展期标志〉
〈总期数〉180〈/总期数〉
〈当前期数〉2〈/当前期数〉
〈贷款实际发放日期〉20100118〈/贷款实际发放日期〉
〈贷款原始到期日期〉20250118〈/贷款原始到期日期〉
〈贷款正常余额〉1489745.23〈/贷款正常余额〉
〈贷款逾期余额〉0〈/贷款逾期余额〉
〈贷款状态〉正常〈/贷款状态〉
〈表内欠息余额〉0〈/表内欠息余额〉
〈表外欠息余额〉0〈/表外欠息余额〉
〈起息日期〉20100118〈/起息日期〉
〈开户日期〉20100118〈/开户日期〉
〈账户状态〉正常〈/账户状态〉
〈月份〉3〈/月份〉
〈/个人信贷分户账〉
〈个人信贷分户账〉
〈个人贷款账号〉748723482374823〈/个人贷款账号〉
〈个人信贷借据统一编号〉GRXDJJ00010002〈/个人信贷借据统一编号〉
〈营业机构号〉BKCHCNBJ111〈/营业机构号〉
〈账户名称〉个人贷款账户-高＊＊〈/账户名称〉
〈币种编码〉01〈/币种编码〉
〈贷款类型〉汽车按揭贷款〈/贷款类型〉
〈个人客户统一编号〉GRKH000010002〈/个人客户统一编号〉
〈科目编号〉13030402〈/科目编号〉
〈贷款四级分类〉1〈/贷款四级分类〉
〈贷款五级分类〉1〈/贷款五级分类〉
〈还款账号〉145145145145〈/还款账号〉
〈贷款本金总额〉120000〈/贷款本金总额〉
〈贷款利息总额〉18394.10〈/贷款利息总额〉
〈贷款期限〉3〈/贷款期限〉
〈展期标志〉0〈/展期标志〉
〈总期数〉36〈/总期数〉
〈当前期数〉0〈/当前期数〉
〈贷款实际发放日期〉20100318〈/贷款实际发放日期〉
〈贷款原始到期日期〉20150318〈/贷款原始到期日期〉
〈贷款正常余额〉120000〈/贷款正常余额〉
〈贷款逾期余额〉0〈/贷款逾期余额〉
〈贷款状态〉正常〈/贷款状态〉
〈表内欠息余额〉0〈/表内欠息余额〉
〈表外欠息余额〉0〈/表外欠息余额〉
〈起息日期〉20100318〈/起息日期〉
〈开户日期〉20100318〈/开户日期〉
〈账户状态〉正常〈/账户状态〉

〈月份〉3〈/月份〉
〈/个人信贷分户账〉
〈/个人信贷分户账档案〉
〈个人信贷分户账明细档案〉
〈个人信贷分户账明细〉
〈核心交易流水号〉GRXDHXJY20100300010001〈/核心交易流水号〉
〈个人贷款账号〉234583746585845〈/个人贷款账号〉
〈个人信贷借据统一编号〉DGXDJJ00010001〈/个人信贷借据统一编号〉
〈核心交易日期〉20100318〈/核心交易日期〉
〈核心交易时间〉150022〈/核心交易时间〉
〈交易代码〉HX1002〈/交易代码〉
〈借贷标志〉2〈/借贷标志〉
〈营业机构号〉BKCHCNBJ110〈/营业机构号〉
〈交易金额〉6037.81〈/交易金额〉
〈币种编码〉01〈/币种编码〉
〈现转标志〉2〈/现转标志〉
〈摘要〉还本〈/摘要〉
〈对方账号〉135135135135〈/对方账号〉
〈对方户名〉个人活期存款账户-王＊＊〈/对方户名〉
〈冲补标志〉0〈/冲补标志〉
〈交易柜员号〉GY00010001〈/交易柜员号〉
〈授权柜员号〉GY00010002〈/授权柜员号〉
〈时间戳〉201003181500220001〈/时间戳〉
〈/个人信贷分户账明细〉
〈个人信贷分户账明细〉
〈核心交易流水号〉GRXDHXJY20100300010002〈/核心交易流水号〉
〈个人贷款账号〉748723482374823〈/个人贷款账号〉
〈个人信贷借据统一编号〉DGXDJJ00010002〈/个人信贷借据统一编号〉
〈核心交易日期〉20100318〈/核心交易日期〉
〈核心交易时间〉150125〈/核心交易时间〉
〈交易代码〉HX1001〈/交易代码〉
〈借贷标志〉1〈/借贷标志〉
〈营业机构号〉BKCHCNBJ111〈/营业机构号〉
〈交易金额〉120000〈/交易金额〉
〈币种编码〉01〈/币种编码〉
〈现转标志〉2〈/现转标志〉
〈摘要〉放款〈/摘要〉
〈对方账号〉222222222222222222222222〈/对方账号〉
〈对方户名〉公司活期存款账户-＊＊省＊＊汽车经销公司〈/对方户名〉
〈冲补标志〉0〈/冲补标志〉
〈交易柜员号〉GY00010001〈/交易柜员号〉
〈授权柜员号〉GY00010002〈/授权柜员号〉
〈时间戳〉201003181501250001〈/时间戳〉

```
        〈/个人信贷分户账明细〉
    〈/个人信贷分户账明细档案〉
〈/个人信贷核心会计〉
```

B.6 对公信贷核心会计类 XML 实例

```
〈?xml version="1.0" encoding="UTF-8"?〉
〈对公信贷核心会计
xsi:schemaLocation="http://sxbw.audit.gov.cn/AccountingSoftwareDataInterfaceStandard/2010/
Bank/XMLSchema 对公信贷核心会计.xsd" xmlns:银行
="http://sxbw.audit.gov.cn/AccountingSoftwareDataInterfaceStandard/2010/Bank/XMLSchema"
xmlns="http://sxbw.audit.gov.cn/AccountingSoftwareDataInterfaceStandard/2010/Bank/XMLSchema"
xmlns:xsi="http://www.w3.org/2001/XMLSchema-instance"〉
    〈对公信贷分户账档案〉
        〈对公信贷分户账〉
            〈对公贷款账号〉12543125465645〈/对公贷款账号〉
            〈对公信贷借据统一编号〉DGXDJJ00010001〈/对公信贷借据统一编号〉
            〈营业机构号〉BKCHCNBJ110〈/营业机构号〉
            〈账户名称〉公司贷款账户-**省**房产开发公司〈/账户名称〉
            〈币种编码〉01〈/币种编码〉
            〈贷款类型〉房产开发贷款〈/贷款类型〉
            〈公司客户统一编号〉GSKH00010001〈/公司客户统一编号〉
            〈科目编号〉13030601〈/科目编号〉
            〈贷款四级分类〉1〈/贷款四级分类〉
            〈贷款五级分类〉1〈/贷款五级分类〉
            〈还款账号〉123412341234〈/还款账号〉
            〈贷款本金总额〉5000000〈/贷款本金总额〉
            〈贷款利息总额〉286839.74〈/贷款利息总额〉
            〈贷款期限〉2〈/贷款期限〉
            〈展期标志〉0〈/展期标志〉
            〈总期数〉24〈/总期数〉
            〈当前期数〉0〈/当前期数〉
            〈贷款实际发放日期〉20100118〈/贷款实际发放日期〉
            〈贷款原始到期日期〉20120118〈/贷款原始到期日期〉
            〈贷款正常余额〉4845582.26〈/贷款正常余额〉
            〈贷款逾期余额〉0〈/贷款逾期余额〉
            〈贷款状态〉正常〈/贷款状态〉
            〈表内欠息余额〉0〈/表内欠息余额〉
            〈表外欠息余额〉0〈/表外欠息余额〉
            〈起息日期〉20100118〈/起息日期〉
            〈开户日期〉20080201〈/开户日期〉
            〈账户状态〉正常〈/账户状态〉
            〈月份〉3〈/月份〉
```

```
        〈/对公信贷分户账〉
    〈/对公信贷分户账档案〉
    〈对公信贷分户账明细档案〉
        〈对公信贷分户账明细〉
            〈核心交易流水号〉DGXDHXJY20100300010001〈/核心交易流水号〉
            〈对公信贷借据统一编号〉DGXDJJ00010001〈/对公信贷借据统一编号〉
            〈对公贷款账号〉12543125465645〈/对公贷款账号〉
            〈核心交易日期〉20100318〈/核心交易日期〉
            〈核心交易时间〉150210〈/核心交易时间〉
            〈交易代码〉HX1007〈/交易代码〉
            〈借贷标志〉2〈/借贷标志〉
            〈营业机构号〉BKCHCNBJ110〈/营业机构号〉
            〈交易金额〉198643.63〈/交易金额〉
            〈币种编码〉01〈/币种编码〉
            〈现转标志〉2〈/现转标志〉
            〈摘要〉还本〈/摘要〉
            〈对方账号〉1111111111111111111111〈/对方账号〉
            〈对方户名〉公司活期存款账户-＊＊省＊＊房产开发公司〈/对方户名〉
            〈冲补标志〉0〈/冲补标志〉
            〈交易柜员号〉GY00010001〈/交易柜员号〉
            〈授权柜员号〉GY00010002〈/授权柜员号〉
            〈时间戳〉20100318150210000001〈/时间戳〉
        〈/对公信贷分户账明细〉
    〈/对公信贷分户账明细档案〉
〈/对公信贷核心会计〉
```

B.7　个人存款核心会计类 XML 实例

```
〈?xml version="1.0" encoding="UTF-8"?〉
〈个人存款核心会计
xsi:schemaLocation="http://sxbw.audit.gov.cn/AccountingSoftwareDataInterfaceStandard/2010/
Bank/XMLSchema 个人存款核心会计.xsd" xmlns:银行
="http://sxbw.audit.gov.cn/AccountingSoftwareDataInterfaceStandard/2010/Bank/XMLSchema"
xmlns="http://sxbw.audit.gov.cn/AccountingSoftwareDataInterfaceStandard/2010/Bank/XMLSchema"
xmlns:xsi="http://www.w3.org/2001/XMLSchema-instance"〉
    〈个人活期存款分户账档案〉
        〈个人活期存款分户账〉
            〈个人活期存款账号〉135135135135〈/个人活期存款账号〉
            〈个人客户统一编号〉GRKH00010001〈/个人客户统一编号〉
            〈币种编码〉01〈/币种编码〉
            〈科目编号〉20110101〈/科目编号〉
            〈营业机构号〉BKCHCNBJ110〈/营业机构号〉
            〈账户名称〉个人活期存款账户-王＊＊〈/账户名称〉
```

〈账户类型〉活期存款〈/账户类型〉
〈存款余额〉60000〈/存款余额〉
〈开户日期〉20080301〈/开户日期〉
〈账户状态〉正常〈/账户状态〉
〈月份〉3〈/月份〉
〈利率代码〉009〈/利率代码〉
〈/个人活期存款分户账〉
〈个人活期存款分户账〉
〈个人活期存款账号〉145145145145〈/个人活期存款账号〉
〈个人客户统一编号〉GRKH00010002〈/个人客户统一编号〉
〈币种编码〉01〈/币种编码〉
〈科目编号〉20110101〈/科目编号〉
〈营业机构号〉BKCHCNBJ110〈/营业机构号〉
〈账户名称〉个人活期存款账户-高 * *〈/账户名称〉
〈账户类型〉活期存款〈/账户类型〉
〈存款余额〉10000〈/存款余额〉
〈开户日期〉20080412〈/开户日期〉
〈账户状态〉正常〈/账户状态〉
〈月份〉3〈/月份〉
〈利率代码〉009〈/利率代码〉
〈/个人活期存款分户账〉
〈/个人活期存款分户账档案〉
〈个人活期存款分户账明细档案〉
〈个人活期存款分户账明细〉
〈核心交易流水号〉GRHQCK20100300010001〈/核心交易流水号〉
〈个人活期存款账号〉135135135135〈/个人活期存款账号〉
〈核心交易日期〉20100318〈/核心交易日期〉
〈核心交易时间〉150022〈/核心交易时间〉
〈币种编码〉01〈/币种编码〉
〈交易代码〉HX1005〈/交易代码〉
〈交易金额〉6037.81〈/交易金额〉
〈营业机构号〉BKCHCNBJ110〈/营业机构号〉
〈现转标志〉2〈/现转标志〉
〈对方账号〉234583746585845〈/对方账号〉
〈对方户名〉个人贷款账户-王 * *〈/对方户名〉
〈交易柜员号〉GY00010001〈/交易柜员号〉
〈授权柜员号〉GY00010002〈/授权柜员号〉
〈摘要〉还款〈/摘要〉
〈冲补标志〉0〈/冲补标志〉
〈借贷标志〉1〈/借贷标志〉
〈时间戳〉201003181500220001〈/时间戳〉
〈/个人活期存款分户账明细〉
〈个人活期存款分户账明细〉

〈核心交易流水号〉GRHQCK20100300010002〈/核心交易流水号〉
〈个人活期存款账号〉135135135135〈/个人活期存款账号〉
〈核心交易日期〉20100318〈/核心交易日期〉
〈核心交易时间〉150023〈/核心交易时间〉
〈币种编码〉01〈/币种编码〉
〈交易代码〉HX1005〈/交易代码〉
〈交易金额〉5176.65〈/交易金额〉
〈营业机构号〉BKCHCNBJ110〈/营业机构号〉
〈现转标志〉2〈/现转标志〉
〈对方账号〉GRDKYSLXFHZ〈/对方账号〉
〈对方户名〉个人贷款应收利息〈/对方户名〉
〈交易柜员号〉GY00010001〈/交易柜员号〉
〈授权柜员号〉GY00010002〈/授权柜员号〉
〈摘要〉还利息〈/摘要〉
〈冲补标志〉0〈/冲补标志〉
〈借贷标志〉1〈/借贷标志〉
〈时间戳〉201003181500230001〈/时间戳〉
〈/个人活期存款分户账明细〉
〈/个人活期存款分户账明细档案〉
〈个人定期存款分户账档案〉
〈个人定期存款分户账〉
〈个人定期存款账号〉2201230203929923912〈/个人定期存款账号〉
〈个人客户统一编号〉GRKH00010001〈/个人客户统一编号〉
〈币种编码〉01〈/币种编码〉
〈科目编号〉20110102〈/科目编号〉
〈营业机构号〉BKCHCNBJ110〈/营业机构号〉
〈账户名称〉个人定期存款账户-王**〈/账户名称〉
〈账户类型〉半年定存〈/账户类型〉
〈存款期限〉6〈/存款期限〉
〈存款余额〉50000〈/存款余额〉
〈开户日期〉20100101〈/开户日期〉
〈账户状态〉正常〈/账户状态〉
〈月份〉3〈/月份〉
〈利率代码〉011〈/利率代码〉
〈/个人定期存款分户账〉
〈个人定期存款分户账〉
〈个人定期存款账号〉2201230203929923913〈/个人定期存款账号〉
〈个人客户统一编号〉GRKH00010002〈/个人客户统一编号〉
〈币种编码〉01〈/币种编码〉
〈科目编号〉20110102〈/科目编号〉
〈营业机构号〉BKCHCNBJ111〈/营业机构号〉
〈账户名称〉个人定期存款账户-高**〈/账户名称〉
〈账户类型〉一年定存〈/账户类型〉

```
            〈存款期限〉12〈/存款期限〉
            〈存款余额〉30000〈/存款余额〉
            〈开户日期〉20100101〈/开户日期〉
            〈账户状态〉正常〈/账户状态〉
            〈月份〉3〈/月份〉
            〈利率代码〉012〈/利率代码〉
        〈/个人定期存款分户账〉
    〈/个人定期存款分户账档案〉
    〈个人定期存款分户账明细档案〉
        〈个人定期存款分户账明细〉
            〈核心交易流水号〉GRDQCK20100300010001〈/核心交易流水号〉
            〈个人定期存款账号〉2201230203929923912〈/个人定期存款账号〉
            〈核心交易日期〉20100318〈/核心交易日期〉
            〈核心交易时间〉150125〈/核心交易时间〉
            〈币种编码〉01〈/币种编码〉
            〈交易代码〉HX1006〈/交易代码〉
            〈交易金额〉50000〈/交易金额〉
            〈营业机构号〉BKCHCNBJ110〈/营业机构号〉
            〈现转标志〉1〈/现转标志〉
            〈对方账号/〉
            〈对方户名/〉
            〈交易柜员号〉GY00010001〈/交易柜员号〉
            〈授权柜员号〉GY00010002〈/授权柜员号〉
            〈摘要〉个人定期存款账户现金存入〈/摘要〉
            〈冲补标志〉0〈/冲补标志〉
            〈借贷标志〉2〈/借贷标志〉
            〈时间戳〉201003181501250001〈/时间戳〉
        〈/个人定期存款分户账明细〉
    〈/个人定期存款分户账明细档案〉
〈/个人存款核心会计〉
```


B.8 对公存款核心会计类 XML 实例


```
〈?xml version="1.0" encoding="UTF-8"?〉
〈对公存款核心会计
xsi:schemaLocation="http://sxbw.audit.gov.cn/AccountingSoftwareDataInterfaceStandard/2010/
Bank/XMLSchema 对公存款核心会计.xsd" xmlns:银行
="http://sxbw.audit.gov.cn/AccountingSoftwareDataInterfaceStandard/2010/Bank/XMLSchema"
xmlns="http://sxbw.audit.gov.cn/AccountingSoftwareDataInterfaceStandard/2010/Bank/XMLSchema"
xmlns:xsi="http://www.w3.org/2001/XMLSchema-instance"〉
    〈对公活期存款分户账档案〉
        〈对公活期存款分户账〉
            〈对公活期存款账号〉11111111111111111111111〈/对公活期存款账号〉
```

〈公司客户统一编号〉GSKH00010001〈/公司客户统一编号〉
〈币种编码〉01〈/币种编码〉
〈科目编号〉20110201〈/科目编号〉
〈营业机构号〉BKCHCNBJ110〈/营业机构号〉
〈账户名称〉公司活期存款账户-＊＊省＊＊房产开发公司〈/账户名称〉
〈账户类型〉活期存款〈/账户类型〉
〈存款余额〉3000000〈/存款余额〉
〈开户日期〉20090302〈/开户日期〉
〈账户状态〉正常〈/账户状态〉
〈月份〉3〈/月份〉
〈利率代码〉009〈/利率代码〉
〈/对公活期存款分户账〉
〈对公活期存款分户账〉
〈对公活期存款账号〉2222222222222222222222〈/对公活期存款账号〉
〈公司客户统一编号〉GSKH00010002〈/公司客户统一编号〉
〈币种编码〉01〈/币种编码〉
〈科目编号〉20110201〈/科目编号〉
〈营业机构号〉BKCHCNBJ110〈/营业机构号〉
〈账户名称〉活期存款账户-＊＊省＊＊汽车经销公司〈/账户名称〉
〈账户类型〉活期存款〈/账户类型〉
〈存款余额〉1000000〈/存款余额〉
〈开户日期〉20090821〈/开户日期〉
〈账户状态〉正常〈/账户状态〉
〈月份〉3〈/月份〉
〈利率代码〉009〈/利率代码〉
〈/对公活期存款分户账〉
〈/对公活期存款分户账档案〉
〈对公活期存款分户账明细档案〉
〈对公活期存款分户账明细〉
〈核心交易流水号〉DGHQCK20100300010001〈/核心交易流水号〉
〈对公活期存款账号〉1111111111111111111111〈/对公活期存款账号〉
〈核心交易日期〉20100318〈/核心交易日期〉
〈核心交易时间〉150210〈/核心交易时间〉
〈币种编码〉01〈/币种编码〉
〈交易代码〉Hx1011〈/交易代码〉
〈交易金额〉198643.63〈/交易金额〉
〈营业机构号〉BKCHCNBJ110〈/营业机构号〉
〈现转标志〉2〈/现转标志〉
〈对方账号〉12543125465645〈/对方账号〉
〈对方户名〉公司贷款账户-＊＊省＊＊房产开发公司〈/对方户名〉
〈交易柜员号〉GY00010001〈/交易柜员号〉
〈授权柜员号〉GY00010001〈/授权柜员号〉
〈摘要〉还本〈/摘要〉

〈冲补标志〉0〈/冲补标志〉
〈借贷标志〉1〈/借贷标志〉
〈时间戳〉201003181502100001〈/时间戳〉
〈/对公活期存款分户账明细〉
〈对公活期存款分户账明细〉
〈核心交易流水号〉DGHQCKH20100300010002〈/核心交易流水号〉
〈对公活期存款账号〉11111111111111111111111〈/对公活期存款账号〉
〈核心交易日期〉20100318〈/核心交易日期〉
〈核心交易时间〉150211〈/核心交易时间〉
〈币种编码〉01〈/币种编码〉
〈交易代码〉HX1011〈/交易代码〉
〈交易金额〉60000〈/交易金额〉
〈营业机构号〉BKCHCNBJ110〈/营业机构号〉
〈现转标志〉2〈/现转标志〉
〈对方账号〉DGDKYSLxFHZ〈/对方账号〉
〈对方户名〉对公贷款应收利息〈/对方户名〉
〈交易柜员号〉GY00010001〈/交易柜员号〉
〈授权柜员号〉GY00010002〈/授权柜员号〉
〈摘要〉还息〈/摘要〉
〈冲补标志〉0〈/冲补标志〉
〈借贷标志〉1〈/借贷标志〉
〈时间戳〉201003181502110001〈/时间戳〉
〈/对公活期存款分户账明细〉
〈对公活期存款分户账明细〉
〈核心交易流水号〉DGHQCKH20100300010003〈/核心交易流水号〉
〈对公活期存款账号〉22222222222222222222222〈/对公活期存款账号〉
〈核心交易日期〉20100318〈/核心交易日期〉
〈核心交易时间〉150125〈/核心交易时间〉
〈币种编码〉01〈/币种编码〉
〈交易代码〉HX1010〈/交易代码〉
〈交易金额〉120000〈/交易金额〉
〈营业机构号〉BKCHCNBJ110〈/营业机构号〉
〈现转标志〉1〈/现转标志〉
〈对方账号〉748723482374823〈/对方账号〉
〈对方户名〉个人贷款账户-高＊＊〈/对方户名〉
〈交易柜员号〉GY00010001〈/交易柜员号〉
〈授权柜员号〉GY00010002〈/授权柜员号〉
〈摘要〉对公活期存款账户转账存入〈/摘要〉
〈冲补标志〉0〈/冲补标志〉
〈借贷标志〉2〈/借贷标志〉
〈时间戳〉201003181501250001〈/时间戳〉
〈/对公活期存款分户账明细〉
〈/对公活期存款分户账明细档案〉

```
    〈对公定期存款分户账档案〉
        〈对公定期存款分户账〉
            〈对公定期存款账号〉234233222111231〈/对公定期存款账号〉
            〈公司客户统一编号〉GSKH00000001〈/公司客户统一编号〉
            〈币种编码〉01〈/币种编码〉
            〈科目编号〉20110202〈/科目编号〉
            〈营业机构号〉BKCHCNBJ110〈/营业机构号〉
            〈账户名称〉公司定期存款账户-＊＊省＊＊房产开发公司〈/账户名称〉
            〈账户类型〉半年定存〈/账户类型〉
            〈存款期限〉6〈/存款期限〉
            〈存款余额〉5000000〈/存款余额〉
            〈开户日期〉20090302〈/开户日期〉
            〈账户状态〉正常〈/账户状态〉
            〈月份〉3〈/月份〉
            〈利率代码〉011〈/利率代码〉
        〈/对公定期存款分户账〉
    〈/对公定期存款分户账档案〉
    〈对公定期存款分户账明细档案〉
        〈对公定期存款分户账明细〉
            〈核心交易流水号〉DGDQCKH20100300010001〈/核心交易流水号〉
            〈对公定期存款账号〉234233222111231〈/对公定期存款账号〉
            〈核心交易日期〉20100318〈/核心交易日期〉
            〈核心交易时间〉150127〈/核心交易时间〉
            〈币种编码〉01〈/币种编码〉
            〈交易代码〉HX1012〈/交易代码〉
            〈交易金额〉500000〈/交易金额〉
            〈营业机构号〉BKCHCNBJ110〈/营业机构号〉
            〈现转标志〉1〈/现转标志〉
            〈对方账号/〉
            〈对方户名/〉
            〈交易柜员号〉GY00010001〈/交易柜员号〉
            〈授权柜员号〉GY00010002〈/授权柜员号〉
            〈摘要〉对公定期存款账户现金存入〈/摘要〉
            〈冲补标志〉0〈/冲补标志〉
            〈借贷标志〉2〈/借贷标志〉
            〈时间戳〉201003181501270001〈/时间戳〉
        〈/对公定期存款分户账明细〉
    〈/对公定期存款分户账明细档案〉
〈/对公存款核心会计〉
```

B.9 内部分户账核心会计类 XML 实例

```
〈?xml version="1.0" encoding="UTF-8"?〉
```

〈内部分户账核心会计
xsi:schemaLocation="http://sxbw.audit.gov.cn/AccountingSoftwareDataInterfaceStandard/2010/Bank/XMLSchema 内部分户账核心会计.xsd" xmlns:银行
="http://sxbw.audit.gov.cn/AccountingSoftwareDataInterfaceStandard/2010/Bank/XMLSchema"
xmlns="http://sxbw.audit.gov.cn/AccountingSoftwareDataInterfaceStandard/2010/Bank/XMLSchema"
xmlns:xsi="http://www.w3.org/2001/XMLSchema-instance"〉
〈内部分户账档案〉
〈内部分户账〉
〈内部分户账账号〉GRDKYSLXFHZ〈/内部分户账账号〉
〈账户名称〉个人贷款应收利息〈/账户名称〉
〈账户类型〉应收利息〈/账户类型〉
〈账户余额〉2000000〈/账户余额〉
〈营业机构号〉BKCHCNBJ110〈/营业机构号〉
〈币种编码〉01〈/币种编码〉
〈科目编号〉11320101〈/科目编号〉
〈计息标志〉1〈/计息标志〉
〈计息方式〉按月计息〈/计息方式〉
〈利率代码〉001〈/利率代码〉
〈开户日期〉20070101〈/开户日期〉
〈客户编号/〉
〈账户状态〉正常〈/账户状态〉
〈月份〉3〈/月份〉
〈/内部分户账〉
〈内部分户账〉
〈内部分户账账号〉DGDKYSLXFHZ〈/内部分户账账号〉
〈账户名称〉对公贷款应收利息〈/账户名称〉
〈账户类型〉应收利息〈/账户类型〉
〈账户余额〉5000000〈/账户余额〉
〈营业机构号〉BKCHCNBJ110〈/营业机构号〉
〈币种编码〉01〈/币种编码〉
〈科目编号〉11320102〈/科目编号〉
〈计息标志〉1〈/计息标志〉
〈计息方式〉按月计息〈/计息方式〉
〈利率代码〉001〈/利率代码〉
〈开户日期〉20070101〈/开户日期〉
〈客户编号〉GSKH00010001〈/客户编号〉
〈账户状态〉正常〈/账户状态〉
〈月份〉3〈/月份〉
〈/内部分户账〉
〈内部分户账〉
〈内部分户账账号〉QTYFKFHZ〈/内部分户账账号〉
〈账户名称〉其他应付款-员工差旅费〈/账户名称〉
〈账户类型〉其他往来〈/账户类型〉

〈账户余额〉5000〈/账户余额〉
〈营业机构号〉BKCHCNBJ110〈/营业机构号〉
〈币种编码〉01〈/币种编码〉
〈科目编号〉2241〈/科目编号〉
〈计息标志〉0〈/计息标志〉
〈计息方式/〉
〈利率代码/〉
〈开户日期〉20070101〈/开户日期〉
〈客户编号/〉
〈账户状态〉正常〈/账户状态〉
〈月份〉3〈/月份〉
〈/内部分户账〉
〈/内部分户账档案〉
〈内部分户账明细档案〉
〈内部分户账明细〉
〈内部分户账账号〉GRDKYSLXFHZ〈/内部分户账账号〉
〈核心交易流水号〉GRDKYSLX00010001〈/核心交易流水号〉
〈核心交易日期〉20100318〈/核心交易日期〉
〈核心交易时间〉150023〈/核心交易时间〉
〈交易代码〉HX1002〈/交易代码〉
〈借贷标志〉2〈/借贷标志〉
〈营业机构号〉BKCHCNBJ110〈/营业机构号〉
〈交易金额〉5176.65〈/交易金额〉
〈币种编码〉01〈/币种编码〉
〈现转标志〉1〈/现转标志〉
〈摘要〉还息〈/摘要〉
〈对方账号〉135135135135〈/对方账号〉
〈对方科目号〉20110101〈/对方科目号〉
〈冲补标志〉0〈/冲补标志〉
〈交易柜员号〉GY00010001〈/交易柜员号〉
〈授权柜员号〉GY00010002〈/授权柜员号〉
〈时间戳〉20100318150023000l〈/时间戳〉
〈/内部分户账明细〉
〈内部分户账明细〉
〈内部分户账账号〉DGDKYSLXFHZ〈/内部分户账账号〉
〈核心交易流水号〉DGDKYSLX00010001〈/核心交易流水号〉
〈核心交易日期〉20100318〈/核心交易日期〉
〈核心交易时间〉150023〈/核心交易时间〉
〈交易代码〉HX1002〈/交易代码〉
〈借贷标志〉2〈/借贷标志〉
〈营业机构号〉BKCHCNBJ110〈/营业机构号〉
〈交易金额〉60000〈/交易金额〉
〈币种编码〉01〈/币种编码〉

```
            〈现转标志〉1〈/现转标志〉
            〈摘要〉还息〈/摘要〉
            〈对方账号〉1111111111111111111111〈/对方账号〉
            〈对方科目号〉20110201〈/对方科目号〉
            〈冲补标志〉0〈/冲补标志〉
            〈交易柜员号〉GY00010001〈/交易柜员号〉
            〈授权柜员号〉GY00010002〈/授权柜员号〉
            〈时间戳〉201003181500230002〈/时间戳〉
        〈/内部分户账明细〉
        〈内部分户账明细〉
            〈内部分户账账号〉QTYFK〈/内部分户账账号〉
            〈核心交易流水号〉QTYFK00010001〈/核心交易流水号〉
            〈核心交易日期〉20100318〈/核心交易日期〉
            〈核心交易时间〉153021〈/核心交易时间〉
            〈交易代码〉HX1015〈/交易代码〉
            〈借贷标志〉2〈/借贷标志〉
            〈营业机构号〉BKCHCNBJ110〈/营业机构号〉
            〈交易金额〉5000〈/交易金额〉
            〈币种编码〉01〈/币种编码〉
            〈现转标志〉1〈/现转标志〉
            〈摘要〉员工报销差旅费-王＊＊〈/摘要〉
            〈对方账号/〉
            〈对方科目号〉2241〈/对方科目号〉
            〈冲补标志〉0〈/冲补标志〉
            〈交易柜员号〉GY00010001〈/交易柜员号〉
            〈授权柜员号〉GY00010002〈/授权柜员号〉
            〈时间戳〉201003181530210001〈/时间戳〉
        〈/内部分户账明细〉
    〈/内部分户账明细档案〉
〈/内部分户账核心会计〉
```

B.10 表外分户账核心会计类 XML 实例

```
〈?xml version="1.0" encoding="UTF-8"?〉
〈表外分户账核心会计
xsi:schemaLocation="http://sxbw.audit.gov.cn/AccountingSoftwareDataInterfaceStandard/2010/Bank/XMLSchema 表外分户账核心会计.xsd" xmlns:银行
="http://sxbw.audit.gov.cn/AccountingSoftwareDataInterfaceStandard/2010/Bank/XMLSchema"
xmlns="http://sxbw.audit.gov.cn/AccountingSoftwareDataInterfaceStandard/2010/Bank/XMLSchema"
xmlns:xsi="http://www.w3.org/2001/XMLSchema-instance"〉
    〈表外分户账档案〉
        〈表外分户账〉
            〈表外分户账账号〉010293847534〈/表外分户账账号〉
```

〈营业机构号〉BKCHCNBJ110〈/营业机构号〉
〈账户名称〉重要空白凭证-汇票-银行承兑汇票〈/账户名称〉
〈币种编码〉01〈/币种编码〉
〈科目编号〉82010101〈/科目编号〉
〈表外科目余额〉4000〈/表外科目余额〉
〈开户日期〉20070101〈/开户日期〉
〈账户状态〉正常〈/账户状态〉
〈月份〉3〈/月份〉
〈/表外分户账〉
〈表外分户账〉
〈表外分户账账号〉010293847576〈/表外分户账账号〉
〈营业机构号〉BKCHCNBJ110〈/营业机构号〉
〈账户名称〉未收公司贷款利息-＊＊公司〈/账户名称〉
〈币种编码〉01〈/币种编码〉
〈科目编号〉83050102〈/科目编号〉
〈表外科目余额〉50000〈/表外科目余额〉
〈开户日期〉20091118〈/开户日期〉
〈账户状态〉正常〈/账户状态〉
〈月份〉3〈/月份〉
〈/表外分户账〉
〈/表外分户账档案〉
〈表外分户账明细档案〉
〈表外分户账明细〉
〈核心交易流水号〉BWHX00010001〈/核心交易流水号〉
〈表外分户账账号〉010293847534〈/表外分户账账号〉
〈核心交易日期〉20100318〈/核心交易日期〉
〈核心交易时间〉151200〈/核心交易时间〉
〈交易代码〉HX1013〈/交易代码〉
〈借贷标志〉2〈/借贷标志〉
〈营业机构号〉BKCHCNBJ110〈/营业机构号〉
〈币种编码/〉
〈摘要〉领取空白凭证〈/摘要〉
〈冲补标志〉0〈/冲补标志〉
〈交易柜员号〉GY00010001〈/交易柜员号〉
〈授权柜员号〉GY00010002〈/授权柜员号〉
〈借据编号/〉
〈交易数量〉20〈/交易数量〉
〈对方账号/〉
〈时间戳〉201003181512000001〈/时间戳〉
〈/表外分户账明细〉
〈表外分户账明细〉
〈核心交易流水号〉BWHX00010002〈/核心交易流水号〉
〈表外分户账账号〉010293847576〈/表外分户账账号〉

〈核心交易日期〉20100318〈/核心交易日期〉
〈核心交易时间〉151202〈/核心交易时间〉
〈交易代码〉HX1014〈/交易代码〉
〈借贷标志〉2〈/借贷标志〉
〈营业机构号〉BKCHCNBJ110〈/营业机构号〉
〈交易金额〉5000〈/交易金额〉
〈币种编码〉01〈/币种编码〉
〈现转标志〉2〈/现转标志〉
〈摘要〉未收公司贷款利息转入表外〈/摘要〉
〈冲补标志〉0〈/冲补标志〉
〈交易柜员号〉GY00010001〈/交易柜员号〉
〈授权柜员号〉GY00010002〈/授权柜员号〉
〈借据编号〉DGXDJJ00010003〈/借据编号〉
〈对方账号〉DGDKYSLXFHZ〈/对方账号〉
〈时间戳〉201003181512020001〈/时间戳〉
〈/表外分户账明细〉
〈/表外分户账明细档案〉
〈/表外分户账核心会计〉

B.11 总账类 XML 实例

〈? xml version="1.0" encoding="UTF-8"?〉
〈总账
xsi:schemaLocation="http://sxbw.audit.gov.cn/AccountingSoftwareDataInterfaceStandard/2010/Bank/XMLSchema 总账.xsd" xmlns:银行
="http://sxbw.audit.gov.cn/AccountingSoftwareDataInterfaceStandard/2010/Bank/XMLSchema"
xmlns="http://sxbw.audit.gov.cn/AccountingSoftwareDataInterfaceStandard/2010/Bank/XMLSchema"
xmlns:xsi="http://www.w3.org/2001/XMLSchema-instance"〉
〈总账余额档案〉
〈总账余额〉
〈科目编号〉13030401〈/科目编号〉
〈币种编码〉01〈/币种编码〉
〈会计年度〉2010〈/会计年度〉
〈会计期间号〉01〈/会计期间号〉
〈期初原币余额〉20000000〈/期初原币余额〉
〈期初本币余额〉20000000〈/期初本币余额〉
〈本期借方原币金额〉20000000〈/本期借方原币金额〉
〈本期借方本币金额〉20000000〈/本期借方本币金额〉
〈本期贷方原币金额〉10000000〈/本期贷方原币金额〉
〈本期贷方本币金额〉10000000〈/本期贷方本币金额〉
〈期末原币余额〉30000000〈/期末原币余额〉
〈期末本币余额〉30000000〈/期末本币余额〉
〈/总账余额〉

〈总账余额〉
〈科目编号〉20110101〈/科目编号〉
〈币种编码〉01〈/币种编码〉
〈会计年度〉2010〈/会计年度〉
〈会计期间号〉01〈/会计期间号〉
〈期初原币余额〉50000000〈/期初原币余额〉
〈期初本币余额〉50000000〈/期初本币余额〉
〈本期借方原币金额〉20000000〈/本期借方原币金额〉
〈本期借方本币金额〉20000000〈/本期借方本币金额〉
〈本期贷方原币金额〉10000000〈/本期贷方原币金额〉
〈本期贷方本币金额〉10000000〈/本期贷方本币金额〉
〈期末原币余额〉40000000〈/期末原币余额〉
〈期末本币余额〉40000000〈/期末本币余额〉
〈/总账余额〉
〈/总账余额档案〉
〈总账明细档案〉
〈总账明细〉
〈科目编号〉20110101〈/科目编号〉
〈币种编码〉01〈/币种编码〉
〈会计年度〉2010〈/会计年度〉
〈会计期间号〉01〈/会计期间号〉
〈发生日期〉20100104〈/发生日期〉
〈借方原币金额〉500000〈/借方原币金额〉
〈借方本币金额〉500000〈/借方本币金额〉
〈贷方原币金额〉600000〈/贷方原币金额〉
〈贷方本币金额〉600000〈/贷方本币金额〉
〈/总账明细〉
〈总账明细〉
〈科目编号〉1001〈/科目编号〉
〈币种编码〉01〈/币种编码〉
〈会计年度〉2010〈/会计年度〉
〈会计期间号〉01〈/会计期间号〉
〈发生日期〉20100104〈/发生日期〉
〈借方原币金额〉600000〈/借方原币金额〉
〈借方本币金额〉600000〈/借方本币金额〉
〈贷方原币金额〉500000〈/贷方原币金额〉
〈贷方本币金额〉500000〈/贷方本币金额〉
〈/总账明细〉
〈/总账明细档案〉
〈总账凭证档案〉
〈总账凭证〉
〈总账凭证编号〉JZPZ20100100010001〈/总账凭证编号〉
〈总账凭证日期〉20100104〈/总账凭证日期〉

〈总账凭证摘要〉支取个人活期存款〈/总账凭证摘要〉
〈总账凭证行号〉1〈/总账凭证行号〉
〈科目编号〉20110101〈/科目编号〉
〈币种编码〉01〈/币种编码〉
〈借方原币金额〉500000〈/借方原币金额〉
〈借方本币金额〉500000〈/借方本币金额〉
〈贷方原币金额〉0〈/贷方原币金额〉
〈贷方本币金额〉0〈/贷方本币金额〉
〈附件数〉0〈/附件数〉
〈制单人〉武＊＊〈/制单人〉
〈审核人〉焦＊＊〈/审核人〉
〈记账人〉金＊＊〈/记账人〉
〈记账标志〉1〈/记账标志〉
〈作废标志〉0〈/作废标志〉
〈会计期间号〉01〈/会计期间号〉
〈会计年度〉2010〈/会计年度〉
〈/总账凭证〉
〈总账凭证〉
〈总账凭证编号〉JZPZ20100100010001〈/总账凭证编号〉
〈总账凭证日期〉20100104〈/总账凭证日期〉
〈总账凭证摘要〉支取个人活期存款〈/总账凭证摘要〉
〈总账凭证行号〉2〈/总账凭证行号〉
〈科目编号〉1001〈/科目编号〉
〈币种编码〉01〈/币种编码〉
〈借方原币金额〉0〈/借方原币金额〉
〈借方本币金额〉0〈/借方本币金额〉
〈贷方原币金额〉500000〈/贷方原币金额〉
〈贷方本币金额〉500000〈/贷方本币金额〉
〈附件数〉0〈/附件数〉
〈制单人〉武＊＊〈/制单人〉
〈审核人〉焦＊＊〈/审核人〉
〈记账人〉金＊＊〈/记账人〉
〈记账标志〉1〈/记账标志〉
〈作废标志〉0〈/作废标志〉
〈会计期间号〉01〈/会计期间号〉
〈会计年度〉2010〈/会计年度〉
〈/总账凭证〉
〈总账凭证〉
〈总账凭证编号〉JZPZ20100100010002〈/总账凭证编号〉
〈总账凭证日期〉20100104〈/总账凭证日期〉
〈总账凭证摘要〉吸收个人活期存款〈/总账凭证摘要〉
〈总账凭证行号〉1〈/总账凭证行号〉
〈科目编号〉1001〈/科目编号〉

〈币种编码〉01〈/币种编码〉
〈借方原币金额〉600000〈/借方原币金额〉
〈借方本币金额〉600000〈/借方本币金额〉
〈贷方原币金额〉0〈/贷方原币金额〉
〈贷方本币金额〉0〈/贷方本币金额〉
〈附件数〉0〈/附件数〉
〈制单人〉武＊＊〈/制单人〉
〈审核人〉焦＊＊〈/审核人〉
〈记账人〉金＊＊〈/记账人〉
〈记账标志〉1〈/记账标志〉
〈作废标志〉0〈/作废标志〉
〈会计期间号〉01〈/会计期间号〉
〈会计年度〉2010〈/会计年度〉
〈/总账凭证〉
〈总账凭证〉
〈总账凭证编号〉JZPZ20100100010002〈/总账凭证编号〉
〈总账凭证日期〉20100104〈/总账凭证日期〉
〈总账凭证摘要〉吸收个人活期存款〈/总账凭证摘要〉
〈总账凭证行号〉2〈/总账凭证行号〉
〈科目编号〉20110101〈/科目编号〉
〈币种编码〉01〈/币种编码〉
〈借方原币金额〉0〈/借方原币金额〉
〈借方本币金额〉0〈/借方本币金额〉
〈贷方原币金额〉600000〈/贷方原币金额〉
〈贷方本币金额〉600000〈/贷方本币金额〉
〈附件数〉0〈/附件数〉
〈制单人〉武＊＊〈/制单人〉
〈审核人〉焦＊＊〈/审核人〉
〈记账人〉金＊＊〈/记账人〉
〈记账标志〉1〈/记账标志〉
〈作废标志〉0〈/作废标志〉
〈会计期间号〉01〈/会计期间号〉
〈会计年度〉2010〈/会计年度〉
〈/总账凭证〉
〈/总账凭证档案〉
〈报表档案〉
〈报表〉
〈报表编号〉BB2010010001〈/报表编号〉
〈报表名称〉资产负债表〈/报表名称〉
〈报表报告日〉20100131〈/报表报告日〉
〈报表报告期〉201001〈/报表报告期〉
〈编制单位〉＊＊银行＊＊＊分行＊＊＊＊支行〈/编制单位〉
〈货币单位〉百万元〈/货币单位〉

```
        〈/报表〉
        〈报表〉
            〈报表编号〉BB2010010002〈/报表编号〉
            〈报表名称〉现金流量表〈/报表名称〉
            〈报表报告日〉20100131〈/报表报告日〉
            〈报表报告期〉201001〈/报表报告期〉
            〈编制单位〉＊＊银行＊＊＊分行＊＊＊＊支行〈/编制单位〉
            〈货币单位〉百万元〈/货币单位〉
        〈/报表〉
    〈/报表档案〉
    〈报表项数据档案〉
        〈报表项数据〉
            〈报表编号〉BB2010010001〈/报表编号〉
            〈报表项编号〉001〈/报表项编号〉
            〈报表项名称〉发放贷款和垫款〈/报表项名称〉
            〈报表项公式〉公式表达式〈/报表项公式〉
            〈报表项数值〉3189652〈/报表项数值〉
        〈/报表项数据〉
        〈报表项数据〉
            〈报表编号〉BB2010010001〈/报表编号〉
            〈报表项编号〉002〈/报表项编号〉
            〈报表项名称〉吸收存款〈/报表项名称〉
            〈报表项公式〉公式表达式〈/报表项公式〉
            〈报表项数值〉5173352〈/报表项数值〉
        〈/报表项数据〉
    〈/报表项数据档案〉
〈/总账〉
```

参 考 文 献

[1] GB 18030—2005 信息技术 中文编码字符集
[2] 《企业会计准则》(2006 年 2 月 15 日发布)
[3] 《企业内部控制基本规范》(2008 年 6 月 26 日发布)
[4] 《会计基础工作规范》
[5] 《金融企业会计制度》2002 年 中国人民银行
[6] 《中国人民银行会计基本制度》2006 年 中国人民银行
[7] 《中国人民银行财务制度》2000 年 中国人民银行
[8] 《中国人民银行固定资产管理办法》2006 年 中国人民银行

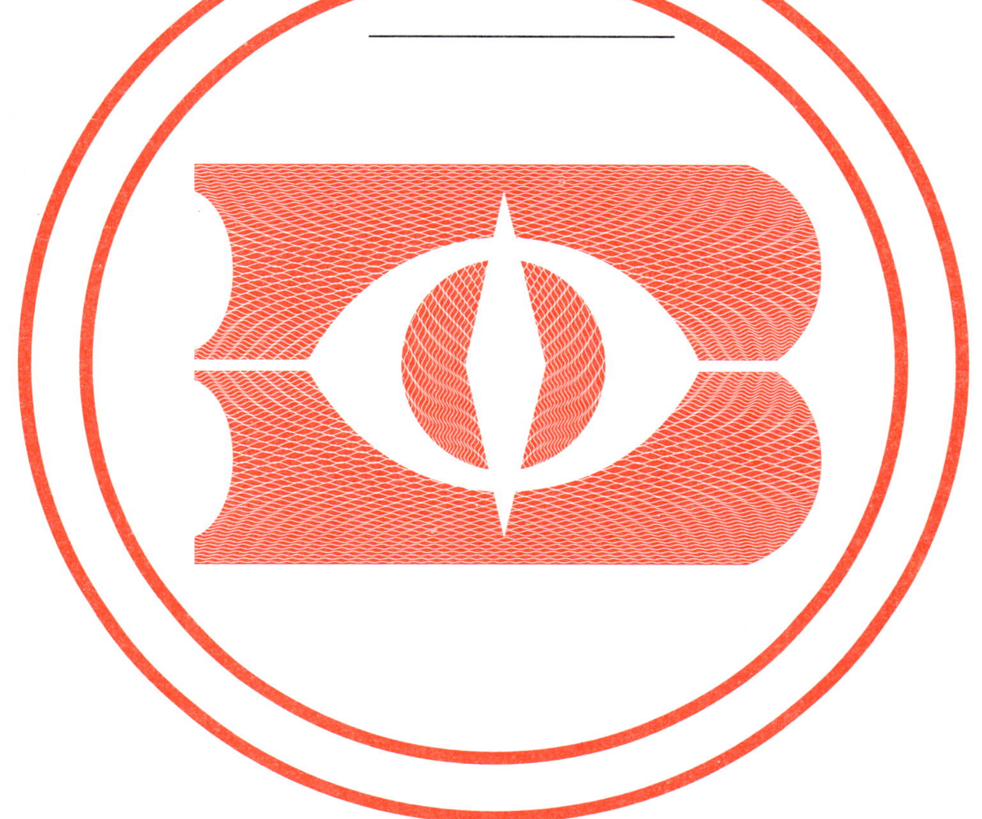

ICS 83.140.50
G 43

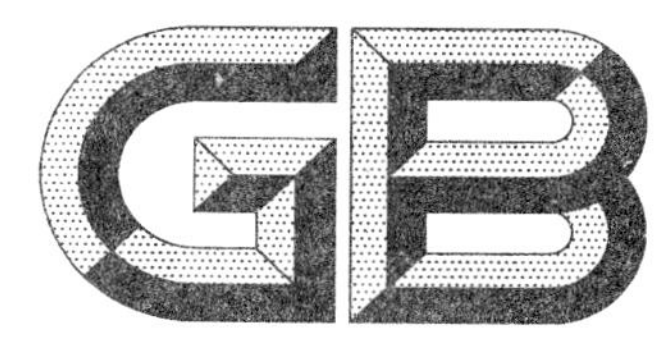

中华人民共和国国家标准

GB/T 24795.2—2011

商用车车桥旋转轴唇形密封圈 第2部分:性能试验方法

Rotary shaft lip seals for commercial vehicle axle—
Part 2: Performance test procedures

2011-12-05 发布　　2012-03-01 实施

中华人民共和国国家质量监督检验检疫总局
中国国家标准化管理委员会　发布

前　言

GB/T 24795《商用车车桥旋转轴唇形密封圈》分为两个部分：

——第1部分：结构、尺寸和公差；

——第2部分：性能试验方法。

本部分为GB/T 24795的第2部分。

本部分按照GB/T 1.1—2009给出的规则起草。

本部分由中国石油和化学工业联合会提出。

本部分由全国橡胶与橡胶制品标准化技术委员会密封制品分技术委员会(SAC/TC 35/SC 3)归口。

本部分起草单位：重庆杜克高压密封件有限公司、重庆大学、青岛开世密封工业有限公司。

本部分主要起草人员：杜长春、陶素彬、李云飞、徐春跃、唐梦婧、赵良举、高鑑明。

商用车车桥旋转轴唇形密封圈 第2部分：性能试验方法

1 范围

GB/T 24795的本部分规定了商用车车桥旋转轴唇形密封圈的性能试验方法和判定原则。

本部分适用于工作压力不大于0.05 MPa的商用车车桥密封元件为橡胶材料的旋转轴唇形密封圈（以下简称“密封圈”）的性能试验。

2 规范性引用文件

下列文件对于本文件的应用是必不可少的。凡是注日期的引用文件，仅注日期的版本适用于本文件。凡是不注日期的引用文件，其最新版本（包括所有的修改单）适用于本文件。

GB/T 5719—2006 橡胶密封制品 词汇

GB/T 13871.4—2007 密封元件为弹性体材料的旋转轴唇形密封圈 第4部分：性能试验程序

GB/T 24795.1 商用车车桥旋转轴唇形密封圈 第1部分：结构、尺寸和公差

3 术语和定义

GB/T 5719—2006中的2.3和GB/T 24795.1的术语、定义和字母代号适用于本文件。

4 预试验程序

为便于准确地分析试验结果，在进行试验以前需测量密封圈及其配合件的物理特性值：

a) 密封圈主唇直径；

b) 密封圈副唇直径（若有时）；

c) 密封圈外径以及圆度、同轴度；

d) 密封圈径向力；

e) 密封圈外观质量；

f) 轴直径及表面硬度、表面粗糙度；

g) 腔体直径及表面粗糙度。

5 试验设备

5.1 轴转试验设备

指主轴转动，而安置试样的密封圈腔体不转动的试验设备，适用于商用车车桥的主齿和半轴密封圈。图1为该试验设备的典型示意图。

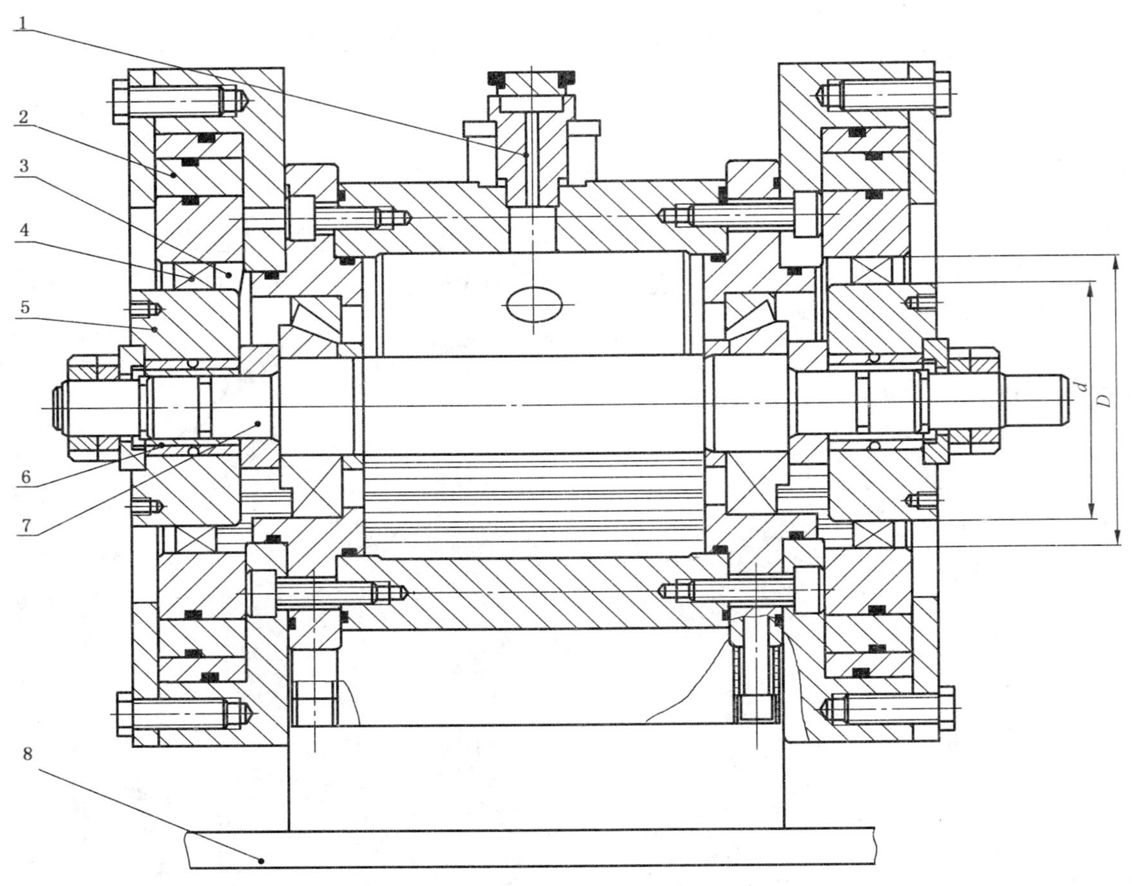

1——加热装置；

2——密封圈腔体偏心套；

3——密封圈腔体；

4——密封圈；

5——轴；

6——轴偏心套；

7——主轴；

8——底座。

图 1　轴转试验设备的典型示意图

5.2　壳转试验设备

指主轴不转动，而安置试样的密封圈腔体转动的试验设备，适用于商用车车桥的轮毂密封圈。图 2 为该试验设备的典型示意图。

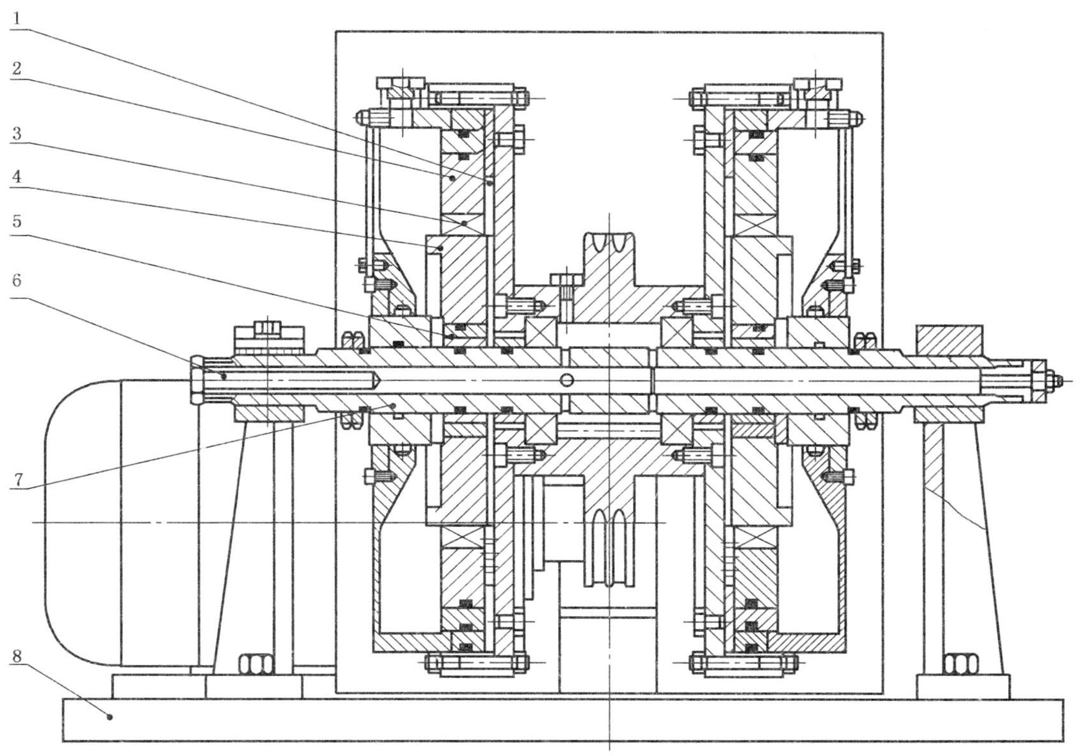

1——密封圈腔体；
2——密封圈腔体偏心套；
3——密封圈；
4——轴；
5——轴偏心套；
6——加热装置；
7——主轴；
8——底座。

图 2　壳转试验设备的典型示意图

5.3　泥浆试验设备

5.3.1　轴转泥浆试验设备

图 3 为该试验设备的典型示意图。

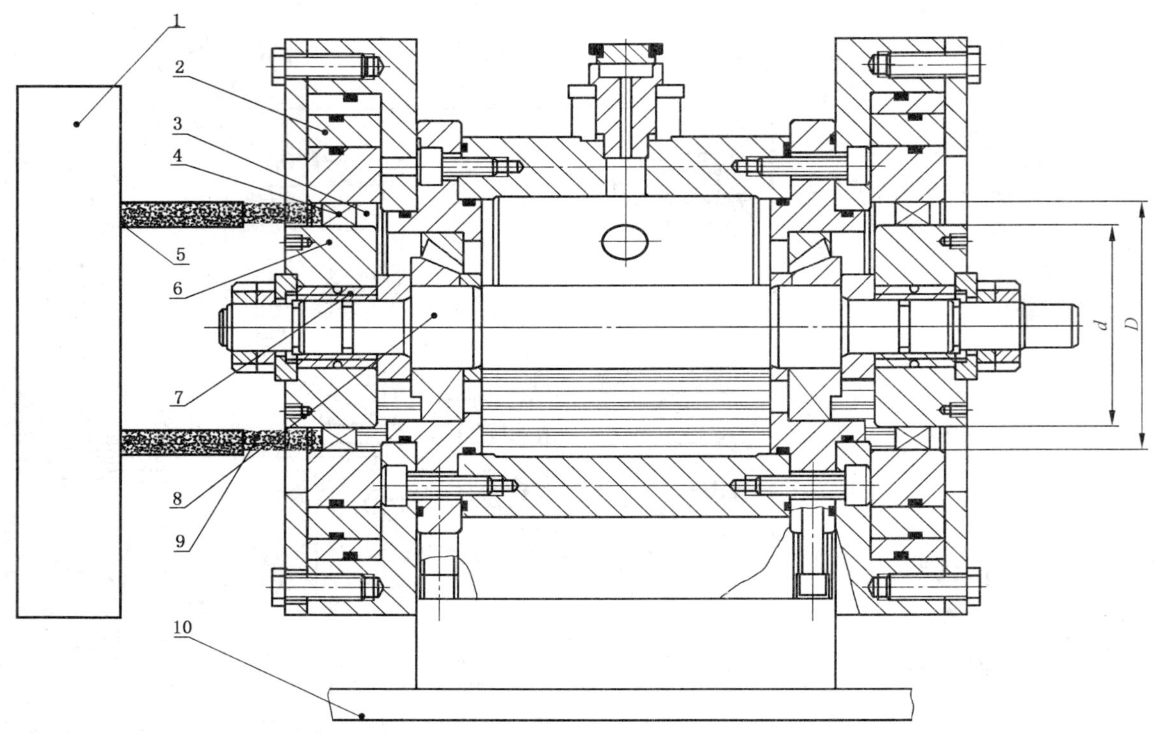

1——泥浆搅拌及喷射装置；
2——密封圈腔体偏心套；
3——密封圈腔体；
4——密封圈；
5——泥浆喷射管；
6——轴；
7——轴偏心套；
8——主轴；
9——泥浆；
10——底座。

图 3 轴转泥浆试验设备的典型示意图

5.3.2 壳转泥浆试验设备

图 4 为该试验设备的典型示意图。

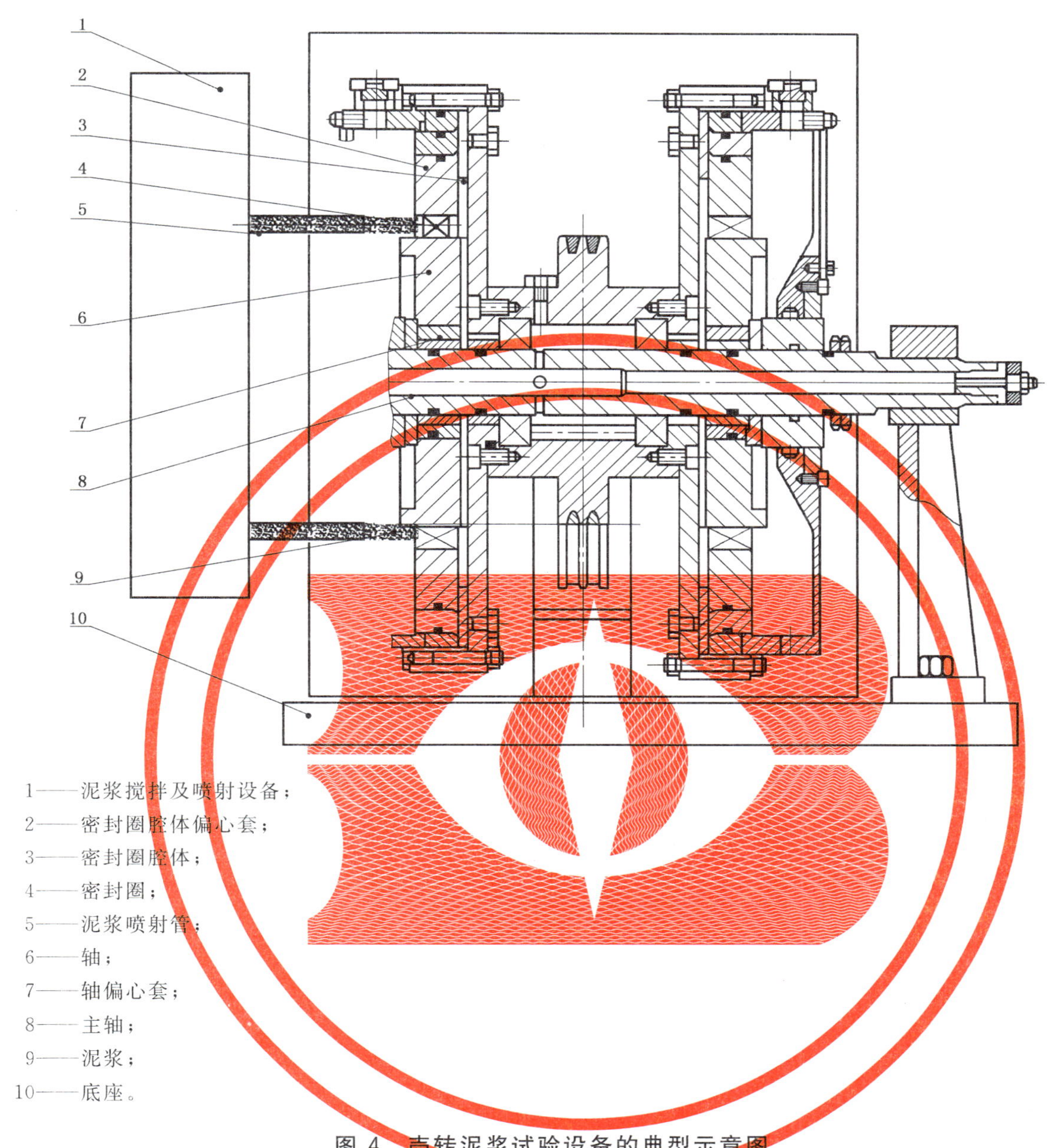

图 4 壳转泥浆试验设备的典型示意图

5.4 试验设备其他附加要求

5.4.1 密封圈腔体应符合 GB/T 24795.1 中规定的要求。

5.4.2 轴应符合 GB/T 24795.1 中规定的要求。

5.4.3 主轴转速误差应控制在设定值的±3%以内。

5.4.4 在未设置动静偏心的情况下，试验设备腔体内孔相对于主轴的同轴度应不大于 0.03 mm。

5.4.5 试验设备底座的设计应确保最小的变形、振动和偏移。

5.4.6 试验设备内部试验液体的温度应控制在设定值±3 ℃以内，并与大气相通。

5.4.7 试验设备内部试验液体液面应在轴的最低点以上 0.3 d_1～0.75 d_1 之间(d_1 为轴直径)。

5.4.8 应具备收集和测量从密封圈泄漏的液体的装置。

5.4.9 试验设备内应具备试验液的液面测量装置。

6 安装

6.1 彻底清洁试验设备内部，使之不含污染物和外来物质。

6.2 在密封圈唇口涂抹少量润滑脂。安装时为不损伤唇口，应用适当的导向装置遮盖如花键及其他有锐角部位。

6.3 密封圈安装完后，再进行偏心量的调整。

6.4 除非另有规定，安装时应确保密封圈端面与轴的轴线垂直，同时应保证密封圈唇口接触带在轴的工作表面范围内。

7 性能试验

7.1 极限静偏心试验

7.1.1 试验设备

见5.1、5.2。

7.1.2 试验条件

试验条件如下：

a) 密封圈偏心量设定见表1。

表1 密封圈极限静偏心量设定

单位为毫米

名称	轴径													
	$30<d_1\leqslant50$	$50<d_1\leqslant70$	$70<d_1\leqslant90$	$90<d_1\leqslant110$	$110<d_1\leqslant130$	$130<d_1\leqslant150$	$150<d_1\leqslant170$	$170<d_1\leqslant190$	$190<d_1\leqslant210$	$210<d_1\leqslant230$	$230<d_1\leqslant250$	$250<d_1\leqslant300$	$300<d_1\leqslant350$	$350<d_1\leqslant400$
静偏心量	0.3	0.4	0.5	0.6	0.7	0.8	0.9	1.0	1.2	1.4	1.6	1.8	2.0	2.2

b) 试验温度：轴转密封圈试验液温度为100 ℃～120 ℃；壳转密封圈试验液温度为80 ℃～100 ℃。

c) 试验转速：额定轴转速和额定壳转速。

d) 试验介质：密封圈实际使用的介质。

e) 试验时间：48 h。

7.1.3 试验程序

取2只密封圈，按第6章的要求进行安装。连续运行20 h，停机4 h自然冷却为一周期，连续试验2个周期。

7.1.4 试验后的测量

试验完成后，测量密封圈的主唇直径、副唇直径(若有时)、径向力、唇口接触宽度以及外观质量。

7.1.5 记录

在密封圈的试验报告中记录所有的试验数据。试验报告的示例参见附录A。

7.1.6 合格标准

2只密封圈均不应有可见的泄漏，试验后密封圈唇口应无裂纹、无裂口现象。

7.2 极限动偏心试验

7.2.1 试验设备

见5.1、5.2。

7.2.2 试验条件

试验条件如下：

a) 密封圈偏心量设定见表2。

表2 密封圈极限动偏心量设定

单位为毫米

名称	轴径													
	$30<d_1\leqslant50$	$50<d_1\leqslant70$	$70<d_1\leqslant90$	$90<d_1\leqslant110$	$110<d_1\leqslant130$	$130<d_1\leqslant150$	$150<d_1\leqslant170$	$170<d_1\leqslant190$	$190<d_1\leqslant210$	$210<d_1\leqslant230$	$230<d_1\leqslant250$	$250<d_1\leqslant300$	$300<d_1\leqslant350$	$350<d_1\leqslant400$
动偏心量	0.5	0.6	0.7	0.8	0.9	1.0	1.1	1.2	1.4	1.6	1.8	2.0	2.2	2.4

b) 试验温度、试验转速、试验介质和试验时间见7.1.2的b)、c)、d)、e)。

7.2.3 试验程序

应按7.1.3的规定进行。

7.2.4 试验后的测量

应按7.1.4的规定进行。

7.2.5 记录

应按7.1.5的规定进行。

7.2.6 合格标准

应符合7.1.6的规定。

7.3 动静偏心组合试验

7.3.1 试验设备

见5.1、5.2。

7.3.2 试验条件

试验条件如下：

a) 密封圈偏心量设定见表3。

表 3　密封圈动静偏心组合动、静偏心量设定　　单位为毫米

名称	轴径													
	$30<d_1\leqslant50$	$50<d_1\leqslant70$	$70<d_1\leqslant90$	$90<d_1\leqslant110$	$110<d_1\leqslant130$	$130<d_1\leqslant150$	$150<d_1\leqslant170$	$170<d_1\leqslant190$	$190<d_1\leqslant210$	$210<d_1\leqslant230$	$230<d_1\leqslant250$	$250<d_1\leqslant300$	$300<d_1\leqslant350$	$350<d_1\leqslant400$
静偏心量	0.25	0.35	0.45	0.55	0.65	0.75	0.85	0.95	1.10	1.30	1.50	1.70	1.90	2.10
动偏心量	0.45	0.55	0.65	0.75	0.85	0.95	1.05	1.15	1.30	1.50	1.70	1.90	2.10	2.30

b)　试验温度、试验转速、试验介质和试验时间见 7.1.2 的 b)、c)、d)、e)。

7.3.3　试验程序

应按 7.1.3 的规定进行。

7.3.4　试验后的测量

应按 7.1.4 的规定进行。

7.3.5　记录

应按 7.1.5 的规定进行。

7.3.6　合格标准

应符合 7.1.6 的规定。

7.4　高温试验

7.4.1　试验设备

见 5.1、5.2。

7.4.2　试验条件

试验条件如下：

a)　密封圈偏心量设定见表 4。

表 4　密封圈高温动、静偏心量设定　　单位为毫米

名称	轴径													
	$30<d_1\leqslant50$	$50<d_1\leqslant70$	$70<d_1\leqslant90$	$90<d_1\leqslant110$	$110<d_1\leqslant130$	$130<d_1\leqslant150$	$150<d_1\leqslant170$	$170<d_1\leqslant190$	$190<d_1\leqslant210$	$210<d_1\leqslant230$	$230<d_1\leqslant250$	$250<d_1\leqslant300$	$300<d_1\leqslant350$	$350<d_1\leqslant400$
静偏心量	0.15	0.25	0.35	0.45	0.55	0.65	0.75	0.85	1.05	1.25	1.45	1.65	1.85	2.05

表 4（续）

单位为毫米

名称	轴径													
	30<d_1≤50	50<d_1≤70	70<d_1≤90	90<d_1≤110	110<d_1≤130	130<d_1≤150	150<d_1≤170	170<d_1≤190	190<d_1≤210	210<d_1≤230	230<d_1≤250	250<d_1≤300	300<d_1≤350	350<d_1≤400
动偏心量	0.30	0.40	0.50	0.60	0.70	0.80	0.90	1.00	1.20	1.40	1.60	1.80	2.00	2.20

b) 试验温度、试验转速和试验介质：密封圈实际使用条件。

c) 试验时间：48 h。

7.4.3 试验程序

取 2 只密封圈，按 6 的要求进行安装。模拟用户规定的密封圈实际使用条件，连续运行 20 h，停机 4 h，自然冷却为一周期，连续试验 2 个周期。

7.4.4 试验后的测量

应按 7.1.4 的规定进行。

7.4.5 记录

在密封圈的试验报告中记录所有的试验数据。试验报告的示例参见附录 B。

7.4.6 合格标准

应符合 7.1.6 的规定。

7.5 低温试验

7.5.1 试验设备

应按 GB/T 13871.4—2007 中 6.2 的规定进行。

7.5.2 试验条件

试验条件如下：

a) 密封圈偏心量设定见表 4。

b) 试验温度、试验介质：密封圈实际使用条件。

c) 试验转速：应符合 GB/T 13871.4—2007 中 6.4.7 的规定。

d) 试验时间：应符合 GB/T 13871.4—2007 中 6.4 的规定。

7.5.3 试验程序

取 2 只密封圈，按 GB/T 13871.4—2007 中 6.3 的规定进行安装后，再按 GB/T 13871.4—2007 中 6.4 的规定进行试验。

7.5.4 试验后的测量

应按 GB/T 13871.4—2007 中 6.5 的规定进行。

7.5.5 记录

应按 7.4.5 的规定进行。

7.5.6 合格标准

应符合 GB/T 13871.4—2007 中 6.7 的规定。

7.6 双向旋转试验

7.6.1 试验设备

见 5.1、5.2。

7.6.2 试验条件

试验条件如下：

a) 密封圈偏心量设定见表 4。

b) 试验温度、试验转速、试验介质和试验时间见 7.1.2 的 b)、c)、d)、e)。

7.6.3 试验程序

取 2 只密封圈，按第 6 章的要求进行安装。按额定转速顺时针方向运行 20 h，停机 4 h，然后逆时针方向运行 20 h，停机 4 h 自然冷却。

7.6.4 试验后的测量

应按 7.1.4 的规定进行。

7.6.5 记录

在密封圈的试验报告中记录所有的试验数据。试验报告的示例参见附录 C。

7.6.6 合格标准

应符合 7.1.6 的规定。

7.7 泥浆试验

7.7.1 试验设备

见 5.3.1、5.3.2。

7.7.2 试验条件

试验条件如下：

a) 密封圈偏心量设定见表 4。

b) 试验温度和试验转速见 7.1.2 的 b)和 c)。

c) 试验泥浆：泥浆成分推荐以下组成：

高岭土(75 μm～45 μm，即 200 目～300 目)：900 g；

灰烬：900 g；

浆(粒径在 0.2 mm～0.5 mm)：900 g；

碎石灰尘(150 μm，即 100 目)：900 g；

氯化钠：171 g；

氯化钙：20 g；

碳酸氢钠：47 g；

消电离子水：20.2 L。

d) 泥浆的制备

泥浆的制备可采用机械和人工两种方式进行，其中：

机械制备：先将消电离子水加入搅拌鼓，然后慢慢地加进与水量相应的泥浆成分，开动搅拌鼓，成浆后，打开出浆门出浆。

人工制备：先将泥浆成分加入消电离子水中浸透，然后人工搅拌均匀后出浆。

e) 试验时间：50 h。

7.7.3 试验程序

取2只密封圈，按照6的要求进行安装。在试验设备启动5 min后开始试验，泥浆以2 L/min的速度进行喷射，运行0.5 h，停喷后运行1.5 h为一周期，连续试验25个周期。

7.7.4 试验后的测量

应按7.1.4的规定进行。

7.7.5 记录

应按7.6.5的规定进行。

7.7.6 合格标准

应符合7.1.6的规定。

7.8 变速试验

7.8.1 试验设备

见5.1、5.2。

7.8.2 试验条件

试验条件如下：

a) 密封圈偏心量设定见表4。

b) 试验温度、试验介质和试验时间见7.1.2的b)、d)、e)。

7.8.3 试验程序

取2只密封圈，按第6章的要求进行安装。连续试验2个周期，每个周期为24 h。试验转速采用4速循环法。在一个试验周期内，第一个1/4周期以1/4的最高转速试验，第二个1/4周期以1/2的最高转速试验，第三个1/4周期以最高转速（最高转速为汽车最高转速时试验机对应的转速）试验，第四个1/4周期停机冷却。

7.8.4 试验后的测量

应按7.1.4的规定进行。

7.8.5 记录

应按 7.6.5 的规定进行。

7.8.6 合格标准

应符合 7.1.6 的规定。

7.9 寿命试验

7.9.1 试验设备

见 5.1、5.2。

7.9.2 试验条件

试验条件如下：

a) 密封圈偏心量设定见表 4。

b) 试验温度、试验转速和试验介质见 7.1.2 的 b)、c)、d)。

c) 试验时间：480 h。

7.9.3 试验程序

取 6 只密封圈，按第 6 章的要求进行安装。分别运行 20 h，停机 4 h，自然冷却为一周期，连续试验 20 个周期。

7.9.4 试验后的测量

应按 7.1.4 的规定进行。

7.9.5 记录

在密封圈的试验报告中记录所有的试验数据。试验报告的示例参见附录 D。

7.9.6 合格标准

除非生产商与用户另有约定，6 只密封圈均不应有可见的泄漏；试验后密封圈的唇口应无裂纹、无裂口现象；试验结束，密封圈取下 24 h 后测量，密封圈唇口尺寸变化不大于其过盈量的 50%，密封圈径向力不小于试验前的 50%。

附 录 A
（资料性附录）
密封圈偏心试验报告

表 A.1 密封圈偏心试验报告

<table>
<tr><td colspan="7">试验项目：□极限静偏心试验 □极限动偏心试验 □动静偏心组合试验
报告编号： 图纸编号： 胶料代号：
标准编号： 密封圈型式：</td></tr>
<tr><td colspan="7">试验前测量</td></tr>
<tr><td rowspan="2">测量项目</td><td colspan="6">对应试验项目的测量数据</td></tr>
<tr><td colspan="2">极限静偏心试验</td><td colspan="2">极限动偏心试验</td><td colspan="2">动静偏心组合试验</td></tr>
<tr><td>密封圈试样编号</td><td></td><td></td><td></td><td></td><td></td><td></td></tr>
<tr><td>密封圈装簧后主唇直径/mm</td><td></td><td></td><td></td><td></td><td></td><td></td></tr>
<tr><td>密封圈副唇(若有时)直径/mm</td><td></td><td></td><td></td><td></td><td></td><td></td></tr>
<tr><td>密封圈外径/mm</td><td></td><td></td><td></td><td></td><td></td><td></td></tr>
<tr><td>密封圈外径圆度/mm</td><td></td><td></td><td></td><td></td><td></td><td></td></tr>
<tr><td>密封圈同轴度/mm</td><td></td><td></td><td></td><td></td><td></td><td></td></tr>
<tr><td>密封圈径向力/N</td><td></td><td></td><td></td><td></td><td></td><td></td></tr>
<tr><td colspan="7">试验条件</td></tr>
<tr><td>轴偏心/mm</td><td>腔体偏心/mm</td><td>轴径/mm</td><td>轴表面
硬度(HRC)</td><td>轴表面
粗糙度/μm</td><td colspan="2">腔体直径/mm</td></tr>
<tr><td></td><td></td><td></td><td></td><td></td><td colspan="2"></td></tr>
<tr><td>腔体表面
粗糙度/μm</td><td>试验液名称</td><td>试验液温度/℃</td><td>试验液压力/MPa</td><td>试验转速/(r/min)</td><td colspan="2">试验时间/h</td></tr>
<tr><td></td><td></td><td></td><td></td><td></td><td colspan="2"></td></tr>
<tr><td colspan="7">试验后测量</td></tr>
<tr><td rowspan="2">测量项目</td><td colspan="6">对应试验项目的测量数据</td></tr>
<tr><td colspan="2">极限静偏心试验</td><td colspan="2">极限动偏心试验</td><td colspan="2">动静偏心组合试验</td></tr>
<tr><td>密封圈试样编号</td><td></td><td></td><td></td><td></td><td></td><td></td></tr>
<tr><td>密封圈装簧后主唇直径/mm</td><td></td><td></td><td></td><td></td><td></td><td></td></tr>
<tr><td>密封圈副唇(若有时)直径/mm</td><td></td><td></td><td></td><td></td><td></td><td></td></tr>
<tr><td>密封圈径向力/N</td><td></td><td></td><td></td><td></td><td></td><td></td></tr>
<tr><td>试验后密封圈唇口状态</td><td></td><td></td><td></td><td></td><td></td><td></td></tr>
<tr><td>单个试样总泄漏量/g</td><td></td><td></td><td></td><td></td><td></td><td></td></tr>
<tr><td colspan="7">试验前和试验后对密封圈状况的描述</td></tr>
<tr><td colspan="7"></td></tr>
</table>

附 录 B
（资料性附录）
密封圈高、低温试验报告

表 B.1 密封圈高、低温试验报告

试验项目：□高温试验 □低温试验
报告编号： 图纸编号： 胶料代号：
标准编号： 密封圈型式：

试验前测量

测量项目	对应试验项目的测量数据			
	高温试验		低温试验	
密封圈试样编号				
密封圈装簧后主唇直径/mm				
密封圈副唇(若有时)直径/mm				
密封圈外径/mm				
密封圈外径圆度/mm				
密封圈同轴度/mm				
密封圈径向力/N				

试验条件

轴偏心/mm	腔体偏心/mm	轴径/mm	轴表面硬度(HRC)	轴表面粗糙度/μm	腔体直径/mm
腔体表面粗糙度/μm	试验液名称	试验液温度/℃	试验液压力/MPa	试验转速/(r/min)	试验时间/h

试验后测量

测量项目	对应试验项目的测量数据			
	高温试验		低温试验	
密封圈试样编号				
密封圈装簧后主唇直径/mm				
密封圈副唇(若有时)直径/mm				
密封圈径向力/N				
试验后密封圈唇口状态				
单个试样总泄漏量/g				

试验前和试验后对密封圈状况的描述

附 录 C
（资料性附录）
密封圈双向旋转、泥浆、变速试验报告

表 C.1 密封圈双向旋转、泥浆、变速试验报告

试验项目：□双向旋转试验　　□泥浆试验　　□变速试验
报告编号：　　图纸编号：　　胶料代号：
标准编号：　　密封圈型式：

试验前测量						
测量项目	对应试验项目的测量数据					
	双向旋转试验		泥浆试验		变速试验	
密封圈试样编号						
密封圈装簧后主唇直径/mm						
密封圈副唇(若有时)直径/mm						
密封圈外径/mm						
密封圈外径圆度/mm						
密封圈同轴度/mm						
密封圈径向力/N						

试验条件					
轴偏心/mm	腔体偏心/mm	轴径/mm	轴表面硬度(HRC)	轴表面粗糙度/μm	腔体直径/mm
腔体表面粗糙度/μm	试验液名称	试验液温度/℃	试验液压力/MPa	试验转速/(r/min)	试验时间/h

试验后测量						
测量项目	对应试验项目的测量数据					
	双向旋转试验		泥浆试验		变速试验	
密封圈试样编号						
密封圈装簧后主唇直径/mm						
密封圈副唇(若有时)直径/mm						
密封圈径向力/N						
试验后密封圈唇口状态						
单个试样总泄漏量/g						

试验前和试验后对密封圈状况的描述

附 录 D
（资料性附录）
密封圈寿命试验报告

表 D.1 密封圈寿命试验报告

<table>
<tr><td colspan="12">报告编号：　　　　图纸编号：　　　　胶料代号：
标准编号：　　　　密封圈型式：</td></tr>
<tr><td colspan="12">试验前测量</td></tr>
<tr><td colspan="4">测量项目</td><td colspan="8">测量数据</td></tr>
<tr><td colspan="4">密封圈试样编号</td><td></td><td></td><td></td><td></td><td></td><td colspan="3"></td></tr>
<tr><td colspan="4">密封圈装簧后主唇直径/mm</td><td></td><td></td><td></td><td></td><td></td><td colspan="3"></td></tr>
<tr><td colspan="4">密封圈副唇(若有时)直径/mm</td><td></td><td></td><td></td><td></td><td></td><td colspan="3"></td></tr>
<tr><td colspan="4">密封圈外径/mm</td><td></td><td></td><td></td><td></td><td></td><td colspan="3"></td></tr>
<tr><td colspan="4">密封圈外径圆度/mm</td><td></td><td></td><td></td><td></td><td></td><td colspan="3"></td></tr>
<tr><td colspan="4">密封圈同轴度/mm</td><td></td><td></td><td></td><td></td><td></td><td colspan="3"></td></tr>
<tr><td colspan="4">密封圈径向力/N</td><td></td><td></td><td></td><td></td><td></td><td colspan="3"></td></tr>
<tr><td colspan="12">试验条件</td></tr>
<tr><td colspan="2">轴偏心/mm</td><td colspan="2">腔体偏心/mm</td><td colspan="2">轴径/mm</td><td colspan="2">轴表面
硬度(HRC)</td><td colspan="2">轴表面
粗糙度/μm</td><td colspan="2">腔体直径/mm</td></tr>
<tr><td colspan="2"></td><td colspan="2"></td><td colspan="2"></td><td colspan="2"></td><td colspan="2"></td><td colspan="2"></td></tr>
<tr><td colspan="2">腔体表面
粗糙度/μm</td><td colspan="2">试验液名称</td><td colspan="2">试验液温度/℃</td><td colspan="2">试验液压力/MPa</td><td colspan="2">试验转速/(r/min)</td><td colspan="2">试验时间/h</td></tr>
<tr><td colspan="2"></td><td colspan="2"></td><td colspan="2"></td><td colspan="2"></td><td colspan="2"></td><td colspan="2"></td></tr>
<tr><td colspan="12">试验后测量</td></tr>
<tr><td colspan="4">测量项目</td><td colspan="8">测量数据</td></tr>
<tr><td colspan="4">密封圈试样编号</td><td></td><td></td><td></td><td></td><td></td><td colspan="3"></td></tr>
<tr><td colspan="4">密封圈装簧后主唇唇径/mm</td><td></td><td></td><td></td><td></td><td></td><td colspan="3"></td></tr>
<tr><td colspan="4">密封圈副唇(若有时)直径/mm</td><td></td><td></td><td></td><td></td><td></td><td colspan="3"></td></tr>
<tr><td colspan="4">密封圈径向力/N</td><td></td><td></td><td></td><td></td><td></td><td colspan="3"></td></tr>
<tr><td colspan="4">试验后密封圈唇口状态</td><td></td><td></td><td></td><td></td><td></td><td colspan="3"></td></tr>
<tr><td colspan="4">单个试样总泄漏量/g</td><td></td><td></td><td></td><td></td><td></td><td colspan="3"></td></tr>
<tr><td colspan="12">试验前和试验后对密封圈状况的描述</td></tr>
<tr><td colspan="12"></td></tr>
</table>

ICS 29.280
S 35

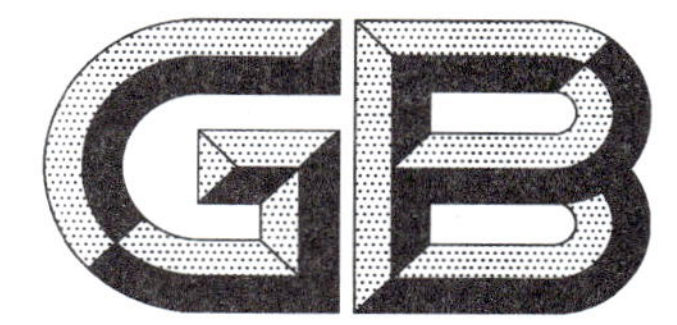

中华人民共和国国家标准

GB/T 25123.3—2011/IEC 60349-3:1995

电力牵引 轨道机车车辆和公路车辆用旋转电机 第3部分:用损耗总和法确定变流器供电的交流电动机的总损耗

Electric tracion—Rotating electrical machines for rail and road vehicles—Part 3:Determination of the total losses of convertor-fed alternating current motors by summation of the component losses

(IEC 60349-3:1995,IDT)

2011-12-30 发布　　2012-06-01 实施

中华人民共和国国家质量监督检验检疫总局
中国国家标准化管理委员会　发布

前言

GB/T 25123《电力牵引　轨道机车车辆和公路车辆用旋转电机》由以下三部分组成：

——第1部分：除电子变流器供电的交流电动机之外的电机；

——第2部分：电子变流器供电的交流电动机；

——第3部分：用损耗总和法确定变流器供电的交流电动机的总损耗。

本部分是 GB/T 25123 的第3部分。

本部分按照 GB/T 1.1—2009 给出的规则起草。

本部分采用翻译法等同采用 IEC 60349-3:1995《电力牵引　轨道机车车辆和公路车辆用旋转电机　第3部分：用损耗总和法确定变流器供电的交流电动机的总损耗》。

本部分做了下列编辑性修改：

——按 GB/T 1.1—2009 的要求，IEC 60349-3:1995 的公式编号(1)～(8)在本部分中公式编号为(A.1)～(A.9)，对 3.2.1.2 和附录 B 中公式新增了编号；

——修正了原文表 A.2 的以下错误：

a) 项目 15 公式中原文的“(1)/(7)”修改为“1/(7)”；

b) 项目 19 公式中原文的“(17)－(18)”修改为“(17)＋(18)”；

c) 项目 24 公式中原文的“(23)/(2)”修改为“(23)＋(2)”；

d) 项目 27 公式中原文的“$(22)^2$”修改为“(22)”。

本部分由中华人民共和国铁道部提出。

本部分由全国牵引电气设备与系统标准化技术委员会(SAC/TC 278)归口。

本部分负责起草单位：株洲南车时代电气股份有限公司。

本部分参加起草单位：南车株洲电机有限公司、永济新时速电机电器有限责任公司。

本部分主要起草人：李益丰。

本部分参加起草人：钟幼康、吴顺海、吕引条。

电力牵引
轨道机车车辆和公路车辆用旋转电机
第3部分:用损耗总和法确定变流器供电的交流电动机的总损耗

1 范围

GB/T 25123的本部分适用于符合GB/T 25123.2的电动机。

变流器供电的电动机的总损耗可用损耗总和法来确定,这些损耗由负载试验和空载试验得到。总输入功率等于基波频率的输入功率和其他所有频率的输入功率之和。实际上,其他所有频率的输入功率包括了由变流器电源中电压和电流谐波所产生的损耗,它可以通过采用适当的测量仪表,测量电动机负载状态时的总输入功率和基波频率的输入功率来求得。

由于基波频率所产生的损耗不能直接测量,因此需通过测量基波频率的负载电流和基波频率的空载输入功率来求得。

2 测量仪表

在变流器供电下运行所产生的额外损耗等于电动机负载时的总输入功率减去基波频率的输入功率。

输入功率应该用数字采样仪表同时在每相上测量。优先采用三相测量法。但作为一种选择,也允许采用二瓦特表法。

总输入功率由一个时间周期内的电压和电流的乘积得到,基波功率采用同一采样的数据通过傅立叶变换得到。

考虑到所要求的整个频率范围内幅值和相位漂移误差,必须重视全套仪表的准确度。由于谐波的功率因数一般非常低(电压型异步系统的功率因数小于0.1)需要特别注意最小相角误差。

当功率因数为0.08时,在不同频率下的瓦特表的准确度可达到如下范围:

——小于2 kHz:±0.5%;

——(包括)2 kHz～20 kHz:±1.0%;

——(包括)20 kHz～50 kHz:±2.0%。

仪表通常还带有用于补偿和调节仪表的衰减器。但当采用外接衰减器时,要求其准确度在表1给出的范围之内。

表1 外接衰减器的准确度

频率 kHz	相对误差 %	相位漂移误差 度(°)
<2	±0.5	±0.1
2～20	±1.0	±0.2
20～50	±2.0	±0.5

考虑到所有因素，表2列出了功率测量所能达到的最高总准确度。

表2 功率测量的总准确度

频率 kHz	功率因数＞0.8 %	功率因数 0.4 %	功率因数＜0.1 %
＜2	±1.0	±2.0	±10.0
2～20	±2.0	±5.0	±14.0
20～50	±4.0	±8.0	±20.0

注：应测量的频率范围取决于所采用的特定变流器输出的谐波含量，因此，对每一种情况均应分别予以确定。利用目前已有仪表，总谐波损耗的测量总准确度可能达到±10.0%的数量级，由于该损耗不可能超过总输入功率的3.0%，因此，在计算转矩时，它只产生0.3%的误差，这正好在GB/T 2.2所规定的－5.0%的容差范围之内。当功率因数较低并含有高次谐波时，电流互感器的准确度比无感分流器的准确度低得多，后者的相对准确度在±1.0%的范围之内，相位漂移在±0.2°范围之内。

3 损耗总和

3.1 总损耗的构成

3.1.1 基波频率的空载损耗(空载损耗)：

——有效铁心和其他金属件中的损耗；

——摩擦产生的损耗和风摩耗，该风摩耗还包括与电动机成为一体的风扇所消耗的功率。

3.1.2 在基波频率下产生的且随负载变化的损耗(负载损耗)：

——定子绕组中的 I^2R 损耗；

——异步电动机转子绕组的 I^2R 损耗；

——附加负载损耗(负载损耗)，它包括：

- 在有效铁心以及除导线以外的其他金属件中的损耗；
- 在定子和转子绕组中由磁通脉动产生的电流所引起的涡流损耗。

3.1.3 除基波频率以外的其他频率所产生的损耗。

3.1.4 同步电动机励磁电路中的 I^2R 损耗和电刷接触损耗。

3.2 各部分损耗的确定

3.2.1 异步电动机

3.2.1.1 基波频率的空载损耗

基波频率的空载损耗由电动机空载运行来确定。电动机空载时的电压和基波频率是规定特性上待确定损耗的那点所对应的电压和频率。把基波频率的输入功率减去定子中的 I^2R 损耗，即得空载损耗。转子的空载 I^2R 损耗可以忽略不计。

3.2.1.2 基波频率的负载损耗

定子中基波频率的 I^2R 损耗是根据每相绕组中基波电流和绕组的测量电阻计算而得，电流是待确定损耗那点的电流，测量的绕组电阻值应修正到基准温度。

转子绕组的 I^2R 损耗取为：

$$I^2R = s \times [P_f - (I^2R_{Pf} + P_{0f} - P_{fw})] \quad \cdots\cdots(1)$$

式中：

s ——转差率；

P_f ——基波频率的输入功率，单位为瓦特(W)；

I^2R_{Pf}——在定子中基波频率的 I^2R 损耗，单位为瓦特(W)；

P_{0f} ——基波频率的空载损耗，单位为瓦特(W)；

P_{fw} ——摩擦损耗和风摩耗，单位为瓦特(W)。

注：摩擦损耗和风摩耗可用一台校准电动机拖动被试电动机而得到，此时被试电动机开路，或者用附录A中的作图法求得。可以通过一个已知效率的传动系统来拖动。

除非另有规定，在电流为 I、基波频率(Hz)为 f 时的附加负载损耗取为：

$$P_s = P_{50} \times (I/I_r)^2 \times (f/50)^{1.5} \times 0.01 \quad \cdots\cdots(2)$$

式中：

P_s ——附加负载损耗，单位为瓦特(W)；

P_{50}——等效于50 Hz时的额定输入功率，单位为瓦特(W)；

I_r ——保证定额下的总电流，单位为安培(A)。

等效于50 Hz时的额定输入功率是基于以下的假设：额定电流与频率无关，并且电动机电压和输入功率在整个满磁通运行范围之内均与频率成正比(见图1)，即：

$$P_{50} = P_m \times 50/f_m \quad \cdots\cdots(3)$$

式中：

P_m ——在最大电压、额定电流和满磁通时的假定输入功率，单位为瓦特(W)；

f_m ——输入功率为 P_m 时的基波频率，单位为赫兹(Hz)。

注：本式在所有情况下的适用性尚需从经验中充分证实。附加数据可以通过附录B所描述的低功率试验来获得。

3.2.1.3 除基波频率以外的其他频率所产生的损耗

由电源谐波所产生的损耗等于当电动机负载运行、定子绕组温度接近于基准温度时的总输入功率与基波频率输入功率之间的差值。

注：如果变流器是电压源变流器，且变流器调制方式与负载无关，上述差值也可通过空载试验测得。

3.2.2 同步电动机

3.2.2.1 基波频率的空载损耗

用校准电动机将被试电动机拖动到待确定损耗那一点的转速，使被试电动机产生的电压等于在规定特性上同样转速所对应的电压值，此时被试电动机开路，并由一个独立电源励磁。基波频率的空载损耗等于被试电动机轴上的机械输入功率。

3.2.2.2 基波频率的负载损耗

定子绕组中基波频率的 I^2R 损耗系由每一绕组中的基波电流和测得的绕组电阻计算而得。基波电流为待确定损耗那一点所对应的电流，测量的绕组的电阻值应修正到基准温度。

除非另有规定，附加负载损耗可用下列方法确定：将被试电动机定子绕组短路，拖动被试电动机到在规定特性上待确定损耗那点的转速，调节励磁电流使定子绕组的基波电流等于同一点所对应的电流。附加负载损耗等于电动机从轴上吸收的功率减去所有定子绕组的 I^2R 损耗与当电动机被拖动到同样转速但没有励磁时所吸收的功率之和所得的值。

3.2.2.3 除基波频率以外的其他频率所产生的损耗

由电源谐波所产生的损耗等于电动机负载运行时总输入功率和基波频率输入功率之间的差值。此时绕组的温度接近基准温度。

3.2.2.4 励磁电路的损耗

励磁电路的损耗等于待确定损耗点的励磁绕组电流与总励磁电压的乘积。要求励磁电压产生的励磁电流能使励磁绕组的温度达到基准温度。应考虑励磁电流的各种脉动。

注：在规定特性上，可能已说明励磁功率并没有包括在计算的电动机损耗之中，因为它在另处被考虑，比如作为机车辅助负载的一部分。

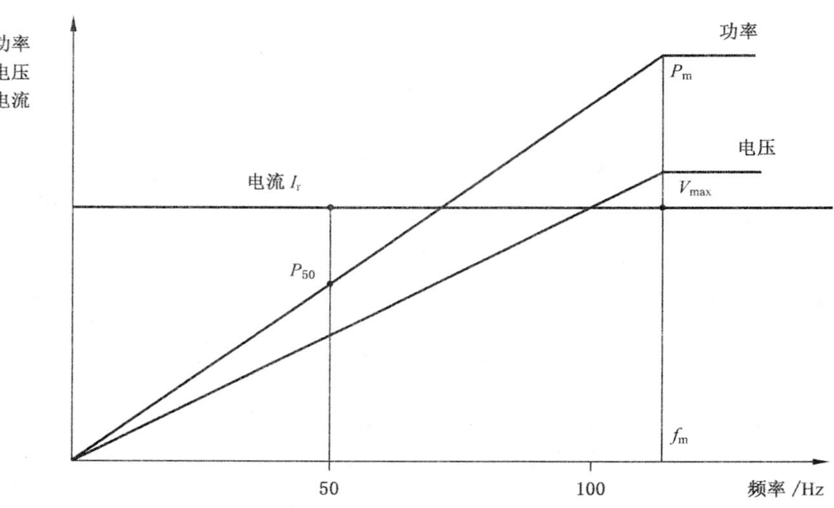

图 1 等效于 50 **Hz** 时的额定输入功率的推导

附 录 A
(资料性附录)
异步电动机的等效电路

A.1 电路描述

空载时的异步电动机可用如图A.1所示的等效电路来表示。等效电路参数可由在正弦电压供电下的空载试验和阻抗(堵转)试验来求得。所需测量的数据为电压、电流和功率。

如果确定了电动机在整个运行范围内若干电压和频率点的电路参数和空载损耗,可以绘出曲线族,利用这些曲线族可以计算出所选择的电压、频率和转差率下电动机转矩和输入电流。

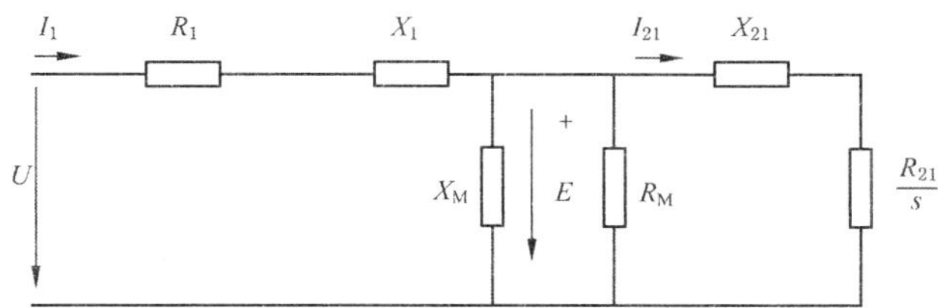

图中:

f——频率,单位为赫兹(Hz);
U——相电压,单位为伏特(V);
I_1——定子电流,单位为安培(A);
I_{21}——折算到定子侧的转子电流,单位为安培(A);
X_1——定子电抗,单位为欧姆(Ω);
X_{21}——折算到定子侧的转子电抗,单位为欧姆(Ω);
R_1——定子电阻,单位为欧姆(Ω);
R_{21}——折算到定子侧的转子电阻,单位为欧姆(Ω);
X_M——励磁电抗,单位为欧姆(Ω);
R_M——励磁电阻,单位为欧姆(Ω);
E——感应电动势(e.m.f.),单位为伏特(V);
s——转差率;
P_{10}——空载输入功率,单位为瓦特(W);
P_{cu1}——定子电阻损耗,单位为瓦特(W);
P_{Fe}——铁耗,单位为瓦特(W);
P_{fw}——摩擦损耗和风摩耗,单位为瓦特(W);
Q_{10}——空载时总无功功率,单位为乏(var);
Q_{1L}——堵转时总无功功率,单位为乏(var)。

图 A.1 异步电动机空载等效电路

A.2 三相电动机等效电路参数的确定

等效电路中的参数可根据表A.1所给出的方程式求出。

下标为"0"的符号代表空载试验的测量值。

下标为"L"的符号代表转子堵转试验的测量值。

表 A.1 等效电路参数的确定

参数	说　明	方程式
X_M	U_{10}、I_{10}、P_{10}为空载试验的测量值，第一次迭代的 X_1，X_M 值为理论计算值。 $Q_{10}=\sqrt{[(3\times U_{10}\times I_{10})^2-{P_{10}}^2]}$	$X_M=\frac{3U_{10}^2}{Q_{10}-3I_{10}^2X_1}\times\frac{1}{(1+X_1/X_M)^2}$ （A.1）
X_{1L}	X_{1L}是阻抗试验频率为 f_L 时的定子电抗。第一次迭代的 X_1、X_{21} 值为理论计算值。 X_M 由方程(A.1)求得。 $Q_{1L}=\sqrt{[(3\times U_{1L}\times I_{1L})^2-{P_{1L}}^2]}$	$X_{1L}=\frac{Q_{1L}}{3I_{1L}^2}\times\frac{X_1/X_{21}+X_1/X_M}{1+X_1/X_{21}+X_1/X_M}$ （A.2）
X_1	X_1 为频率为 f 时的定子电抗。 X_{1L}由方程(A.2)求得	$X_1=\frac{f}{f_L}\times X_{1L}$ （A.3）
b_M	b_M 为励磁电纳。 X_M 由方程(A.1)求得	$b_M=\frac{1}{X_M}$ （A.4）
X_{21}	X_{21}为折算到定子侧的转子电抗。 X_1 由方程(A.3)求得	$X_{21}=\frac{X_1}{X_1/X_{21}}$ （A.5）
P_{Fe}	P_{Fe}为铁耗。 P_{10}和 I_{10}分别为空载有功功率和电流的测得值。 P_{fw}是摩擦损耗和风摩耗，它们由作图法求得，或者把电动机电源切断，拖动电动机来测得。 R_1 是空载试验期间的绕组温度所对应的定子电阻	$P_{Fe}=P_{10}-P_{fw}-3I_{10}^2R_1$ （A.6）
G_M	G_M 为励磁电导。 P_{Fe}由方程(A.6)求得。 U_{10}是测得的空载电压。 X_1 由方程(A.3)求得，X_M 由方程(A.1)求得	$G_M=\frac{P_{Fe}}{3U_{10}^2}\left(1+\frac{X_1}{X_M}\right)^2$ （A.7）
R_M	R_M 为励磁电阻。 G_M 由方程(A.7)求得	$R_M=1/G_M$ （A.8）
R_{21}	R_{21}是在指定温度下折算到定子侧的转子电阻	(见注 4)

注 1：方程(A.1)、(A.2)和(A.3)按递增顺序计算，即：(A.1)、(A.2)、(A.3)；(A.1)、(A.2)、(A.3)等。不断重复上述迭代计算，直到 X_1、X_M 的误差小于 0.1%为止，即：相邻两次迭代值之差小于 0.1%。方程(A.1)、(A.2)、(A.3)迭代之后，所有下面的方程也以递增顺序计算。

只要迭代次数足够多，计算就能得出正确的参数值，计算准确度仅取决于空载试验和阻抗试验结果的准确度。

当 X_1/X_M 固定比率等于其理论值时，通过计算能得出正确的 X_1+X_{21} 值。

注 2：在空载试验中，与定子损耗相比，转子损耗、摩擦损耗和风摩耗可以忽略不计，这样可以根据空载试验的结果，采用简化电路用方程(A.1)来计算励磁电抗。

注 3：定子电抗 X_1 和转子电抗 X_{21}是通过堵转试验结果计算得到，堵转试验频率尽可能接近实际的转子频率(实际上，试验频率一般高于实际频率，15 Hz 为合适值)。

测量电压、电流和功率因数。由于励磁电阻 R_M 比折算到定子侧的转子电阻 R_{21}大得多，因而可以采用简化电路。

表 A.1（续）

参数	说　明	方程式
注 4：转子电阻 R_{21} 或者通过阻抗试验结果来求得，或者通过负载试验的测量值来求得。优先采用后一种方法，其原因为： a）可以达到热稳态条件； b）转子频率为实际值，而在阻抗（堵转）试验中，情况一般不是这样。 通过阻抗试验确定的转子电阻为： $R_{21}=\left(\frac{P_{1L}}{3I_{1L}^{2}}-R_{1}\right)\left(1+\frac{X_{21}}{X_{M}}\right)^{2}-\left(\frac{X_{21}}{X_{1}}\right)^{2}\times\frac{X_{1L}^{2}}{R_{M}}$ （A.9） P_{1L}——堵转时的有功功率； I_{1L}——堵转时的定子电流。 **注意**：本方程仅当转子电阻 R_{21} 是通过阻抗试验确定时才有效。 通过负载试验确定的转子电阻： 选择不同的 R_{21}，利用等效电路的方法计算试验点的参数，直到输入电流的计算值等于试验值。将 R_{21} 的最终值用于以后的所有计算。		

A.3 三相电动机的特性计算

当等效电路参数曲线和空载损耗曲线绘出后，可利用这些曲线对电动机特性上某些确定的电压、频率和转差率值的那些点作计算。

图 A.2 是异步电动机的负载等效电路。注意由于电路参数并没有考虑摩擦损耗、风摩耗、附加负载损耗和变流器电源的谐波损耗，因此这些损耗须单独考虑。

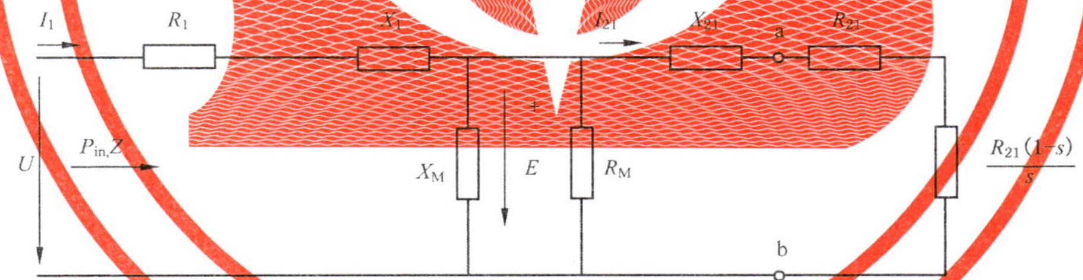

输入数据：

——相电压，单位为伏特（V）；

——基波频率，单位为赫兹（Hz）；

——转差率；

——摩擦损耗和风摩耗，单位为瓦特（W）；

——附加负载损耗，单位为瓦特（W）；

——由变流器电源所产生的谐波损耗，单位为瓦特（W）；

——基波频率的等效电路参数：X_1、X_{21}、X_M、R_1、R_M、R_{21}，单位为欧姆（Ω）。

输出数据：

——定子电流，单位为安培（A）；

——输入功率，单位为瓦特（W）；

——输出功率，单位为瓦特（W）；

——效率，%；

——功率因数；

——轴转矩，单位为牛顿米[N·m]。

图 A.2 异步电动机负载等效电路

表 A.2 参数的定义

项目	参数			方程式[a]
	符号	含义	单位	
1	s	转差率	p·u	输入数据
2	X_1	定子电抗	Ω	输入数据
3	X_{21}	折算到定子侧的转子电抗	Ω	输入数据
4	X_M	励磁电抗	Ω	输入数据
5	R_1	定子电阻	Ω	输入数据
6	R_{21}	折算到定子侧的转子电阻	Ω	输入数据
7	R_M	励磁电阻	Ω	输入数据
8	U	相电压	V	输入数据
9	f	基波频率	Hz	输入数据
10	m	相数(m=3)		输入数据
11	P_h	由变流器电源所产生的谐波损耗	W	输入数据(见注 1)
12	R_{21}/s	等效电路中的电阻	Ω	(6)/(1)
13	Z_{21}	辅助变量		$(3)^2+(12)^2$
14	G_{21}	辅助变量		(12)/(13)
15	G_{Fe}	铁心电导	Ω^{-1}	1/(7)
16	G	辅助变量		(14)+(15)
17	B_2	辅助变量		(3)/(13)
18	b_M	励磁导纳	Ω^{-1}	1/(4)
19	B	辅助变量		(17)+(18)
20	Y^2	辅助变量		(16)+(19)
21	R_G	辅助变量		(16)/(20)
22	R	辅助变量		(5)+(21)
23	X_G	辅助变量		(19)/(20)
24	X	辅助变量		(23)+(2)
25	Z	等效电路的总阻抗	Ω	$\sqrt{[(21)^2+(23)^2]}$
26	I_1	定子电流	A	U/(25)
27	P_{in}	除项目 11 外的输入功率	W	$(10)\times(26)^2\times(22)$
28	P_{cu1}	定子中的 I^2R 损耗	W	$(10)\times(26)^2\times(5)$
29	P_{Fe}	铁心损耗	W	$(10)\times(26)^2\times(15)/(20)$
30	P_{in2}	转子输入功率	W	(27)−(28)−(29)
31	P_{cu2}	转子中的 I^2R 的损耗	W	(1)×(30)
32	n	电动机转速	r/min	$n_s\times[1-(1)]$
	n_s	同步转速		

表 A.2（续）

项目	参数			方程式[a]
	符号	含义	单位	
33	P_{fw}	摩擦损耗和风摩耗	W	见注 2
34	P_s	附加负载损耗	W	见注 3
35	$\sum P_1$	除项目 11 外的总损耗	W	(28)+(29)+(31)+(33)+(34)
36	P_{ou}	输出功率	W	(27)−(35)
37	η_1	除项目 11 外的效率	p・u	1−(35)/(27)
38	η_2	包括项目 11 的效率	p・u	1−[(11)+(35)]/[(27)+(11)]
39	PF	除项目 11 外的功率因数	p・u	(22)/(25)
40	T	输出转矩	Nm	$(60/2p)\times$[(36)/(32)]

[a] 方程式中括号内的数，如(21)，是项目号。

注 1：由变流器供电而产生的谐波损耗按 3.2.1.3 所规定的方法在负载状态下测得。

注 2：根据空载试验确定摩擦损耗和风摩耗。

在恒定频率下的总空载损耗和端电压平方之间的函数关系为一直线。由不同频率和电压的曲线族外推到零电压（如图 A.3），可以绘制出摩擦损耗和风摩耗与转速之间的关系曲线。也可用另外一种方法，把电动机电源切断，拖动电动机来测量该损耗。

注 3：附加负载损耗可用 3.2.1.2 中的公式来估算。

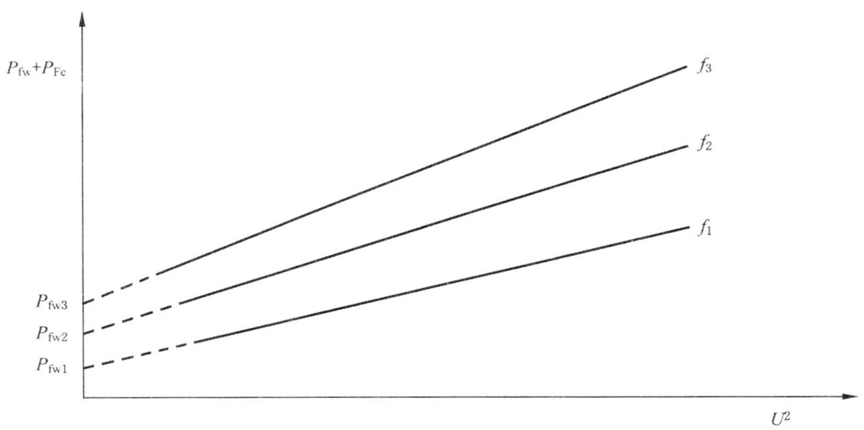

图 A.3 用作图法确定摩擦损耗和风摩耗

附 录 B
（资料性附录）
附加负载损耗

B.1 通过低功率试验确定鼠笼式异步电动机的附加负载损耗

鼠笼式电动机的附加负载损耗可以通过两组低功率试验来求得。损耗不是直接测量的。为了给深入研究提供数据，应按照 GB/T 25123.2—2010 中 5.1.4 进行研究性试验。

基波损耗和较高频率下的损耗可通过 2 个单独试验来确定，总附加负载损耗 P_s 为二者之和。

B.2 基波损耗（试验时转子取出）

基波损耗 P_{ff} 可以通过下列方法确定：转子取出，但可能感应电流的所有定子部件均应在位，定子绕组中通以平衡的多相电流。对应电动机输入电流 I 的试验电流为 I_t，I_t 为：

$$I_t = \sqrt{(I^2 - I_0^2)} \qquad \text{(B.1)}$$

式中：

I_0——同一电压和同一频率下的电动机空载电流，单位为安培(A)。

线电流为 I 时的基波频率损耗 P_{ff} 为：

$$P_{ff} = P_{sr} - I_t^2 R_f \qquad \text{(B.2)}$$

式中：

P_{sr} ——定子绕组线电流为 I_t 时的总输入功率，单位为瓦特(W)；

$I_t^2 R_f$——当定子绕组线电流为 I_t，绕组温度为 t_f 时的总 I^2R 损耗，单位为瓦特(W)。

B.3 在较高频率下的损耗（反转试验）

在较高频率下的损耗 P_{hf} 可通过下列方法求得：把电动机拖动到同步转速，但转向与定子磁场旋转方向相反，电动机分别施加和不施加电压。所施加的电压应能产生与转子取出试验时相同的定子电流 I_t。

$$\text{较高频率下的总损耗 } P_{hf} = (P_{mr} - P_{fw}) - (P_{rr} - P_{ff} - I_t^2 R_h) \qquad \text{(B.3)}$$

式中：

P_{mr} ——施加电压时的机械输入功率，单位为瓦特(W)；

P_{fw} ——没有施加电压时的机械输入功率，单位为瓦特(W)；

P_{rr} ——电动机反转时定子的输入电功率，单位为瓦特(W)；

$I_t^2 R_h$——当定子线电流为 I_t，绕组温度为 t_h 时的总 I^2R 损耗，单位为瓦特(W)。

$$\text{总附加负载损耗 } P_s = P_{ff} + P_{hf} \qquad \text{(B.4)}$$

注 1：二组试验中由于绕组温度差异而产生的误差可忽略不计，P_{hf} 可取值[$(P_{mr} - P_{fw}) - (P_{rr} - P_{sr})$]。

注 2：建议绘制不同频率下 P_{ff}、P_{hf} 对定子电流的关系曲线，以便能确定在整个电动机工作范围内任一点的附加负载损耗。

注 3：测量仪表应适用于测量低功率因数电气输入量。

参 考 文 献

[1] GB/T 25123.2—2010 电力牵引 轨道机车车辆和公路车辆用旋转电机 第2部分:电子变流器供电的交流电动机(IEC 60349-2:2002,MOD)

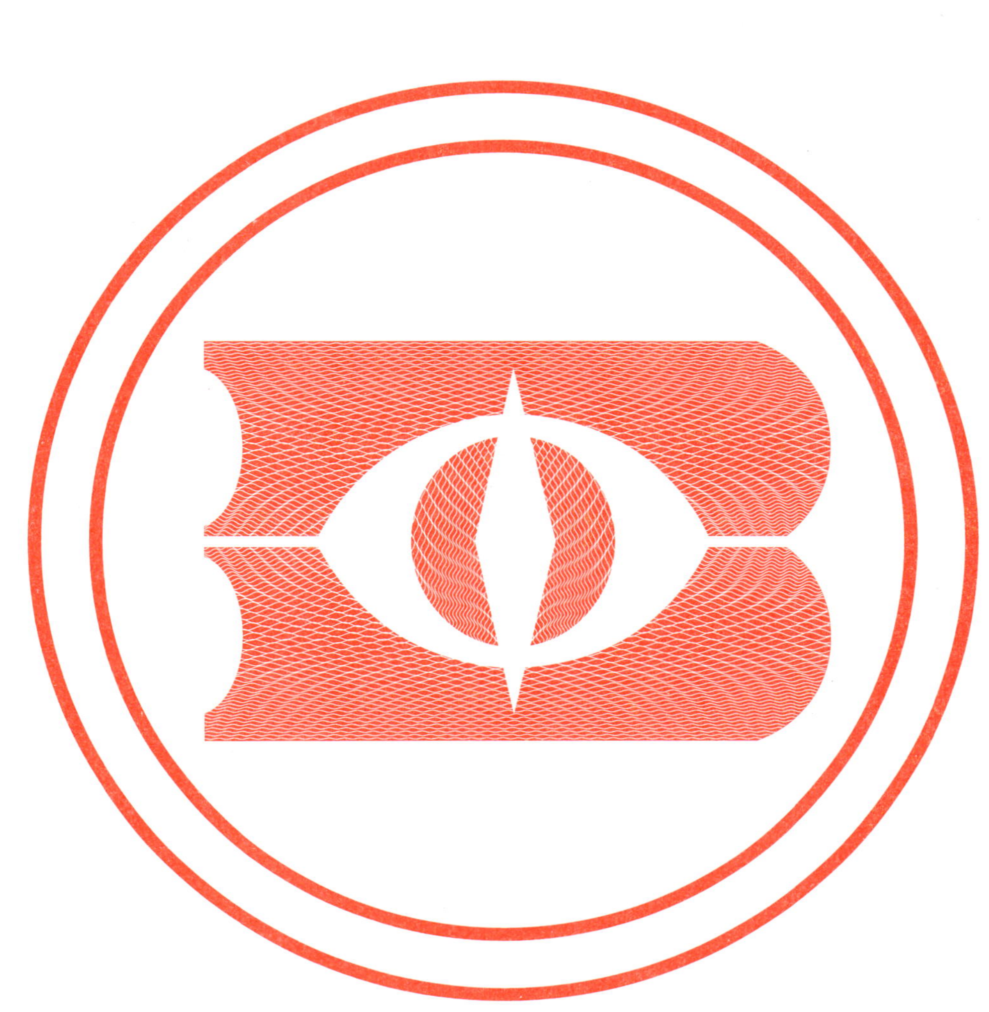

ICS 29.240.30
F 21

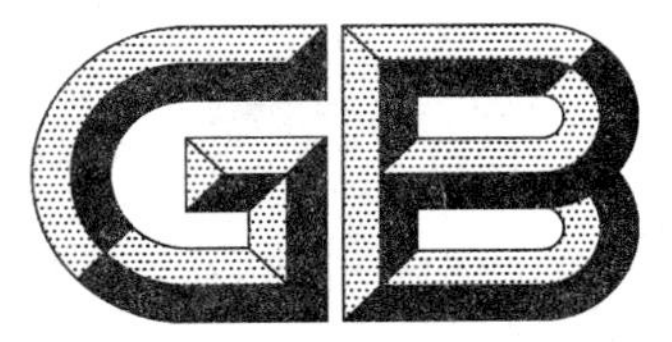

中华人民共和国国家标准化指导性技术文件

GB/Z 25320.6—2011/IEC TS 62351-6:2007

电力系统管理及其信息交换 数据和通信安全 第6部分:IEC 61850的安全

Power systems management and associated information exchange—Data and communications security—Part 6:Security for IEC 61850

(IEC TS 62351-6:2007,IDT)

2011-12-30 发布　　　　2012-05-01 实施

中华人民共和国国家质量监督检验检疫总局
中国国家标准化管理委员会　发布

前　言

GB/Z 25320《电力系统管理及其信息交换　数据和通信安全》,主要包括以下部分:

——第1部分:通信网络和系统安全　安全问题介绍;

——第2部分:术语;

——第3部分:通信网络和系统安全　包含TCP/IP的协议集;

——第4部分:包含MMS的协议集;

——第5部分:IEC 60870-5及其衍生标准的安全;

——第6部分:IEC 61850的安全;

——第7部分:网络和系统管理的数据对象模型;

——第8部分:电力系统管理的基于角色访问控制。

本指导性技术文件是第6部分《IEC 61850的安全》。

本指导性技术文件按照GB/T 1.1—2009给出的规则起草。

本指导性技术文件等同采用IEC TS 62351-6:2007《电力系统管理及其信息交换　数据和通信安全　第6部分:IEC 61850的安全》(英文版)。

本指导性技术文件由中国电力企业联合会提出。

本指导性技术文件由全国电力系统管理及其信息交换标准化技术委员会(SAC/TC 82)归口。

本指导性技术文件起草单位:国网电力科学研究院、西北电网有限公司、国家电力调度通信中心、中国电力科学研究院、华东电网有限公司、福建省电力有限公司、华中电网有限公司、辽宁省电力有限公司。

本指导性技术文件主要起草人:许慕樑、李庆海、南贵林、杨秋恒、李根蔚、邓兆云、韩水保、曹连军、林为民、周鹏、袁和林。

引　言

计算机、通信和网络技术当前已在电力系统中广泛使用。通信和计算机网络中存在着各种对信息安全可能的攻击，对电力系统的数据及通信安全也构成了威胁。这些潜在的可能的攻击针对着电力系统使用的各层通信协议中的安全漏洞以及电力系统信息基础设施的安全管理的不完善处。

为此，国际电工委员会57技术委员会（IEC TC 57）对电力系统管理及其信息交换制定了IEC 62351《电力系统管理及其信息交换　数据和通信安全》标准。我们等同采用IEC 62351标准及其配套标准，制定了GB/Z 25320，通过在相关的通信协议以及在信息基础设施管理中增加特定的安全措施，提高和增强电力系统的数据及通信的安全。

电力系统管理及其信息交换 数据和通信安全 第6部分:IEC 61850的安全

1 范围与目的

1.1 范围

为了对基于或派生于IEC 61850的所有协议的运行进行安全防护,本指导性技术文件规定了相应的消息、过程与算法。

本指导性技术文件至少适用于表1中所列举出的那些协议。

表1 标准应用范围

编号	名称
DL/T 860.81 (IEC 61850-8-1)	变电站通信网络和系统 第8-1部分:特定通信服务映射(SCSM)对MMS(ISO 9506-1和ISO 9506-2)及ISO/IEC 8802-3的映射
DL/T 860.92 (IEC 61850-9-2)	变电站通信网络和系统 第9-2部分:特定通信服务映射(SCSM)映射到ISO/IEC 8802-3的采样值
DL/T 860.6 (IEC 61850-6)	变电站通信网络和系统 第6部分:变电站中智能电子装置通信配置描述语言

1.2 用途

本指导性技术文件的初期读者预期是开发或使用表1中所列举协议的工作组成员。为了使本指导性技术文件中所描述的措施有效,对于这些协议本身,其规范就必须采纳和引用这些措施。本指导性技术文件就是为了使得能那样处理而编写的。

本指导性技术文件的后续读者预期是实现这些协议的产品的开发人员。

本指导性技术文件的某些部分也可以被管理人员和执行人员使用,以理解该工作的目的和需求。

2 规范性引用文件

下列本指导性技术文件对于本指导性技术文件的应用是必不可少的。凡是注日期的引用文件,仅注日期的版本适用于本指导性技术文件。凡是不注日期的引用本指导性技术文件,其最新版本(包括所有的修改单)适用于本指导性技术文件。

GB/T 15629.3 信息处理系统 局域网 第3部分:带碰撞检测的载波侦听多址访问(CSMA/CD)的访问方法和物理层规范(ISO/IEC 8802-3:1990,IDT)

GB/T 16720(所有部分) 工业自动化系统 制造报文规范(MMS)(ISO 9506:1991,IDT)

GB/Z 25320.1 电力系统管理和相关信息交换 数据与通信安全 第1部分:通信网络和系统安全 安全问题介绍(IEC 62351-1,IDT)

GB/Z 25320.4 电力系统管理和相关信息交换 数据与通信安全 第4部分:包含MMS的协议集(IEC 62351-4,IDT)

DL/T 860(所有部分) 变电站通信网络和系统(IEC 61850)

DL/T 860.6 变电站通信网络和系统 第6部分:变电站中智能电子装置通信配置描述语言(IEC 61850-6,IDT)

DL/T 860.81 变电站通信网络和系统 第8-1部分:特定通信服务映射(SCSM)对MMS(ISO 9506-1和ISO 9506-2)及ISO/IEC 8802-3的映射 (IEC 61850-8-1,IDT)

DL/T 860.91 变电站通信网络和系统 第9-1部分:特定通信服务映射(SCSM)单向多路点对点串行通信链路上的采样值(IEC 61850-9-1,IDT)

DL/T 860.92 变电站通信网络和系统 第9-2部分:特定通信服务映射(SCSM)映射到ISO/IEC 8802-3的采样值(IEC 61850-9-2,IDT)

ISO/IEC 13239 信息技术 系统间远程通信和信息交换 高级数据链路控制规程 (Information technology—Telecommunications and information exchange between systems—High-level data link control (HDLC) procedures)

IEC TS 62351-2:2008 电力系统管理及其信息交换 数据与通信安全 第2部分:术语(Power systems management and associated information exchange—Data and communications security—Part 2:Glossary of terms)

IEEE Std. 802.1Q:2003 虚拟桥接局域网(Virtual Bridged Local Area Networks)

RFC 2030 IPv4、IPv6及OSI的简单网络时间协议(SNTP)第4版(Simple Network Time Protocol (SNTP) Version 4 for IPv4,IPv6 and OSI))

RFC 2313 公钥密码技术规范 PKCS #1: RSA加密算法 版本1.5 (PKCS #1: RSA Encryption Version 1.5)

RFC 3447 公钥密码技术规范 PKCS #1: RSA密码技术规范 版本2.1(Public-Key Cryptography Standards (PKCS) #1: RSA Cryptography Specifications Version 2.1)

RFC 4634 US 安全哈希算法(SHA和HMAC-SHA)(US Secure Hash Algorithms (SHA and HMAC-SHA))

3 术语和定义

IEC 62351-2:2008界定的术语和定义适用于本指导性技术文件。

4 本指导性技术文件应对的安全问题

4.1 影响安全选项选择的运行问题

对于使用GOOSE和DL/T 860.92并且要求4 ms响应时间、多播配置以及低CPU开销的应用,不建议对其进行加密。相反,应该使用通信路径选择过程(例如,事实上设定GOOSE和SMV被限于一个变电站的逻辑LAN),以提供信息交换的机密性。然而,本指导性技术文件的确为那些并不关心4 ms传递准则的应用定义了能够提供机密性的机制。

注:声称与本指导性技术文件一致的实现,其实际性能特性是在本指导性技术文件分范围之外的。

除了机密性外,本指导性技术文件提出了使安全和非安全协议数据单元(PDU)能共存的机制。

4.2 应对的安全威胁

对安全威胁和攻击方法的讨论,参见GB/Z 25320.1。

如不使用加密，则在本指导性技术文件中所需应对的特定威胁包括：

- 通过消息的消息层面认证，应对未经授权修改信息。

如使用加密，则在本指导性技术文件中所需应对的特定威胁包括：

- 通过消息的消息层面认证和加密，应对未经授权访问信息；
- 通过消息的消息层面认证和加密，应对未经授权修改（篡改）或窃取信息。

4.3 应对的攻击方法

通过本指导性技术文件中规范或建议的适当实现，试图应对以下的安全攻击方法：

- 中间人（Man-in-the-middle）威胁：将通过使用本指导性技术文件中规定的消息鉴别码（Message Authentication Code）机制，应对该威胁；
- 篡改探测或消息完整性威胁：将通过建立本指导性技术文件中规定的认证机制所用的算法，应对这些威胁；
- 重放（Replay）威胁：将通过使用 GB/Z 25320.4 和本指导性技术文件中规定的特定处理状态机，应对该威胁。

5 IEC 61850 各部分与 GB/Z 25320 各部分的相关性

5.1 使用 GB/T 16720（MMS）的 IEC 61850 协议集安全

5.1.1 概述

声称与本指导性技术文件一致且声明支持应用 TCP/IP 和 GB/T 16720（ISO 9506）制造报文规范（MMS）的 DL/T 860.81 协议集的各 DL/T 860 实现，应该实行 GB/Z 25320.4 的第 5 和第 6 章。除了 GB/Z 25320.4 规范外，还应支持在 7.2.3 所规定的 DL/T 860.6 的扩展（变电站配置语言，Substation Configuration Language）。

DL/T 860.81 规定了变电站内使用 MMS。然而，变电站内和变电站外（例如控制中心到变电站）使用的安全规范都属于本指导性技术文件的范围。

5.1.2 控制中心到变电站

应该使用 GB/Z 25320.4 文件，不需要任何其他措施。

5.1.3 变电站通信

除了 GB/Z 25320.4 中规定的密码套件，应支持下列密码套件。

TLS_DH_RSA_WITH_AES_128_SHA

注：提出这另外的密码套件是为了当通信环境是在变电站内时，能达到较少的 CPU 占有率。

5.2 使用 VLAN ID 的 IEC 61850 协议集安全

对于那些规定使用 VLAN ID 的 DL/T 860 协议集（例如 DL/T 860.81 GOOSE、DL/T 860.91 和 DL/T 860.92），应提供第 7 章规定的协议集安全防护。

6 IEC 61850 的 SNTP 安全

为提供 IEC 61850 的 SNTP（Simple Network Time Protocol，简单网络时间协议）安全防护，应使用包含强制使用认证算法的 RFC 2030。

7 使用 VLAN 技术的 IEC 61850 协议集安全

7.1 VLAN 使用和 IEC 61850 的概况(资料性)

本指导性技术文件扩展了常规的 IEC 61850 的 GOOSE(面向变电站事件的通用对象)和 SMV(采样值)的 PDU。GSE Management(GSE 管理,通用变电站事件管理)和 GOOSE 的 PDU,其格式概要在 DL/T 860.81 的附录 C 给出。

7.2 扩展 PDU

7.2.1 扩展 PDU(Extended PDU)的一般格式

Octets		8	7	6	5	4	3	2	1
1	Ether-type PDU	Ethertype							
2									
3		APPID							
6									
5		Length							
6									
7		Length of extension							
8									
9		CRC of octets							
10		1~8							
11		GOOSE/SMV APDU							
…									
m−2		Extension							

图 1 扩展 PDU 的一般格式

关于 GOOSE 和 SMV,Reserved 1 字段和 Reserved 2 字段是用于声称与本指导性技术文件一致的实现,图 1 对此进行了描述。

本指导性技术文件规定:

- Reserved 1 字段将用于指明由这些扩展八位位组所传送的字节数。该值将包含在 Reserved 1 字段的第一个字节中,值的有效范围是 0～255,0 值将说明根本不存在扩展八位位组。
  Reserved 1 字段的第二个字节将保留以备将来使用;
- Reserved 2 字段将包含一个 16 位的循环冗余校验码(CRC),其计算根据 ISO/IEC 13239 即 ISO 的高级数据链路控制规程(HDLC)。将在扩展 PDU(Extended PDU)中 VLAN 信息的第 1 到第 8 字节之上计算该 CRC。

如果 Extension Length 字段有非零值,则应该存在 CRC。

7.2.2 Extension 字段八位位组的格式

Extension 字段八位位组域的格式应是:

```
Extension::={
  [0]MPLICIT SEQUENCE{
      [1]IMPLICIT SEQUENCE Reserved OPTIONAL,
      [2]IMPLICIT OCTETSTRING Private OPTIONAL,
      [3]IMPLICIT AuthenticationValue OPTIONAL,
      ...
              }
}
```

Extension 字段应按照 ASN.1 Basic Encoding Rule(ASN.1 的基本编码规则)编码。

根据本指导性技术文件,Reserved SEQUENCE 被保留用于未来标准化扩展。除了在本指导性技术文件中所规定的认证(Authentication)和加密(Encryption)之外,如果没有扩展,则该 SEQUENCE 将不会出现。

因而 NULL 长度的 SEQUENCE 将被认为与本指导性技术文件是不一致的。

提供 Private SEQUENCE 使得厂商能传送私有信息。该 SEQUENCE 内容的语义和语法范畴是不在本指导性技术文件的范围之内,因而将只有经过预先协商才能互操作。仅当存在要传送的实际内容时,该 SEQUENCE 字段才会出现。

7.2.2.1 &AuthenticationValue 算法

AuthenticationValue(认证值)生成的算法是基于可重新产生的消息鉴别码(Message Authentication Code MAC)的生成。

根据 RFC 4634,应通过 SHA 256 哈希的计算生成该 MAC。除了 AuthenticationValue 的 Tag、Length 和 Value(即 ASN.1 的 T-L-V 组合)之外,哈希应包含扩展 PDU(Extended PDU)的所有八位位组。然后该哈希的值应被数字签名。

在 RFC 2313 中数字签名的定义是:

"为了数字签名,首先以消息摘要算法(比如 MD5)缩减要进行签名的内容为一条消息摘要,然后包含该消息摘要的八位位组串用该内容签名者的 RSA 私钥进行加密。根据 PKCS #7 语法,该内容和加密后的消息摘要在一起表示,就得到数字签名。"

注:在以上定义中对 MD5 的引用并不是规范性的,它只是在 RFC 2313 的例举正文中所给出的例子。

RFC 3447(PKCS #1 规范 版本 2.1)规定了 RSASSA-PSS(RSA Signature Scheme with Appendix-Probabilistic Signature Scheme,RSA 带有附属的签名方案——随机签名方案)。这是声称与本指导性技术文件一致的实现应该使用的算法。应限制 RFC 3447 的使用,只限于与 PKCS 版本 1.5 (RFC 2313)相兼容的那些性能或能力。哈希算法应是 SHA 256。

AuthenticationValue 的值应按 ASN.1 OCTET STRING 编码。

7.2.2.2 对服务器的要求

服务器应执行上述规定的算法。如果服务器不提供 AuthenticationValue,则 AuthenticationValue 不应出现在 Extension 字段八位位组中。

此外,使用 AuthenticationValue 的实现应为接收客户端的设备提供一个公开的 X.509 证书。

7.2.2.3 对客户端的要求

订阅客户端必须具有引用源 MAC 地址(Source MAC Address)定位到服务器所提供的 AES 128 位公钥的当地方法。

注:建议为此存储实际证书,即使并不要求如此。

如果根本不存在引用，那么安全的扩展或处理就不应发生。

在接收一条 VLAN 标记的 GOOSE 或 SMV 消息且已经配置安全扩展时：

- 按照 7.2.2.1 中所规定的算法，接收客户端应为 APDU(应用层协议数据单元)计算 AuthenticationValue；
- 应使用适当的密钥和算法(7.2.2.1 的逆运算)来解密 Reserved 字段的八位位组；
- 如果计算出的 AuthenticationValue 与解签后的 AuthenticationValue 相匹配，那么客户端宜继续进行 APDU 的处理。

7.2.2.4 GOOSE 重放攻击

为了对 GOOSE 重放攻击增强防护，应使用安全扩展。此外，宜使用下列措施：

- 对 AuthenticationValue 进行验证的处理(见 7.2.2.3)应发生在本章中其他处理之前；
- 客户端宜建立和跟踪它的当前时间。时间戳超过 2min 时偏(skew)的 GOOSE 就不宜再处理。偏差时间(skew period)应是可配置的并且应支持最小值不大于(maximum-minimum)10s；
- 客户端宜仅对 Stnum(状态号)改变使用时偏过滤(skew filtering)；
- 客户端宜记录和跟踪所接收到的发布服务器的 Stnum。如果接收到一个较小的 Stnum 值，而且根本还没有超过最大状态号或 timeallowedtoLive(容许生存时间)超时，那么此消息宜被丢弃；
- 如果存在消息超时，初始 Stnum 应重置；
- 如果 Stnum 已超过最大状态号，初始 Stnum 应重置；
- 在初始化/加电时，初始 Stnum 应是 0。

7.2.2.5 SMV 重放攻击

7.2.2.5.1 服务器处理

为了对 SMV 重放攻击的防护，应使用 SMV 协议的 Security field(安全域)(见表 2)。

表 2 自 DL/T 860.92 抽取(资料性)

ASN.1 Basic Encoding Rules(BER) SavPdu::= SEQUENCE{
noASDU[0]IMPLICIT INTEGER (1..65535),
security[1]ANY OPTIONAL,
asdu[2]IMPLICIT SEQUENCE OF ASDU }

防护重放攻击要求为防止篡改应使用 MAC 安全扩展，而且要求安全域规定如下：

```
IMPORT
security::=[0] IMPLICIT SEQUENCE{
            timestamp [0] IMPLICIT UTCtime,—发送时间
            }
&timestamp(时间戳)
```

timestamp 属性将表示格式化 SMV 帧时的近似时间。

7.2.2.5.2 客户端处理

根据呈现的 SMV 安全域，应使用以下的客户端规则：

- 客户端宜建立对它的当前时间的跟踪。时间戳超过 2 min 时偏的 SMV 消息就不宜再处理；
- 客户端宜记录和跟踪所接收到的发布服务器的 smpCnt(采样计数)。如果接收到一个较小的 sqNum(顺序号)值，而且根本没有超过最大顺序号，那么此消息宜被丢弃；
- 如果存在消息超时，初始 Stnum 应重置；
- 如果 sqNum 已超过最大顺序号，初始 sqNum 应重置；
- 在初始化/加电时，初始 sqNum 应是 0。

7.2.3 变电站配置语言(SCL)

7.2.3.1 SCL 证书扩展

7.2.3.1.1 SCL 证书扩展结构

此外，为了包含以下语句以考虑所使用证书的定义，应扩展 SCL：

```
<xs:complexType name="tCertificate">
        <xs :complexContent>
              <xs:extension base="tNaming">
              <xs:sequence>
                      <xs:element name="XferNumber" type="xs:unsignedInt" minOccurs="0"maxOccurs="1"/>
                      <xs:element name="SerialNumber" type="xs:normalizedString" minOccurs="1"maxOccurs="1"/>
                      <xs:element name="Subject" type="tcert" minOccurs="1"maxOccurs="1"/>
                      <xs:element name="IssuerName" type="tcert" minOccurs="1"maxOccurs="1"/>
              </xs:sequence>
        </xs:complexContent>
</xs:complexType>

<xs:complexType name="tcert">
        <xs :complexContent>
              <xs:extension base="tNaming">
              <xs:sequence>
                      <xs:element name="CommonName" type="xs:normalizedString" minOccurs="1"maxOccurs="1">
                      <xs:element name="IDHeirarchy" type="xs:normalizedString"minOccurs="1"/>
              </xs:sequence>
        </xs:complexContent>
</xs:complexType>
```

图 2 SCL 的证书扩展

7.2.3.1.2 &XferNumber

该属性应被用于传送 XferNumber (证书引用号)，发送 IED(智能电子设备)应通过该号引用到证书。如果证书是用于 GOOSE 或 SMV，那么该属性值才会出现。该值的有效范围为 0～7。

7.2.3.1.3 &SerialNumber

该属性应包括证书的 SerialNumber(序列号)值。

7.2.3.1.4 &Subject

该复杂类型应包含对证书内所出现的证书层次，为证书中的Subject(主体)进行认证。

7.2.3.1.5 &IssuerName

该复杂类型应包含对证书内所出现的证书层次，为证书中的IssuerName(签发者名)进行认证。

7.2.3.1.6 &CommonName

该属性将包含证书内所发现的CommonName(公共名)的值。

7.2.3.2 AccessPoint 安全用法的规定

```
<xs:complexType name="tAccessPoint">
  <xs:complexContent>
    <xs:extension base="tNaming">
      <xs:choice minOccurs="0">
        <xs:element name="Server"type="tServer">
          <xs:unique name="uniqueAssociationlnServer">
            <xs:selector xpath="/scl:Association"/>
            <xs:field xpath="@associationID"/>
          </xs:unique>
        </xs:element>
        <xs:element ref="LN"maxOccurs="unbounded"/>
      </xs:choice>
      <xs:attribute name="router"type="xs:boolean"use="optional"default="false">
      </xs:attribute>
      <xs:attribute name="clock"type="xs:boolean"use="optional"default="false">
      </xs:attribute>
      <xs:element name="GOOSESecurity"type="tCertificate"use="optional"maxOccurs="7">
      <xs:element name="SMVSecurity"type="tCertificate"use="optional"maxOccurs="7">
    </xs:extension>
  </xs:complexContent>
</xs:complexType>
```

图 3 AccessPoint SCL 定义扩展

为了声称与本指导性技术文件一致且支持适合于GOOSE安全或SMV安全的实现，应扩展AccessPoint(访问点)的SCL定义以包含GOOSESecurity和SMVSecurity元素。

声称支持Secure GOOSE(安全GOOSE)的实现应有最少一个GOOSESecurity元素呈现。

声称支持Secure SMV(安全SMV)的实现应有最少一个SMVSecurity元素呈现。

声称支持加密的实现应包括GOOSEEncyptioninUse或者SMVEncryptioninUse属性，其属性值应是与试图用于认证和加密的证书的XferNumbe相同。

8 一致性

8.1 一般一致性

声称与本指导性技术文件一致的实现应提供一个扩展的Protocol Implementation Conformance Statement (PICS)(协议实现一致性声明)，正如在以下条目中所展示。对于某些协议集，可能还需要提供附加的Protocol Implementation eXtra InformaTion (PIXIT)信息(协议实现额外信息)。

对以下的条目和表格，适用以下的规定：

F/S 即功能/标准。

- M：强制支持，该项应被实现；
- C：条件支持，如果所陈述的条件存在，该项应被实现；
- O：选择支持，该实现可以决定是否实现这选项；
- X：不包括： 该实现不应实现这项；
- I：超范围：该项的实现不在本指导性技术文件范围之内。

应为声称支持本指导性技术文件的实现提供表3中的信息。

表3 一致性表

		客户端		服务器		值/注释
		F/S		F/S		
G1	支持 DL/T 860.81 或 GB/T 16720 安全	O	C1	O	C1	
G2	支持 DL/T 860.81 GOOSE 安全	O	C1	O	C1	
G3	支持 DL/T 860.92 SMV 安全	O	C1	O	C1	
G4	支持 SNTP 安全	O		O		
C1——至少一个应已宣布支持。						

8.2 声称 GB/T 16720 协议集安全的实现的一致性

为声称支持 GB/T 16720 或 IEC 61850 协议集的安全协议集的实现，应提供表4中的信息。

表4 GB/T 16720 协议集的 PICS

		客户端		服务器		值/注释
		F/S		F/S		
S1	ACSE 认证	M		M		
S2	GB/Z 25320.4 支持	M		M		
S3A	强制密码套件	M		M		
S3B	TLS_DH_RSA_WITH_AES_128_SHA	O		M		

8.3 声称 VLAN 的协议集安全的实现的一致性

为声称支持 VLAN IEC 61850 协议集的安全协议集的实现，应提供表5中的信息。

表5 VLAN 协议集的 PICS

		客户端		服务器		值/注释
		F/S		F/S		
S4	SCL 扩展	M		M		
S4a	DL/T 860.81 GOOSE 安全	C1		C1		
S4b	DL/T 860.92 SMV 安全	C2		C2		
C1——声称与 GOOSE 安全一致的实现，C1 将是“M”。 C2——声称与 SMV 安全一致的实现，C2 将是“M”。						

8.4 声称 SNTP 协议集安全的实现的一致性

为声称支持 SNTP IEC 61850 协议集的安全协议集的实现，将提供表 6 中的信息。

表 6 SNTP 协议集的 PICS

		客户端		服务器		值/注释
		F/S		F/S		
S7	RFC 2030	M		M		

参 考 文 献

[1] GB/Z 25320.3 电力系统管理和相关信息交换 数据和通信安全 第3部分:通信网络和系统安全 包含TCP/IP的协议集(IEC 62351-3,IDT)

[2] RFC 2104 HMAC:用于消息认证的密钥处理后哈希(Keyed—Hashing for Message Authentication)

[3] RFC 2437 PKCS #1:RSA密码技术规范 版本2.0(RSA Cryptography Specifications Version 2.0)

[4] RFC 3174 安全哈希算法[Secure Hash Algorithm(SHA1)]

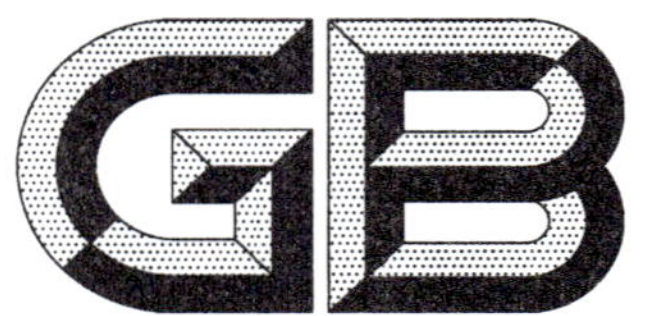

中华人民共和国国家标准

GB 25571—2011

食品安全国家标准
食品添加剂　活性白土

2011-11-21 发布　　　　2011-12-21 实施

中华人民共和国卫生部　发布

前 言

本标准代替 GB 25571—2010《食品安全国家标准 食品添加剂 活性白土》。

本标准与 GB 25571—2010 相比主要变化如下：

——修改了 A.8.3 分析步骤。

本标准所代替标准的历次版本发布情况为：

——GB 25571—2010。

食品安全国家标准
食品添加剂　活性白土

1　范围

本标准适用于以工业硫酸、水和膨润土为原料生产的食品添加剂活性白土。

2　分子式

$Al_2O_3 \cdot 4SiO_2 \cdot nH_2O$

3　技术要求

3.1　感官要求：应符合表1的规定。

表1　感官要求

项　　目	要　　求	检验方法
色泽	白色或灰色、浅粉色	取适量试样置于 50 mL 烧杯中，在自然光下观察色泽和组织状态
组织状态	粉末	

3.2　理化指标：应符合表2的规定。

表2　理化指标

项　目		指　标	检验方法
比表面积/(m^2/g)	≥	130	附录A中A.4
游离酸(以 H_2SO_4 计)，w/%	≤	0.30	附录A中A.5
水分，w/%	≤	12.0	附录A中A.6
细度(通过 0.075 mm 试验筛)，w/%	≥	90	附录A中A.7
过滤速度		通过试验	附录A中A.8
堆积密度/(g/mL)		0.55±0.10	附录A中A.9
pH(50 g/L 悬浮液)		2.2～4.8	附录A中A.10
重金属(以 Pb 计)/(mg/kg)	≤	40	附录A中A.11
砷(As)/(mg/kg)	≤	3	附录A中A.12

附 录 A
检 验 方 法

A.1 警示

本标准的检验方法中使用的部分试剂具有毒性或腐蚀性，操作时须小心谨慎！如溅到皮肤上应立即用水冲洗，严重者应立即治疗。

A.2 一般规定

本标准的检验方法中所用试剂和水在没有注明其他要求时，均指分析纯试剂和 GB/T 6682—2008 中规定的三级水。试验中所用标准滴定溶液、杂质标准溶液、制剂及制品，在没有注明其他要求时，均按 HG/T 3696.1、HG/T 3696.2、HG/T 3696.3 之规定制备。

A.3 鉴别

A.3.1 试剂和材料

A.3.1.1 硝酸钾。

A.3.1.2 无水碳酸钠。

A.3.1.3 盐酸。

A.3.1.4 氢氧化钠溶液：10 mol/L。

称取 40 g 氢氧化钠，溶于 100 mL 水中。

A.3.1.5 氯化铵溶液：2 mol/L。

称取 10.7 g 氯化铵，溶于 100 mL 水中。

A.3.2 鉴别试验

称取约 0.5 g 样品于金属坩埚中，加入 1 g 硝酸钾和 3 g 无水碳酸钠，加热至熔融，冷却，加入 20 mL 沸水于残渣中，搅拌，过滤。用 50 mL 水洗残渣，加 1 mL 盐酸，5 mL 水于残渣中，过滤。在滤液中加入 1 mL 氢氧化钠溶液，过滤，在滤液中加入 3 mL 氯化铵溶液，有凝胶状、白色沉淀生成。

A.4 比表面积的测定

按 GB/T 19587 进行测定。

A.5 游离酸的测定

A.5.1 试剂和材料

A.5.1.1 氢氧化钠标准滴定溶液：$c(NaOH)=0.02$ mol/L。

移取 50 mL 按 HG/T 3696.1 配制的已知准确浓度的氢氧化钠标准滴定溶液[$c(NaOH)$约 0.1 mol/L]，置于 250 mL 容量瓶中，用无二氧化碳的水稀释至刻度，摇匀。

A.5.1.2 酚酞指示液:10 g/L。

A.5.2 分析步骤

称取约2 g试样,精确至0.000 2 g,置于150 mL烧杯中。加50 mL水,煮沸3 min,过滤于250 mL锥形瓶中,用50 mL热水洗涤4次~5次。将全部滤液煮沸2 min,盖上带有碱石棉干燥管的胶塞,冷却至室温。加2滴~3滴酚酞指示液,用氢氧化钠标准滴定溶液滴定至微红色并保持30 s不褪色为终点。

同时进行空白试验。除不加试样外,其他加入的试剂量与试验溶液完全相同,并与试样同样处理。

A.5.3 结果计算

游离酸含量以硫酸(H_2SO_4)的质量分数 w_1 计,数值以%表示,按式(A.1)计算:

$$w_1=\frac{c(V_1-V_0)M/1\,000}{m}\times 100\% \qquad \text{(A.1)}$$

式中:

V_1——滴定试验溶液所消耗的氢氧化钠标准滴定溶液的体积的数值,单位为毫升(mL);

V_0——滴定空白试验溶液所消耗氢氧化钠标准滴定溶液的体积的数值,单位为毫升(mL);

c——氢氧化钠标准滴定溶液的浓度的准确数值,单位为摩尔每升(mol/L);

m——试料的质量的数值,单位为克(g);

M——硫酸($1/2H_2SO_4$)的摩尔质量的数值,单位为克每摩尔(g/mol)(M=49.00)。

取平行测定结果的算术平均值为测定结果,两次平行测定结果的绝对差值不大于0.04%。

A.6 水分的测定

A.6.1 仪器和设备

A.6.1.1 称量瓶:ϕ40 mm×25 mm。

A.6.1.2 电热恒温干燥箱:温度可控制在105 ℃±2 ℃。

A.6.2 分析步骤

称取约2 g试样,精确至0.000 2 g,置于预先于105 ℃±2 ℃下干燥至质量恒定的称量瓶中,置于电热恒温干燥箱,于105 ℃±2 ℃下烘干至质量恒定。取出,置于干燥器中冷却至室温,称量。

A.6.3 结果计算

水分以质量分数 w_2 计,数值以%表示,按式(A.2)计算:

$$w_2=\frac{m-m_1}{m}\times 100\% \qquad \text{(A.2)}$$

式中:

m——干燥前试料的质量的数值,单位为克(g);

m_1——干燥后试料的质量的数值,单位为克(g);

取平行测定结果的算术平均值为测定结果,两次平行测定结果的绝对差值不大于0.5%。

A.7 细度的测定

A.7.1 仪器和设备

试验筛:R40/3系列,ϕ200×50—0.075/0.050(GB/T 6003.1—1997)。

A.7.2 分析步骤

称取约 20 g 试样，精确至 0.01 g。置于试验筛中，不断振荡、敲打，并用干燥毛刷轻轻刷扫，使样品通过，最后在筛子下垫一张黑纸，轻刷筛子直至所垫黑纸上没有试样痕迹。将筛余物转移到已知质量的表面皿中称量，精确至 0.000 2 g。

A.7.3 结果计算

细度以质量分数 w_3 计，数值以%表示，按式(A.3)计算：

$$w_3 = \frac{m - m_1}{m} \times 100\% \qquad \cdots\cdots(A.3)$$

式中：

m ——试料的质量的数值，单位为克(g)；

m_1——筛余物的质量的数值，单位为克(g)。

取平行测定结果的算术平均值为测定结果，两次平行测定结果的绝对差值不大于 2%。

A.8 过滤速度的测定

A.8.1 试剂和材料

碱炼大豆油：含皂量不大于 0.004%。

A.8.2 仪器和设备

A.8.2.1 布氏漏斗：直径 80 mm。

A.8.2.2 真空泵。

A.8.3 分析步骤

于 400 mL 烧杯中加入 100.0 g±0.1 g 碱炼大豆油，称取 10.00 g±0.01 g 试样，置于碱炼大豆油中，把烧杯移入 100 ℃恒温油浴或水浴中，边加热边搅拌 30 min，于 20 ℃～25 ℃实验室温度下，趁热用中速定性滤纸抽滤(真空度可达 5.3 kPa)当第一滴油滴入抽滤瓶时开始计时，当滤饼出现干点时结束，记录过滤所用时间，过滤时间不超过 10 min 为通过实验。

A.9 堆积密度的测定

A.9.1 仪器和设备

A.9.1.1 堆积密度测定装置的材质：有机玻璃、塑料、不锈钢等。

A.9.1.2 堆积密度测定装置：如图 A.1 所示。

A.9.1.3 料罐体积的测定

将料罐洗净、凉干，盖上玻璃片，称量料罐和玻璃片的质量。小心将水倒入料罐中，近满时用滴管加水至全满，盖上玻璃片，用滤纸吸干料罐及玻璃片外部的水，玻璃片与料罐中的水之间应无气泡。再称量料罐和玻璃片的质量。

A.9.1.4 料罐体积的计算

料罐体积以 V 计，数值以毫升(mL)表示，按式(A.4)计算：

$$V = \frac{m_1 - m_2}{\rho_{水}} \qquad \cdots\cdots(A.4)$$

式中：

m_1——灌满水的料罐及玻璃片质量的数值，单位为克(g)；

m_2——未灌水的料罐及玻璃片质量的数值，单位为克(g)；

$\rho_{水}$——测定温度下纯水密度的数值，单位为克每毫升(g/mL)。

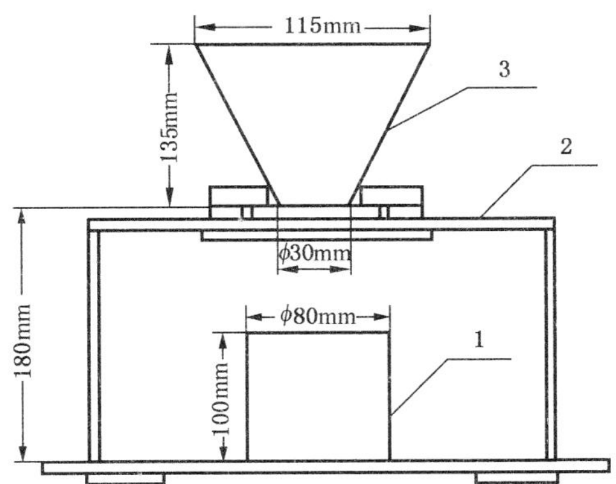

1——料罐；

2——支架；

3——漏斗。

图 A.1　堆积密度测定装置

A.9.2　分析步骤

按图A.1安装好堆积密度测定装置。

称量料罐质量，精确至0.1 g。

关好漏斗下底，将试样自然倒满，用直尺刮去高出部分。放好已知质量的料罐，打开漏斗下底，使试料全部自动流入料罐中(也可以用玻璃棒先捅开)，用直尺刮去高出部分(刮平前勿移动料罐)，称量试料和料罐的质量，精确至0.1 g。

A.9.3　结果计算

堆积密度以单位体积的质量ρ计，数值以克每毫升(g/mL)表示，按式(A.5)计算：

$$\rho=\frac{m_1-m_2}{V} \qquad \cdots\cdots(A.5)$$

式中：

m_1——料罐和试料质量的数值，单位为克(g)；

m_2——料罐质量的数值，单位为克(g)；

V——料罐体积的数值，单位为毫升(mL)。

取平行测定结果的算术平均值为测定结果，两次平行测定结果的绝对差值不大于0.02 g/mL。

A.10　pH值的测定

A.10.1　仪器和设备

pH计：分度值0.02。

A.10.2　分析步骤

称取5.00 g±0.01 g试样，置于150 mL烧杯中，加入100 mL不含二氧化碳的水，搅拌1 min后，静置 5 min。用已经校对好的酸度计测定悬浮液 pH 值。

取平行测定结果的算术平均值为测定结果，两次平行测定结果的绝对差值不大于 0.2。

A.11 重金属的测定

A.11.1 试剂和材料

A.11.1.1 抗坏血酸。

A.11.1.2 盐酸溶液：1+4。

A.11.1.3 盐酸溶液：1+16。

A.11.1.4 氨水溶液：1+4。

A.11.1.5 乙酸-乙酸钠缓冲溶液：pH 约为 3。

A.11.1.6 饱和硫化氢水(现用现配)。

A.11.1.7 铅标准溶液：1 mL 溶液含铅(Pb)0.020 mg。

用移液管移取 2.00 mL 按 HG/T 3696.2 配制的铅标准溶液，置于 100 mL 容量瓶中，用水稀释至刻度，摇匀。该溶液使用前配制。

A.11.2 仪器和设备

比色管：50 mL。

A.11.3 分析步骤

A.11.3.1 试验溶液的制备

称取 10.00 g±0.01 g 试样，置于 150 mL 锥形瓶中，加 50 mL 盐酸溶液(A.11.1.2)，振荡数下后，煮沸 10 min，冷却，过滤于 100 mL 容量瓶中，每次用 10 mL 水洗涤，洗 5 次；用水稀释至刻度，摇匀，此为试验溶液 A，用于重金属含量和砷含量的测定。

A.11.3.2 标准比色溶液的制备

用移液管移取 2.00 mL 铅标准溶液置于 50 mL 比色管中，加 10 mL 水，用氨水溶液或盐酸溶液调节 pH 约为 2(用广泛试纸检验)。以下与试验溶液同时同样处理。

A.11.3.3 测定

用移液管移取 10.00 mL 试验溶液 A 置于蒸发皿中，于沸水浴上蒸发至干，加入 5 mL 盐酸溶液(A.11.1.3)使溶解，全部转移到 50 mL 比色管中，用氨水溶液调节 pH 约为 2(用广泛试纸检验)。加 0.1 g 抗坏血酸，5 mL 缓冲溶液，10 mL 饱和硫化氢水，用水稀释至刻度，摇匀。于暗处放置 10 min。所呈颜色不得深于标准比色溶液的颜色。

A.12 砷的测定

A.12.1 试剂和材料

同 GB/T 5009.76—2003 的第 9 章。

A.12.2 仪器和设备

同 GB/T 5009.76—2003 的第 10 章。

A.12.3 分析步骤

移取 5.00 mL 试验溶液 A 置于定砷装置的锥形瓶中，加 4.5 mL 盐酸，以下同 GB/T 5009.76—2003 第 11 章“加水至 30 mL……不得深于砷的限量标准的砷斑。”

限量标准溶液的配制：移取 1.50 mL 砷标准溶液[1 mL 溶液含 0.001 mg 砷(As)]，以下按 GB/T 5009.76—2003 的砷斑法进行测定。以下与试验溶液同时同样处理。

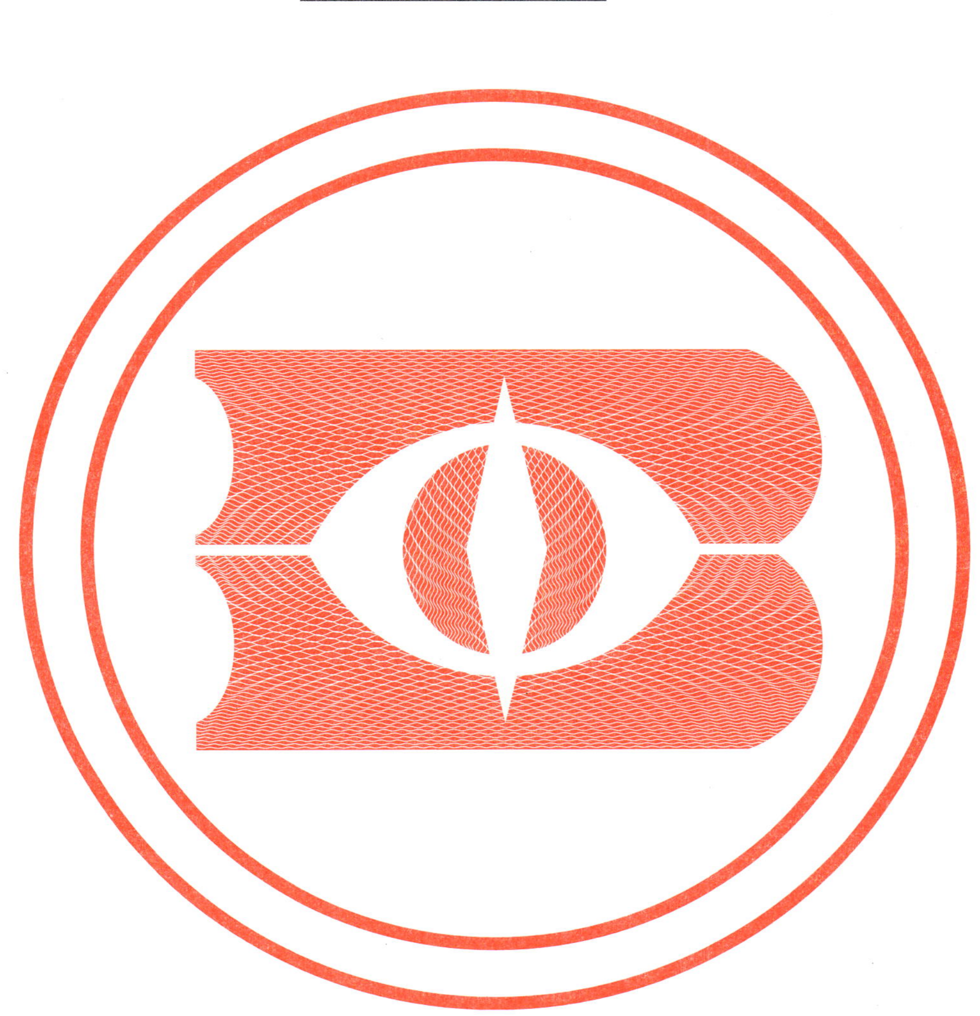

ICS 23.160
J 78

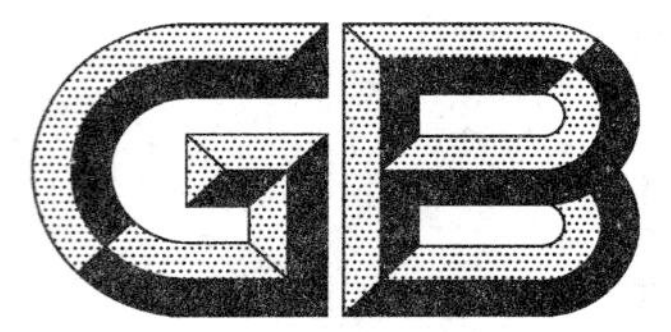

中华人民共和国国家标准

GB/T 25753.3—2011

真空技术 罗茨真空泵性能测量方法 第3部分:溢流阀压差的测量

Vacuum technology—Roots vacuum pump—Measurement of performance characteristics—Part 3: Measurement of overflow valve differential pressure

2011-11-21 发布 2012-06-01 实施

中华人民共和国国家质量监督检验检疫总局
中国国家标准化管理委员会 发布

前　言

GB/T 25753《真空技术　罗茨真空泵性能测量方法》分为三个部分：

——第 1 部分：最大允许压差的测量；

——第 2 部分：零流量压缩比的测量；

——第 3 部分：溢流阀压差的测量。

本部分为 GB/T 25753 的第 3 部分。

本部分按照 GB/T 1.1—2009 给出的规则起草。

本部分由中国机械工业联合会提出。

本部分由全国真空技术标准化技术委员会(SAC/TC 18)归口。

本部分负责起草单位：浙江真空设备集团有限公司。

本部分参加起草单位：成都南光机器有限公司、中科院沈阳科学仪器研制中心有限公司、山东淄博真空设备厂有限公司、上海惠丰石油化工有限公司、台州环球真空设备制造有限公司、沈阳真空技术研究所。

本部分主要起草人：王西龙、王晓虎、许涛、范林东、王光玉、徐法俭、惠进德、赵计春、赵伟胜、王玲玲、王学智。

引 言

随着基础工业的发展及设计理念的不断创新，罗茨真空泵的结构设计与工作性能均取得了长足的进步，早期的罗茨真空泵必须依赖前级真空泵运行，而如今发展出了能够直接排大气运行的气冷式罗茨真空泵和湿式罗茨真空泵，另外单台罗茨真空泵的级数也由单级发展成为单级、双级、多级，转子型线也由双叶发展成为双叶、三叶、多叶。

现有的罗茨真空泵性能测量标准仅仅包含了单级双叶罗茨真空泵，对其他种类基本未涉及，并且未对溢流阀压差的测量方法作出规范，为切实提高罗茨真空泵性能测量标准的兼容性与适用性，为实际检验测量提供必要的操作指南，在广泛借鉴国内外相关指标、标准的基础上，结合实际情况，制定《真空技术　罗茨真空泵性能测量方法》标准，形成单独序列，并分为三个部分。今后将依据技术发展的状况进行必要的修改与扩充。

真空技术　罗茨真空泵性能测量方法　第3部分：溢流阀压差的测量

1　范围

GB/T 25753 的本部分规定了罗茨真空泵溢流阀压差的测量方法。

GB/T 25753 的本部分适用于抽速为 30 L/s～20 000 L/s 的罗茨真空泵(以下简称泵)。本部分不适用于罗茨真空泵机组性能的极限压力和抽气速率的测量。

2　术语和定义

下列术语和定义适用于本文件。

2.1

溢流阀压差　overflow valve differential pressure

溢流阀压差是溢流阀进行起跳动作时罗茨真空泵前级压力与入口压力之差。

2.2

测试罩　test dome

具有精确规定形状和尺寸的专用真空容器,被测量的气体通过它进入泵内,其上装有压力测量装置。

3　装置

3.1　测试罩

如图 1 所示,形状为圆柱体。罩的轴向尺寸为 1.5D,D 是罩的内径。试验气体入口位于罩的轴线上,并与连接法兰的距离为 D,进气口的排列应使气体自背离泵口的方向进入测试罩。测量入口压力的真空计在距离连接法兰 0.5D 处,其轴线垂直于罩的轴线。测试罩的轴线应垂直于泵入口法兰平面。除了进气管路外,法兰和测试罩之间的连接管路不应穿出测试罩的内壁。

测试罩的容积 V_D 至少应是泵一个压缩周期扫过容积 V_P 的 5 倍。在泵入口应连接一个异径接头,其长度不应超过 0.5D(见图 1)。不同规格的泵适用的测试罩由表 1 给出。

表 1　测试罩的参数

V_P/L	V_D/L	D/mm
0～0.26	1.3	100
0.26～1.1	5.4	160
1.1～4.2	21	250
4.2～17	84	400
17～65	325	630
65～260	1 300	1 000
260～1 060	5 300	1 600
1 060～4 060	20 300	2 500

3.2 压力计

对于压力高于或等于 1 Pa 时，其校准准确度为±5%。仪器需经过具有计量资质部门校准或检定合格。

3.3 前级管路及前级管路上的测试罩

被测的罗茨真空泵出口与前级泵之间的管路为前级管路，应按图 2 设计制作。前级管路上的测试罩按图 1 设计制作。

前级管路上的测试罩直径应不小于前级管路的直径 D_1，如不一致时应加接异径接头，异径接头按图 1 设计制作。

单位为毫米

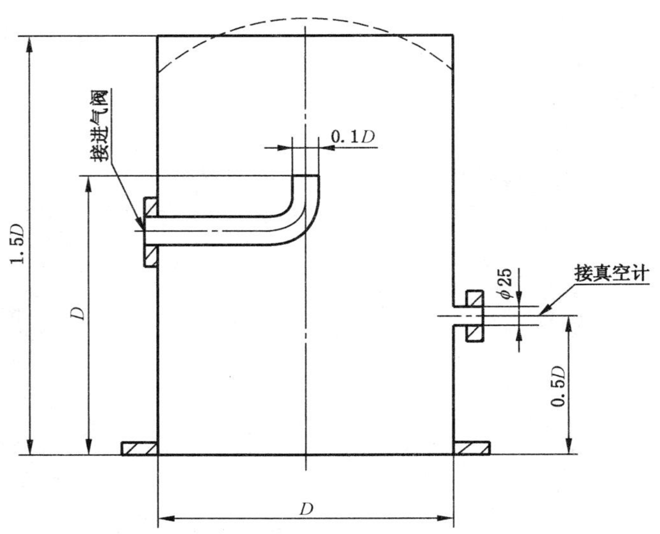

a） 测试罩

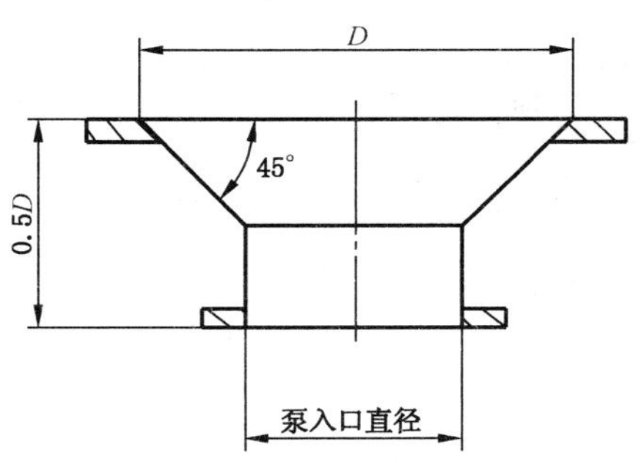

b） 异径接头

图 1 测试罩及异径接头

单位为毫米

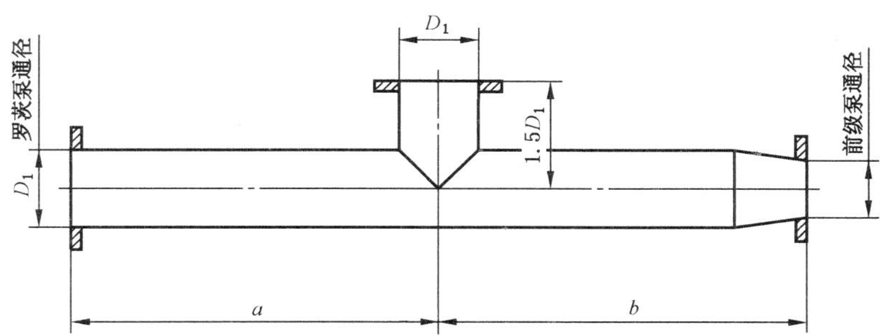

说明：
$a=b=5D_1$，如果使用弯管，则当量长度应当等于 $5D_1$。

图 2 前级管路

3.4 测量装置

泵的测量装置如图 3 所示。

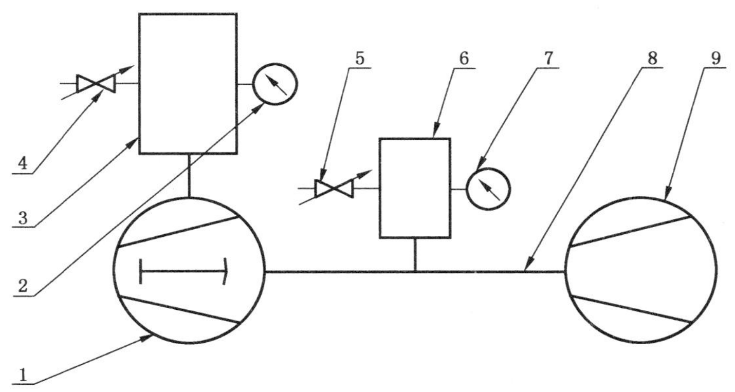

说明：
1——罗茨真空泵；
2——压力计 A；
3——测试罩 A；
4——进气阀 A；
5——进气阀 B；
6——测试罩 B；
7——压力计 B；
8——前级管路；
9——前级泵。

图 3 测量装置

4 测试条件

4.1 泵的转速及配用电机应符合产品设计规定，泵的实际转速与规定转速相差不得超过±3%。

4.2 泵采用水冷时，冷却水流量、进水温度应符合产品设计规定，但泵不应当设置排气冷却器。

4.3 测量时环境温度应在 18 ℃～25 ℃之间，测量期间温度波动不大于±1.5 ℃，相对湿度不大于 75%。

4.4 试验气体为室温干燥空气。

4.5 测量时泵腔内应当保持干燥，除试验气体外，不得引入任何介质。

4.6 前级泵应当是能够满足测量所需的出口压力范围要求并能够在整个测量周期内正常工作的油封式机械泵或者干式真空泵。

5 试验方法

5.1 原理

关闭罗茨真空泵的进气阀，然后在前级真空侧用合适的方式(如充气)调节不同的压力，导致溢流阀起跳。

在测量时允许采用充气并辅以调节前级泵的抽速的方法对前级压力进行调节。

5.2 程序

首先按图 3 连接测试罩、压力计、进气阀、前级管路及前级泵，关闭进气阀 A 及进气阀 B，在泵达到极限压力之后，通过调节前级管路测试罩上的进气阀 B 引入干燥气体。导致溢流阀起跳时的泵前级压力与入口压力差值即为溢流阀压差。

测量时需要确认溢流阀密封可靠、动作灵活。

阀门调节应当缓慢平稳。

5.3 溢流阀起跳的判断

当泵出口压力与入口压力差超过溢流阀压差时，由于压差的作用会导致溢流阀密封失效，此时气体通过溢流阀通道回流，可以观察到泵的入口压力有明显的突然急速升高变化，从而判定溢流阀起跳。

6 试验结果

应当进行至少五次操作，去掉前两次的测量值，对其余三次的测量值取平均值作为溢流阀压差，应记录泵的溢流阀压差。

7 试验报告

除试验结果的记录内容外，试验报告应至少包括下列内容：

a) 所用测量仪器的类型、准确度等级和工作条件；

b) 在泵入口法兰上使用的密封型式；

c） 测试罩尺寸和法兰种类；

d） 冷却水温度及流量；

e） 泵的转速及在试验时的变化范围；

f） 环境温度、湿度和大气压力。

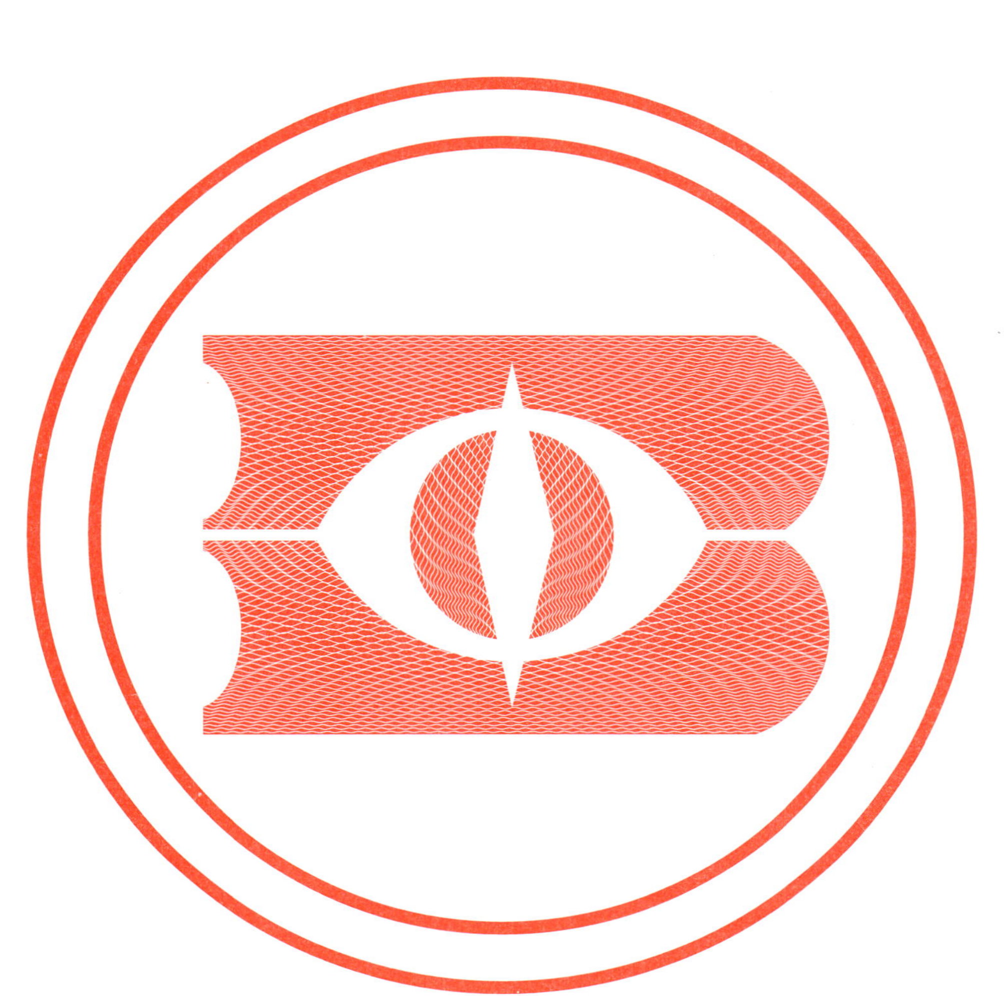

ICS 11.100
C 44

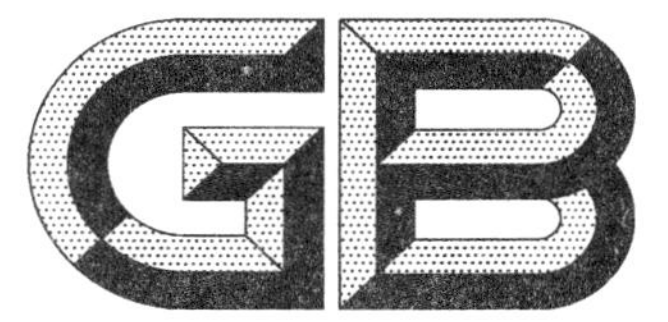

中华人民共和国国家标准

GB/T 26124—2011

临床化学体外诊断试剂(盒)

In vitro diagnostic reagent (kit) for clinical chemistry

2011-05-12 发布　　　　2011-11-01 实施

中华人民共和国国家质量监督检验检疫总局
中国国家标准化管理委员会　发布

前　言

本标准按照 GB/T 1.1—2009《标准化工作导则　第1部分:标准的结构和编写》给出的规则起草。

请注意本文件的某些内容可能涉及专利。本文件的发布机构不承担识别这些专利的责任。

本标准由国家食品药品监督管理局提出。

本标准由全国医用临床检验实验室和体外诊断系统标准化技术委员会(SAC/TC 136)归口。

本标准起草单位:北京市医疗器械检验所。

本标准主要起草人:毕春雷、刘毅、张宏、王军、胡冬梅。

5.6.2 批内瓶间差(干粉或冻干试剂)

试剂(盒)批内瓶间差应不超过生产企业给定值。

5.6.3 批间差

试剂(盒)批间差应符合生产企业规定要求。

5.7 准确度

试剂(盒)准确度应符合生产企业规定要求。

5.8 稳定性

可选用以下方法进行验证:

a) 效期稳定性:生产企业应规定产品的有效期。取到效期后的样品检测试剂空白吸光度、试剂空白吸光度变化率、分析灵敏度、线性范围、重复性、批内瓶间差、准确度应分别符合5.3、5.4、5.5、5.6.1、5.6.2、5.7的要求。

b) 热稳定性试验:检测试剂空白吸光度、试剂空白吸光度变化率、分析灵敏度、线性范围、重复性、批内瓶间差、准确度,应分别符合5.3、5.4、5.5、5.6.1、5.6.2、5.7的要求。

注1:热稳定性不能用于推导产品有效期,除非是采用基于大量的稳定性研究数据建立的推导公式。

注2:根据产品特性可选择a)、b)方法的任意组合,但所选用方法宜能验证产品的稳定性,以保证在效期内产品性能符合标准要求。

6 试验方法

6.1 仪器基本要求

分光光度计或生化分析仪,波长范围覆盖340 nm至700 nm,生化分析仪应带恒温装置(精度±0.1 ℃),吸光度测量精度在0.001以上。

6.2 外观

目测检查,应符合5.1的要求。

6.3 净含量

用通用量具测量,应符合5.2的要求。

6.4 试剂空白

6.4.1 用指定空白样品测试试剂(盒),在测试主波长下,记录测试启动时的吸光度(A_1)和约5 min(t)后的吸光度(A_2),A_2测试结果即为试剂空白吸光度测定值,应符合5.3.1的要求。

6.4.2 计算出吸光度变化值($|A_2-A_1|/t$),即为试剂空白吸光度变化率($\Delta A/\mathrm{min}$),应符合5.3.2的要求。

6.5 分析灵敏度

用已知浓度或活性的样品测试试剂(盒),记录在试剂(盒)规定参数下产生的吸光度改变。换算为n单位的吸光度差值(ΔA)或n单位的吸光度变化率($\Delta A/\mathrm{min}$),应符合5.4的要求。

6.6 线性范围

6.6.1 用接近线性范围上限的高浓度(活性)样品和接近线性范围下限的低浓度(活性)样品,混合成至少5个稀释浓度(x_i)。分别测试试剂(盒),每个稀释浓度测试1～3次,分别求出检测结果的均值(y_i)。以稀释浓度(x_i)为自变量,以检测结果均值(y_i)为因变量求出线性回归方程。计算线性回归的相关系数(r),应符合5.5a)的要求。

6.6.2 用6.6.1方法中稀释浓度(x_i)代入线性回归方程,计算 y_i 的估计值及 y_i 与估计值的相对偏差或绝对偏差,应符合5.5b)的要求。

6.7 测量精密度

6.7.1 重复性

在重复性条件下,用控制物质测试试剂(盒),重复测试至少10次($n \geqslant 10$),分别计算测量值的平均值($\bar{x}$)和标准差(s)。按公式(1)计算变异系数(CV),应符合5.6.1的要求。

$$CV = \frac{s}{\bar{x}} \times 100\% \qquad (1)$$

式中:

CV ——变异系数;

s ——标准差;

$\bar{x}$ ——测量值的平均值。

6.7.2 批内瓶间差

用控制物质分别测试同一批号的10瓶,并计算10个测量值的平均值($\bar{x}_1$)和标准差(s_1)。

用控制物质对该批号的1瓶重复测试10次,计算结果均值($\bar{x}_2$)和标准差(s_2),按公式(2)、公式(3)计算瓶间差的变异系数(CV),应符合5.6.2的要求。

$$s_{瓶间} = \sqrt{s_1^2 - s_2{}^2} \qquad (2)$$

$$CV = \frac{s_{瓶间}}{\bar{x}_1} \times 100\% \qquad (3)$$

当 $s_1 < s_2$ 时,令 $CV=0$。

6.7.3 批间差

用控制物质分别测试3个不同批号的试剂(盒),每个批号测试3次,分别计算每批3次检测的均值 $\bar{x}_i$($i=1,2,3$),按公式(4)、公式(5)计算相对偏差(R),应符合5.6.3的要求。

$$\bar{x}_T = \frac{\bar{x}_1 + \bar{x}_2 + \bar{x}_3}{3} \qquad (4)$$

$$R = \frac{\bar{x}_{max} - \bar{x}_{min}}{\bar{x}_T} \times 100\% \qquad (5)$$

式中:

$\bar{x}_{max}$ ——$\bar{x}_i$ 中的最大值;

$\bar{x}_{min}$ ——$\bar{x}_i$ 中的最小值。

$\bar{x}_T$ ——3批试剂检测均值。

6.8 准确度

建议按如下优先顺序,采用下列方法之一测试试剂(盒)的准确度,应符合5.7的要求:

a) 相对偏差

用可用于评价常规方法的参考物质或有证参考物质(CRM)对试剂(盒)进行测试,重复检测3次,取测试结果均值(M),按公式(6)计算相对偏差(B)。

或用由参考方法定值的高、中、低三个浓度的人源样品(可适当添加被测物,以获得高浓度的样品)对试剂(盒)进行测试,每个浓度样品重复检测3次,分别取测试结果均值,按公式(6)计算相对偏差。

$$B=\frac{M-T}{T}\times 100\% \qquad \cdots\cdots(6)$$

式中:

M——测试结果均值;

T——有证参考物质标示值,或各浓度人源样品定值。

b) 比对试验

参照EP9-A2的方法,用不少于40个在检测浓度范围内不同浓度的人源样品,以生产企业指定的分析系统作为比对方法,每份样品按待测试剂(盒)操作方法及比对方法分别检测。用线性回归方法计算两组结果的相关系数(r)及每个浓度点的相对偏差。

c) 回收试验

在人源样品中加入一定体积标准溶液[标准溶液体积与人源样品体积比应不会产生基质的变化,加入标准溶液后样品总浓度必须在试剂(盒)检测线性范围内]或纯品,每个浓度重复检测3次,按公式(7)计算回收率。

$$R=\frac{c\times(V_0+V)-c_0\times V_0}{V\times c_s}\times 100\% \qquad \cdots\cdots(7)$$

式中:

R——回收率;

V——加入标准溶液的体积;

V_0——人源样品的体积;

c——人源样品加入标准溶液后的检测浓度;

c_0——人源样品的检测浓度;

c_s——标准溶液的浓度。

6.9 稳定性

可选用以下方法进行验证:

a) 效期稳定性:取到效期后的样品按照6.4、6.5、6.6、6.7.1、6.7.2、6.8方法进行检测,应符合5.8a)的要求;

b) 热稳定性试验:取有效期内样品根据生产企业声称的热稳定性条件,按照6.4、6.5、6.6、6.7.1、6.7.2、6.8方法进行检测,应符合5.8b)的要求。

7 标识、标签和使用说明书

7.1 通用要求

标识、标签和使用说明书应符合以下要求:

a) 标识、标签和使用说明书的格式、内容等应适合试剂(盒)的预期用途;

b) 标识、标签和使用说明书应使用试剂(盒)销售国的语言。但名称及生产企业的名称地址不需要使用多种语言;

c) 应使用 YY 0466—2003 规定的符号,如果没有相应标准或所用符号用户可能不理解,则应在使用说明书中对这些符号及使用的颜色进行解释;
d) 所提供的数值单位应被用户理解,应使用 GB 3100 中的符号;
e) 适用时应说明产品的微生物学状态;
f) 除非试剂(盒)的使用显而易见,否则应该提供使用说明书;
——应有相应的说明或符号提示用户在使用试剂(盒)前应仔细阅读使用说明书;
——使用说明书中使用的语言应能被预期用户理解。
g) 应重点提示用户试剂(盒)的重要改变及相关信息位置;
h) 应以文字或符号警示用户存在的危害及风险。YY/T 0316 的要求适用;
i) 试剂(盒)每个组件的名称、字母、数字、符号、颜色及图形都应使用同一种方式进行标记;
j) 试剂使用说明书可以散页形式插入包装内,可在外部容器表面,可在使用手册中,或与仪器或分析系统的使用说明整合在操作手册中;
k) 试剂的使用说明书可用电子版;
l) 可以编码形式提供部分使用说明,并在系统操作手册中进行解释;
m) 如试剂(盒)未随带详细的使用说明书,生产企业应确保用户可以获得试剂(盒)使用说明书的正确版本;
n) 外包装和内包装的标签应包括规定的信息,应用易懂的文字和(或)符号;
示例:打印的质量、字型、字号。
o) 与试剂(盒)一起提供的标识、标签和使用说明书至少应包含使用前的安全处理和贮存。

7.2 外包装标识、标签

外包装标识、标签上应有如下信息:
a) 生产企业名称和地址;
注 1:适用时,地址可包括省,市,地,县和镇。
注 2:外包装上也可提供授权代表、分销商或进口商的名称和地址。
b) 试剂(盒)名称。如果单靠名称不能对试剂(盒)进行唯一性识别,应提供额外的识别方式;
c) 批号。如试剂(盒)包含不同批号的组件,外包装的批号应能保证每个组件的批号可从生产企业的生产记录中溯源;
d) 组成。应包含质量,体积,复溶后的体积和(或)检验号码;
e) 预期用途。如试剂(盒)名称不能反映试剂(盒)的预期用途,应提供简要的预期用途说明;
f) 体外诊断用途;
g) 储存和处置条件:
——应提供在未开封状态下可保证试剂、校准品和控制物质的稳定状态的必要储存条件;
——应规定影响稳定性的其他条件;
——应规定产品处置时所采取的所有其他特殊措施。
h) 失效期:
——应明示在规定储存条件下的失效期;
——失效期应以年、月,适用时以日表示;
——如仅给出年月,失效期应为指定月的最后一天;
——外包装标签上明示的失效期应为最早到期组件的失效期。
i) 警告和预防措施:
——如体外诊断试剂(盒)被认为有危险性(例如:化学,放射性或生物危害性),外包装应标有适当的警示危险的文字或符号,YY/T 0316 的要求适用;